江晓原　总主编

中外科学文化交流历史文献丛刊　研究之部

萨日娜　著

东西方数学文明的碰撞与交融

上海交通大学出版社
SHANGHAI JIAO TONG UNIVERSITY PRESS

内容提要

本书全面介绍了19世纪中叶至20世纪初期中日两国在数学西方化历程中的相互交流与影响，并对中日数学从东方传统模式过渡到西方近代模式过程中的数学思想之变迁及其教育制度因素进行了全面的诠释。书中首次公开了鲜为人知的近代中日交流一手资料，为数学史爱好者和数学教育研究者深入了解近代东方传统数学的西化过程，全面考察东西方数学文明的交流提供重要参考依据。

图书在版编目(CIP)数据

东西方数学文明的碰撞与交融/萨日娜著.
—上海：上海交通大学出版社，2016
(中外科学文化交流历史文献丛刊)
ISBN 978-7-313-14388-4

Ⅰ.①东… Ⅱ.①萨… Ⅲ.①数学史—世界 Ⅳ.
①O11

中国版本图书馆CIP数据核字(2015)第317890号

东西方数学文明的碰撞与交融

著　　者：萨日娜
出版发行：上海交通大学出版社
地　　址：上海市番禺路951号
邮政编码：200030
电　　话：021-64071208
出 版 人：韩建民
印　　制：凤凰数码印务有限公司
经　　销：全国新华书店
开　　本：787 mm×1092 mm　1/16
印　　张：23.75
字　　数：360千字
版　　次：2016年8月第1版
印　　次：2016年8月第1次印刷
书　　号：ISBN 978-7-313-14388-4/O
定　　价：88.00元

江晓原 总主编

《中外科学文化交流历史文献丛刊》 研究之部

国家社会科学基金重大项目

“中外科学文化交流历史文献整理与研究”

批准号：10&ZD063

2013年度上海市教委创新项目(项目编号:14ZS029)
“李善兰汉译科学著作对日本近代科学教育的影响研究”

2013年度上海市教育科学研究市级项目(项目编号:B13007)
“华蘅芳科学著作对近代日本中小学理科教育的影响研究”

《中外科学文化交流历史文献丛刊》总序

江晓原

在现今“全球化”日益明显的时代，不同文化之间的交流、碰撞和融合正在加速进行。尽管各方对这一过程的终极价值判断大相径庭，甚至针锋相对，但是无论如何，各方所面临的对异域文化深入理解的任务都是无法回避的。而对于这一任务来说，历史上的中外交流则是其中必不可少的组成部分。

考虑到科学技术在今日社会中所扮演的特殊角色，研究历史上的中外科学技术交流就成为上述任务中一个特别迫切的部分。因为科学技术自身所形成的“进入门槛”，导致对于研究者的特殊要求——只有少数既受过正规科学技术训练，又具备史学素养的研究者，才能够有效从事这方面的研究；所以以往的中外交流史研究中，人文方面的交流已经取得了大量成果，但是对于历史上的中外科学技术交流，无论从史料整理、研究成果、社会影响等方面来看，相比这一领域自身的重要性，都是远远不够的。

就国内的情况而言，历史上的中外科学技术交流，直到20世纪80年代，方才逐渐受到学术界较多的关注，逐渐积累了一定数量的研究成果。

多年来，我在上海交通大学科学史系的诸位同仁，俱以研究中外科学技术及文化交流为同行所瞩目，成果丰硕。本系教师历年来先后负责承担国家级及省部级研究项目约30项(包括已结项及在研)。且本系多年来培养了大批博士、硕士研究生，其中亦颇多以中外科技交流方向的课题为学位论文题目者。同仁咸以为，以本系为主要依托，团结各方力量，整合多年研究成果，完成一项中外科技交流历史文献集大成性质的整理研究工程，此其时矣。于是遂有国家社会科学基金重大项目《中外科学文化交流历史文献整理及研究》之申报，并顺利获得资助立项。

此次项目团队的组建，广泛团结国内外各处在科学技术史方面学有专长之研究人员，以上海交通大学科学史系师生为主干，包括了中国科学院自然科学史研究所、清华大学、北京大学、巴黎第七大学、华东师范大学、东华大学、上海师范大学、内蒙古师范大学、上海中医药大学、河南大学、广西民族大学、淮阴师范学院、咸阳师范学院等 14 个单位的数十位研究人员。

本项目旨在对历史上传入中国之各种域外科学文化，以及中国科学文化向周边汉文化圈输出的相关中文历史文献和典籍，进行全面整理和研究。年代跨度起于汉末，迄于晚清。拟着重收集、整理以下几方面的历史文献：自汉末至宋初随佛教传入中国的包含天文、历法等域外知识的文献，元代随伊斯兰教传入中国的阿拉伯天文学、数学文献和典籍，明清之际随基督教传入中国的欧洲古典天文学、数学、物理学等典籍，晚清传入中国的西方近现代科学典籍，中国科学向周边世界传播的汉文历史文献。

本项目具有科学史、历史学、中外文化交流史等多方面的学术价值，能够为未来的深入研究提供完备的史料集成。

通过建设这一中外科学技术交流的史料集成，以及借助这一史料集成所展开的在这一领域全方位的深入，可望将历史上中外科学技术交流的研究大大提升一个层级和档次，并使中国研究者在国际学术界获得更多的发言权。

从更为广泛的意义上来看，值此中国和平崛起之际，本项目在扩大中国文化影响、增加中国文化软实力方面的现实意义，亦将越来越明显。

本项目下设七个子课题：

1. 汉译佛经与道藏中的天文历法文献整理与比较研究（上海交通大学钮卫星教授负责）

对汉译佛经与道藏中的天文历法作比较研究。在古代世界各种文明之间存在着各种各样的文化交流，而科学技术、宗教教义和文学艺术等都是文化交流的主要内容。以佛教为载体，向中土传入了不少印度、巴比伦和希腊天文学和历法知识。这一传播从东汉末年一直延续到北宋初年，并在唐朝达到一个高潮。到中晚唐时期，佛教的输入又转变为以注重祈禳、消灾，讲究仪式、仪轨的密教为主，为达到所谓的消弭灾难的目的，在技术上更加依赖天文学手段，因此该时期的佛经中保存有相当丰富的天文学内容。无论从佛学角度或科学史角度，或从探究宗教与科学之关系的角度，乃至从文献校勘的角度，对这些佛教经典中的天文学内容都有必要进行详细的梳理和考证。在以往的研究基础上，对佛教和道教经典中所包含的天文学内容进行一次整体的和梳理和考察，并对这些天文学内容做出恰当的评述，以期对这些传入中国的域外天文学内容进行全面、系统的研究，并追溯这些天文学的来源，考察这些天文学内容对中国本土天文学文化甚至本土文化所产生的影响。

2. 中西方天文历法交流重要古籍整理与比较研究（东华大学邓可卉教授负责）

侧重对于古代中西天文历法交流文献进行整理和比较研究，并整理研究相关的重要历史文献，时间跨度为秦汉之际至鸦片战争。基于明清之际西方天文学第一次大规模传入中国并且中西方科学文化开始正面交流这个历史事实，通过详细考证此期中西天文学碰撞、交流直至融合的历史背景，梳理并研究明清之际的数理天文学文献，并兼及中国和希腊、中国和阿拉伯天文历法交流和比较研究。这不仅对于传统数理天文学的研究有益，而且对现代科学的可持续发展具有重要的启示作用。

3. 古代中外生化医学外交流文献整理及比较研究（上海交通大学孙毅霖教授负责）

在古代中外生化医学交流方面，这个领域中的许多早期历史文献，曾长期湮没于宗教、方术等史料中，有些甚至被妖魔化或污名化。而这些文献背后的中外交流，也颇多未发之覆。而一些晚期的文献，则有流传海外或仍以手稿形式存世者，皆急需进一步研究整理。中国古代有很多典籍在不同历史时期、通过不同途径流传到海外，其中不少在国内逐渐失传，以致学人需从海外求索。特别是流传到海外的中国科技典籍，迄今尚无人专门搜集及整理出版。其中有不少涉及中国古代重要的科技发明或者科技史上的重要事件，对于研究中国古代科学技术至关重要，但国内或者没有存本，或者仅有残本。在流落海外的珍稀中国科技典籍中，还有一批由清初在华传教士写成的著作，其中不少是他们用于教授皇帝、皇子和宫廷科学家的讲义，是中西科技交流史上的重要文献。由于种种原因，这些著作没有得到出版，仅以手稿形式存世。凡此种种，都是中国科技史上的重要文献，但又是国内绝大多数研究者所不知道的，甚至国外研究者也难以入手。对它们进行抢救性整理，并进行比较研究，不仅在保护古代科技文化遗产、弘扬中国古代科技文明成就等方面具有重要意义，对世界范围内的科技史研究者来说，都是一件功德。

4. 明末清初耶稣会士数理科学译著的整理与研究（上海交通大学纪志刚教授负责）

近年中外文化交流日益广泛，学者们研究视角拓展到早期中西交流的历史边界，但早期交流的原典仍散落各处，难窥全豹。就明末清初耶稣会士传入的数理科学译著而言，与这一领域已有的较多研究成果相比，相应的历史文献整理显得非常落后，这是一个相当令人惊奇的现象。这一时期浩繁的中外科学技术交流文献（包括中文的与外文的），大量以刊本、稿本、善本、珍本的形式深藏在中外各图书馆中，使一般的研究者无缘得见。故该子课题主要整理此一时期的历算译著，并兼及其他。

5. 中西物理学及工艺技术交流历史文献整理研究（上海交通大学关增建教授负责）

从鸦片战争结束至民国初期，这段时间西方科学的传入，使中国社会开始大规模地接触西方近代科学，中国从此开始了由古代社会向近现代社会转型的新的历史阶段。该子课题从文献着手，对历史上中外科技交流的历史文献进行整理研究。由于在西方科技传入的过程中，物理和工艺（包括兵器技术）历来扮演着重要角色，该子课题主要着眼于这两个学科，梳理这段时间由西方传入的物理工艺著作，理清数目，考订文本，将其整理点校，汇集出版，建立起研究这段中外科技交流史可信的文献资料库，为全国同道提供可资借鉴的第一手研究资料，使得中国近代史的研究在中外科技文化交流领域从此能够建立在坚实的史料基础之上。同时对这些文献本身的内容和历史价值进行研究，丰富中国近代史的内容。

6. 近现代中外生化医学交流文献整理及比较研究(淮阴师范学院蒋功成教授负责)

由明末清初延续到今的近代西方生物科学知识向中国的传播,文献类型多、传播范围广,并通过多样化的渠道进入普通中国人的生活中,产生的影响非常复杂,有许多未曾发掘和整理的文献资料。而且,要了解这些学科知识对于中国社会与科学发展的影响,不能仅仅靠一些经典文本的传播作为代表,还需要关注其他非专业文本中的科学知识。通过相关史料的整理,我们可以对于近现代生物学、化学交流文献的基本情况有一个全面的了解,并发掘、抢救和整理一些容易散失的重要科学文献,为以后学者进一步的研究打下基础,并理解不同的历史文化背景对于科学发展的影响特点。

7. 汉字文化圈科学文化交流的历史文献整理与研究(东华大学徐泽林教授负责)

在中外文化交流史上,朝鲜半岛、日本、越南等汉字文化圈国家受中国文化的影响最深。各历史时期中国传统科技典籍不断传入这些国家,对这些国家的传统科学文化产生重要影响,乃至于中、日、韩(朝)、越形成共同的科学文化圈。目前,有大量的中国传统科技典籍保存于这些国家的各类图书馆,还有不少科技典籍在这些国家被翻刻、训解,它们不仅是中国传统科技文化传播的历史遗迹,也是对某些典籍在中国本土失传或中外版本差异的补遗。另一方面,由于传统的东亚科学编史都是立足于本位立场的国别科学史编纂,缺乏对汉字文化圈科学史的整体认识与全面的史料调查,从而汉字文化圈科技文化交流中的历史文献传播与现存情况尚需全面调查,通过详细调查历史上汉字文化圈科技典籍的传播情况,由此而反映中国传统科学文化对周边国家科学文化的影响。该子课题调查和研究中国传统科技典籍在日本、韩国(朝鲜)、越南的流传与影响,并将全面深入到韩国科学、越南科学的内部,研究各种汉籍科技著作及其影响下的外域著作的具体内容、科学方法、思想动机等细节问题,用分析、比较等方法研究日本、朝鲜、越南传统科学的内部机理及其与中国科学文化的联系及其自身发展。

就相关的历史文献整理而言,20 世纪 90 年代由河南教育出版社(即现在的大象出版社)陆续出版的《中国科学技术典籍通汇》,对中国古代科学技术文献作了初步的收集和整理,是一个值得重视的成果,筚路蓝缕,功不可没。但《中国科学技术典籍通汇》并不着眼于中外交流,而且对文献采用影印之法,并无点校整理。此外也有一些零星的相关成果问世或即将问世。但就总体而言,在历史上的中外科学文化交流方面,如此规模的历史文献整理,在国内是前所未有的。

就学术研究而言,则本项目所团结的研究团队,数十位成员的研究成果,几乎覆盖了古代中外科技交流的整个领域。依托这样的团队进行相关的历史文献整理和研究,方能建立在学术研究的基础之上,超越通常的古籍整理层次。

本项目的最终成果,将以两种形态汇集出版:

其一是一系列历史文献的点校本,定名为《中外科学文化交流历史文献丛刊》"文献之部"。这一部分将成为一套具有多方面学术意义的历史文献集,可望为各相关领域的研究提供方便。

其二是一系列研究著作——既有独立的学术专著,也有研究论文集,它们构成《中外科学文化交流历史文献丛刊》的"研究之部"。

中间阶段当然还将发表一系列研究性质的高质量学术论文。最后将提交本重大项目的总体研究报告。该总体研究报告将作为"总论"卷,收入《中外科学文化交流历史文献丛刊》"研究之部"。

江晓原

2012 年 5 月 30 日

于上海交通大学

科学史与科学文化研究院

(前身为科学史与科学哲学系)

序

西学东渐，在中国和日本有很不一样的遭遇。日本更加开放，很快实现了“脱亚入欧”；中国身负沉重的历史包袱，常常裹足不前。比较中日两国现代化的历史，对于今天的中国十分有意义。

数学是西方科技文明的基础。西方数学在东亚的传播，是西学东渐历史运动的一个重要组成部分。本书使用丰富的文献档案资料，系统探讨了19世纪中叶至20世纪初期中日传统数学的现代化历程，全面考察了中日数学与近代西方数学的交流、碰撞与融合，阐释了教育制度、科技政策、文化背景的差异对两国接受西方数学思想时产生的积极影响和负面作用，是一部多国别的断代数学史。

本书作者萨日娜于2004—2008年间在日本东京大学攻读科学史博士学位，以学位论文“中日两国数学文化与教育的现代化历程之比较研究”获得博士学位。2009年初来到北京大学哲学系做博士后，我是她的合作导师。北大的科技史学科在哲学系发展，研究中国近现代科技史特别是北大理科史是北大科技史学科的发展方向之一。萨日娜在北大期间，充分利用北京地区特别是北京大学丰富的图书资源，深入研究了明末清初和清末入华传教士带来的西方科技文献和近代中日数学交流相关史料，对她的博士论文进行了后续扩展研究。本书就是她博士论文及博士后研究成果的汇集。

中日近现代数学史不是我的学术专长，关于本书内容我无力置评。据其留学期间的日本老师村田纯一教授推荐信中的评价，她仅用4年时间获得博士学位，在东京大学攻读科学史学位的日本学生中是罕见的，这是作者留学期间勤奋努力的最好证明。该论文于2009年5月获得日本国科学史学会学术奖，使作者成为日本科学史学会成立以来获此荣誉的第一位外国留学生。在北大做博士后期间，我见识了她的勤奋和刻苦，她的严谨学风和扎实功底。如今这部专门研究东西方数学文明碰撞和交融历程的专著问世了，我在祝贺之余，也向广大读者郑重推荐。我相信，本书对于读者深入了解东方传统数学的近代化过程具有重要的参考价值。

北京大学科学史与科学哲学研究中心　吴国盛

前　　言

数学，在每一个文化圈都有着各自独特的表现形式。在同属汉字文化圈的中日历史上都出现了自己特有的传统数学。中国传统数学中曾经出现过几次高峰，获得了大量领先于同时期其他文明的重要成果，其中的多数内容也传播到近邻国家和地区，不仅影响了其传统数学的发展，也促进了其传统科技的进步。如《九章算术》《杨辉算法》等古代典籍影响了朝鲜数学的发展。元代数学家朱世杰的《算学启蒙》流传到日本，成为日本和算发展的基础。明代，由于商业贸易的发达，以珠算为主的商业数学应运而生。此时出现的数学书《算法统宗》也传到日本，使和算获得了新的发展动力。

以中国传统数学为代表的东方数学与西方数学相比，有着明显的不同特征。中国和日本的传统数学均以数值计算为主，寓理于算，注重归纳和演算技巧，与西方数学的逻辑演绎体系有很大区别。

东西数学文明的碰撞可以追溯到16世纪末期。西方数学作为西方科学技术的基础，通过耶稣会传教士的东渡传布到中国。此时在中国出现了一批汉译西方数学著作。这些汉译西方数学著作又传到日本、朝鲜等国家和地区，融入到其传统数学中，改变了这些汉字文化圈地区的数学体系。

17世纪以后的中国和日本等亚洲国家，均经历了闭关锁国的一段时期。这段时期西方数学却在各个领域中取得了很多前所未有的成果。18世纪西方高等数学的发展在相关代数学、解析几何学、微积分等著作的出版中呈现其独有的特色。其内容主要是以欧拉、拉格朗日等人的数学成就为主，与数学理论的系统性相比更加注重数学成果的表现。1789年的法国大革命后，随着巴黎工科学校（Ecole Polytechnique）的创立，崇尚自然科学权威性的“科学主义”（Scientism）思潮弥漫在整个西欧社会的上空。几乎同一时期，西方数学界出现了美国数学史家卡尔·B·波耶所描述的“解析革命”

(Analytical Revolution)。以欧几里得几何学为主的西方逻辑体系的数学传统演变为以算术、代数学、微积分等学科建构的实用数学体系。西方数学界出现了大量的算术、代数学、解析几何和微积分的教科书,其影响也遍及英、美、德等西方各国。随着西方科技的东渐,这些数学知识也渗透到东方国家。

19 世纪中叶以后,被西方的坚船利炮惊醒的清末中国和幕府末期的日本,深切地感到抵御西方列强的途径是"师夷长技以制夷"。引进西方近代科学技术是多数亚洲国家所共同面临的首要问题。而学习西方"长技"的基础便是充分掌握西方的数学知识。这个时期,东西方数学文明重新碰撞并蹦出火花,亚洲国家的数学界步入了从传统蜕变到西方模式,并归于交融的新历史时期。

正因为如此,东西方数学的近代化历程得到了国内外学者极大的关注。本书在前人研究的基础上,结合新发现的一些文献档案资料系统探讨了 19 世纪后半期到 20 世纪初的 60 余年间中日两国数学的近代化历程。

书中首先考察了 19 世纪后期中日接受西方科学技术的同时引进西方数学的具体情况。相关前期研究有熊月之《西学东渐与晚清社会》(上海人民出版社,1994)、王渝生《中国近代科学的先驱——李善兰》(科学出版社,2000)、纪志刚《杰出的翻译家和实践家——华蘅芳》(科学出版社,2000 年)、汪晓勤《伟烈亚力与中西数学交流》(科学出版社,2000)、王扬宗《傅兰雅与近代中国的科学启蒙》(科学出版社,2000)等著作。熊月之著作中,讨论了第一次鸦片战争之后,西学传入中国的具体过程,并对"了解世界、求强求富、救亡图存、民主革命、科学启蒙"五大主题逐一进行了梳理。除了国内重要图书馆,作者还广求史料于英国、美国与日本等地,利用众多著名研究重镇的相关图书和档案,史料根基扎实,分析细致,对西学东渐史上许多重大问题提出了独到见解。全书逻辑严密,文字清新,图片丰美,便于读者全面、深入地理解那段波澜壮阔、色彩斑斓的历史。书中涉及清末来华传教士的履历和传播到中国的西方天文学、数学、化学、地质学相关著作,但对传教士的科学素养和具体的科学传播活动,及其翻译著作的内容方面没有详细介绍。王渝生、纪志刚、汪晓勤、王扬宗等人的著作中,从科学传播普及的视角探讨了合作完成清末汉译数学著作的李善兰、华蘅芳、伟烈亚力、傅兰雅等人的履历和业绩等,但关于相关数学知识的内容,仍需要进行深入的研究。

本书在前人研究的基础上，结合新发现的一些中日文献档案资料，全面分析了清末接受西方数学的时代背景，探讨了一些实施西方数学教育机构的具体状况，考察了李善兰、华蘅芳、伟烈亚力、傅兰雅等人在清末中国的西式教育中做出的具体贡献。其中也涉及到一些清末新式学堂和教会学校的数学教育情况。

作为对比，书中又考察了幕府末期至明治维新时期日本传统数学的转换情况。这种转换的背后是近代日本社会接受西方科技的历程，也是普及西方数学教育的具体措施和明治政府的教育改革对数学界的各种影响的表现。

关于汉译西方数学著作在日本的传播及影响，有日本学者小仓金之助《中国・日本的数学》(《小仓金之助著作集》3，劲草书房，1973)，八耳俊文"鸦片战争以后汉译西方科学书的成立及其对日本的影响"(《日中文化交流史丛书》第8卷，大修馆书店，1998)和中国学者冯立昇的《中日数学关系史》(山东教育出版社，2009)等著作。

小仓的《中国・日本的数学》是最早一部有关中日数学交流史的通史性著作。介绍了清末汉译著作在日本传播的一些史料，但是小仓对汉译著作影响日本数学方面讨论较少。八耳的论文中主要讨论了鸦片战争之后出现的汉译西方科学著作的背景及化学术语等一些自然科学知识对日本的影响。冯立昇著作中分五个章节全面讨论了从公元6世纪开始到20世纪初为止的中日数学之间的关系。其中的第五章中涉及到清末汉译数学著作对日本的影响以及20世纪初日本数学对中国的影响。

中日数学西方化历程中的交流是相互的。在19世纪中后期，主要是中国对日本的影响为主，但19世纪80年代以后日本数学界后来居上，在国内完成现代西方数学的普及，同时随着数学学会的建立和教育制度的完善，欧美留学人员取代外国聘请教师，日本数学界和西方接轨，并开始对中国产生影响。

对于19世纪末、20世纪初日本数学对中国的影响，在数学史和数学教育史方面的研究进行得不够充分，只有一些零星研究论文和其他学科相关研究中涉及到有关数学的内容。

19世纪末到20世纪初的中日关系，曾被美国学者道格拉斯・雷诺德(Douglas Reynolds)评价为学术上"被遗忘的黄金十年"(*A Golden Decade Forgotten: Japan — China Relations*，1898—1907)。确实这期间的中日交流以频繁往来的教育交流为主，有很多中国学生赴日留学，接受近代西式的科技

(包括数学)与文化教育。

有关清末留日学生的研究有实藤惠秀的《中国人日本留学史》(黑潮出版,1960),黄福庆《清末留日学生》(台北"中央研究院"近代史研究所,1975),阿部洋《中国的近代教育与明治日本》(福村出版株式会社,1990),杨舰《近代中国物理学者集团的形成》(日本侨报社,2003)等著作。其中实藤惠秀的著作根据大量清末文献和留日学生日记等资料,对留日学生在日本的生活以及当时日本各界对留学生的态度进行了全面的论述。这是一本有关留日学生的通史性著作,为留日学生的研究奠定了基础。黄福庆和阿部洋的研究主要介绍了留日学生的政治活动,20世纪初接受留学生的教育机关,以及清末教育改革中留日学生发挥的作用。杨舰的著作围绕在日本攻读理工科的留日学生回国之后,为中国科学技术的近代化做出的贡献进行了介绍。

本书在前人研究的基础上,主要针对19世纪后期清末汉译数学著作对日本初等数学教育的普及,以及日本学者了解西方几何学、代数学、微积分等数学知识时参考和利用汉译著作的具体情况进行了深入分析。其中不仅全面考察了李善兰、华蘅芳等清末学者的汉译数学著作对近代日本数学发展的深远影响,又对日本学者使用汉译著作的过程进行了分析。如对日本学者制作手抄本、训点本、翻译本、编注本等为直接从西方国家输入数学知识做铺垫,从而完成全面接受近代西方数学知识体系的历程进行了宏观剖析。书中详细列举了一些中日数学家的独创性研究工作,并通过考察西方原著,纠正了在中日学者中流传的错误认识。

清末教育制度和日本的关系也是学界关注的热点,本书着重探讨了留学制度和留日学生对中国近代数学发展的影响。书中结合新搜集到的一些历史文献和档案资料,揭示了清末派遣留日学生的一些鲜为人知的历史背景和留日学生在日本接受的西方数学教育情况。这些是其他学者未涉及的内容。在考察留日学生学习的学校时,选择了当时日本最高学府东京帝国大学及其附属第一高等学校和清末维新人员有着紧密联系的东京大同学校以及以培养军官为主的军事院校成城学校等三所学校。书中详细分析了这几所学校的留日学生使用的数学教科书内容,在此基础上研究了通过留日学生翻译并传入中国的日文数学教科书的情况,阐释了中译日文数学教科书对中国数学加快步伐融入西方文化的历程中产生的积极影响。

目　　录

第1篇

中日传统数学与西方数学文明的碰撞

以注重数值计算为主要特色的中国传统数学曾经取得非常辉煌的成果，很长时期领先于其他国家，但明清以后其发展变得缓慢，同时也受到了西方数学的影响。可以说，这一时期是中国传统数学的过渡时期。

西方数学对中国数学的影响大致可分为明末清初和清末民初两个阶段。

明末清初，在第一次西学东渐的浪潮中，西方数学传入中国的标志性事件为拉丁语版欧几里得几何学著作和实用算术理论著作的翻译刊行。译著者为利玛窦（Matteo Ricci，1552—1610）为首的来华传教士和徐光启（1562—1633）等中国学者。如他们合译的《几何原本》前6卷，每卷有界说和公论、设题，即定义和定理、例题。此书的翻译，填补了中国传统数学的空白，欧氏几何学由此成为数学中的一个重要科目。一些传统数学中未曾有过的数学概念应运而生，点、线、面、平行线、直角、钝角、锐角等崭新的名词术语给中国数学输入新鲜血液，在整个学术界也产生了重要影响。明末清初，中算家研习几何学成为流行的做法，出现了杜知耕《几何论约》、方中通《几何约》、李子金《几何简易录》、梅文鼎《几何通解》、孙元化《几何用法》等著作。这样，西方几何学成为清初数学中的新领域。同时又有《同文算指》《圜容较义》等几何学以外的西方数学著作相继问世。这些著作先后均传播到江户时期（1603—1867）的日本，成为当时日本学者了解西方数学的最新资料。

西方数学在日本的传播有直接从西方传入和间接从中国传入两种途径。

从西方直接传入与16世纪到日本西部地区传教并创办学校的耶稣会士有密切联系。那些教会学校的授课内容仿效了耶稣会士在罗马的学校，课程中除了天主教教义外还有算术、代数学以及几何学的内容。耶稣会士在日本创办学校始于1580年，其代表是在九州岛有马地区创办的教会学校。但是德川幕府于1612年发布禁教令，禁止耶稣会的传教工作，教会学校均被关闭[1]。从创立到关闭不到30年，中间时有战乱发生，这些教会学校的教学工作进展得并不顺利。1630年发布禁书令之后，日本对西方的锁国政策日益严峻，传播到日本的有关耶稣会的书籍均遭到销毁[2]，因此无法得知当时的日本人学习西方数学的详细情况。

西方科学技术的再次传入日本是在“兰学”盛行之后[3]。德川幕府的将军德川吉宗(1684—1751)喜好天文学、植物学等实用的学问。他命令其幕臣学习荷兰语，并于1720年对禁书令采取宽松态度，允许通过荷兰传入西方的医学、农学等知识。吉宗在位的1716年至1745年间是日本历史上经过荷兰和西班牙等欧洲国家吸收西方科技的时期，即日本历史上所谓“兰学”时期。当时西方数学知识广为传播，其中也有欧氏几何学等内容。如几何学入门书 *Grondbeginsels der meetkunst* (Pibo Steenstra, Amsterdam, 1803)，珍藏在东海同朋大学图书馆。用荷兰语写成的这本几何书的内容，包括欧氏几何的第1卷至第6卷，以及第11、12卷。

西方数学传播日本的另一种途径，是借助于明末清初和清末出现的汉译西方数学著作。如明末出版的《天学初函》(1629)等丛书，在禁书令颁布之前便已传入日本，其后也被秘密地输入到日本。据记载，幕府末期尾张藩主德川义直(1600—1650)于1632年购入一部《天学初函》，现存于日本名古屋市尾张藩蓬左文库(见图0.1)[4]。在享保七年(1722)，《规矩文等集》一书的序文中有著名学者细井广泽(1658—1736)读到其中内容的记载，他写道：“近来偶得窥几何原本、勾股法义、测量法义等之旨，窃探其赜而倍喜”[5]。

又有资料表明，在江户幕府历史上，以保守著称的人物松平定信收藏的

---

〔1〕 海老澤有道. 南蛮学統の研究(増補版)[M]. 東京：創文社，1978：38.
〔2〕 安藤洋美. 明治数学史一断面[A]. 京都大学数理解析研究所講習録[Z]. 2001：181.
〔3〕 兰学(Rangaku，らんがく)指的是在江户时代，经荷兰人传入日本的学术、文化、技术的总称，字面意思为荷兰学术(Dutch learning)，引申可解释为西方学术(简称洋学，Western learning)。兰学是一种通过与出岛上荷兰人的交流，由日本人发展而成的学问。兰学让日本人在江户幕府锁国政策时期(1641—1853)得以了解西方的科技与文明。
〔4〕 王勇，大庭修. 日文化交流史大系[M]. 杭州：浙江人民出版社，1996：134.
〔5〕 万尾時春. 立算規矩分等集序文[M]. 第1丁.

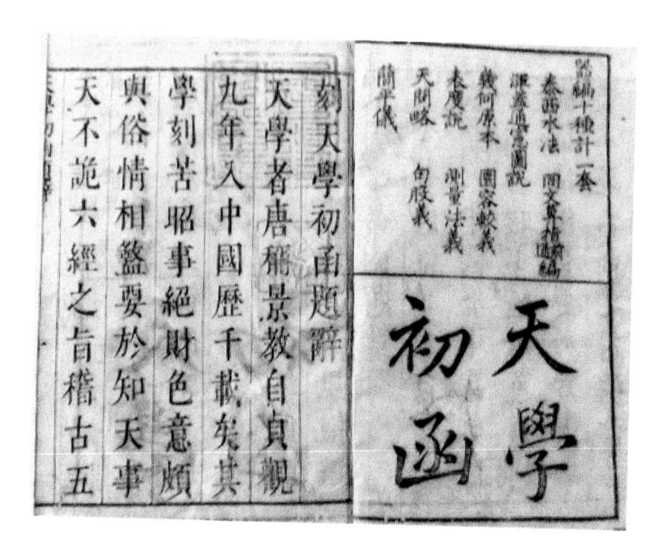

图 0.1　江户时期传入日本的《天学初函》(名古屋蓬左文库收藏)

书籍中有大量汉译数学著作。松平定信是德川吉宗之孙,因幼时聪慧过人,曾作为幕府将军接班人加以培养,后阴差阳错未成将军,却成为辅佐将军的重要人物。2007 年松平定信的藏书目录出版发行,遍览其目录,可知其中有诸多汉译本收录。

可见,明末汉译著作在江户时期的日本“禁书令”颁布前后,均大量传播到日本,上到掌权的幕府或皇室成员,下到平民百姓,广泛收藏了各种版本的汉译数学著作。但是,当时的日本传统数学“和算”非常发达,和算家们善于分析和计算复杂的几何图形之间的关系,所以西方几何学等演绎体系的数学没有引起他们的重视。又因为没有全面开放与西方学术与文化的交流,基本停留在关闭门户,独自发展的隔离状态。

近代日本与西方数学文明再一次碰撞并完成学术上的交融是在 19 世纪中叶以后,期间仍借鉴和参考了中国刊行的汉译西方数学著作。

18 世纪中叶,耶稣会在中国遭禁止,在欧洲的势力也被取代。明末清初的西学东传渠道中断,清廷一直采取禁止西方文明传入政策,与此对应的是西方向东扩张之势却愈来愈强。明末清初汉译著作刊行约 200 年后,西学东传趋势以新的方式出现,在中国出现了第二批汉译科学著作。来华传教士和中国学者仍采取明末清初的合译形式将其译成中文刊行于世。又有墨海书馆和江南制造局翻译馆出版的西方数学著作,为中国数学与国际数学界的衔接起到承上启下的作用,下文将具体介绍这些著作翻译刊行的情况。

第 1 章
以科技为先导的西方数学在中国的传播

1.1 墨海书馆的汉译西方科学著作

1.1.1 墨海书馆的成立

清末传入中国的西方数学以微积分、符号代数学、解析几何学等西方科学史上牛顿力学体系确立以后的内容为主。而这些数学知识的传播却以西方传教事业的再次东渐为媒介。

最早将西方科学著作传入中国的机构是成立于 1843 年的墨海书馆(The London Mission Press)。其创办者为英国伦敦会传教士麦都思(Walter Henry Medhurst，1796—1857)、慕维廉(William Muirhead，1822—1900)、艾约瑟(Joseph Edkins，1823—1905)等人。书馆旧址坐落在江海北关附近的麦家圈(今上海市福州路和广东路之间,山东中路西侧)的伦敦会总部。

麦都思是清末较早来到中国的传教士之一。来中国之前他去马六甲(Malacca),槟城(Penang),雅加达(Jakarta，当时称作 Batavia)等东南亚各地进行传教活动。他在雅加达看到了日本书籍,又遇到被日本政府驱逐的希伯尔特(Philipp Franz von Siebold，1796—1866),了解日本状况,开始学习日语[1]。虽然麦都思未曾去过日本,但他十分关注日本的传教活动。

---

〔1〕 八耳俊文.入華プロテスタント宣教師と日本の書物・西洋の書物[J].或問,2005(9):29-30.

麦都思1835年到达中国后便着手创办墨海书馆，结识了很多晚清知识分子[1]。

书馆培养了一批通晓西学的学者，如王韬（1828—1897）、李善兰（1811—1882）等，他们和艾约瑟、伟烈亚力等撰写、翻译了许多介绍西方政治、科学、宗教的书籍。

墨海书馆属英国伦敦教会，主要为传教目的翻译西方圣经及相关著作，但同时又翻译了西方科学技术和数学有关的诸多著作。可以说墨海书馆是西方科学技术第二次传播中国的发祥地。

墨海书馆是当时上海地区最早采用汉文铅印活字印刷术的印刷机构。铅印设备的印刷机器为铁制，以牛车带动，传动带通过墙缝延伸过来推动印刷机，因此在机房内看不见牛车。书馆用机器印书，在当时是一件非常新奇的事，更有趣的是用水牛拉转印刷机，当时有人还用一首诗来描述墨海书馆的印书情况：车翻墨海转轮圜，百种奇编宇内传。忙煞老牛浑未解，不耕禾陇种书田[2]。

成立之初的墨海书馆，工作人员主要以西方传教士为主，不久便有很多中国学者参与其中。最著名的当属王韬和李善兰等如饥似渴地想了解西方科学知识的学者，他们和传教士共同翻译了西方政治、科学、宗教、文化方面的诸多书籍。

1.1.2　王韬与墨海书馆

清末中国的早期启蒙人士中王韬是就职于墨海书馆的首位学者。

王韬生于苏州府长洲县甫里村（今江苏省苏州市吴中区角直镇），初名王利宾，字兰瀛。18岁县考第一，改名为王瀚，字懒今。据记载他后来又有多种不同的字、号等，如字紫诠、兰卿，号仲弢、天南遁叟、甫里逸民、淞北逸民、欧西富公、弢园老民、蘅华馆主、玉鲍生、尊闻阁王，外号“长毛状元”。

王韬于1845年考取秀才。道光二十八年（1848）王韬到上海探望父亲，

---

〔1〕 黎难秋.中国科学文献翻译史稿[M].合肥：中国科学技术大学出版社，1993：84.
〔2〕 纪志刚.杰出的翻译家和实践家——华蘅芳[M].北京：科学出版社，2000：12.

顺便参观麦都思主持的墨海书馆，受到麦都思和长女玛丽、二女娅兰的接待，款以葡萄酒和音乐，并带领参观“光明无纤翳，洵属琉璃世界”的印刷厂房。王韬对按字母次序排列整齐的活字架，一天能印几千本书的活字版印刷机很感兴趣，这也许是他日后自己办书馆的契机之一。他记述了初见墨海书馆印书情况：“时西士麦都思主持墨海书馆，以活字版机器印书，竟谓创见。余特往访之。……后导观印书，车床以牛曳之，车轴旋转如飞，云一日可印数千番，诚巧而捷矣。”[1]王韬在墨海书馆结识了美魏茶（Milne，William Charles，1815—1863）、慕维廉、艾约瑟等传教士。1848年，王韬父亲病故，此时王韬家有娇妻幼女，必须寻找工作，维持生计，幸得麦都思的聘请，到上海墨海书馆工作，墨海书馆的工资固定，比他在家乡教书所得高很多。据《郭嵩焘日记》记载，王韬和家眷就住在墨海书馆宿舍，室内挂一副对联：“短衣匹马随李广，纸阁芦窗对孟光。”[2]

1843年英国伦敦会在香港举办的代表大会上，多数代表认为早先马礼逊（Robert Morisson，1782—1834）翻译的圣经，包含太多俚语，决定由伦敦传道会上海分会麦都思、美魏茶在上海重新组织翻译《圣经》。初步翻译工作，由伦敦会教友完成。1847年6月开始，以麦都思、米怜为首的五人代表小组，周一至周五，每天开会研讨四小时，代表们都有自己的翻译员（王韬是麦都思的翻译），逐字逐句对照原文，进行讨论，提出修改意见。1850—1853年分别翻译《新约》和《旧约》，由于其中文通顺，被英国圣经公会（British and Foreign Bible Society）采纳为海外标准本，短短6年间已经印行十一版，成为在中国最广为流行的《圣经》译本。

根据伦敦会1855年61届大会报告，王韬在1854年8月26日接受洗礼，正式成为基督教徒。他在墨海书馆给麦都思担任助手，工作踏实，翻译了《圣经》和其它诸多西方著作。1857年参加《六合丛谈》的编辑工作，是他参与报刊活动的开始。

1862年因化名黄畹上书太平天国被发现，清廷下令逮捕，当时墨海书馆馆长麦都思的儿子麦华陀爵士（Sir Walter Henry Medhurst）正是英国驻上

---

〔1〕王韬. 弢园文新编[M]. 上海：中西书局，2012：316.
〔2〕郭嵩焘. 郭嵩焘日记(第一卷)[M]. 长沙：湖南人民出版社，1980：33.

海领事。王韬在上海英国领事馆避难四个多月，又在他们的帮助下逃亡香港。1862年10月4日，王韬搭乘一艘英国“鲁纳”号秘密离开上海前往香港，在甲板上，他以伤感的笔触写下了诗句：“东去鲁连成蹈海，北来庾信已无家。从今便作天南叟，忍住饥寒阅岁华。”〔1〕

香港英华书院院长——汉学家理雅各(James Legge, 1815—1897)是墨海书馆馆长麦都思的老友，便安排王韬住在香港伦敦教会的宿舍，并聘请王韬协助翻译《十三经》。在王韬协助下理雅各翻译出《尚书》和《竹书纪年》。在空暇时，他常邀请王韬到薄扶林寓所小住。王韬初到香港，无亲无故，多仗理雅各资助才能渡过难关。在此期间，王韬还兼任《香港华字日报》主笔，这是他从事华文新闻事业的开端。王韬旅居香港，工余之暇，勤涉书史。当时罕有关于香港的史料，王韬寻访故老，收集关于香港的资料，撰写了《香港略论》《香海羁踪》《物外清游》三部著作，记述香港的地理环境，英人未来前的状况，英人割据香港后设立的官府、制度和兵防，以及19世纪中叶香港的学校、教会、民俗等历史资料。王韬的文章，是有关香港早期历史的重要文献。

1867年11月20日，受到朋友的邀请和资助，王韬开始了他在欧洲的游历。他取道新加坡、槟榔屿、锡兰、亚丁、开罗，出地中海，经意大利墨西拿抵达法国马赛，又从马赛转搭火车经里昂到达巴黎，在巴黎游览卢浮宫等名胜，并拜访索邦大学汉学家儒莲(又写作朱利安，Stanislas Aignan Julien, 1797—1873)，随后继续搭火车到加来港口，转搭渡轮过英吉利海峡到英国多佛尔港，最后又到了伦敦。每到一处，他必定游览一番，并以浪漫的辞藻写下丰富的游览笔记。这成为今天我们窥见19世纪末欧洲盛景，以及这位著名的清末改良派思想家复杂内心世界的重要资料。

王韬在英国待了两年，和他的朋友理雅各一起住在苏格兰中部，除了不时的长长短短的旅行，两人还合作完成了《诗经》《易经》《礼记》等中国经典的翻译。王韬旅居苏格兰期间，应用西方天文学方法研究中国古代日食记录，写出了《春秋日食辨正》《春秋朔闰至日考》等天文学著作。其间，他还应邀前往牛津大学、爱丁堡大学作学术演讲，介绍孔子的仁爱之道。根据现有

〔1〕 王韬.漫游随录[M].长沙：岳麓书社出版，1984：17.

的记载，这是有史以来第一位中国文人在牛津大学演讲的记录。王韬西行的收获之一，是给他的小说和游记提供了源源不断的素材。除此之外，中西文化的巨大差距，不可能不给这位传统文人带来巨大的冲击。段怀清在《苍茫谁尽东西界》中说道："而当泰西文明不仅只是所谓的奇巧淫技、不仅以口岸文明的方式呈现在他的面前的时候，作为晚清中国第一代口岸知识分子之一，王韬发蒙以来所逐渐经营出来的传统文人的精神审美世界也不能不随之发生动摇，不过这一精神思想的变迁过程远非想象那么轻而易举。"[1]

1870年冬理雅各返回香港，重新主持英华书院，王韬随同返香港，在鸭巴甸(今香港仔)租了一间背靠山麓的小屋，名之为"天南遁窟"，自号"天南遁叟"，从事著述之余，仍旧出任《华字日报》主笔。在此期间，王韬编译了《法国志略》《普法战纪》，先后在《华字日报》连载，上海《申报》转载。后来王韬《普法战纪》编辑成21万字的单行本。《普法战纪》很受李鸿章(1823—1901)重视，传入日本后，也引起很大的反响。1872年东华医院在香港创立，王韬被选入东华医院第一届董事会。1873年理雅各返回苏格兰，王韬买下英华书院的印刷设备，在1874年创办世界上第一家成功的华资中文日报——《循环日报》，被尊为中国第一报人。王韬自任主笔十年之久，在《循环日报》上发表八百余篇政论，宣扬中国必须变法，兴办铁路、造船、纺织等工业以自强。王韬发表在《循环日报》的政论，短小精悍，每篇千字左右，切中时弊，被认为是中国新闻界政论体的创造人。1875年王韬发表了著名的《变法自强上》《变法自强中》《变法自强下》三篇政论，在中国历史上首次提出"变法"的口号，比郑观应《盛世危言》早18年，比康有为、梁启超变法维新早23年。据学者罗香林考证，康有为在1879年曾游历香港，正值王韬担任《循环日报》主笔，发表大量变法政论之时，因此，康有为的变法思想，受王韬影响是极可能的事。王韬无疑是中国变法维新运动的先行者。

王韬的《普法战纪》一书和发表在《循环日报》上的变法维新政论，深受日本维新派重视。光绪五年(1879)三月，王韬应日本一等编修重野成斋、《报知社》主笔栗本锄云、蕃士冈鹿门、中村正直、寺田望南、佐田白茅等名士的邀请，前往日本进行为期四个月的考察。王韬在此期间结识一批日本维

---

[1] 段怀清. 苍茫谁尽东西界——论东西方文学与文化[M]. 杭州：浙江大学出版社，2012：125.

新人士，考察了东京、大阪、神户、横滨等城市，写成《扶桑游记》。在日本期间，王韬还在东京谒见清廷驻日大使何如璋、副使张斯桂、参赞黄遵宪。

王韬在英国、日本的名望和他的变法维新政论，使清廷重臣李鸿章刮目相看，认为王韬“不世英才，胸罗万有”，希望召罗为用。

光绪八年（1882）王韬曾回上海探路，瞩香港洪茂才校对《弢园文录外编》，由香港印务总局排印。在流亡 22 年后的 1884 年春天，在丁日昌、马建忠、盛宣怀等人的斡旋下，王韬终于回到上海——他阔别了半生的土地。定居在沪北吴淞江滨的淞隐庐。此时王韬被聘为《申报》编辑。光绪十一年（1885）王韬创办弢园书局，以木活字出版书籍。光绪十二年（1886）主持格致书院，推行西式教学。光绪十三年（1887）著《淞滨琐话》。光绪十六年（1890）石印出版《漫游随录图记》，入秋，王韬被聘为《万国公报》特约写稿人。光绪二十年（1894）孙中山拜见王韬，王韬为孙中山修改《上李傅相书》，安排在《万国公报》发表。光绪二十三年四月二十三日（1897 年 5 月 24 日）王韬病逝于上海城西草堂。

1.1.3　伟烈亚力与西方数学在清末中国的传播

伟烈亚力（Alexander Wylie，1815—1887）在中英交流史上做出了重要贡献。他在年轻时对中国文化发生浓厚的兴趣，积极学习中文，后经伦敦会传教士理雅各的推荐，在道光二十七年（1847）到达中国。伟烈亚力初到中国时主要是进行传教，其间翻译了《新约圣经》。除了精通汉语之外，他还对满语和蒙古语也发生兴趣，在 1855 年将《满蒙语文典》翻译成英文。

作为汉学家，伟烈亚力也撰文介绍中国传统文化。但是，作为科学史研究者，我们的目光会集中在其西方科学技术和西方数学的传播活动上。

伟烈亚力的科学翻译和传教活动虽然以墨海书馆的工作为肇始，但并不仅限于此。作为洋务运动的一环，李鸿章在上海建立了江南制造局，其中设立了介绍西方科技的翻译馆。伟烈亚力是其中最重要的西学翻译者之一，详细情况后文中做介绍。

伟烈亚力从 1852 年 8 月至 11 月之间，以“Zero”为笔名在 *North China Herald*，即在《北华捷报》（见图 1.1）上发表了题为 *Jottings on the Sciences of Chinese Mathematics* 的文章，译成中文为《中国科学札记：数学》，文中主

THE

North-China Herald.

Vol. VIII., No. 370.　　SHANGHAI, SATURDAY, AUGUST 29, 1857.　　Price, Taels 15 ₱ Annum.

INTIMATIONS.

NOTICE.

ALL persons having claims against, or being indebted to the Estate of the late Mr. Arthur Smith, are requested to send particulars of the same to the undersigned before the 31st instant.

EUG. BUISSONNET.

Shanghae, 20th August, 1857.

In the United States Consular Court of Canton,

In Insolvency and Equitable Jurisdiction.

WHEREAS Luman Norton Hitchcock, a Citizen of the United States of America and Partner in the Commercial firm of Messrs. KING & Co., carrying on business as Merchants at Canton and elsewhere within the Empire of China, has made application in writing to this Court, verified by his oath setting forth the fact of the Insolvency of the firm of Messrs. King & Co. and asking that he may be discharged from his debts as Co-partner,—Notice is hereby given to any and all of the Creditors of the Insolvent to show cause, if any they have, to the Court on Wednesday, the 1st day of July next, at 10 o'clock A.M., at the House of the United States Legation in Macao, why the application of the Insolvent should not be granted.

Macao, May 8th, 1857.

(Signed) OLIVER H. PERRY, United States Consul of Canton.

In the United States Consular Court of Canton,

In Insolvency and Equitable Jurisdiction, to all whom it may concern.

WHEREAS Luman Norton Hitchcock, an American Citizen and Partner in the Commercial firm of KING & Co., carrying on business as Merchants at Canton and elsewhere within the Empire of China, has made application in writing to this Court, verified by his oath setting forth the Insolvency of said firm of King & Co., and asking that he may be discharged from his debts as Co-partner, and it being necessary that a Receiver of his Property should be appointed to take and hold the same for rateable distribution, I, Oliver H. Perry, Consul of the United States of America for the Port of Canton, China, have appointed and do by these presents appoint Henry P. Blanchard, Esq., with full power and authority to take and hold the said Luman Norton Hitchcock's Property real and personal, and the Property of the said firm of King & Co., and hold the same subject to the orders of this Court.

At the House of the United States Legation, Macao, May 8th, 1857.

(Signed) OLIVER H. PERRY, United States Consul of Canton.

IN H. B. M. CONSULAR COURT AT SHANGHAE.

[illegible]

CIRCULAR.

[illegible]

P. F. RICHARDS.

SHIPPING.

CIRCULAR.

[illegible]

E. WARDEN, Agent.

P. & O. S. N. Co.'s Office, Shanghai, 17th August, 1857.

NOTICES OF FIRMS.

[illegible]

SMITH, KENNEDY & Co.

[illegible]

KUPFERSCHMID & DATO.

NOTICES OF FIRMS.

NOTICE.

WE have established a Branch of our Firm at Foochow, and Mr. R. S. B. Fussell is authorised to sign the same per procuration.

BLENKIN, RAWSON & Co.

Shanghae, August 20th, 1857.

NOTICE.

ON the 1st instant we opened a Branch of our Firm at Shanghae.

Mr. ARCHIBALD CAMPBELL is a Partner in our Firm from the same date.

FLETCHER & Co.

[illegible]

SHAW, BLAND & Co.

[illegible]

GIBB, LIVINGSTON & Co.

[illegible]

DENT, BEALE & Co.

[illegible]

DENT & Co.

[illegible]

J. F. H. TRAUTMANN.

[illegible]

HARKORT & Co.

[illegible]

W. SHEPARD WETMORE.

[illegible]

W. SHEPARD WETMORE.

[illegible]

WILLIAMS & Co.

[illegible]

W. SHEPARD WETMORE, FRANKLIN D. WILLIAMS, W. WETMORE CRYDER.

[illegible]

WILLIAM NOTT, A. B. NEILSON, Jr., WALTER L. PURME, D. OLYPHANT VAIL, RICHARD B. TYERS.

[illegible]

REISS & Co.

[illegible]

ISAAC M. BULL & Co.

INSURANCES.

THE COLONIAL LIFE ASSURANCE COMPANY.

Incorporated by Special Act of Parliament.

CAPITAL—ONE MILLION STERLING.

Established 1846.

Governor.

The Right Hon. the Earl of Elgin and Kincardine.

Head Office—EDINBURGH, 5 GEORGE STREET.

London Office—82 LOMBARD STREET.

China.

[illegible]

WILL. THOS. THOMSON, Actuary.

D. CLUNIE GREGOR, Secretary.

MONCRIEFF, GROVE & Co.

NOTICE.

EASTERN MARINE INSURANCE COMPANY

[illegible]

TURNER & Co.

NETHERLAND-INDIAN MARINE AND FIRE INSURANCE COMPANY OF BATAVIA.

[illegible]

TURNER & Co.

NOTICE.

NORTHERN ASSURANCE COMPANY.

[illegible]

TURNER & Co.

ROYAL INSURANCE COMPANY OF LIVERPOOL.

[illegible]

G. C. SCHWABE & Co.

ALLIANCE FIRE ASSURANCE COMPANY OF LONDON.

[illegible]

JARDINE, MATHESON & Co.

INSURANCES.

HONGKONG MARINE INSURANCE COMPANY.

THE undersigned are prepared to grant Policies on behalf of the HONGKONG INSURANCE COMPANY, payable in Shanghae, Hongkong, Canton, Calcutta, Manila, Bombay and London.

LINDSAY & Co.

Shanghae, 1855.

THE LONDON & ORIENTAL STEAM TRANSIT INSURANCE OFFICE.

(Established 1848.)

[illegible]

JAMES HARTLEY & Co.

FOR SALE.

[illegible]

HOUSES & LAND.

[illegible]

HOUSES & LAND.

FOR SALE OR TO LET.

A DWELLING HOUSE situated on the Mission Road,—being the premises lately occupied by the subscriber.

F. D. WILLIAMS.

Shanghae, July 17th, 1857.

FOR SALE.

THE KWONG-NAM HONG, including Land, Dwelling House, with Out-Houses attached, and Godown, the property of E. M. de Bussche, Esq., situated on the Yang-king-pan Creek, and now in the occupation of Messrs. P. & D. N. Camajee & Co. For further particulars apply to

[illegible]

MISCELLANEOUS.

F. PICKENPACK, AGENT & COMMISSION MERCHANT.

Mr. THOMAS L. WALKER, ARCHITECT & SURVEYOR.

RICHARDS & Co., SHANGHAE.

L. LEGRAND, WATCH & CLOCK MAKER.

J. D. MUGFORD, APOTHECARY.

THE SHANGHAE HOSPITAL AND DISPENSARY.

KUPFERSCHMID & DATO, CHRONOMETER, WATCH AND CLOCK-MAKERS AND GENERAL STORE-KEEPERS.

HALL & HOLTZ, SHIP CHANDLERS, STOREKEEPERS AND BAKERS, BREAD AND BISCUITS.

H. FOGG & CO., SHIP CHANDLERS, STOREKEEPERS, GENERAL AGENTS, AND AUCTIONEERS.

F. PEARSON, General Store-Keeper.

[illegible]

图 1.1　北华捷报 1857 年版中一页

要介绍了中国传统数学的成果。

North China Herald，又名《华北先驱周报》或《先锋报》。上海第一家英文报刊。1850 年 8 月 3 日由英国拍卖行商人奚安门（Henry Shearman，？—1856）在上海的英租界创办，每周六出报。主要刊载广告、行情和船期等商业性信息，同时也刊有言论、中外新闻和英国驻沪外交、商务机关的文告，并转载其他报刊的稿件，供外国侨民阅览。有关太平天国的报道甚多，是研究太平天国的重要参考资料。一定程度上反映出英国政府的观点，被视为“英国官报”。伟烈亚力在此报刊上积极向西方介绍了中国传统数学和科技内容。

North China Herald 的编辑奚安门于1853年将《中国科学札记：数学》全文转载于杂志《上海历书》上。1864年，专门介绍中国和日本的科学技术、历史文化、传统艺术的期刊《中日丛报》(The Chinese and Japanese repository of facts and events in science, history, and art, relating to eastern Asia, 1863—1865)中也转载全文，后又被译成德语和法语出版。

可以说伟烈亚力的《中国科学札记：数学》是日本数学史家三上义夫的《中日数学的发展》(The Development of Mathematics in China and Japan)[1]刊行之前西方学者全面了解中国传统数学的最早的文章。

1853年，伟烈亚力著《数学启蒙》2卷出版。幕府末期至明治初期日本的一些初等数学书中都有参考《数学启蒙》的痕迹。在本书后文中涉及开成所和沼津兵学校的数学教育情况时会进行详细介绍。

《数学启蒙》的序文中有"天下万国之大，有书契，即有算数"。其中"算数"即为今天的 Mathematics，数学之意，而标题中的"数学"却是今天的 Arithmetic 之意。

在前言中伟烈亚力写道，自己为传教从西方来到中国，又为了普及西方数学基础知识著《数学启蒙》2卷。关于学习数学，他写道，学习数学如同儿童的成长，掌握基本知识打好基础之后，再继续学习代数和微分等高等数学。

《数学启蒙》出版之后被清末学者广泛传读，如在上海的伟烈亚力友人沈毓桂的著作中，有"从远方来的人或近邻者竞相购买《谈天》《数学(启蒙)》等著作"的记录[2]。

清末维新人物梁启超(1874—1929)读完《数学启蒙》后认为，数学的学习应从算术开始到代数为止。伟烈亚力的《数学启蒙》相当于《数理精蕴》中的部分内容，对于学习算术提供了诸多方便[3]。

伟烈亚力又和李善兰合作翻译了其他西方数学著作，相关情况在介绍李善兰时论及，在此不再赘述。

---

[1] Mikami Yosio, *The Development of Mathematics in China and Japan*, *Leipzig*: *Teubner*, 1913; New York: Chelsea, 1974.
[2] 汪晓勤. 中西科学交流的功臣——伟烈亚力[M]. 北京：科学出版社，2000：43.
[3] 汪晓勤. 中西科学交流的功臣——伟烈亚力[M]. 北京：科学出版社，2000：43.

伟烈亚力和李善兰合译的西方数学著作中，比较引人注目的是《几何原本》后 9 卷的翻译工作。伟烈亚力到中国后，得知中国学者非常重视欧几里得几何学的内容，便决定在利玛窦和徐光启合译的《几何原本》前 6 卷的基础上继续翻译后 9 卷内容。后 9 卷的翻译工作自 1852 年 7 月到 1856 年 3 月之间完成。1865 年在曾国藩(1811—1872)的援助下，在南京出版了俗称“金陵本”的 15 卷本《几何原本》。后因太平天国战乱，原版被毁，于同治五年(1866)重刊。光绪十四年(1888)上海六合书局以石印版出版刊行。

伟烈亚力和李善兰共同翻译西方数学著作时，书中会用大量篇幅介绍西方数学史的相关知识。如在他们的译著中曾介绍牛顿(I. Newton，1642—1727)、莱布尼茨(G. W. Leibniz，1646—1716)、拉格朗日(Joseph—Louis Lagrange，1736—1813)等西方数学家及其研究经历，为清末学者全面了解西方数学的发展历程做出了较为重要的媒介作用。

1867 年，伟烈亚力在上海出版了《中国文献解题》(*Notes on Chinese Literature*)和《赴华新教徒传教士回忆录》(*Memorials of Protestant Missionaries to the Chinese: giving a list of their publications, and obituary notices of the deceased*)等两部著作。《中国文献解题》中对 2000 年间的中国古代文献进行了解说。此书是伟烈亚力各类著作中深受欧洲学者重视的一部著作。作为西方汉学者经常引用的中国文献，曾被科学史学者史密斯(D. E. Smith，1860—1944)、萨顿(G. Sarton，1884—1956)、李约瑟(J. Needham，1900—1995)等人多次引用并参考[1]。

伟烈亚力《在华新教士记念录》中介绍了 338 名西方传教士的履历和著作，该书是了解和研究西方传教士来华情况的一份非常有价值的史料。

除了介绍西方科学技术与数学知识，伟烈亚力对中国少数民族的文献也颇为关注，1880 年翻译《前汉书》第 95 卷中的“西南夷传”和“朝鲜传”，次年又翻译了第 96 卷。另外，他又撰写了《匈奴与中国关系史》等讨论北方民族与中原地区关系的著作，并对元代巴思巴文、女真古铭文(古代满州语)也有自己独特的研究。

1874 年开始伟烈亚力筹备亚洲文会博物馆的创办，在第二年的 2 月开

〔1〕 汪晓勤. 中西科学交流的功臣——伟烈亚力[M]. 北京：科学出版社，2000：120.

始到 11 月建成博物馆，展出了各种工业制品、人种说明资料，以及植物、动物、矿物标本等。

1877 年 7 月 8 日，伟烈亚力离开上海回国，1883 年双目失明，1887 年 2 月 6 日逝世。

虽然，伟烈亚力来中国的目的主要是为了传教事业，但他终生为西方科学技术、西方数学在中国的传播做出了不朽的贡献。

1.1.4　李善兰与西方数学知识在中国的传播

1.1.4.1　李善兰的履历和著作

李善兰为清末著名数学家，官至户部郎中，三品卿。他的科学著作涉及数学、物理学、化学、天文学等各个领域。

李善兰，字壬叔，号秋纫，浙江省海宁人。10 岁开始对中国传统数学发生兴趣，学习《九章算术》，此后又学习了《几何原本》前六卷，李冶《测圆海镜》和戴震的《勾股割圆记》等。他曾记录自己学习中国传统数学的经历："方年十龄，读书家塾，架上有古《九章》，窃取阅之，以为可不学而能，从此遂好算，三十后所造渐深。"[1]在 35 岁时，到嘉兴相遇顾观光（1799—1862）、张福值（？—1862）、张文虎（1808—1885）、汪曰桢（1813—1881）等人，跟他们讨论各种数学问题。

李善兰于 1852 年到上海参加西方数学、天文学等科学著作的翻译工作，8 年间译书 80 多卷。1860 年以后在徐有壬、曾国藩手下充任幕僚。1868 年到北京任同文馆天文学算馆总教习，直至病故。

1867 年他在南京出版《则古昔斋算学》，汇集了二十多年来有关数学、天文学和弹道学的著作，计有《方圆阐幽》《弧矢启秘》《对数探源》《垛积比类》《四元解》《麟德术解》《椭圆正术解》《椭圆新术》《椭圆拾遗》《火器真诀》《对数尖锥变法释》《级数回求》和《天算或问》等 13 种 24 卷，约 15 万字。除此之外，他的数学著作还有《考数根法》《粟布演草》《测圆海镜解》《九容图表》等。又有《造整数勾股级数法》《开方古义》《群经算学考》《代数难题解》等未刊行的著作。

---

〔1〕 李迪. 中国数学史简编[M]. 沈阳：辽宁人民出版社，1984：329.

其中《方圆阐幽》《弧矢启秘》《对数深源》等3部著作是关于幂级数展开式的研究。李善兰创造了一种“尖锥术”，在《方圆阐幽》中列出十个命题作为其基本理论。在命题四中说明高次幂“X^n”($n \geqslant 2$)不仅可以用平面积表示，也可以用线段长表示。在其他命题中又用求诸尖锥之和的方法来解决各种数学问题。虽然他在创造“尖锥术”的时候还没有接触微积分，但已经实际上得出了有关定积分公式。李善兰还曾把“尖锥术”用于对数函数的幂级数展开，这在我国近代数学的发展历程中非常重要的研究成果。

李善兰不仅在传统数学的钻研中取得了非常重要的成果，在引进西方数学方面也做出了重要贡献。下面介绍他在翻译和传播西方数学的主要工作。

1.1.4.2　李善兰的汉译西方数学著作

李善兰于1852年到上海结识了伟烈亚力、艾约瑟等来华传教士[1]，并跟他们合作翻译了诸多西方科学著作。在翻译西书之前他已经认识到西方各国强盛的根源在于其技术的发达，而其先进技术的基础便是西方近代数学。他曾写道：“呜呼！今欧罗巴各国日益强盛，为中国边患。推原其故，制器精也；推原制器精，算学明也。……异日(中国)人人习算，制器日精，以威海外各国，令震摄，奉朝贡”[2]，即认为西方科学技术的发展和西方数学的发展有着密不可分的关系。其中既有对西方科技的认识，也表现出其忧国忧民的爱国情结。

李善兰深知西方各国强盛的原因在于“制器精也”“算学明也”。他又在自己的著作中写“异日(中国)人人习算，制器日精，以威海外各国，令震摄，奉朝贡”，渴望通过人人习算，制造精美的先进仪器，震慑海外各国，重振民族雄风。李善兰忧国忧民的悲愤情节表现在其各类著作的序言或跋中。

李善兰不懂西方语言，翻译西方科学著作时，采取了与明末清初的徐光启等相同的外国人口译，中国学者“笔述(或笔受)”的合译形式。所翻译的著作内容广涉各种西方科技知识。自1852年夏开始到1859年的8年间共

[1] 钱宝琮. 中国数学史[M]. 北京：科学出版社，1992：317.
[2] 王渝生. 中国近代科学的先驱李善兰[M]. 北京：科学出版社，2000：10.

翻译了植物学、天文学、力学、数学等各种专业书籍。1859年由墨海书馆出版了他和伟烈亚力合译的《代数学》13卷、《代微积拾级》18卷和《谈天》18卷。其中的《代数学》的底本为英国数学家棣么甘(Augustus De Morgan,1806—1871)写于1835年的《代数学初步》(*Elements of Algebra*)。而《代微积拾级》是美国数学家罗密斯(Elias Loomis,1811—1899)写的《解析几何和微积分初步》(*Elements of Analytical Geometry and of Differential and Integral Calculus*,1850)。《谈天》一书是李善兰和伟烈亚力合译的西方天文学家侯失勒(今译J.赫歇耳,John Herschel,1792—1871)的天文学著作。王韬曾谈到自己最为景仰的是英国实证主义哲学大师培根和天文学家侯失勒,《瓮牖余谈》中有专篇分别予以介绍。《谈天》第一次把万有引力定律及天体力学知识介绍到中国,也传入日本,成为近代日本学者了解西方天文学知识的重要参考文献。

他又与艾约瑟合译了《重学》20卷和《圆锥曲线说》3卷。《重学》一书较系统地把牛顿运动定律等经典力学知识介绍到中国。目前中国科学史界,关于李善兰和西方传教士合译的大部分西方科学著作的原著已经确知,但是学界还没有十分清楚《圆锥曲线说》的原著。

李善兰又翻译了牛顿的《自然哲学的数学原理》(*Philosophiae Naturalis Principia Mathematica*,1687),当时称作奈端的《数理格致》,后因故中断。丁福保(1874—1952)在《算学书目提要》(1899)中写道:"奈端《数理》四册,英国奈端撰,伟烈亚力和傅兰雅口译,海宁李善兰笔述。是书分平圆、椭圆、抛物线、双曲线各类。椭圆以下尚未译出,其已译者,亦未加删润。往往四五十字为一句者,理既奥赜,文又难读。吾师若汀〔华蘅芳〕先生屡欲删改,卒无从下手。后为大同书局借去,今已不可究诘"[1]。在《格致汇编》中也介绍过《奈端数理》的内容。根据上述内容,可以得知李善兰原计划合译8册,先是和伟烈亚力合作翻译,后又和傅兰雅共同完成了前3册的翻译工作[2]。但遗憾的是前3册原稿遗失,中断了全部的翻译工作。

关于《奈端数理》译稿的遗失之事在汪渝生《中国近代科学的先驱李善

---

〔1〕 丁福保.算学书目提要[M].北京:文物出版社,1984.
〔2〕 格致汇编(第三卷)[M].1880:45.

兰》一书中有详细介绍[1]。书中写道,1995年韩琦访学伦敦大学,意外发现奈端《数理》的译稿,即《数理格致》共63页,内容包括牛顿《原理》中的定义,运动的公理和定律,以及第一编"物体的运动"的前四章[2]。

李善兰的翻译工作是有独创性的,他创译了许多科学名词,如"代数""函数""方程式""微分""积分""级数""植物""细胞"等,匠心德运,切贴恰当,不仅在中国流传,而且东渡日本,沿用至今,其详情在后文中作介绍。

以上是对李善兰履历、著作、译书情况的简单介绍。于19世纪中后期,李善兰为中国传统数学的发展和西方数学的引进、吸收做出了贡献。他的译书也为中国近代科学的发展起了启蒙作用。同治七年(1868),李善兰到北京担任同文馆天文、算学部长,执教达13年之久,为造就中国近代第一代科学人才作出了重要贡献。

李善兰为近代科学在中国的传播和发展做出了很多开创性的工作。继梅文鼎之后,李善兰成为清代数学史上又一位杰出代表。他一生翻译西方科技书籍甚多,将近代科学最主要的几门知识,从天文学到植物细胞学的最新成果均介绍到近代中国,对促进我国近代科学的发展做出了卓越贡献。

自20世纪30年代以来,李善兰受到国际数学界的普遍关注,研究其著作和成果的论文络绎不绝。李善兰著作和译著大部分东传日本,也推动了幕府末期至明治初期日本科学的近代化。后文中将着重讨论李善兰汉译数学著作在日本的传播。

1.1.5 墨海书馆的汉译西方科学著作

墨海书馆于1863年闭馆,在此之前传教士和中国学者合译刊行了诸多西方科学技术和数学著作。其中数学、天文学和物理学相关著作如表1.1所示。

墨海书馆在1857年又出版了学术期刊《六合丛谈》,其内容以自然科学、自然神学、西方人文科学相关文章为主。分类列举如下。

天文学:第一卷第5、9、10、11、12、13号,第二卷第1、2号刊登了伟烈亚力和王韬合译的《西国天学源流》,介绍西方天文学的发展历史。

---

〔1〕 王渝生.中国近代科学的先驱李善兰[M].北京:科学出版社,2000:52-53.
〔2〕 韩琦.《数理格致》的发现——兼论18世纪牛顿相关著作在中国的传播[J].中国科技史料,1998(2).

物理学：第二卷第 1、2 号刊登了伟烈亚力和王韬合译的《重学浅说》，其中又有西方物理学家的介绍，此书是在中国刊行最早的西方力学译著。

数学：第一卷第 7 号刊登了《作表信奉》一文，其中介绍了清初数学家明安图和李善兰等人的三角学相关研究，又有国外数学家的研究成果。

地理学：传教士慕稼谷（G. E. Moule，1828—1912）写的世界地理学相关文章。

1858 年 6 月停刊为止，《六合丛谈》共刊行了 15 期，出版后不久便传入日本，其中宗教以外的内容被重印出版。在江户幕府末期的西学研究教育机构——蕃书调所（东京大学前身）翻刻出版了部分内容被删减的《六合丛谈》，被称作“官板删本”。蕃书调所刊行的《六合丛谈》和《遐迩贯珍》（Chinese Serial，1853—1856）〔1〕、《中外新报》（1854—1861）〔2〕三部期刊被日本学界称作“我国新闻之开创之作”〔3〕，在近代日本新闻发展史上具有非常重要的地位〔4〕。

表 1.1　墨海书馆翻译的数学、天文学、物理学著作

书　名	翻译者	翻译期间	刊行年	注　释
《重学》20 卷	伟烈亚力和李善兰	1848—1866	1866	重学即为力学，明治时期传入日本后曾长期用此术语
《几何原本》（后半九卷）	伟烈亚力和李善兰	1852—1856	1866	标志着欧几里得几何学著作全 15 卷中文译著的完成
《代数学》13 卷	伟烈亚力和李善兰	1852—1856	1866	中国刊行最早的符号代数学译著
《代微积拾级》18 卷	伟烈亚力和李善兰	1852—1856	1866	中国刊行最早的微积分学译著
《重学浅说》	伟烈亚力和王韬	1858	1858	中国刊行最早的西方力学译著
《谈天》	伟烈亚力和李善兰	1859	1859	并非全译本，后徐建寅又续译了后面部分

〔1〕《遐迩贯珍》是鸦片战争后在中国境内出现的第一个中文期刊。于 1853 年 8 月 1 日创刊，每月 1 日出版，发行于香港、广州、厦门、福州、宁波、上海等通商口岸。由当时设于香港，旨在向中国传授基督教义的马礼逊教育会出版，该会所办教会学校英华书院印刷。《遐迩贯珍》虽由传教士主办，但实际上是新闻性刊物。

〔2〕1854 年 5 月 11 日，《中外新报》（*Chinese and Foreign Gazette*）在宁波创刊，中文杂志型半月，1856 年后改为月刊。美国传教士玛高温（Daniel Jerome Macgowan，1814—1893），应思礼曾任主编，每期四页，其内容分为宗教、科学、文学、新闻等类，到 1861 年 2 月 10 日停刊。

〔3〕原日文为“我邦新聞の祖先”。

〔4〕沈国威. 六合叢談（1857—1858）の学際的研究[M]. 東京：白帝社，1999.

墨海书馆翻译的西方科学技术和数学著作的种类和数量虽不及后文介绍的“江南制造局翻译馆”，但却率先在中国传播了西方天文学、力学、光学以及代数学、微积分等西方高等数学内容。

1.2 江南制造局翻译馆的汉译西方数学著作

1.2.1 “江南制造局翻译馆”的成立

19世纪60年代，清王朝为维持日益垂危的政权，积极地向西方引进军事科学技术，着手创建机械制造和加工厂，为生产火炮和舰船做了准备。这是清末以“自强”“求富”为目的的一场革新运动——洋务运动。它虽然没能使垂危的清朝变得繁荣富强，但却引进了西方先进的科学技术，建立了第一批近代工业，在客观上为中国民族资本主义的产生和发展起到了促进作用，为中国的近代化掀开了序幕。

1861年，曾国藩在安庆创办“安庆军械所”，召集徐寿(1818—1884)、华蘅芳(1833—1902)等人开始制造军舰和大炮[1]。

曾国藩等人又组织国内外翻译人员，著译西方军事书籍，力图培养谙熟西方军事理论的军事人才。在这种思想的影响下，江南制造局、北京同文馆、福建船政学堂、天津机器局、天津水师学堂、北洋水师学堂、金陵机器局等10余所洋务时期创办的近代军工厂设置翻译机构，大规模地翻译了西方科技和军事技术著作。

1865年，李鸿章购买美国人在上海创办的“旗记铁厂”，又合并丁日昌、韩殿甲主管的位于上海的大炮工厂的地段和设备，创办了“江南机器制造总局”(简称江南制造局)，同年在南京又创办了“金陵机器局”[2]。江南制造局的最初设址在虹口地区，1867年扩大规模，遂迁至城南的高昌庙镇。

于1868年，在徐寿、华蘅芳等人的建议下，由两江总督曾国藩奏请，江南制造局中设置了翻译馆，这是近代中国第一个由政府创办的翻译机构。

“江南制造局”建立之后，为制造各种先进的坚船利炮，迫在眉睫的一件

---

〔1〕 吴文俊主编.中国数学史大系(第八卷)[M].北京：北京师范大学出版社，2000：153.
〔2〕 吴文俊主编.中国数学史大系(第八卷)[M].北京：北京师范大学出版社，2000：153.

事情就是翻译西方科技著作。对于其创办历程，当时任江南制造局主事的徐寿有如下一段建议：

> 旋请局中冯、沈二总办设一便考西学之法，至能中西艺术相颉颃，因想一法，将西国要书译出，不独自增识见，并可刊印播传，以便国人尽知，又寄信至英国购《泰西大类编》，便于翻译者，又想书成后可在各省设院讲习，使人明此各书，必于国家大有裨益，总办闻此说善之，乃请总督允其小试[1]。

根据以上记录，当时徐寿曾向制造局的主要管理者冯桂芬和沈毓桂二人建议，为考察西方科学技术，有必要翻译西方的一些重要书籍，并且通过译书，让全国各地的人们详细了解西方的情况。

冯、沈二位主管将徐寿的译书相关建议上呈给曾国藩。1868 年曾接受徐寿的建议在制造局设置了"翻译馆"。"翻译馆"聘请来自英国的传教士傅兰雅(John Fryer, 1839—1928)为主要负责人，后又有伟烈亚力和来自美国的传教士玛高温加入译书者行列。

洋务派召集的中国人有徐寿、华蘅芳、李善兰、徐建寅、李凤苞(1834—1887)等十几位学者。他们翻译军事书籍，同时又翻译了数学、物理学、化学和天文学等自然科学书籍和开矿、机械制造相关的专业技术类书籍。

以下介绍"翻译馆"的主要翻译人员傅兰雅和华蘅芳翻译和撰写西学数学、科技著作的具体情况。

1.2.2　傅兰雅和西方数学在中国的传播

傅兰雅于 1839 年出生在英国肯特(Kent)郡海斯(Hythe)的一位贫穷的牧师家庭。父亲是一位虔诚和狂热的宗教信徒。傅兰雅从小刻苦学习，勤奋努力，中学毕业后得到政府奖学金到伦敦的海伯里师范学院(Highbury College)就读，以优异成绩毕业。1861 年离开英国，作为伦敦会传教士到香港圣・保罗书院(St. Paul College)当牧师[2]。最初的两年间，他担任香港神学校的校长职务。1863 年到北京担任同文馆的英语教师，1865—1868 年

[1] 傅兰雅. 江南制造局翻译西书事略[Z]. 格致汇编，江南制造局翻译处，1880.
[2] 王扬宗. 傅兰雅与近代中国的科学启蒙[M]. 北京：科学出版社，2000：4.

间到上海任英华学堂校长，并主编字林洋行的中文报纸《上海新报》。1868年5月又到江南制造局担任管理者兼翻译官，开始专心翻译和介绍西方科技文献[1]。

因为傅兰雅会讲北京话（当时的官方语言）、广东话、满州语、蒙古语，又具备西方科学素养，所以江南制造局以月俸250两白银（当时英国的货币换算是年俸800英镑）的高薪聘请他到翻译馆任职[2]。

傅兰雅至此走上长达28年的翻译和传播西方著作之路。他翻译的数学著作中最重要的是跟华蘅芳合译的《代数术》和《微积溯源》。这两部著作成为清末各处建立的新式学堂的数学教科书，笔者掌握的材料中就有北京和湖北省新式学堂使用过的记录。幕府末期至明治初期这些著作又传播到日本，成为培养近代日本数学家和技术人员而建立的沼津兵学校等新式学校的数学教科书。其中的数学内容又经常刊载于东京数学会社等明治时期的学术期刊上，成为近代日本了解西方数学、物理学知识的重要媒介。

傅兰雅于1876年创办格致书院，自费创刊科学杂志《格致汇编》。《格致汇编》是清末中国出现的普及西方科学技术最早的学术期刊，在科举制度依旧存在，思想仍很闭塞的清末中国来说是最早的和最好的启蒙性期刊。第一期刊行于1876年2月9日，此后每两个月出版一期，所载多为科学常识，带有新闻性。期刊上设有“互相问答”一栏，从创刊号至停刊为止几乎每期都有。共刊出322条，跟读者交流了共500多个问题。1877年他成为上海益智书会总编辑，继续从事科学普及工作。1878年3月，送生病的妻子回到英国，《格致汇编》停刊一年多。1880年4月开始继续刊行，两年后因经济状况不佳又停刊。1890年开始重新刊行，变成季刊，期刊页数也大幅增加，一直持续到1892年傅兰雅到美国为止。

第一期《格致汇编》刊行后印刷好的3 000册很快销售一空，后来再版出售。在当时全国各地开设24个销售点，随着历年期刊数的增多，销售地点也增加到80多处。《格致汇编》的销售地点不仅限于中国，在日本、新加坡也建立了销售点[3]。

---

〔1〕王扬宗.傅兰雅与近代中国的科学启蒙[M].北京：科学出版社，2000：132.
〔2〕王扬宗.傅兰雅与近代中国的科学启蒙[M].北京：科学出版社，2000：140.
〔3〕王铁军.傅兰雅与《格致汇编》[J].世界哲学，2001(4)：43.

中曆光緒二年正月　格致彙編第一卷

西曆一千八百七十六年二月　嗣後每月出印一卷

格致彙編

此書在上海格致書院發售

是編補續中西聞見錄　英國傅蘭雅輯

THE

Chinese Scientific Magazine:

A MONTHLY JOURNAL

OF

POPULAR SCIENTIFIC INFORMATION,

WITH WHICH IS INCORPORATED

The Peking Magazine.

VOL. I. NO. 1.

1876.

PRICE—50 CENTS PER ANNUM, OR 50 CASH PER NUMBER.

Advertisements will be inserted at the following rates per square inch or 20 Chinese Characters, translation included:—

FOR ONE INSERTION, ... [illegible]

FOR THREE INSERTIONS, ... [illegible]

FOR SIX INSERTIONS, ... [illegible]

FOR ONE YEAR, ... [illegible]

The Office for publication is at the Chinese Polytechnic Institution and Reading Rooms, Shanghai.

JOHN FRYER,

图 1.2　格致汇编

《格致汇编》内容基本以“序言”“算学奇题”“互相问答”“格物杂说”等几项构成，又有介绍西方科学技术的一览。有时候还会刊载来自日本的各种信息。如第一期上有一篇“日本效学西国工艺”的文章，其中图文并茂地介绍了日文翻译的英国舰船器械情况〔1〕。

《格致汇编》中的文章内容基本都是傅兰雅一人选稿编辑。其中经常介绍外国传教士和中国学者合译的西方科学译著。期刊上不仅载有普及性的科学常识，有时还会介绍西方器械制造方法等内容。这些文章的后面经常添附大量精致的机械图，详细而通俗地介绍了西方科学技术的发展状况，得到了读者的广泛好评。

梁启超在所著《西学书目表》中评价《格致汇编》是了解西方极其重要的学术期刊，列为重要书目之一〔2〕。

1885 年，傅兰雅在上海又开始经营名为“格致书室”的书店，贩卖各种西方科学技术书籍。“格致书室”成为当时的学者及时掌握西方科学技术和数学相关信息的重要场所。

傅兰雅于 1880 年出版的《江南制造总局翻译西书事略》一书详细记载了江南制造局创办以后的历史和翻译事业，成为今日研究者了解江南制造局西方数学和科技著作翻译情况的原始资料之一。在《江南制造总局翻译西

〔1〕 格致汇编[J]. 第一期，上海：上海格致书院，1876.

〔2〕 梁启超. 西学书目表[M]. 上海：上海时务报馆，1896 年 10 月。该书中收录了 298 种西方书籍。

书事略》中傅兰雅写道"余居华夏已二十年,心所悦者,惟冀中国能广兴格致,至中西一辙耳。故平生专习此业而不他及",诉说自己在中国长达20余年,为西方科学技术在中国的传播而不懈努力的经历。

傅兰雅单独翻译或与人合译的西方书籍共129部(绝大多数为科学技术性质),是在华外国人中翻译西方书籍最多的一个。清政府曾授予他三品官衔和勋章。他于1896年去美国担任加利福尼亚大学东方文学语言教授,后加入美国籍。于1928年7月2日,在美国加利福尼亚州奥克兰城逝世。

1.2.3 华蘅芳与西方数学在清末中国的传播

华蘅芳,字若汀,本籍是江苏省金匮市(今无锡市)。华蘅芳自小喜欢学习数学,觉得为科举而习的四书五经枯燥无味。14岁时看到父亲书架上的中国传统数学著作和汉译西方数学著作,对数学开始发生兴趣,既而潜心研读。他曾写道:"年十四,通程大位《算法统宗》飞归等题"[1]。即最早开始学习的是明代数学家程大位的《算法统宗》,理解了其中的"飞归"[2]等问题的解法。

在其著作《学算笔谈》卷5中写道:"偶于故书中检得坊本算法,心窃喜之,日夕展玩,尽通其义"[3]。

据他自述,小时候的华蘅芳疏远科举取士的四书五经等儒家经典,15岁以后开始学习古算书《坊本算法》,在父亲的支持下又读遍《周髀算经》《九章算经》《孙子算经》《五曹算经》《张邱建算经》《夏侯阳算经》《缉古算经》《海岛算经》《益古演段》《测圆海镜》等古典数学著作。20岁前后,又先后读秦九韶《数书九章》、梅文鼎《勿庵历算全书》、罗士琳《观我生室汇稿》、李锐《李氏遗书》、董祐诚《董方立遗书》、汪莱《衡斋算学》、焦循《里堂学算记》、骆腾凤《艺游录》等。

他通过梅文鼎的《历算全书》得知数学中也有古今中西之异同,又购得《数理精蕴》,学习其中的几何学内容。

---

〔1〕 国史·儒林·华蘅芳列专[A]. 李严,钱宝琮. 科学史全集(第八卷)[Z]. 沈阳:辽宁教育出版社,1998:353.
〔2〕 "飞归"即珠算术语,上下两层的除法计算。
〔3〕 华蘅芳. 学算笔谈(全十二卷)[M]. 上海:江南制造局翻译处,1897.

华蘅芳刻苦自学各类数学典籍，还广交志同道合的朋友，曾拜访同乡学者徐寿，商讨学问，结为至交。华蘅芳所完成的第一篇数学论文《抛物线说》，就是由徐寿作的图。1859 年，华蘅芳和徐寿一起去上海墨海书馆拜访数学家李善兰，并结识了容闳(1828—1912)，以及伟烈亚力、傅兰雅等来华传教士。通过和他们的深入交谈，了解到海内外学术进展，大大开阔了眼界。华蘅芳向李善兰请教西方数学知识时，李氏向他推荐了自己正在翻译的西方代数学和微积分著作。这又加深了华蘅芳对西方符号代数学和微积分等高等数学知识的认识。

1861 年秋，两江总督曾国藩筹办安庆军械所。据《华蘅芳家传》记载："咸丰十一年〔华蘅芳〕随曾文正至安庆，领金陵军机所事，与〔徐〕寿同绘图式，自造黄鹤轮船"〔1〕。文中的咸丰十一年，即 1861 年。可以知道，此时的华蘅芳跟随曾国藩到安庆，受命接受军机相关事务，并和徐寿共同绘制造船图，开始筹备制造轮船。而金陵兵器工厂创建的时间为 1865 年，可见华蘅芳也参与了曾国藩创办金陵军机所的计划。又有"同治元年曾国藩保举徐寿、华蘅芳，又召到安庆府"等记载〔2〕。1862 年，曾国藩再次推荐徐寿，华蘅芳，把他们叫到安庆机械所。1865 年，曾国藩会同李鸿章在上海创办江南制造局，并调华蘅芳、徐寿前往"建筑工厂，安置机器"〔3〕。

可以说，年轻的华蘅芳自学成才，用自己丰富的历算知识参与到那场浩浩荡荡的洋务运动中。他曾三次被奏保举，受到洋务派器重，一生与洋务运动关系密切，成为这个时期有代表性的科学家之一。

1867 年，华蘅芳和徐寿开始与外国人合译西方近代科技书籍。如前所述，曾国藩等官员主要是受华、徐二人的建议而创办了翻译馆。在翻译馆任职期间，华蘅芳集中精力译书，同时又深入研究一些高深的数学问题，并随时记录对于数学教育的研究心得。

华蘅芳同外国学者合作翻译了 12 种 171 卷近代科技著作，内容涉及数学、地质学、矿物学、航海、气象、天文学等。比起他的数学研究工作，他译书

---

〔1〕 李严，钱宝琮. 科学史全集(第八卷)[Z]. 沈阳：辽宁教育出版社，1998：353.
〔2〕 傅兰雅. 江南制造总局翻译西书事略[J]. 格致汇编，江南制造局翻译处，光绪六年(1880).
〔3〕 杨模. 锡金四哲事实汇存[A]. 中国科学院近代史研究所史编辑室. 洋务运动(八)[M]. 上海：上海人民出版社，2000.

的成就更大，影响更广。

他与傅兰雅合译了多种数学著作，介绍了西方代数学、三角学、微积分等知识。他所著的《决疑数学》是中国第一部概率论译著。华蘅芳追求译著的文字和意义"明白晓畅，不失原书之真意"，后人称赞他的译著为"足兼信、达、雅三者之长"[1]。华蘅芳等人的译著在中国近代科学启蒙中发挥了重要作用。他同英国人傅兰雅共译出《代数术》(25 卷，1873)、《微积溯源》(8 卷，1874)、《三角数理》(12 卷，1877)、《代数难题解法》(16 卷，1879)、《决疑数学》(10 卷，1880 年译，1896 年刊行)、《合数术》(11 卷，1887 执笔未刊)、《算式解法》(14 卷，1898 年译，1899 年刊行)等。其中《代数术》与《微积溯源》是继李善兰同伟烈亚力合译《代数学》与《代微积拾级》(1859)之后的两部重要著作。

华蘅芳译著文字明白晓畅，内容丰富多彩，使高等数学的基础知识和基本方法得以进一步传播，是李善兰之后引进西算影响最大的人。其汉译西方数学书中的《代数术》和《微积溯源》东传日本，对明治时期日本数学教育和数学的近代化发挥了重要作用，相关情况在后文中有详细介绍，这里不再赘述。

以下对其译著内容做一简单介绍。

《三角数理》是英国海麻士(J. Hymers, 1803—1887)的原著 *A Treatise on Plane and Spherical Trigonometry* 的中文翻译，其中卷 1—3 是三角函数的关系式；卷 4 是平面三角形的解法；卷 5 是三角函数的幂级数展开式；卷 6 是对数论；卷 7、8 是三角函数的恒等式及其应用；最后 4 卷是球面三角法的解法。

《代数难题解法》16 卷是根据英国数学家伦德(J. Lund, 1794—1867)的原著 *A Companion to Wood's Algebra* 而翻译。此书是将概率论知识较早传播到中国的译著，书中的第 8 卷和第 12 卷中将 probability 一词翻译成"决疑数"。书中介绍的问题中多数是具体的数值问题，而不是一般命题。

《决疑数学》是专门介绍概率论的一部书，是清末学者了解西方概率论的重要参考资料，也是中国人编译的第一部概率论著作，表明当时译者已了

[1] 徐世昌，吴廷燮. 清儒学案[M]. 北京：中国书店，1990.

解西方概率论知识，并将其作为数学工具研究社会上的一些具体问题。《决疑数学》中他还介绍了很多西方数学家和数学史内容，如在其“总引”中介绍了帕斯卡尔（B. Pascal，1623—1662）、惠更斯（C. Huygens，1629—1695）、拉普拉斯（P. S. Laplace，1749—1827）、泊松（S. D. Poisson，1781—1840）、棣么甘等人有关概率论的工作。

《合数术》，译自英国人白尔尼的原著，它是一本介绍对数表的制作方法和概率论知识的未刊译著。

另外，又有《代数总法》《相等算式理解》《配数算法》等数学译著。

于1869年他与玛高温合译《金石识别》，将近代矿物学和晶体物理学知识系统介绍到中国。这部书的原版是美国地质学家和矿物学家代那（J. D. Dana）的《矿物学手册》（ManualofMineralogy，1848）。此后，华蘅芳与玛高温合作将英国地质学家赖尔（C. Lyell）的《地质学纲要》（ElementsofGeology）译为《地学浅释》，首次向中国介绍了赖尔的地质进化均变说和达尔文的生物进化论。

华蘅芳的数学研究成果主要集中在1882年出版的著作《行素轩算稿》里。1897年再版时又收入自著6种书籍27卷。在《开方别术》等著作中，他提出求整系数高次方程的整数根的新方法——“数根开方法”，李善兰评价此法为“较旧法简易十倍”。在《积较术》等著作中，他讨论招差法在代数整多项式研究和垛积术中所起的作用，其中“诸乘方正元积较表”和“和较还原表”在组合数学和差分理论中都有一定的意义。在《数根术解》等著作中，他讨论了“筛法”，还用诸乘尖堆法证明了费马素数定理与欧拉证法相似。他的数学成就备受当时国内数学界的赞誉。他在《学算笔谈》中论述了数学理论，数学思想和学习数学的方法。这部独具特色的著作在19世纪90年代被重印多次，许多新式学堂和书院把它作为数学教材使用。

1876年格致书院成立后，他前往执教10余年，并参加院务管理工作。1887年他到李鸿章创办的天津武备学堂担任教习。1892年到武昌的两湖书院自强学堂讲授数学。1896年回到江南制造局的工艺学堂，任数学教习。1898年回到家乡无锡竢实学堂任教。1902年逝世。他毕生致力于数学研究，著述、译书、授徒工作中，始终保持着勤奋耕耘、淡泊名利、不涉宦途的生活作风，为近代中国科技的发展做了大量的奠基性工作。

将华蘅芳的工作和李善兰比较，可以看出两人均通晓中国传统数学，也理解明末清初汉译西方数学内容，各自又撰写了很多数学和科学著作。李善兰的数学著作要比华蘅芳的更为丰富，而且内容也比较深；但比较二者的翻译著作，华蘅芳译著内容中却包含了比李善兰译著更深的西方高等数学内容，其翻译的学术用语也更加熟练和通俗易懂。华蘅芳是李善兰的学生，也是后继者，他熟读李善兰的汉译西方数学著作，日后自己翻译西方数学时，很可能选择了比李善兰译著内容要深的原著。华蘅芳译著中有高等代数，较难的三角函数和微积分，以及概率论等内容，远比李善兰汉译西方数学著作内容更深。

李善兰和华蘅芳均在著述、翻译、教育等事业中为近代中国引进西方数学以及促进中国科学的发展做出了不朽的贡献。他们的著作和汉译的西方数学、科学著作中多数内容也跨过大洋传播到日本，对近代日本数学和科学的发展产生了深远的影响。

1.2.4　江南制造局翻译馆刊行的西方数学著作

江南制造局翻译馆成立后的12年间，翻译出版了大量西方科技著作。某些早期研究中介绍翻译馆共出版98种译著，总235册，未刊行的著作有45种，翻译原著中部分内容的有13种[1]。根据翻译馆总办魏允恭在《江南制造局记》中的记载，自1868年至1905年间，翻译的书籍178种以上，1894年的译著就有103种[2]。根据傅兰雅《江南制造局翻译西书事略》中的记载，到1879年6月末，共翻译31 110种，翻译馆书店共销售了83 454册书。他有“所销售书籍已数万余，可见中国皆好此书”的记录。傅兰雅在京师同文馆、上海格致书院和其他教会学校执教时也均使用“翻译馆”翻译的书籍作为教科书。有关江南制造局翻译馆译著情况可参考王扬宗的系列论文，其中有比较全面的介绍[3]。

关于翻译馆译著的翻译质量，可引用梁启超在其著作《读西书之法》中

〔1〕 吴文俊主编. 中国数学史大系(第八卷)[M]. 北京：北京师范大学出版社，2000：154.
〔2〕 魏允恭. 江南制造局记[M]. 台北：文海出版社(光绪三十一年刊本的影印)，1969：34－35.
〔3〕 王扬宗. 江南制造局翻译馆史略[J]. 中国科技史料，1988，9(3)：65－74. 或者王扬宗. 江南制造局翻译书目新考[J]. 中国科技史料，1995，61(2)：3－18.

评价写道："译笔之雅洁，亦群书中所罕见也。"梁启超以外的清末变法运动的领袖人物康有为和谭嗣同等人也都到过江南制造局翻译馆，购买并阅读过其汉译西方科学著作。如康有为曾记录，自己在 1882 年路过上海时，购买"翻译馆"刊行的多部译著，带回广东省后认真阅读其内容的情况[1]。1893 年，谭嗣同到上海游览时遇见傅兰雅，在他的引导下参观翻译馆，跟他讨论一些西方科学和哲学问题，并购买了翻译馆刊行的多部书，回到自己的家乡湖南省潜心研读。

通过上述介绍日后被洋务派官僚李鸿章等镇压的清末变法运动中的领导人物们也通过李鸿章等人建立的江南制造局刊行西方科技著作，开阔视野，全面了解西方科学技术的发展情况，为日后的维新图强奠定了思想基础。

〔1〕 黎难秋. 中国科学文献翻译史稿[M]. 合肥：中国科学技术大学出版社，1993：102－103.

第 2 章
洋务运动时期中国的数学教育

洋务运动时期，为富国强兵的政治理想，曾国藩和李鸿章等官僚在全国各地建立了很多新式学堂。而在一些较早接触西方的沿海地区，洋务运动开始之前就已经出现了讲授西方数学和科学知识的新式学校。

分析这个时期的中国数学教育状况可分以下几类：

(1) 作为传统科举教育一部分的数学教育

(2) 传教士所建“教会学校”的数学教育

(3) 洋务派所建新式学堂的数学教育

下文中首先简要介绍前两类数学教育的概况，再通过详细分析新式学堂的数学教育，考察中日甲午战争之前中国实施西方式数学教育的状况。

2.1 清代传统教育中的数学教育

自清初始，北京“国子监”中就设有数学教育设施。直到洋务运动时期，作为传统科举教育的一环，存在着数学教育。如在嘉庆二十三年(1818)编著的《大清会典》卷六十一“国子监”条目中有“国子监〔中略〕掌国学之政令，凡贡士、监生、学生之隶于监者，皆教之。监生之别有四：曰恩监生，……又八旗官学生，汉算学生，算学肄业生，每届三年，钦派大臣，考取恩监生一次”。

如同上述内容，记录国家设立的数学教育和考试制度的有清康熙九年(1670)到道光三年(1823)的《钦天监则例》《清文献通考》《会典事例》《东华录》等典籍。虽然此后没有明确记录，但国子监的算学馆却一直保留。

另一方面，在地方的一些私塾中偶尔也会传授传统数学。有时，会有一些对传统数学感兴趣的人专营算学馆和书院进行数学教育，其中就有了解传统数学的教师给一些对简单的数值运算感兴趣的学生讲授数学内容。教育方法是延续着传统数学的“问、答、术”模式，即给出问题和答案，之后是求出答案的具体方法。各算学馆和书院也会举行定期考试，在地方的考试中成绩优异者会被送往北京，在更高一层的考试中合格的人员将成为清政府的下层官吏。

这些机构的教学人员基本上都受过儒教文化影响，他们是以个人爱好而研究数学，募集学生，讲授数学。教学内容以中国传统数学为中心，使用的教科书是中国传统数学典籍，对清末传入西方数学教育没有产生多少影响。在科举教育中穿插数学教育的情况在独尊儒教，科举取士的清代社会，仍属于凤毛麟角，未能成为主流。

2.2 教会学校的数学教育

清末基督教传教士的教育事业，始于清道光十九年(1839)在澳门建立的“教会学校”[1]，此后中国内陆地区也纷纷建立“教会学校”。其中有如下教育机构，如道光二十五年(1845)在上海建立的“约翰书院”，同治三年(1864)在山东省登州建立的“文会馆”，同治五年(1866)在青州建立的“广德书院”，同治十年(1871)在武昌建立的“文华书院”，光绪十四年(1888)在北京建立的“汇文书院”等[2]。

这些“教会学校”多数一直延续到20世纪初，其中的数学教育也一直保持着建立之初的状态。据统计，1853年开始全国各地共建立78所教会学校，在籍学生共1 200余名。到1875年，已经有800所学校，2万名以上学生，到1899年，更达到2 000所教会学校共4万名以上学生在籍。前期的教会学校主要由来自欧洲大陆的伦敦会传教士建立，后来，美国的传教士们也积极创办各类教会学校。到1898年，美国传教士所创办的初等学校达到1 032

〔1〕 伟烈亚力.中国基督教教育事业[M].上海：商务印书馆，1922：18.
〔2〕 李严.中国数学大纲(下册)[M].北京：科学出版社，1958：527.

所,学生人数达到 16 310 名,初高等学校达到 74 所,共有 3 819 名学生[1]。

通过这些“教会学校”,西方数学教育模式也传播到中国。笔者搜集到如下多份资料。曾毕业于上海“约翰书院”的江苏省籍一位名叫杨岷源的学生于明治三十六(1903)年,自费留学日本,明治三十七(1904)年七月十一日报考日本东京大学附属第一高等学校第二部时曾提交了一份“学业履历书”,其中用日语写道“清国上海約翰書院ニ於テ英语、数学(代数、幾何、三角術)及ヒ西方歷史,西方地理ヲ学ブ”[2]。即“在清国上海约翰书院学习英语、数学(代数、几何、三角术)以及西方历史、西方地理”。又有一位浙江省籍留学生潘国寿在其履历书中注明曾在光绪二十六年入同一所教会学校学习数学、英语。

(二者的履历书如图 2.1 所示)

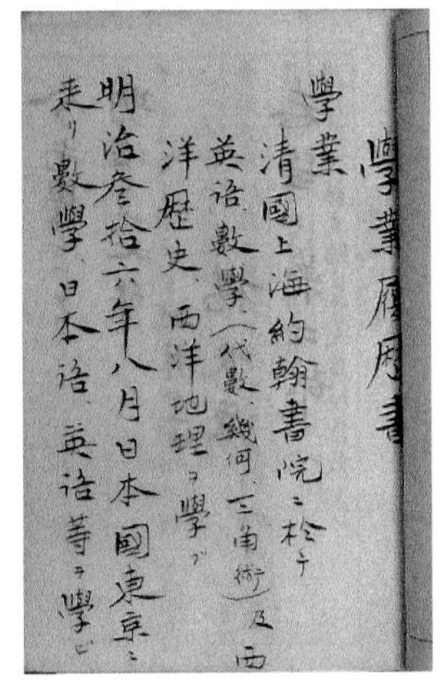

學業履歴書

學業

清國上海約翰書院ニ於テ英語數學(代數、幾何、三角術)及ヒ西洋歴史、西洋地理ヲ學ブ

明治參拾六年八月日本國東京ニ来リ數學、日本語、英語等ヲ學ビ

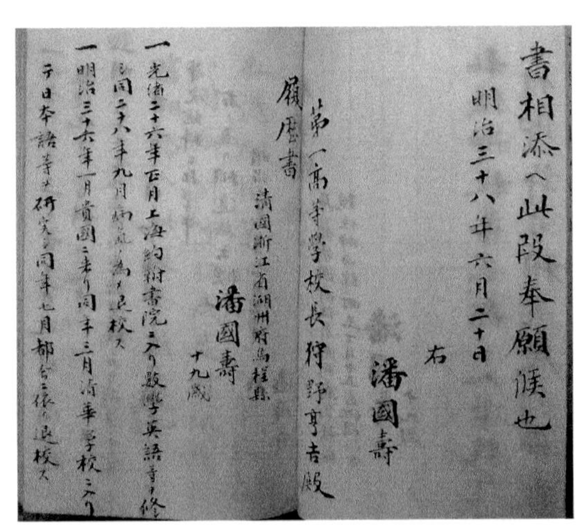

書相添ヘ此段奉願候也

明治三十八年六月二十日

右 潘國壽

第一高等學校長狩野亨吉殿

履歴書

清國浙江省湖州府烏程縣

潘國壽 十九歲

一 光緒二十六年正月上海約翰書院ニ入リ數學英語等ヲ修ム同二十八年九月都合ニ為メ退校ス

一 明治三十六年一月貴國ニ来リ同年三月清華學校ニ入リ日本語等ヲ研究シ同年七月都合ニ依リ退校ス

图 2.1 “约翰书院”学生“学业履历书”

“教会学校”的数学教师基本上是外国传教士,教授西方的代数学、几何学、三角法、解析几何学等内容。因教会学校中讲授的数理科学内容不断加深,为编写教科书,1877 年建立了“益智书会”(School and Textbook Series Committee),随之编译了各种教科书。教会学校中使用的主要数学教科书有以下几种。

---

〔1〕 陈景盘. 中国近代教育史[M]. 北京:人民教育出版社,1986:65.

〔2〕 東京大学駒場博物館. 外国人入学関係書類 第一高等学校[Z]. 明治三十六—四十五年(1903—1912).

(1) 伟烈亚力编撰《数学启蒙》2卷(1853)

(2) 美国传教士狄考文(Galvin Wilson Mateer，1836—1908)和中国学者皱立文合译《形学备旨》10卷(1885)、《代数备旨》13卷(1891)、《笔算数学》3册(1892)

(3) 美国数学家罗密斯原著，由美国传教士潘慎文(A. P. Parker，1850—1924)翻译为中文，中国学者谢洪赉校对的《八线备旨》四卷(1893)

(4) 美国数学家罗密斯的原著，美国传教士求德生(J. H. Judson，1852—1931)翻译，中国学者刘维师笔述《圆锥曲线》(1893)

(5) 傅兰雅编辑的丛书《格致须知》(1887—1888)。其中的《算法须知》(1887)为华蘅芳的著作，其余的《量法须知》(1887)、《代数须知》(1887)、《三角须知》(1888)、《微积须知》(1888)、《曲线须知》(1888)等为傅兰雅著作[1]。

由此可见，"教会学校"并未直接使用西方教科书，其中数学教科书多采用了英国或美国传教士编译的著作，也广泛使用了传教士和中国学者合译的数学著作。

2.3 新式学堂的数学教育

1862年6月，洋务派在北京建立了京师同文馆。这是我国最早的近代西式学校。此后，随着洋务运动的全面开展，全国各地逐渐建立了传授西方语言学、军事技术和科学技术的各类新式学堂。下面主要考察这些学堂建立的经过及其实施的数学教育。

2.3.1 主要语言学机构建立的经过

这类学堂中的代表性机构为京师同文馆(建于1862年)、上海的广方言馆(建于1863年)和广州的同文馆(建于1864年)等讲授西方语言的新式语言学校。

---

〔1〕 中国科学院自然科学史研究所编. 李严钱宝琮科学史全集(第八卷)[C]. 辽宁教育出版社，1998：276.

19世纪60年代起，通商"为时政之一"，办洋务已成热潮，洋务为"国家招携怀远一大政"[1]。办洋务，一定需要和西方人接触，也需要研究西方各国，就必需掌握他们的语言和文字。1861年10月恭亲王奕䜣等人在奏折中写道"请让广东、上海各巡抚等，分派通解外国语言文字之人，携带各国书籍来京。广东则称无人可派，上海虽有其人，而艺不甚精"[2]。奕䜣和李鸿章等人通过洋务开办之前的外交经验，对掌握西方语言的重要性有深刻认识。

办洋务，首先需要了解西方各国的情况。1863年，李鸿章给清廷的《请设外国语言文字学馆折》中写道："中国与洋人交接，必先通其志，达其欲，周知其虚实情伪，而后有称物平施之效"[3]。但鸦片战争之后的二十多年后中国仍然是"彼酋之习我语言文字者甚多，其尤能读我经史，与我朝章、吏治、舆地、民情类能言之。而我都护以下之于彼国则懵然无所知"，当时国内仍然是少有"通习外国语言文字之人"[4]。

其次，办洋务，需要外交人才。随着洋务运动的开展，中外交涉事件大幅增加，因而需要大量会外语，懂业务的外交人员。当时和西方列强交涉时国内经常找不到合适的人员担任翻译，凡是"遇中外大臣会商之事，皆凭外国翻译官转述，亦难保无偏袒捏架情弊"[5]。因此，洋务派意识到必需培养自己的翻译人才。

第三，原有翻译人员的学术水平和道德水准偏低，有必要更换层次较高的人员。鸦片战争之后和西方交涉时的翻译人员主要是通事"凡关局军营交涉事务，无非雇觅通事往来传话"。但这些人识见浅陋，无法胜任翻译之职，"仅通洋语者十之八九，兼识洋字者十之一二。所识洋字，亦不过货名价目与俚浅文理，不特于彼中兵刑食货，张弛治忽之大，懵焉无知；即遇有交涉事宜，词气轻重缓亟，往往失其本旨"[6]。而且往往品行不端，挟洋自重"勾结洋兵为分肥之计，欺我聋暗，呈其簧鼓，颠倒簸弄，为所欲为"[7]。因此，有必要培养一些忠于朝廷事务，资质聪明的新人重新

---

〔1〕 冯桂芬.上海设立同文馆议[A].校颁庐抗议[M].1861：251.
〔2〕 张静庐.中国近代出版史料补编[M].北京：中华书局，1957：5.
〔3〕 宝鋆.筹办夷务始末（同治朝卷八）[Z].故宫博物院用抄本影印，1930：1411－1412.
〔4〕 宝鋆.筹办夷务始末（同治朝卷八）[Z].故宫博物院用抄本影印，1930：1411－1412.
〔5〕 宝鋆.筹办夷务始末（同治朝卷八）[Z].故宫博物院用抄本影印，1930：1411－1412.
〔6〕 李鸿章.李文忠公（鸿章）全集[Z].台北：文海出版社，1980：110.
〔7〕 冯桂芬.校邠庐抗议[M].郑州：中州古籍出版社，1998：250.

培养。

关于“同文馆”建立始末有如下文献记载。奕䜣《筹办事务始末》中有“与外国交涉事件，必先识其性情，今语言不通，文字难辨，一切隔膜，安望其能妥协，……欲悉各国情形，必先谙其语言文字，方不受人欺蒙”等记录〔1〕。

这样，在1862年8月，清朝涉外事务机构“总理各国事务衙门”建议在北京设立“同文馆”，合并建于乾隆二十二年(1757)的“俄罗斯文馆”〔2〕。

1863年，当时还是江苏省巡府的李鸿章又上奏在上海建“广方言馆”，广东建“同文馆”，得以准许〔3〕。李鸿章写道“夫通商纲领，固在衙门，而中外交涉事件，则两口转多，势不能以八旗学生兼顾。惟多途以取之，随地以求之，则习其语言文字者必多；人数既多，人才斯出”〔4〕，拟通过多种途径培养从事洋务及对外交涉的人才。上海的同文馆1863年建立之后，1867年改称为“广方言馆”〔5〕。1869年跟江南制造局合并，其中“正课”(如今天的本科生)学生有40名，“附课”(如今天的预科生)学生有40名〔6〕。

关于上海和广东建“同文馆”的经过，又有如下记录：“同治初总理衙门设同文馆，并设印书处，以印译籍。吴人冯桂芬倡议上海，广东城应仿设〔7〕”，“苏巡府李鸿章从其议，遂就上海敬业书院地址，建广方言馆，教西语西学，以译书为学者毕业之证〔8〕”。李鸿章根据冯桂芬的提议，在上海敬业书院的旧址上建广方言馆，将其作为教授西方的语言和学术，并翻译西方著作的专门机构〔9〕。

由上述可见，广方言馆的创办还得益于冯桂芬的推动。早在京师同文馆成立前的1861年，冯桂芬就在《校邠庐抗议・采西学议》中提出，应该在广东、上海等地也设立翻译机构，选聪慧的儿童，使其学习西洋语言文字。冯的“翻译公所”兼顾两方面的功能，不仅传授西方语言文字，还要翻译西学著

〔1〕 赵昱.京师同文馆的发展历史及其贡献[J].中国文化研究，2000(3).
〔2〕 毕桂芬.京师同文馆学友会第一次报告书[R].报告书.京华书局印刷，1916.
〔3〕 陈宝泉.中国近代学制变迁史[M].北京：北京文化学社，1927：3.
〔4〕 宝鋆.筹办夷务始末(同治朝卷八)[Z].故宫博物院用抄本影印，1930：1415-1416.
〔5〕 熊月之.西学东渐与晚清社会[M].上海：上海人民出版社，1994：336.
〔6〕 参照魏允恭.江南制造局记[M].卷二，“正课学生”为“本科生”，“附课学生”为“予科生”。
〔7〕 冯桂芬.上海设立同文馆议[A].校颁庐抗议[M].1861.陈富康.中国译学理论史稿[M].上海外语教育出版社，1992：73.
〔8〕 郑鹤声，郑鹤春.中国文献学概要[M].上海：商务印书馆，1930：164.
〔9〕 郑鹤声，郑鹤春.中国文献学概要[M].上海：商务印书馆，1930：164.

作。冯又写道："聘西人课以诸国语言文字，又聘内地名师课以经史等学，兼习算学。闻英华书院……又俄夷道光二十七年所进书千余种存方略馆，宜发院择其有理者译之。由是而历算之术，而格致之理，而制器尚象之法，兼综条贯，轮船火器之外，正非一端……三年之后，诸文童于诸国书应口成诵者，借补本学；诸生如有神明变化，能实见之行事者，由通商大臣请赏给举人。"〔1〕冯桂芬是李鸿章的幕僚，是李推行洋务运动的主要助手，凡有大事或策划均和他商议决定。

上海广方言馆的创办不仅有上述原因，还有其独特的地方特色〔2〕。当时，培养专门对外交涉人才的京师同文馆已经成立并已开始运作，但是还没有毕业生，且招生人数很少，远不能满足形势对人才的需要。因此，上海有必要增设外国语学堂。然而，上海的情况特殊，不能照搬北京建立京师同文馆的做法，必须扩大范围。道光二十三年(1843)十一月上海正式开放为通商口岸，1845年以后，英、美、法三国在此地建立了租界。正是从这个时候起，上海逐渐取代广州，日渐成为中国对外贸易的中心，呈现出前所未有的繁荣景象。正如"此邦自互市以来，繁华景象日盛一日，停车者踵相接，入市者目几眩，骎骎乎驾粤东，汉口诸名镇而上之。来游之人，中朝则十有八省，外洋则二十有四国"所描述，上海"遂成海内繁华之第一镇"〔3〕。李鸿章曾论道"惟是洋人总汇之地，以上海广东两口为最，种类较多，书籍较富，见闻较广。语言文字之粗者，一教习已足，其精者务在博采周咨，集思广益，非求之上海、广东不可。故行之他处，犹一齐人傅之之说也；行之上海、广东，更置之庄岳之间之说也"〔4〕。

这就是说，上海具有京师(北京)不具备的三大特点：

一是这里西方人比较多，有学习外语的环境，在此建学馆收效快。二是有发达的商业和区域优势，中外交涉事务多。建外语学堂，培养外语人才，学生不愁没出路，对外交涉、贸易、金融等各方面都少不了这方面人才。三

〔1〕冯桂芬.校邠庐抗议[M].郑州：中州古籍出版社，1998：210.
〔2〕张美平.略论上海广方言馆的翻译教学[J].浙江树人大学学报，2014(1)：77-82.
〔3〕葛元煦，黄式权，池志澄.沪游杂记·淞南梦影录·沪游梦影[M].上海：上海古籍出版社，1989：155.
〔4〕宝鋆.筹办夷务始末(同治朝卷八)[M].故宫博物院用抄本影印，1930：1414.

是上海系洋人总汇之地,师资较容易解决[1]。

不久,李鸿章又奏请在广东创办同文馆[2],原文为“上海李鸿章奏请饬广东仿照同文馆,建立学馆,学习外国语言文字等语,已谕令广东将军等查照办理”[3],“同治二年谕,前已立同文馆,现据李鸿章奏,上海已建立外国语言文字学馆,广东事同一律,应仿照办理”等[4]。

这样,洋务运动时期为学习西方语言,翻译西方书籍建立北京同文馆之后,又根据官方和民间学者的建议,在上海和广东等地区也建立了培养精通西方语言人才的机构[5]。

虽然京师同文馆和广方言馆等机构均为培养语言学人才而设,但其教学中也都规定学习数学等掌握西方科学技术的基础科目。如李鸿章曾在“广州将军查照办理”中至广方言馆章程“计分九条。一办志;二习经;三习史;四讲习小学;五课文;六习算;七考核日记;八求实用”等[6]。那么,这些洋务派建立的语言学机构中的数学教育究竟是怎样的?具体使用的教材是什么?为解答这类问题,也为了解清末中国的数学教育概况,下面主要考察建于北京的“京师同文馆”和上海“广方言馆”的数学教育实施情况。

2.3.2 数学教育的状况

2.3.2.1 京师同文馆的数学教育

京师同文馆创建之时,国内还没有通晓西方语言文字的人,所以其中的一切教学事物均依靠来华传教士和李善兰等中国学者。

京师同文馆的首任总教习丁韪良(William Alexander Parsons Martin, 1827—1916)是美国长老会的传教士,是晚清来华传教士中精通中国的语言、文化、风俗、历史等各方面知识的外国人之一。丁在年轻时获得美国印第安纳州立大学双学位,在自然科学、国际公法方面均有很深的造诣。在担任同文馆的总教习之前,丁韪良曾在中国的宁波等地传教,学习汉语和宁波

---

〔1〕 张美平.略论上海广方言馆的翻译教学[J].浙江树人大学学报,2014(1):77-82.
〔2〕 席裕福,沈师徐辑.皇朝政典类纂卷二百三十之“谕折汇存”[Z].台北:文海出版社,1969.或者参阅〔清〕王先谦纂修.东华续录[M].台北:文海出版社,1963:369.
〔3〕 席裕福,沈师徐辑.皇朝政典类纂卷二百三十中之“谕折汇存”[Z].台北:文海出版社,1969.
〔4〕 〔清〕王先谦纂修.东华续录[M].台北:文海出版社,1963:369.
〔5〕 郑鹤声,郑鹤春.中国文献学概要[M].上海:商务印书馆,1930:164.
〔6〕 陈宝泉.中国近代学制变迁史[M].北京:北京文化学社,1927:5-6.

方言，熟谙中文，又在北京、上海等多地传教讲学。1865 年丁韪良任京师同文馆英文馆的教习，1869 年始任总教习，并且曾担任清政府国际法顾问。丁韪良一生著述颇多，据不完全统计，他在一生中出版了中文译著 42 部，英文著作 8 部，并在各种报纸杂志上至少发表了 150 多篇文章。其中，最著名的当属他在京师同文馆编译的《万国公法》。该书是同文馆出版的第一本书，是当时最新的国际法著作，同时也是近代中国第一部讲述法律知识的书籍，一经问世就受到极大的欢迎，成为当时国内最普遍的国际法书籍，并且为近代国际法律体系在中国的引进和传播开辟了道路。

汉译《万国公法》传到日本，不但成为日本外交家与西方列强进行外交斡旋的重要工具，也被日本政府指定为日本学生必读的法律教科书。传入日本时间大约在 1865 年或 1866 年，据说安井息轩门下的美泽藩士云井龙雄在横滨购得，胜海舟又从松平春狱处借走研读，并传给他的弟子坂本龙马（1836—1867）。据说坂本提出了所谓“长剑不如短刀，短刀不如手枪，手枪不如万国公法”的说法，他也的确曾运用《万国公法》上的法条与规则，打赢了一场官司〔1〕。《万国公法》最早的日文翻刻本是由著名哲学家西周训点，出版于东京大学前身的开成所。此外，明治政府基本方针的五个条御誓文也受到《万国公法》的影响。

作为中国近代最早的官办译书机构，京师同文馆编译的书籍内容涉及多个方面，其对编译西书的重视，以及在编译过程中积累的丰富经验，形成的近代编译方法和出版观念，不仅促进了我国编辑事业的近代化，而且也为我国后世的编辑出版工作留下了宝贵的财富。

在译书方面，京师同文馆于光绪十二年（1886）设了纂修官，对书籍进行删校和润色。1874 年 5 月，总教习丁韪良向总理衙门“呈请译书”，提出在馆内组织教习和学生翻译西书。1886 年，总理衙门乃奏请添设纂修官两员，初以席淦、汪凤藻充任，并且由他们对所译书籍进行“删改润色”。这就使得同文馆的译书活动初步具备了编撰的性质。光绪十四年（1888）又成立译书处，由馆内自行组织翻译和印刷教科书。但并非所有翻译之书都由印刷所

---

〔1〕 平尾道雄. 新版龍馬のすべて[M]. 高知：高知新聞社，1985：283. 尾川昌法. 坂本竜馬と《万国公法》—“人権”の誕生(5)—[J]. 人権 21，調査と研究. 2003：22.

印刷出版，如于1864年丁韪良所译《万国公法》便是由京都崇实印书馆刊印。

对于京师同文馆印书处设立的时间，有几种不同说法。美国学者毕乃德(Knight Biggerstaff)在《同文馆考》中提到，1873年附设印刷所，备有中体与罗马体活字，及手摇机7部；文馆和总理衙门印件都由它印刷。京师同文馆总教习丁韪良在《同文馆记》中说："1876年附设印书处，有印刷机7部，活字4套，以代替武英殿的皇家印刷所"[1]。虽然译书处的成立时间尚无确切说法，而且由于从一开始就地处同文馆内偏僻废置的一隅，设备简陋，只有印刷机7部，活字4套，但却在晚清翻译事业中具有深远意义。1898年6月，清政府创办京师大学堂，并于光绪二十七年(1901)将京师同文馆并入京师大学堂。1903年，张之洞(1837—1909)等编写《奏定学堂章程》时，将京师同文馆改为"译学馆"，仍设在京师大学堂属下[2]。

京师同文馆早期的译书活动基本由馆内教习组织进行。后来通过开设一系列翻译课程，并规定学生在课余时间进行翻译条子，翻译选编，翻译公文等译书练习，馆内学生开始逐渐参与译书，并自行翻译书籍的数量逐渐增多。具体译书过程大致如下：清政府官员根据政治需求以及社会上的学术思潮确定主要选题方向，然后由具体的编译人员确定具体选题，最后才开始译书。文馆所采用的主要编辑方法是中西合译，即西人口译，国人笔述。馆内的教习将需要编译的西书口译成中文，然后再由纂修官对其进行语法，修辞等方面的润色。虽然纂修官和翻译官也是从学生之中选拔而出，但他们都是经过严格的遴选之后才就职的，因而在很大程度上提高了书籍编译的质量。译书过程对编译者是一次绝佳的学习机会，不但使他们对西学和中文有了更深刻的认识，能够更加深入了解西方文化和科学知识，而且也在一定程度上促进了中西双方的文化交流。

"北京同文馆"建立之初主要教授西方的语言文字，并没有进行西方科学技术的传授。在同文馆，最早设立的是英文馆，1863年开始加设俄文馆和法文馆，1871年又增加了德文馆，为培养外交人才做了不懈努力。

同治五年(1866)，恭亲王奕䜣上奏朝廷，为制造机械必须培养通晓天

---

〔1〕 张静庐. 中国近代出版史料补编[M]. 北京：中华书局，1957：9.
〔2〕 赵旻. 京师同文馆的发展历史及其贡献[J]. 中国文化研究，2000(3).

文，算学之人。准奏之后“同文馆”便开设了天文算学馆，开始教授算学、天文、地理、航海测量、各国历史等[1]。

相关史料有如下记载：“同治五年，北京同文馆于英、法、俄文三馆以外，设天文、算学、化学、格致、公法各课”[2]。

天文、算学科引入后的同文馆，从一所培养翻译人员的学校变成了培养实用科学人才的学校。其课程相关教学情况为：

算学：同治七年(1868)请李善兰为教习；

化学：同治五年(1866)法国人毕利干(Anatole Adrien Billequin，1837—1894)为教习；

万国公法：同治八年(1869)请总教习丁韪良为教习；

医学生理：同治十年(1871)请德贞(Dr. Dudgeon)讲医药和生理；

天文：光绪三年(1877)增设天文一课，先由美人海灵敦(Harrington)讲授，旋以费礼饬(Dr. Fritzche)继之；

物理：光绪五年(1879)添讲格致(物理学)，首由欧礼裴(C. H. Oliver)讲授。

虽说“同治五年创办天文算学等科，以七年为期”[3]，但根据“京师同文馆规”[4]可知，真正授课期限为8年。每年的授课情况如下。

第一年：认字，写字，浅解辞句，讲解浅书；

第二年：讲解浅书，练习句法，翻译条子；

第三年：讲各国地图，读各国史略，翻译选编；

第四年：数理启蒙，代数学，翻译公文；

第五年：讲求格致[5]，几何原本，平三角，弧三角，练习译书；

第六年：讲求机器，微积分，航海测算，练习译书；

第七年：讲求化学，天文，测算，万国公法，练习译书；

第八年：天文，测算，地理，金石，富国策，练习译书。

根据此同文馆“八年课程计划”，最初的5年让学生们达到中等教育水

[1] 舒新城. 近代中国教育史料(第一册)[M]. 上海：中华书局，1928：8.
[2] 马廷亮. 京师同文馆学友会第一次报告书[Z]. 序，北京：京华印书局，1916.
[3] 马廷亮. 京师同文馆学友会第一次报告书[Z]. 序，北京：京华印书局，1916.
[4] 舒新城. 近代中国教育史料(第一册)[M]. 上海：中华书局，1928：9－11.
[5] 格物致知起源于《礼记》大学篇(《大学》)一节中“致知在格物，物格而知至”。

平，之后的3年达到大学程度。而前5年中最初的3年主要进行语言教育，后2年和其余3年开始学习西方科学技术相关课程。

关于同文馆数学教育方面，同治五年八月又发布了如下命令："允郭嵩焘请，召生员邹伯奇、李善兰，赴同文馆差委"[1]。这样，1868年招邹伯奇和李善兰担任数学教习，李善兰不仅担任算学班教习，又翻译了很多数学和天文学书籍。李善兰一直到逝世，共担任了13年间的同文馆教习。

担任化学教习的法国人毕利干除了引起学生学习化学的兴趣，还翻译了《化学指南》《化学阐原》等有关化学知识的书籍。《化学指南》是我国最早系统介绍化学知识的书籍，促进了近代化学知识在我国的传播和发展。

下面主要介绍几位担任数学教习的人员。

邹伯奇(1819—1869)，字特夫，广东省南海人。他精通天文、数学、物理、地理等自然科学知识，又擅长各种仪器的制造。他曾制造过计算尺、观象仪、浑天仪、时钟、象限仪等仪器。在欧洲发明银版照相术(1839)的时候，他又自制了一种照相机。这是中国人自制的最早的照相机。邹伯奇又撰写了《学计一得》(2卷)、《对数尺记》(1卷)等数学著作。而使他一夜成名的却是先后两次(1866年、1868年)被招，担任同文馆教习一职，但均因身体病恙为由没能赴任这件事情[2]。

光绪六年(1880)，同文馆的数学副教习席淦(1845—1917，李善兰弟子)、贵荣(生卒年不详)[3]等人编辑的《算学课艺》刊行于世。其中以"元""亨""利""贞"四卷构成的同文馆学生所用考试问题和解答的部分内容。本书最前端有"同文馆算学教习李壬叔先生阅定，副教习席淦、贵荣编，肄业生熊方柏、陈寿田、胡玉麟、李逢春同校"等字样。

给《算学课艺》作序的是总教习丁韪良，该序中写道："开馆以来十有余载，兹由副教习席淦，贵荣等将所积试卷选辑四帙，颜曰《算学课艺》"[4]。

《算学课艺》的内容构成：卷一"天文测算"(球面函数问题)、"重学测算"

---

[1] 〔清〕王先谦纂修. 东华续录(卷五十八，同治)[M]. 台北：文海出版社，1963.
[2] 钱宝琮. 中国数学史[M]. 北京：科学出版社，1992：330.
[3] 吴文俊主编. 中国数学史大系(第八卷)[M]. 北京：北京师范大学出版社，2000：275.
[4] 丁韪良. 同文馆算学课艺序[M]. 光绪二十二年(1896)石印本.

(力学问题)、“炮弹射程”(抛物线等二次方程式问题)、“航海测算”(测量术问题)等内容;卷二“平面几何”“立体几何”“垛积”“累乘之和”“无穷级数”“连比例”“不定方程”“四元术”(四元方程式问题)等内容;卷三包含“《测圆海镜》类问题”;卷四是“勾股问题”,“各类应用问题”等内容。

卷一至卷四等考试问题共 198 问,其中多为中国传统数学著作《九章算术》《张丘建算经》《测圆海镜》和清末汉译西方科学著作《重学》《代数学》《代数术》等书中的问题。这些书,或是课堂上使用的教材,或是教学参考资料。

根据《大清会典》的记录,同文馆的学生毕业之前要达到“凡算学,以加减乘除而入门,次九章、次八线、次则测量、次中法之四元术、西法之代数术”的水平。即在数学方面从加减乘除入门,之后学习《九章算术》,再学习三角法和测量术,最后又需要学习四元术等中国传统数学方法和代数学等西方数学方法。

以上为同文馆数学教育概况。同文馆教学中加设天文学和数学之后近 30 年间(1866—1895)未曾更改具体教学内容。

1895 年,陈其樟提出的整顿教育课程提案中写道:“伏思都中同文馆为讲求西学而设,学生不下百余人,岁费亦需钜万两,而所学者只算术天文及各国语言文字。在外洋只称为小中学塾,不得称为大学堂,且自始至终虽亦逐渐加巧,仍属有名无实。门类不分,精粗不辨,欲不为外洋所窃笑也难矣。”〔1〕

根据上述陈其樟的提案,为探究西方学术而在北京设置了同文馆。其学生人数 100 人以上,每年花去大量的费用,但所学内容为西方中小学水平的数学、天文学、语言学知识,并非高等学术内容。虽然整体课程中加授一些较深的西方学术内容,也只是徒有虚名而已。学科尚无分类,教学中没有简单教育内容和精密高深的教学内容之分。所谓同文馆教育势必受到国外教育者的耻笑。

陈其樟以尖锐的语气指出了洋务派所建同文馆教育中所存在的缺点。

从同文馆毕业的人员中数学成绩优异者有蔡锡勇、左秉隆、杨兆鋆、杨

〔1〕 何炳松.三十五年来中国之大学教育[J].最近三十五年之中国教育.1931: 57.

枢等人[1]。但其中没有出现从事数学研究和数学教育者，基本都成为大大小小的官僚人物。如其中的杨枢成为清末驻日大使，曾经管理过清末日本留学生事务。

2.3.2.2 “广方言馆”的数学教育

广方言馆创办初期的课程包括英语和经学、史学、算学、词章等四类，特别重视英语和算学教育，具体规定要“逐日讲习”。由教员主持每月初一，十五考西学。初八，二十四考经史时文，每三个月由江海关道考试一次[2]。另外，海关监督每星期日下午还专门对学生进行考试，要学生翻译过去一星期内所收到的美、英领事寄来的函件[3]。这样的考试非常严格。章程规定：学习优秀的赏银四两至八两，劣者退学。三年期满，通商督抚衙门及海关监督可以遴选为翻译官承办洋务。

于1869年广方言馆并入江南制造局后，又重新拟定“广方言馆课程”10条，确定学制3年，分上下班两个阶段，第一年为下班，后两年为上班。下班课程有外国公理公法，如算学、代数学、对数、几何学、重学、天文、地理、绘图等。如果毕业后担任翻译，还要学习外语。每天上午学西学，7天翻译1篇，学习一年，经过考试，合乎标准的可以升入上班。上班开设7门专门课程：矿物学和冶金学；金属铸件和锻件；木器和铁器制造；蒸汽机的设计与操作；航海；水陆攻战；外国语言文字、风俗、国政。学生可在这7门中选习一种，并继续学习下班的课程。除这些西学、西文之外，还要学习经、史、算、词等中学。“经”读《春秋左传》，“史”则《资治同鉴》，继而《通鉴外纪》《明鉴》《明纪》，还要讲习小学诸书。算学除西方算学外，要学中国的《算经十书》。每七天作文一篇，要学会各种词章文体，包括策论、八股、每天记日记[4]。能够开出这一系列的西学课程，反映当时主管人员对西学的认识增进很多。不过中学课程几乎与当时的一些私塾没有太大区别，没有超越科举范围，但就其课程分量而言，大大超过了京师同文馆。

广方言馆的第一位外国教员是美国传教士林乐知（Young Allen,

---

[1] 吴文俊主编.中国数学史大系(第八卷)[M].北京：北京师范大学出版社，2000：273.
[2] 广方言馆全案[M].上海：上海古籍出版社，1989：4-6.
[3] K. Biggerstaff. *The Earliest Modern Government schools in China*[M]. Cornell University Press，1961：163.
[4] 广方言馆全案[M].上海：上海古籍出版社，1989：19-40.

1836—1907)，他从1864年起在广方言馆教英语，期间有一段时间离职，前后总共教了十三年。他在日记中谈到了教学情况。他每天上午9时至12时在校上课。最初到校时有24名学生，大部分学生已经掌握一些简单的英语发音。林乐知到职后，立即着手以韦氏音标教他们正确的发音，从朗读短句到简单的中译英。但他只教了半年就被辞退。到1867年2月，他又回到广方言馆，发现教学情况仍然不好，着手整顿英语班。按程度分班，使用不同课本，运用黑板，还向高班学生讲授科学和工艺课程，作电报和蓄电池的演示实验，带领学生参观煤气厂，面粉厂和制造厂。他还使用基督教的宣传小册子，作为学生学习英文的材料。

广方言馆建立之后便将数学确定为必修科目，也允许部分学生专攻数学。可以说，"广方言馆"比京师同文馆等洋务派建立的学校更早开始进行了西方数学课程的教学。

1869年，"广方言馆"并入江南制造局。对其课程设置李鸿章曾谈道：孔子之学中设有数学，西方科学技术的日益发达以数学为基础〔1〕。他特别指出学生应每日学好西方的学术，更要学好数学知识，而且需要学习包含中国古典数学和西方数学的各种数学。在不懂数学的李鸿章的心中，中国传统数学和西方数学具有同等位置，而他以儒教学术中也有数学教育为例，更强调了学习西方科学技术必须以数学教育为基础。李鸿章又指出，学习西方测量术和机械制造方法时应该学习更高水平的西方数学。

在"广方言馆"教数学的有如下人物：

(1) 陈旸(1806—1863)，他于1863年担任教师一职后不久便去世。

(2) 时曰醇(1807—1880)，曾晚年执教"广方言馆"的数学教习一职〔2〕。

(3) 刘彝程(生卒年不详)〔3〕，字省庵，江苏兴化人，1873—1875年担任"广方言馆"数学教习。

刘彝程对于当时的科举考试不感兴趣，自学传统数学和西方数学知识，数学方面的著述也比较多。数学著作中较著名的有《割圆阐率》《开方阐率》

---

〔1〕 陈宝泉.中国近代学制变迁史[M].北京：北京文化学社，1927：9-10.
〔2〕 诸可宝.时曰醇传[A].畴人传三编(卷五)，江阴：南菁书院，清光绪十二年(1886)：815-816.
〔3〕 田淼.清末数学家与数学教育家刘彝程[A].中国数学史论文集(第三辑)[C].内蒙古师范大学出版社，台北：九章出版社，1992.

《对数问答》等。他还参与了汉译西方数学著作的翻译工作,也担任了一些译著的校对工作。如华蘅芳、傅兰雅合译《代数术》,于同治十二年(1873)刊行之时,竟“无敢任校算者”,“彝程一见了然,为之校算”[1]。即,当时国内了解西方数学的人员缺少,因《代数术》内容比较深,所以没有敢校对其内容的人员,刘彝程却较快理解其中内容,并做了修订。华蘅芳和傅兰雅合译《微积溯源》时其中的修订工作也由刘彝程来完成。华蘅芳的《微积溯源》序文中写道:“书中代数之式甚繁,校算不易,则刘君省庵之力居多”[2]。刘彝程一面做传统数学和西方数学的研究工作,一面担任了“广方言馆”的数学教师一职。

本书后文中将讨论明治初期日本“和洋折衷”的学者,同样在清末中国也有兼修传统数学和西方数学,并力图将二者融合的学者。刘彝程是其中最具有代表性的人物。他在研究传统数学的同时也承认西方数学的优越性,想使二者会通于统一理论中。

有如下记录:“夫泥于中法者,恒纠缠文字,论说则不简明,泥于代数者,恒展卷即演算式,绝不穷其源尾。余力矫此,务源于撰题本旨,揭以示人,往往先抒公理,然后以题合之”[3]。

刘彝程在其著作《简易庵算稿》中详细论述了清末传入中国的西方数学的理论体系,又将其中的原理来解释中国传统数学问题,并用传统数学中的“勾股术”来解答西方数学中的方程式问题。

刘彝程的学生对老师的数学教育情况有如下记述:“自先生以题诲人而后,代数虽属西法,而人乃视为己有矣”[4]。

这样,刘彝程在数学课程中时常用西方数学理论解决传统数学的问题,又用传统数学方法来解释西方数学问题。在这种教学方法下,学生们较快掌握各类数学知识,达到事半功倍的效果。

出现像刘彝程一样会通传统数学和西方数学的学者是这一时期清末数学界的特色,而在明治时期日本也出现了类似现象,后文中介绍的福田理

---

[1] 李恭简修,魏俊,任乃赓撰. 刘彝程传[A]. 续修兴化县志[M]. 1943.
[2] 华蘅芳. 微积溯源[M]. 序文一丁表参照,上海:江南制造局. 同治十三年(1874).
[3] 刘彝程. 求志书院算学课艺[M]. 1896:4.
[4] 田淼. 清末数学家与数学教育家刘彝程[A]. 数学史研究文集(第三辑)[C]. 呼和浩特:内蒙古大学出版社,1992:117.

轩、柳楢悦等学者也力图探索传统日本数学和西方数学之间存在的共性。这一点是处于转换期的近代中日数学界共同特征。

刘彝程等"广方言馆"中的数学教师们向学生们传授传统数学和西方数学知识的同时，将会通两种数学的心得传授给他们，使其兼修中外数学知识，短期内掌握了较深的数学内容。"广方言馆"学生中成绩优异者有席淦、汪凤藻、严良勋、杨兆鋆等人[1]。

"广方言馆"的教学大纲中有如下记载："一辨志、二习经、三习史、四讲习小学、五课文、六习算、七考校日用、八求实用、九学生分上下两班"[2]。对于具体的教育科目有如下规定："其功课：国文、英文、法文、算学、舆地"[3]。

通过上述内容，可以知道"广方言馆"的教育中一直重视数学基础课程的教学，这不仅和历来的科举教育不同，也和其他新式学堂存在较多差异。

另外，值得关注的是"广方言馆"的师生们在翻译西书，介绍与传播科学技术知识方面也做出了很多贡献。如传教士傅兰雅跟华蘅芳、徐寿、徐建寅、赵元益等合作，30 多年共译西书 136 种，包括数学、物理、化学、电学、天文、地理、地质、动植物、生理解剖、医疗卫生、机制、应用科学、航海、农业、军事、法律、政治、历史等学科；林乐知翻译 24 种；金楷理翻译 32 种。这些书籍对戊戌变法时期维新人物影响很大，康有为、梁启超之接触西学就是始于上海出版的西方科学译著[4]。

如前所述，他们随属于江南制造局翻译馆，却经常到广方言馆兼修西学课程。广方言馆的教学引发了他们的译书旨趣，翻译又促进了他们的教学工作，其译本多数用于广方言馆的教学中。如傅兰雅翻译的物理类书籍中有《气学须知》《声学须知》《电学须知》《重学须知》等标有"须知"的自然科学著作有 10 余种，多系采自英美中小学的教科书，具有很好的科普作用，又适用于学校教育。广方言馆的译书种类和数量大大超过京师同文馆（据《同文馆题名录》只有 30 种左右），对于西方的科学技术在中国的传播起了积极的

〔1〕 吴文俊主编. 中国数学史大系[M]. 北京：北京师范大学出版社，2000：319.
〔2〕 陈宝泉. 中国近代学制变迁史[M]. 北京：北京文化学社，1927：6.
〔3〕 魏允恭. 江南制造局记(卷二)[M]. 上海：江南制造局. 1905：23.
〔4〕 姚嵩龄. 影响我国维新的几个外国人[M]. 台北：传记文学出版社，1985.

推动作用。

2.3.3 军事学堂中的西方数学教育

洋务运动时期也建立了以传授西方军事技术为主的新式军事学堂。其中较著名的有福建船政学堂和天津水师学堂、广东水师学堂、湖北武备学堂等机构。

这些军事学堂中作为基础课程也设置数学课程。

同治五年(1866),洋务派领军人物左宗棠(1812—1885)在福建省马尾创建了造船所,作为附属设施,在船渠的东北方向建立了一所学堂。学堂分前、后两堂,其中"前堂"主要教授法语,并进行造船技术的训练,又称"前学";"后堂"主要教授英语,并进行轮船的操纵训练,也称"后学"。"前学"和"后学"合称"船政学堂"。这是清末中国建立最早的学习西方军事造船技术的专门学校。

左宗棠所建"船政学堂"的具体技术属于法国系统。这源于在镇压太平天国的战争中拿破仑三世的军队协助左宗棠军队。其技师和熟练工,以及给学生上课的老师均来自法国。清政府用高额佣金聘请他们。法国也会经常会送些机械和附属品。指导造船所技术的是西方人,而清末封建官僚却对此兴趣不高[1]。

1880年,李鸿章又提出在天津创办"北洋水师学堂"的建议。建议被批准,在学堂内开始讲授英语、几何学、代数学、平面三角法和球面三角法、级数、重学、天文、地理学、测量术等课程[2]。1885年,李鸿章又在天津建立武备学堂。第二年张之洞在广东建立了水师学堂。

这一时期创办的军事学堂中作为基础课程均设置了数学课程。

例如,福州船政学堂的修业年限分5年和3年两种不同级别。学习造船技术和轮船操作的"前堂"和"后堂"的修业年限为5年;而作为"前堂"的付属机关所设"绘事院"的修业年限规定为3年。

福州船政学堂学生的必修科目有英语、法语、造船术、算学、力学、光学、

---

〔1〕 沈传经.福州船政局[M].成都:四川人民出版社,1987:56.
〔2〕 舒新城编.近代中国教育思想史[M].上海:中华书局,1929:43-44.

化学、天文学、地质学等内容，通过考试公布学生的成绩，还设立赏罚制度。教学科目中“算学”指的是西方数学内容，因为创办者认为西方数学是西方造船术和航海术的基础科目。而数学科目的具体内容有算术、几何学、透视画法(测量术)、三角法、解析几何学、微积分学等。

天津水师学堂、广东水师学堂、湖北武备学堂中也设有西方造船术和军事技术相关课程，而作为西方科学技术的基础，也都设置了西方数学课程。

小结

1860年代以后的中国出现了京师同文馆，广方言馆等培养西方语学人才的教育设施，又出现培养西方军事技术和造船术人员的各类机构。在这些机构作为基础知识，设置了西方数学课程。主要教育内容是代数学、几何学、平面三角法、球面三角法、微积分、航海测量术、天文测量术等西方初高等数学和相关理科知识。使用的教材是李善兰、华蘅芳等清末学者和西方传教士合译的汉译西方数学著作。在这些机构教授数学知识的人员，可分为两类：一类是西方传教士，另一类是既了解传统数学，又通过各种途径掌握西方数学知识的人员。受培育目标限制，这些机构没有培养出精通西方数学和数学教育的人才。洋务时期的整个社会还是处于科举取士的旧教育模式之下，一直没有出现普及西方数学教育的社团和学会等。

洋务时期新式学堂讲授西方“格致”的同时，多数新式学堂还将中国古典和西方学术并列讲授，这种模式具有时代特色。同时兼顾“中学”和“西学”,“融贯东西”原则是这类学堂的共性。如在上海广方言馆和洋务派张之洞等人创办的学堂都以中学和西学并列学习做为教学方针。在刚开始创办时只关注“西学”教育的京师同文馆中，满清朝廷为控制外交大权，实行人才垄断，最初只招收满清贵族子弟，过了一段时期才招收了汉族学生。李鸿章等洋务派办学的指导思想是“中学为体，西学为用”。所以，尽管新式学堂中提倡中西学并重，但始终把经史作为“正学”，是以“正学为本”。又给学生“附生”出身，让其参加科举考试。传授西学的新式学堂却被转向科举轨道。清末知识分子不能忘情科举功名，这种做法也合乎他们的志向。光绪七年(1881)江南制造局总办李兴锐、蔡汇沧向刘坤一报告广方言馆的学生情况时说:“敷衍岁月，多攻制艺，不复用心西学，故中学尚有可观，西学几同墙面,此何异内地书院,殊失设立方言馆之本意”[1]。

此时已是新式学堂办学经历20多年,却和科举取士中的书院没有什么差别,这跟洋务时期,李鸿章和总理衙门以及满清政府一直贯穿“中体西用”的学问理念和指导思想分不开。后文中分析近代日本的新式教育中也有“和魂洋才”的倡导理念,但和清末情况有本质上的区别,这很大程度上导致了近代中日新式教学结果的不同。

传教士所建立的新式学堂的教育主要以传教为目的,而洋务派开设的军事学堂经过短期的教育培养出了解西方军事技术的人才。这类学校都不具备某个具体的教育政策为背景而建立的学校体制,所以在儒学教育中心的清末中国没能成为主流模式。可以说,整个洋务时期新式学堂中没有产生改变日益衰落的清朝命运的实力派人物。梁启超曾谈道:“今之同文馆、广方言馆、水师学堂、武备学堂、自强学堂、实学馆之类,其不能得异才,何也? 言艺之事多,言政与教之事少。其所谓艺者,又不过言语文字之浅,兵学之末,不务其大,不揣其本,即尽其道,所成已无几矣。又其受病之根有三:一曰科举之制不改,就学乏才也;二曰师范学堂不立,教习非人也;三曰专门之业不分,致精无自也”[2]。

清末新式学堂的西方数学教育内容其实比同时代日本要占优势,因为汉译西方数学著作已经成为学堂使用教材,而同时期日本却使用了原版教科书或传入日本的汉译著作。但教育制度的保障性和全社会对普及西方数学教育的关心,却和同时期日本有一定差距。后文中考察明治时期教育制度的改革对日本传统数学模式转换产生的影响,进而分析近代日本数学界在积极学习和参考清末汉译西算并逐步普及西式数学教育的情况。

---

[1] 广方言馆全案[M].上海:上海古籍出版社,1989:51-52.
[2] 梁启超.饮冰室合集[M].北京:中华书局,1988:19.

第 3 章

西方数学在幕府末期至明治初期日本的传播

日本传统学术中,“和算”占有重要地位。江户时期发展的“和算”在中国传统数学的影响下得到长足发展,又独立发明“旁书法”等符号代数学,获得和西方行列式、微积分相媲美的成果。17 世纪以后日本各地均出现研究和传授和算的学者,他们的流派不同,相互之间交流不多,却培养了从上层氏族、武士阶层到普通百姓中的诸多学者。

19 世纪中叶以后在中国发生的两次鸦片战争,以及美国黑船事件震撼日本朝野,这使他们深刻认识到学习西方各国先进军事和航海技术的重要性。此后幕末政府陆续建立学习西方科技的新式学校。1868 年,江户改称东京,幕府的最后一位将军德川庆喜(1837—1913)退位,明治天皇从京都到东京,日本史上著名的“明治维新”拉开序幕,开始进行了一系列近代化改革。一些新式学校应运而生,为日本传统数学的西化起到非常重要的推动作用。

幕府末期至明治初期成立的一些培养语言学人才和西方军事技术人员的近代日本教学机构,如长崎海军传习所、蕃书调所、江户的医学所、军舰操练所、长崎济美馆、精得馆、箱馆诸术调所、洋学所等各种不同性质的西学机构中,为了使学生掌握西方科技,均开设了西方数学科目。其中必修三角函数、微积分等西方高等数学知识。此外,各个藩校和一些地方私塾中也都设置了西方数学课程。

如佐贺藩和萨摩藩等率先接触西方文明的沿海各藩,输入西方数学的时间比中央政府早了很多年。在日本庆应元年(1865),大隈重信和副岛种臣等人在长崎创办致远馆的教学内容中就设有西方数学课程[1]。元治元年(1864),在萨摩藩建立了讲授军事科学、兰学[2]、英学[3]的教育机构,被称作“开成所”,其中也设置了西方数学课程。根据笠井驹绘的近世藩校统计表可知,在幕府末期至明治初期设立的295所藩校中有134所开设了算术课程,其中有7所藩校明确标识“西方数学”或“笔算”内容[4]。

在一些私塾也开设过西方数学的课程,比较有名的是近藤真琴的“攻玉塾”和福田理轩(又名福田泉,1815—1889)、福田治轩(又名福田半,1837—1888)父子的“顺天求合社”。

可以说,幕府末期日本为了加强国防,开始引进近代科技的同时重视西方数学教育。相关的教育机构多设在官方创办的培养翻译和海军的学校内,如东京蕃书调所(开成所)[5]和长崎、静冈县的海军传习所,以及沼泽兵学校等。在这些学校作为教材主要采用当时的汉译西方数学著作。

明治十二年(1879)的一本数学杂志中写道:

> 西方数学方法传入我国距今又二十余年,旧幕府海军成立之时,便已开设算术课程。然而当时以教授航海技术为主,还未进行数学研究,所以还未出现国人著述的数学书。当时以支那出版的《数学启蒙》为入门教程,并翻译荷兰书为补。柳河春三的《洋算用法》为学习洋算奠定了基础,其次是神田孝平写成的《数学教授本》,为维新之后破除旧习,盛行学术风尚作了贡献[6]。

这里提到的“海军成立”指的是建立于1855年7月的长崎海军传习所的事情。该传习所是近代日本最早开设西方数学的教育机构。

根据上述内容可知,《数学启蒙》是长崎海军传习所使用的主要入门教材,他们还翻译荷兰语写成的数学教科书为辅助教材[7]。而翻译这些教材

---

〔1〕 大槻宏树.教育上からみた大隈重信研究[D].早稲田大学文学研究科修士论文,昭和三十三年(1958),参考附录“致遠馆”相关内容。
〔2〕 主要讲授荷兰语或与荷兰相关的学术机构。
〔3〕 主要讲授英语或源自英国的科学技术机构。
〔4〕 笠井駒絵.近世藩校の総合的研究[M].所収近世藩校一覧表,東京:吉川弘文館,昭和三十五年(1960).
〔5〕 倉澤剛.幕府教育の研究(1)[M].東京:吉川弘文館,1984:12-26.
〔6〕 原日文载于樋口五六(藤次郎).算学新志[M].17号,東京:開数舍,明治十二年(1879)四月:34.此处中文为笔者译.
〔7〕 当时使用的荷兰语教材主要是荷兰海军使用的教科书,有一本皮拉尔(Jan Carel Pilaar)著,题为 *Handleiding tot de Beschouwende En Werkdadige Stuurmanskunst*, *2de*. (1847)的书为长崎海军传习所所用教材之一。此书分上下两卷,上卷为理论篇,主要讲述一些初等数学内容,下卷中包含了航海术中实用的各种图表。

时的主要参考书仍为汉译数学著作。

在长崎海军传习所学习的学生中出现了很多日后成为明治维新时期中坚力量的人物。尤其是小野友五郎(1817—1898)、柳楢悦(1832—1891)、塚本明毅(1833—1885)、中牟田仓之助(1837—1916)、赤松则良(1841—1920)等人不仅身居政府要职,为明治时期日本数学的发展也做出了重要贡献。

在长崎海军传习所,主要由荷兰教官以荷兰语对学生进行教育。这些学生都是初学荷兰语,对西方的各种科技名词完全陌生的幕府各藩的子弟,担任向他们解释课程内容的是被称作"兰语通词"[1]的人们。而"兰语通词"翻译并解释外国教官的数学名词时主要依赖的是日本传统数学中的数学名词和汉译数学著作中的名词术语[2]。

上述引文中又提到了柳河春三(1834—1871)的《洋算用法》和神田孝平(1830—1898)的《数学教授本》。此二人是蕃书调所最早的荷兰语和数学教员。

蕃书调所建立初期的目的是为了培养精通西方语言的翻译人才。这里也培养了很多明治时期政界要人和著名学者。

柳河春三虽然作为荷兰语的教员在蕃书调所任职,但也有很深的数学造诣。尤其对西方数学非常感兴趣。其编著的《洋算用法》是日本历史上最早出现的一本完全采用西方格式的数学教材。《洋算用法》主要以荷兰的数学书籍为蓝本,但其中多处仍参考了汉译数学著作。

在柳河春三撰写的一本名为《横滨繁昌记》的游记中有"游历横滨,阅读支那出版的《数学启蒙》一书"[3]的记载。根据这一记述,《数学启蒙》流传到日本的时间比前面介绍的1862年还要早。

虽然《洋算用法》参考了汉译数学著作,但此书蓝本为荷兰算数书,所以在本文中不做详细讨论。

下文中主要介绍在内容和结构上依据《数学启蒙》的两本明治初期使用的数学教科书。

第一本为上文中提到的《数学教授本》,第二本为《笔算训蒙》。这两本

---

〔1〕兰语通词,日本幕府时期出现的荷兰语的翻译人员。
〔2〕藤井哲博.長崎海軍伝習所——19世紀東西文化の接点[M].東京:中公新書,1991:3.
〔3〕柳河春三.横浜繁昌記[M].1869:67.

是幕府末期至明治初期的数学教材，为西式初等数学教育的普及做出了重要贡献。

日本于1872年颁布学制，制定了停止讲授原有的传统数学，普及西方数学的一系列教育制度。在学制中明确规定小学使用的数学教材，其中包括《数学教授本》和《笔算训蒙》〔1〕。

《数学启蒙》传入幕府末期的日本之后，很快开始出现不同的复刻本。流传至今的有官版翻刻本和私家藏书的藏田屋刻本〔2〕。复刻本有利于具有较高汉学素养的人士使用，而初等教育中却不便使用。复刻本发行不久，出现了以《数学启蒙》为蓝本编著的数学教科书（见图3.1）。

图3.1　日本翻刻官版《数学启蒙》

可见，在幕府末期到明治初期，在长崎、江户、横滨创办的讲授西方军事技术，造船技术和外国语言的学校，以及各地的藩校和私塾中，广泛进行了西方数学的基础教育。

下面逐一看具体讲授过程以及参考和利用汉译西方数学著作的情况。本章中重点介绍长崎海军传习所、开成所、横滨法语传习所、横须贺造船所、静冈学问所、沼津兵学校等设施中的西方数学教育的概况，并介绍在这

〔1〕 上垣涉.和算から洋算への転換期に関する新たなる考証[J].愛知教育大学数学教育学会誌イプシロン，1998(40)：45.或者上垣涉.『学制』期の数学教育[J].数学教室.国土社発行，2003(617)、2003(618).

〔2〕 日本学士院图书馆藏有两种版本。

些设施中学习或教学的人员，如：日本最初的教育制度“学制”中的数学教育相关的人员小野友五郎，创办明治初期的数学团体——东京数学会社的首任会长柳楢悦和神田孝平，以及主要成员川北朝邻(1841—1919)，翻译汉译西方数学著作的人物神保长致等人，以他们为例全面考察明治初期日本接受西方数学的概况。

3.1 长崎海军传习所及其数学教育

3.1.1 长崎海军传习所的创立

安政二年(1855)末创办的长崎海军传习所是近代日本历史上最早开始讲授西方数学的教育机构。在这里，荷兰海军官兵在翻译人员“荷兰通词”的帮助下讲点窜术[1](代数学)、对数、平面三角学、球面三角学、微积分和几何学等西方数学知识。这里培养出小野友五郎、柳楢悦、塚本明毅、中牟田仓之助、赤松则良等对明治初期西方数学的普及做出重要贡献的人物。

嘉永六年六月(1853 年 7 月)，美国东印度舰队司令官马休·卡尔布莱斯·佩里(Matthew Calbraith Perry, 1794—1858)率 4 艘黑船到达浦贺，惊动了幕府上下，迫使他们加强海防建设，向在长崎做海外贸易的荷兰人订购军舰，并秘密向荷兰商馆的馆长卡尔裘斯(J. H. Donker Curtius, 1813—1879)征求建造近代海军的意见[2]。嘉永七年(1854)，卡尔裘斯把荷兰国王威廉三世派往日本的森宾(Soembing)号(日本将其改称为“观光丸”)舰长法比尤斯(G. Fabius, 1806—1888)中佐写给幕府的创建海军意见书交给了长崎奉行水野忠德(1810—1868)[3]。法比尤斯曾提出如下建议：

> (1) 日本在地理位置上以及在人员的条件上最适合创建海军，对于(日本的)开国来说创建西式海军是一个最好的选择。
>
> (2) 为培养合格的士官和下等士官以及军队的成员(航海科、运用科、机关科、炮术科、水夫、火夫、海兵)，必须建立一所学校(传习所)。

---

〔1〕 和算用语，特指“代数学”。关于“点竄”一词的变迁过程，川北朝邻在东京数学会社机关杂志第 43 号(1882 年 1 月)中有详细说明。

〔2〕 “日本の数学 100 年史”編集委員会編. 日本の数学 100 年史(上)[M]. 東京：岩波書店，1983：23.

〔3〕 藤井哲博. 長崎海軍伝習所——9 世紀東西文化の接点[M]. 東京：中公新書，1991：3.

(3) 荷兰海军的传习所可以教授蒸汽船的航运方法，大炮的操作法和制造法，蒸气机关的制造法等。为此传习生必须学习数学、天文学、物理学、化学等基本学科和测量术、机关术、运用术、造船术、砲术等军事技术。

(4) 为接受上述西式教育，需在日本长崎建立荷兰语学校，对学生进行语言学的培训[1]。

水野仔细阅读法比尤斯的建议，将从荷兰购入军舰，创建幕府海军和创办海军传习所等一系列计划上呈给老中阿部正弘(1819—1857)。以他为首的幕府阁僚全面支持水野的构想。之后，在幕府方面的请求下，荷兰政府决定将驻守爪哇的军舰森宾号献给幕府。安政二年七月(1855 年 8 月)舰长瑞肯(G. C. Pels Rijcken, 1810—1889)大尉带领一批培训人员进驻长崎港。同年七月，幕府正式发布传习令，十一月创办了海军传习所。长崎的永井尚志成为传习所最高负责官员，传习生的长官为矢田堀景蔵、胜麟太郎等 36 位幕府官员，从佐贺、福冈、萨摩等各藩召集了 129 名传习生，开始了第一期教学工作[2]。

学员们在观光丸和后面订购的朝阳丸等军舰上进行海上军事技术训练。其他时间学习航海技术、军械制造和基本科目。

以下为安政五年正月十九日(1858 年 3 月 4 日)记录的授课时间表[3](见表 3.1)。

表 3.1　长崎海军传习所课程表

星　期	上　　午	下　　午
星期一	炮术，究理学，操练(在学校)，骑兵调练	船具，运用，算术，火器制造，分析学
星期二	船具运用，解体术，大炮调练，骑兵调练，航海运用	算术・兰语，卷木绵，队形训练(在学校)，航海・点窜，造船・炮术
星期三	炮术・造船，算术・兰语，究理学	队形训练(在学校)，骑兵调练，分析术(在出岛)
星期四	航海・点窜，算术・兰语，解体术，大炮调练	船具运用，炮术・造船，下等士官心得

---

〔1〕 原日文载于藤井哲博. 長崎海軍伝習所——19 世紀東西文化の接点[M]. 東京：中公新書，1991：4-7.

〔2〕 "日本の数学 100 年史"編集委員会編. 日本の数学 100 年史(上)[M]. 東京：岩波書店，1983：23.

〔3〕 秀島成忠編. 佐贺藩海軍史[M]. 明治百年史叢書(1917 年的复制). 東京：原書房，1972，157：142-143.

(续 表)

星期	上午	下午
星期五	船具·运用,蒸气机械学,究理学,步兵调练	地理学,卷木绵,队形训练(在学校)
星期六	蒸气机械学,小枪调练(在学校),解体术	步兵调练,分析术(在学校),骑兵调练

在传习所,由荷兰大尉讲授航海技术、运用术、造船术、炮术以及算术和代数等数学科目[1]。第一期传习生的教学始于安政二年十月(1855年11月)下旬[2]。教学地点安排在长崎奉行的别墅,永井玄蕃头居住的宅院成为学员们的宿舍。来自各藩的传习生们初学荷兰语,更不知何谓西方数学。所以,课程的主要形式是荷兰人讲授后,被称作"通词"的翻译人员进行日文解释。因为很多技术和数学名词对翻译人员来说也是第一次听说的词汇,所以上课之前教官将术语解释给翻译人员,再由他们把术语的意思转达给学生们[3]。

长崎海军传习所的第一期学生共39名,人数最多;第二期为11名,人数最少;第三期学生年龄较小,共26名。另外,从各个藩又有130多名非正式学生跟着第一期和第二期学生一起听讲。给第一期和第二期前半期担任教员的是大尉舰长瑞肯为首的22名荷兰军人;担任第二期后半和第三期教员的是其他37名教员。后期学生人数较少,但教员人数较多。

航海技术的教学内容分为理论课和技术操作两部分。理论课用了皮拉尔(Jan Carel Pilaar)著荷兰海军使用的教科书 *Handleiding tot de beschouwende en werkdadige Stuurmanskunst*, *2de*. (1847)[4]。这套教科书分上下两卷:上卷是理论篇;下卷是航海技术中需要的各种图表。上卷的第一编是数学;第二编是经纬度、海图、地磁气、推测航法;第三编是天文学、天测高度改正法;第四编是时刻、子午线、时辰仪、经纬度决定法;第五编是罗针仪、六分仪的构造及其使用方法等,类似于当时欧洲通用的航海技术教科书。此书的

---

〔1〕"日本の数学100年史"編集委員会編. 日本の数学100年史(上)[M]. 東京:岩波書店,1983:24.

〔2〕藤井哲博. 咸临丸航海长小野友五郎の生涯——幕末明治のテクノクラート[M]. 東京:中公新書,昭和六十年(1985):35.

〔3〕藤井哲博. 咸临丸航海长小野友五郎の生涯——幕末明治のテクノクラート[M]. 東京:中公新書,1985:40.

〔4〕藤井哲博. 長崎海軍伝習所——19世紀東西文化の接点[M]. 東京:中公新書,1991:126.

框架结构是当时西欧航海技术相关教科书的标准模板。根据其内容可以知道长崎海军传习所学生所学的内容是航海技术所需的数学、地理学、天文学等知识，以及根据这些知识得出的大海中航行时的航线推算法和天文定位法等。

HANDLEIDING
TOT DE KENNIS VAN
HET TUIG, DE MASTEN, ZEILEN, ENZ.
VAN
HET SCHIP;
DOOR
J. C. PILAAR,
IN LEVEN KAPITEIN-LUITENANT TER ZEE.
Derde Druk,
aanmerkelijk verbeterd, vermeerderd en geheel omgewerkt
DOOR
G. P. J. MOSSEL,
KAPITEIN-LUITENANT TER ZEE, RIDDER VAN DE MILITAIRE WILLEMS-ORDE
EN VAN DE ORDE VAN DE EIKENKROON.
MET PLATEN.
TE AMSTERDAM, BIJ
de Wed. G. HULST VAN KEULEN.
1858.

图 3.2　Jan Carel Pilaar 教科书

皮拉尔的教科书上卷第一编中的数学内容是航海技术中必需熟知的算术、代数、几何、平面三角法、球面三角法等初等数学知识，还没有涉及微积分等高等数学知识(见图 3.2)。

佐贺藩的传习生——中牟田仓之助留下了学习三角法的记录：

$$\sin a = \sqrt{1-\cos^2 a} = \frac{1}{\cos eca} = \frac{1}{\sqrt{1+\cot^2 a}}$$

$$\sin(a+b) = \sin a\cos b + \sin b\cos a$$

我们根据这一笔记，可以间接地了解当时数学课的部分教学内容[1]。

在荷兰教官的指导下，熟练掌握算术的传习生又开始学习代数的加减乘除和对数知识。据一些资料，学完代数后又开始学几何，到 1856 年 10 月已经开始学习测量术和三角函数原理[2]。

开学不久，瑞肯大尉又通过传习生佐野常民给锅岛闲叟[3]提交了创建海军的建议书。其中写道："……其相応の筋道の事を用意候はで叶はず。其用意と申すは文章読誦の学，急速の算，ステルキュンスト，メートキュンストの起本の学に御座候"[4]。

---

〔1〕 中村孝也. 中牟田倉之助伝[M]. 中牟田武信，1919. 或武田楠雄. 维新と科学[M]. 東京：岩波新書(青版)，1972：31.
〔2〕 沼田次郎. 幕末洋学史[M]. 東京：刀江書院，1951：94.
〔3〕 锅島閑叟是江户时代的大名，第 10 代肥前国佐贺藩主。
〔4〕 秀島成忠編. 佐贺藩海軍史[M]. 明治百年史叢書(第 157 卷，1917 年的复制)，東京：原書房，1972：102.

其中的“ステルキュンスト”指的是代数学，“メートキュンスト”指的是测量学，日文片假名表示的均为荷兰语发音。当时因为日本没有合适的教科书，所以多数课程中使用了荷兰语原书。此时作为参考书的是清末汉译数学著作，其具体情况下文中将详细讨论。

可以说，长崎海军传习所的教员并非专业的数学教师，而是一些荷兰海军人员，而所教的内容也都是军校航海技术、炮术和机械学时用到的西方数学知识。这里，西方数学成为一门实用的知识，成为掌握各种技术时必备的基础。

3.1.2　传习生小野友五郎和柳楢悦

3.1.2.1　小野友五郎和西方数学

小野友五郎生于日本文化十四年(1817)，16 岁时到笠间藩的和算家甲斐驹藏门下学习传统数学[1]。小野友五郎的老师甲斐驹藏于天保七年(1836)到江户，跟随和算巨匠——长谷川宽学习，友五郎在弘化年间(1844—1848)也到长谷川开设的私塾学习。他又自学《拾玑算法》和《算法新书》等和算著作，并在 1852 年和老师甲斐共著《量地图说》2 卷刊行于世[2]。

小野友五郎所入长谷川派是忠实于传统和算，排斥西方实用数学的传统学派。小野在此学习和算，36 岁后以和算家的身份活跃在自己的家乡，出任藩里的幕府天文方[3]一职。晚年他参加长谷川派社友的聚会时，同门也没有排斥他，于 1879 年的《社友列名》中写入其姓名[4]，这也许是保守的传统和算派系对时代变迁的一种妥协。

小野后来到长崎，成为第一届传习生开始学习西方数学，同时潜心研究传入日本的汉译数学著作，成为当时为数不多的既熟悉传统数学，又能够理解西方数学的人物。因此他到长崎海军传习所时和同期生比较而言，是最

〔1〕小松醇郎. 幕末・明治初期数学者群像(上)[M]. 幕末編，東京：吉岡書店，1990：18.
〔2〕藤井哲博. 咸臨丸航海长小野友五郎の生涯——幕末明治のテクノクラート[M]. 東京：中公新書，昭和六十年(1985)：24.
〔3〕天文方，江户时期管理天文历法的职位。
〔4〕藤井哲博. 咸臨丸航海长小野友五郎の生涯——幕末明治のテクノクラート[M]. 東京：中公新書，昭和六十年(1985)：24.

能理解荷兰教官讲授内容的学生。在其同期生中牟田仓之助的回忆中写道:"小野、福冈二人,虽年龄较大,因早年曾学习和算,荷兰教员提出一些数学问题时,他们理解得比较快,而且也很容易解出答案,是我等之远不及之事"〔1〕。

在荷兰教官的指导下,教学内容从代数方程式和几何学逐渐深入到对数,三角函数和微分积分等高等数学内容。根据一些资料可知,该所建立一年之后的1856年10月,荷兰教官已教了三角函数、航海测量、火炮发射和机械理论等内容〔2〕。

小野到幕府军舰操练所担任航海技术的教员后写道:"教授算术时一般不需要问学习者的能力,需要先练习加减乘除,达到熟练掌握笔算方法之后,顺次专门练习和掌握较难问题的解法。……航海技术的科目中对学完算术后又熟悉笔算的学生教授航海所用仪器的使用方法和测量方法,之后才开始精心讲授六分仪的使用方法,以及天文测量相关的较为高级的测量技术等"〔3〕。小野文中也出现了让传统笔算和西方数学交融的折衷主义(Eclecticism)学术思想。

在明治二十四年(1891)《数学报知》的88号—90号上连载了小野友五郎写的"珠算之效用"一文,其中透露了在长崎海军传习所所学西方数学的概况。文中写道:"其中涡卷〔4〕是航海技术中最重要的内容,……大船在海中漂流时掌握这种方法非常关键,但是我国的传统学术中没有航海技术相关内容。我将身边的航海技术相关乘方表一组上呈十四代将军。在传习所学习了曲线的differentiale和integraal等知识"〔5〕。其中differentiale即为"微分",文中用日文片假名"ヂヘレンシャーレ"表示,而integraal为"积

---

〔1〕日文原文为"小野、福岡の二人は,年もとっていたが,和算の素養があったので,蘭教师の提出する問題を,通詞が説明すると,ただちにそれを会得して,容易に解決するのが常であった。とうてい我等の企て及ばぬところと思った",参阅中村孝也.中牟田倉之助伝[M].中牟田武信,大正八年(1919):146.

〔2〕沼田次郎.幕末洋学史[M].東京:刀江書院,1951:94.

〔3〕日文原文"算術は一般稽古人の巧拙を問はず,加減乗除の練習を先とし,単に筆算等の熟達を得て百して后,順次問題に入り習熟を専務となせり。〔中略〕航海技術は算術の教授を終り筆算に熟達せし稽古人をして,方針・舟行等(推測航法)の教授を施し,而して六分儀測量・防具儀調査等(天測法)の綿密なる教授を,懇切を主として教へたるなり",参阅小野家所蔵小野友五郎所撰"本邦洋算伝来"草稿。

〔4〕"涡卷"指的是"不规则曲线",即指涡状螺旋线。

〔5〕小野友五郎.珠算の巧用[J].数学報知90号,明治二十四(1891)年五月二十日.

分”，文中用日语写作“インテフラール”。

那么，小野是怎么知道微积分知识的呢？这和传播到日本的清末汉译数学著作有着密切联系。

《代微积拾级》是西方微积分著作的第一部中文译本。如前所述，其原著为美国数学家罗密斯写的《解析几何和微积分初步》一书，原著出版于1850年。《代微积拾级》不仅是19世纪下半叶中国的标准微积分教材，而且也是日本数学家最早使用的微积分读本，该书的传日及其在日的流传对微积分知识在日本的传播产生了重要影响。《代微积拾级》在中国出版后不久便传入了日本，并成为日本学者学习微积分的主要读本。小野友五郎可能是目前所知最早学习过该书的日本数学家〔1〕。

小野友五郎留下一段记载：

> 支那人の作った代微積といふ書物があります宜しうございますが，その代微積といふものは何てあるかといふと代の字は代数のこと，微は微分，積は積分のことでございます，またさういふものてなければ其航海法などが出来ぬでございます。……先のは支那人の翻訳した代微積，日本のとは点竄術といふものが丁度合って居る，其からヂヘレンシャーレとインテフラール即微分と积分といふものは綴術と名を付けて一種になって居ります〔2〕。

将上文译成中文如下：

> 支那人之著作《代微积》一书，其“代微积”之“代”字指代数，“微”字指微分，“积”字指积分。若不知此术即不能通航海技术也。……上述支那人翻译之《代微积》中既有日本(传统数学中)之分窜术，……而微分和积分为(和算中)之缀术……〔3〕

小野文中指的《代微积》既为已传入日本的《代微积拾级》。从小野的记述可知他学习了《代微积拾级》，并认识到西方微积分学是学习西方航海技术的关键。而且，他还试图从日本传统数学中找出，等同于“代微积”的概

〔1〕冯立昇.代微积拾級の日本への伝播と影響について[J].数学史研究，研成社，1999，162：17－18.
〔2〕小野友五郎.珠算の巧用[J].数学報知89号，明治二十四年(1891)五月五日.
〔3〕作者译。

念。这和他学习传统数学的经历有关。

在幕末和明治初期，众多日本学者学习过《代微积拾级》一书，其中包括不少日本近代数学史上的重要人物。目前日本尚存这一时期《代微积拾级》的多种抄本和译本，通过考察它们及其相关的背景材料，可以深入了解该书在日本流传和影响的情况。

笔者又发现小野著有一本未刊行书稿《本邦洋算传来》，其中也详细介绍了在长崎海军传习所所学的西方数学讲义中包括高等代数、微积分等内容[1]。其中也列出了教他们高等数学的教员的名字。列出数学学习相关内容时写道"セーフルキュンデ　算術　加減乗除　分数　比例　開方式　ゼーファールトキュンデ　航海技術　方针　舟行　六分儀　平之角　弧之角　アルヘブラ　通常数理学　通常問題原理　ホーヘルアルヘブラ　高等数理学　求積　曲線等原理"等[2]，其中的"セーフルキュンデ"是"cijferkunde"，是使用阿拉伯字的计算方法，也就是西方的算术；所谓"ゼーファールトキュンデ"指的是"zeevaartkunde"，即"航海技术"；"アルヘブラ"指的是"algebra"，即"代数学"；"ホーヘルアルヘブラ"指的是"hger algebra"，即"高等代数学"。

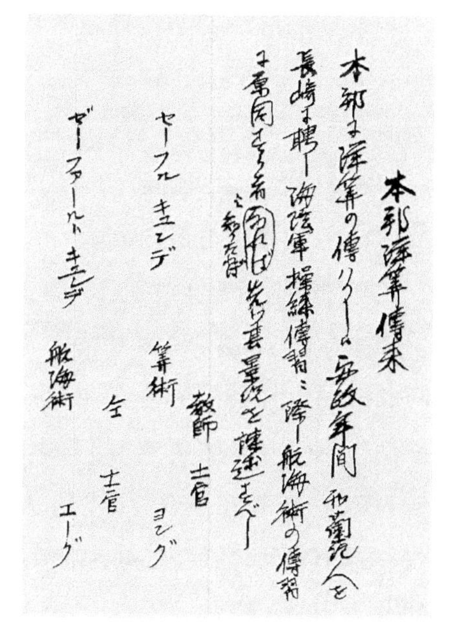
本邦洋算傳来

教師

セーフルキュンデ　算術

ゼーファールトキュンデ　航海術

图3.3　小野友五郎《本邦洋算传来》中一页

这样，在传习所为了学习西方先进的航海技术，小野等传习生们向荷兰教官学习了算术、高等代数、微积分、力学等知识。小野在70岁时又著有一本算术书《寻常小学校新撰洋算初法》4卷(1886)，其中写道：

安政年间幕府聘请荷兰人到长崎担任教师，开始海陆军操练传习之业，(当时)招募全国才俊有为之士开设各门课程，专门向传习生传授

〔1〕小野友五郎．本邦洋算伝来[M]．抄本，写作时间大约在1860—1870年间．
〔2〕小野友五郎．本邦洋算伝来[M]．抄本，写作时间大约在1860—1870年间．

航海技术。学习西方航海技术，必修西方数学知识，这是我国开始教授西方数学之始。之后便有各种西方学术接踵而来，达到今日所呈现的学术进步的景象。从事任何学术时必须了解算术知识，这是一件非常重要的事情[1]。

从中可以看到，小野介绍了安政年间幕府聘请荷兰人教学，又培训海军和陆军，以及自己在长崎海军传习所开始学习西方数学，至此西方数学系统地传入日本的情况。在后面的内容中他又写道该书刊行的1886年左右，西方科学技术已经大举传入日本，而举国上下也已知道西方教育的重要性，在国民中也已经开始普及西方数学教育的情况。

综上所述，最初学习典型的传统数学——和算的小野友五郎在幕府末明治初的变革期到长崎海军传习所学习西方数学，后来以所学西方数学作为谋生手段并宣扬数学对掌握西方科学技术的重要性。可以说，这是这一时期日本学者所共同面临的时代变迁之写照。

3.1.2.2 柳楢悦与西方数学

柳楢悦生于天保三年(1832)，是伊势津藩的藩士。幼年时曾向学者村田恒光学习"和算"和测量技术，并合著和算书。柳楢悦年轻时自撰《新巧算题三章》(1854)，在此书第一卷末记载"关流八传津柳芳太郎楢悦子严撰"。此处所记"关流"即著名和算家关孝和(？—1708)的学派，可见柳自称是关孝和的第八代传人[2]。同年，他又和老师一起使用六分仪[3]测量了津港(今三重县港湾)的面积，成为第一位测量日本西部海岸线的人。

柳楢悦23岁时(1855)到长崎海军传习所，向荷兰士官学习航海技术和测量术等，历时三年。柳楢悦是长崎海军传习所第一期学员，同期有五代友厚(1831—1898)，小野友五郎，塚本明毅，中牟田仓之助，赤松则良等。1862年出任幕府海军所属机构，参加日本海岸线的测量工作。

柳在1862年毕业于传习所后，跟随幕府海军舰船咸临丸，到伊势、志摩、

---

〔1〕 小松醇郎.幕末·明治初期数学者群像(上)[M].幕末編，東京：吉岡書店，1990：24.

〔2〕 江户时期传统数学称作"和算"，在日本各地均有不同发展，形成大小不同的流派，其中被称作"算圣"的关孝和传人创建的"关流"是人数最多，成果最多的一个流派。

〔3〕 六分仪(Sextant)：测量天体高度和远处物体高度的仪器。大型六分仪主要用于天体测量，小型的主要用于测量航海中的角度。

尾张等沿岸进行了测量工作。19世纪中叶的日本经历幕府末期的改革之后，又迎来了明治维新。这一时期，由于国防的需要，明治政府尤其重视地图的测绘和海岸线的测量。

1862年，柳楢悦把传习所的讲义 *Handleiding tot de beschouwende en werkdadige Stuurmanskunst*，*2de*(1847)翻译成日文，以《航海惑问》为题出版发行。根据这本《航海惑问》，可知传习所的学员们通过皮拉尔的书，学习了航海测量中使用的数学、地理学、天文学和实测方法。

1869年柳楢悦参与明治新政府的海军建设计划，绘制日本最初的海岸线测量草图“监饱诸岛实测原图”。1870年4月开始担任“兵部省御用掛”的官职，并向“兵部卿”提交了一千字左右的创立海军建议书，原文中有“海軍ノ創立ハ必ズ航海測測量ヲ基トス”等字，即“建立海军必须以航海测量技术为基础”〔1〕。同年5月至7月作为测量主任，乘坐英国舰船白银(Silver)号，测量了志摩的矢浦、纪州的尾鹫湾等海岸线，这是日本近代史上，以海军人员为主进行的第一次海岸线测量。

19世纪末期一些西方国家不断向中国、日本等亚洲国家派遣炮舰，还在一些重要沿海城市长期设立避难港口。英国舰船白银一直以来把矢浦、尾鹫湾作为自己的长期避难港，为此很早就规划测量其海岸线。柳楢悦虽然积累了很多测量知识，但实际的海上测量却是第一次。当时他们没有使用旧式的测量仪器，而使用了白银号上预先准备的西方最新的测量工具。对于柳楢悦来说，是一次真正的英式测量技术的实习，在测量的同时掌握了当时西方最先进的测量技术。

柳楢悦又结合数学和测量知识，在同年8月到12月之间英日合作进行的濑户内海盐饱诸岛的测量中，独自完成了实测图。白银号舰长高度评价了他精湛的制图技术，在向政府提出的报告中写道：“(日本)已经不需要借助他人之手，就可以实施水路方面的实测业务”〔2〕。

不久柳楢悦根据此次测绘制图经验写成《量地括要》(全二卷)，于1871年9月由水路寮出版发行。对于此书的学术价值，数学史家武田楠雄在其著

---

〔1〕 大林日出雄.柳楢悦—わが国水路測量の父—[J].津市民文化創刊号，1992：9.
〔2〕 大林日出雄.洋学の研究[J].津市民文化，1993(20)：35.

作《维新与科学》中写道：

> 其数学理论方面的高度令人叹为观止，不仅使用了西方数学知识，还运用了从中国传入的三角法知识[1]，……巧妙运用德川时期和算的精髓之处，令人对其学识的高度颇感钦佩。如果这是一本文科方面的著作，一定会使柳楢悦闻名天下[2]。

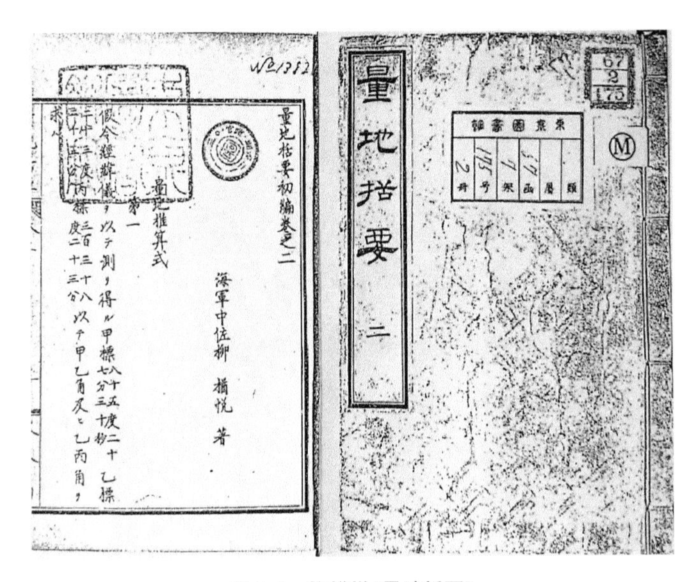

图 3.4　柳楢悦《量地括要》

这里的“中国传入三角法知识”，也就是指明末清初以及清末李善兰和华蘅芳等学者的汉译科技著作中的平面三角和球面三角函数内容。《量地括要》既包含日本传统数学的内容，也有西方三角函数的内容。数学术语仍然使用八弦表、正弦函数、余弦函数、正切函数、余切函数等汉译术语，而三角函数方程式的数字和符号完全是西方的。柳楢悦在《量地括要》的序文中写道：“今春奉命测量北海道一周”，明确记载了测量北海道周边海岸线的时间。后来他又以《春日纪行》为题出版了测量北海道邻近的海域，以及各地的风土人情。

柳楢悦于1872年出版了日本最早的海岸线测量地图“陆中国釜石港之图”，图上写着“大日本海军水路寮，第一号。陆中国釜石港之图。御舰春日

[1] 即明末清初从中国传播到日本的西方三角函数。
[2] 武田楠雄.维新と科学[M].東京：岩波新書（青版），1972：134.

从事舰长海军少佐柳楢悦”[1]。柳楢悦于1873年又根据《春日纪行》编写出日本最初的水路志《北海道水路志》,记录了北海道附近海域情况。同年4月,日本明治政府废除兵部省,建立了各自独立的陆军省和海军省。当时任命胜海舟为海军大辅[2],川村纯义为少辅(不久成为大将),而柳楢悦成为大佐,10月又升任为水路权头[3],1876年8月成为日本第一位水路局长[4]。

这一时期航海相关的天文和气象观测又成为柳楢悦的重要工作。他指导进行的天文和海岸测量有:筑地(旗山)的经纬度测量;磁针偏差测定;麻布饭仓地区建气象台并进行天文观测;在东京、横滨、神户、长崎等地进行金星和日食观察;测量长崎和东京之间的经度差;在东京品川地区进行涨潮后的测量;又测量了东京湾,乃至日本全国的海岸线长度。

1878年,柳被派遣到英国和法国,视察这些国家的天文观象台和科技发展状况,成为日本近代史上第一位代表政府考察西方科技的人物。他出国时带去了和算家铃木圆的著作《容术新题》,并将其赠送给英国著名数学家突德汉特(Isaac Todhunter, 1820—1884)[5]。他在学习和考察西方天文和数学的同时向西方人展示了日本传统数学中取得的优异成绩。

1880年柳楢悦编纂《算题类选》(共3卷)刊刻出版。其中主要讨论了圆锥曲线问题,涉及到解析几何问题。1881年他被任命为海军少将,1887年成为元老院议官,日本水产会干事长等。1889年成为第一届贵族院议员,1891年1月15日去世,享年59岁[6]。

柳楢悦在长崎海军传习所学习西方航海术和测量术的过程中接受了西方数学教育。他们的数学教材主要使用了荷兰人编著的西方数学教科书。首次接受西方数学教育的日本学员们,理解其内容时依靠的却是传统数学知识。为深入了解更加复杂的微积分等西方高等数学内容时他们又参考了被中国学者消化和吸收的汉译西算著作,其中既有明末清初的,又有清末的译著。

---

〔1〕 大林日出雄.柳楢悦—わが国水路測量の父—[J].津市民文化創刊号,1992:9.
〔2〕 事实上的海军最高长官。
〔3〕 明治时期官职,日文称作“ごんのかみ”。
〔4〕 相当于今天的海军军长。
〔5〕 小倉金之助.数学教育史研究(第二輯)[M].東京:岩波書店,1948:212.
〔6〕 大林日出雄.洋学の研究[J].津市民文化,1993(20):35.

可以说，对于迫切掌握西方科学技术的明治初期日本人而言，学习汉译著作是他们深入了解西方数学的一种捷径。如上文所述，柳楢悦和小野友五郎等人在学习西方航海技术和测量学时利用明末汉译西算迅速掌握了西方三角函数的内容，在长崎海军传习所中又通过清末汉译西算掌握了微积分等高等数学知识。正是这种传统数学和西方数学二者兼备的学习经历，促使柳楢悦召集100多名传统数学家和接受纯西式数学教育的人员创办东京数学会社，为明治时期日本数学界从传统转型到西方模式的历程中发挥了组织、指导、推进的作用。又通过学会期刊为日本数学界、物理学界和天文学界创建学术交流平台，并为这些学科的发展奠定了坚实的基础。

柳楢悦在长崎海军传习所掌握了航海测量技术，而且在后来的具体测量中也利用所学的西方测量技术进行了实地测量。今天的日本学术界把柳楢悦看作是江户时期测量学家伊能忠敬的后继者，称其为“海上伊能忠敬”。在进行海岸线实测时，他很明显采用了新式测量方法，在绘制海岸线实测图时也参照了伊能忠敬制作的地图。作为江户幕府末期过渡到明治时期的典型代表人物，柳楢悦在数学和测量学方面既有“折衷”主义的倾向，又为“会通”东西科学和技术不懈努力，这也是近代日本学术界从传统过渡到西方文明的特殊历史时期的日本学者们的普遍写照。

3.2 开成所的西方式数学教育

江户幕府在1855年建立了洋学所。第二年的2月又将其改成蕃书调所，同年7月开始招募学生[1]。其办学目的就是为当时的日本培养外交或军事方面的翻译和调查人员。但是建立两年后，蕃书调所才开始具备教育机关的特征。至1858年1月，入学人数达到191人。其早期入学者多数为幕府官员的子弟，后允许一些普通氏族的子弟可以入学就读[2]。

1862年，蕃书调所又改称洋书调所，第二年的8月又更名为“开成所”，正式成为培养新式人才的教育和研究机构。“开成”二字来源于中国古典中

〔1〕 原平三.蕃書調所の創設[J].歴史研究，1941(103)：345.
〔2〕 文部省編.日本教育史資料(第七巻)[Z].鳳出版(富山房明治二十三至二十五年刊复制)，1984：664.

的“开物成务”一词[1]。

下面介绍开成所的建立及其数学教育的情况。

3.2.1 蕃书调所和开成所的数学教育者

开成所建成时期正直日本的外交关系开始发生变化之时。当时荷兰的影响减弱，江户时期盛行的兰学也随之没落，逐渐被英国、法国和德国的学术取而代之。1864年开成所发布新的教学规则，开设了“荷兰学、英吉利学、法兰西学、德乙学、鲁西亚学”等科目，还设立了科学技术相关的“天文学、地理学、穷理学、数学、物产学、精炼学、器械学、画学、活字术”等9个科目[2]。然而，在幕府末期的日本政治处于动荡时期，加之缺乏教学人才，竟一时找不到出任讲授西方科学技术的教学人员，致使9个科目的教学工作一直处于虚设状态。

当时的开成所更像是一所语言专科学校，但也有其他科目的教学安排。跟其他自然科学教育比较而言数学教育却进展得相对顺利[3]。

在蕃书调所改成开成所之后不久刊行了一些外文的著作。如有《德逸单语篇》(木版，1862)、《德逸语文典》(铅印版，1865)等。后又有英文著作 *Familiar Method* (1860)、*English Grammar* (1862，又称作《英吉利文典》或《木叶文典》等)、*Elements of Natural Philosophy* (1863)、*Rudiments of Natural Philosophy* (1866)、*Educational Course* (1866)、*English Spelling Book* (1866)、*Book for Instruction* (1866，即《英吉利单语篇》)等。另外还刊行了 *Liure pour L'Instruction* (1866)、*Les Premiers Pas de L'Enfance* (1867)、*Nouvelle Grammaire Francaise* (刊年不明)等法语原文著作[4]。

为翻译和移植西方科学技术，急需培养精通外语的人员。为此开成所不仅编纂诸多外文辞典，还刊行了一些初级外文教科书。这一时期，活字印刷技术的开发和运用也成了开成所的一大课题。蕃书调所负责官员古贺谨

---

[1] 《易・系辞上》:“夫《易》开物成务，冒天下之道，如斯而已者也。”
[2] 原平三. 蕃書調所の科学および技術部門技術部門について[A]. 帝国学士院記事(2)[Z]. 1943(3): 437.
[3] “日本の数学100年史”編集委員会. 日本の数学100年史(上)[M]. 東京: 岩波書店, 1983: 28.
[4] 宮地正人. 混沌の中の開成所[J]. 参阅以下网页信息: http: //www. um. u-tokyo. ac. jp/publish_db/1997 Archaeology/01/10300. html.

一郎委托熟悉西方自然科学和西方印刷技术的市川斋宫(字兼恭，1818—1899)来负责相关事宜[1]。市川斋宫在安政六年(1859)曾受命担任数学教授，但那时还没有建立数学科。三年后的文久二年(1862)才开设了数学科目[2]。记载建立数学科的原始资料非常少，无法了解其具体情况，但可以通过一些相关资料间接了解开成所早期的数学信息。例如：

文久二年二月十一日神田孝平教授出役，三月十日長岡藩士鵜殿団次郎が三月十三日に三河西端藩士黒澤弥五郎が教授出役に任命された[3]。

由此可知在新设的数学科里，首任数学教授是神田孝平，后又有长冈藩士鹈殿团次郎(1831—1868)和三河西端藩士黑泽弥五郎(1838—1979)二人出任过数学课的教授[4]。根据1866年的职员记录册，神田等人离开开成所之后，又有福山藩士佐原纯吉和石川长次郎(彝)二人担任过数学教授的职位[5]。

神田孝平于1877年和柳楢悦共同创建"东京数学会社"，并担任首任会长，其详情在后文中做介绍。

担任过数学课教员的人员中市川曾经是一名"兰医"[6]，担任过福井藩的炮术教员，又在幕府的天文机构任职。他后来还专门学习了荷兰进贡的电信机器的组装知识。据上述记录可以了解到他主要通过荷兰语写成的著作学习西方数学[7]。市川也精通德语，当过德语教师，明治十二年成为东京学士会院会员。另一名数学教师鹈殿是跟随手塚律藏学习荷兰语和英语，又专门学习西方数学的人员。他后来成为海军教授，明治元年(1868)在长冈去世。来自福山藩的佐原纯吉，曾经是长崎传习所的第一期传习生，据说曾向神田学习西方数学，1877年成为长崎师范学校校长。另一位石川长

〔1〕宮地正人. 混沌の中の開成所[J]. 参阅以下网页信息：http://www.um.u-tokyo.ac.jp/publish_db/1997 Archaeology/01/10300.html.
〔2〕"日本の数学100年史"編集委員会. 日本の数学100年史(上)[M]. 東京：岩波書店，1983：28.
〔3〕原平三. 蕃書調所の科学および技術部門について[A]. 昭和十八年(1943)十月十二日報告.
〔4〕小松醇郎. 蕃書調所数学教授黒沢弥五郎について[J]. 数学史研究，1986年9月(110)：13-16.
〔5〕小倉金之助. 数学史研究[M]. 東京：岩波書店，1948：174.
〔6〕江户时期精通荷兰语并熟悉来自荷兰的医学知识的医生统称为"兰医"。
〔7〕原平三. 蕃書調所の科学および技術部門について[A]. 帝国学士院記事(2)[Z]. 1943(3)：438.

次郎明治时曾经写作并翻译了很多西方科学和文化著作[1]。

开成所数学科的学生到庆应二(1866)年时达到150人，其中大部分是被称作"海陆军奉行支配"的人员[2]。

开成所的数学内容可以通过后文介绍的《数学教授本》了解其大概内容。开成所改称"大学南校"之后，其1870年2月制定的学校规则中对于数学内容有如下规定："数学讲义涉及加减乘除分数比例"[3]。课程表中也写有代数、几何等内容。根据曾经在开成所学习的菊池大麓(1855—1917)的回忆，他在开成所只学习了算术和代数，并没有学习几何学[4]。另有一位在开成所学习的目贺田种太郎(1853—1926)[5]留下的笔记中却有几何学的内容，主要是体积计算法等初等几何内容[6]。

下面主要介绍开成所数学教授神田孝平的履历及其数学教育相关著作。

3.2.2 神田孝平及其数学教育和数学著作

3.2.2.1 神田孝平生平考

神田孝平生于天保元年(1830)美浓国(现岐阜县)不破郡岩手村，其父为当地旗本中氏之臣。神田幼时在家乡私塾学习中国古典文献，有很深的汉学功底。1853年又跟随著名兰学家杉田成卿，伊东玄朴学习兰学和数学，成为当时兼修汉学和西学的稀有人才。

关于神田在开成所的就职情况，除了上述记载之外，还有"文久二年二月十一日出任数学教授一职，适逢设立数学科之时"等记载[7]。跟随神田学习西方数学的著名学者有箕作麟祥、菊池大麓、外山舍八、神田八郎(山本信实)等人物。

---

[1] 日本数学100年史編集委員会. 日本数学100年史(上)[M]. 東京：岩波書店，1983：29.
[2] 原平三. 蕃書调所の科学および技術部門について [A]. 帝国学士院記事(2)[Z]. 1943(3)：438.
[3] 東京帝国大学編. 東京帝国大学五十年史(上)[M]. 東京：東京帝国大学出版，1932：122.
[4] 東京数学物理学会. 本朝数学通俗講演集[Z]. 大日本図書株式会社，明治四十一年(1908)：12.
[5] 目賀田種太郎，日本的政治家、律师、裁判官、元贵族院議员、专修大学创始人之一，男爵。曾留学美国毕业于哈佛大学法律专业。
[6] 小倉金之助. 数学史研究(第2輯)[M]. 東京：岩波書店，1948：175.
[7] 日本文部省. 日本教育史资料(第七卷)[Z]. 文部省. 明治二十三年(1890)：666.

神田将在开成所当教员时将数学讲义内容编辑成一本数学书，书名为《数学教授本》(共4卷)，神田的名字出现在第1卷前面。通览此书内容，可以知道其中多处有参考汉译西方数学著作的痕迹，其具体情况在下文中另有介绍。

和前面介绍的同为东京数学会社会长的柳楢悦比较而言，神田对和算的了解不深。例如，明治十一年六月和算家铃木圆著述《容术新题》一书，载有神田序文，其中写道："余至今还未能精通容术，不能妄加评论"[1]。另外，在明治时期传统数学家萩原祯助(又称萩原信芳，1828—1909)著作《圆理算要》序中神田表示自己不太懂和算。

向神田学习西方数学的学生中，最有名的是担任过东京大学校长和文部大臣的著名数学家菊池大麓。据他后来回忆，他于1863—1865年间在开成所学习时向神田学习了算术与代数的初步知识[2]。

神田在明治维新后出任政府官员，官职为文部少辅，调查了当时日本小学教育中存在的问题，对日本最初的教育制度"学制"的制定提供了很多资料。他又是明治六年(1873)创办的"明六社"的成员，发表了很多启蒙性的文章，又当东京学士院会员，东京人类学会会长等职务。神田翻译的著作有《经济小学》《和兰政典》《性法略》《经世余论》《日本石器时代图谱》等，涉及经济学、法学、社会学诸多领域[3]。

神田作为"东京数学会社"的首任会长，在其学会期刊第1号上发表一篇"题言"，详细论述日本普及西方数学的必要性，并指出具体普及方法和措施。此外，没再发表其他的数学问题。分析其理由，明治十年以后他的兴趣转向考古学、经济学等领域，又出任政府官员事务繁忙无法再安心做数学研究[4]。

3.2.2.2　《数学教授本》与《数学启蒙》

日本于1872年颁布学制，提出停止讲授原有的传统数学，建立普及西方

---

〔1〕"容术"为和算用语，指"圆和多角形"问题。
〔2〕菊池大麓：本朝数学について[J]. 本朝数学通俗講演集[M]. 東京：大日本図書株式会社，明治四十一(1908)：12.
〔3〕神田乃武編. 神田孝平略伝[M]. 株式会社秀英舎第一工場，明治四年(1871)；或者田崎哲郎. 神田孝平の数学観をめぐって[J]. 日本洋学史の研究Ⅴ. 創元社，1980：191－204.
〔4〕尾崎護. 低き声にて語れ——元老院議官　神田孝平[M]. 新潮社，1998：273.

数学的一系列教育制度。在学制中明确规定小学使用的数学教材，其中包括《数学教授本》和《笔算训蒙》等数学书〔1〕。

《数学启蒙》传入幕府末期的日本后，很快就出现了不同的复刻本流行于世。《数学启蒙》的复刻本流传至今的有官版翻刻本和私家藏书的藏田屋刻本〔2〕。复刻本有利于一些具有较高汉学素养的人士使用，而初等教育中却不便使用。复刻本出现之后不久出版了以《数学启蒙》为蓝本编著的数学教科书。

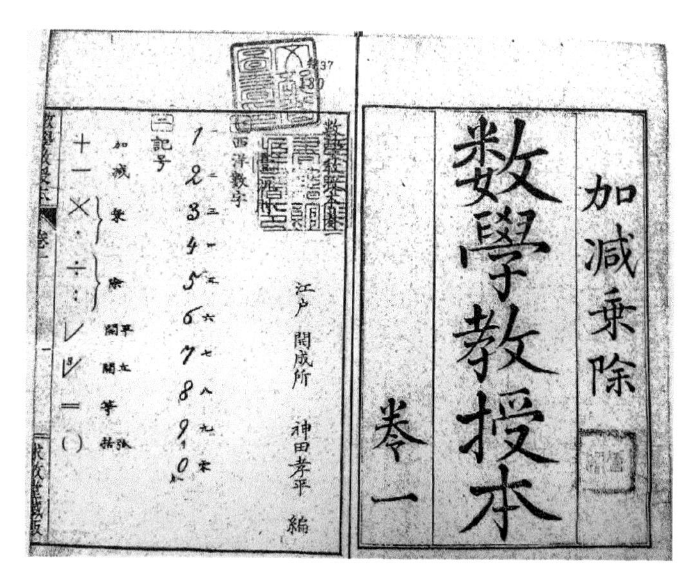

图 3.5　神田孝平《数学教授本》

下面介绍《数学教授本》和《数学启蒙》的联系以及日本学者在撰写数学教材时对《数学启蒙》的改编工作。

《数学教授本》的草稿是神田在蕃书调所教学时期完成的。《数学教授本》第 2 卷序文中有如下记载：

> 本书依据在开成所初授笔算时发行的书稿，书中说明了凡则以及加减乘除四则和分数的运算法则〔3〕。

考察《数学教授本》的内容发现有多处和《数学启蒙》相似之处。在此书

〔1〕 上垣涉. 和算から洋算への転換期に関する新たなる考証[J]. 愛知教育大学数学教育学会誌イプシロン，1998(40)：45.

〔2〕 日本学士院图书馆藏有两种版本。

〔3〕 神田乃武. 数学教授本[M]. 1870：1.

最初的“凡则”中介绍了阿拉伯数字、西方数学符号和位值制名称。在讲位值制名称时写道:“漢法を用ふ”,即“使用汉法”。而“汉法”即《数学启蒙》中的方法。

随后以“加法”“减法”“乘法”“除法”为题介绍了四则运算。后面的“符号用法”中讲解四则运算的基本用法和例题。最后列出一些“问题”并给出答案。概观全貌,这是一部专讲整数四则演算,开成所所用初级数学入门教科书。

而全书编排顺序为“数字表示”“定位表”“加减乘除”“度量衡”等,其排列方法完全仿造了《数学启蒙》中的做法。

书中也有一些类似于《数学启蒙》中的例题。如减法和除法中有以下两个例题〔1〕:

奈端といひ人は千六百四十二年に生まれ千七百二十七年に没せり享年何程なるや”和“英国倫敦の広ささ百二十二方里なり千八百五十一年の住民合わせて二百三十六万二千二百三十六人あり。一方里の住民何程當るや。

其中“奈端”即为牛顿,很明显使用了李善兰等人书中的译名。这些例题是当时初等数学教育国际接轨的标志。而《数学启蒙》也有类似欧洲地理问题,还有涉及到不少西方数学史内容,如讲对数时曾介绍了数学家纳皮尔(J. Napier, 1550—1617)发明对数的历史〔2〕。

书中也有一些和《数学启蒙》不太一致的地方,比较明显之处有小数点的写法和除法的运算等。这些却和柳河春三的《洋算用法》有相似之处。

书中直接使用阿拉伯数字和西方数学符号,这和《数学启蒙》完全不同。表明明治时期的数学教育从一开始就有国际化的倾向。在最初的数学教科书上,已经显现出中日两国数学近代化过程中的差异。

《数学教授本》的内容和《数学启蒙》《洋算用法》(柳河春三著,1857)、《笔算训蒙》(塚本明毅著,1869年刊)比较,又发现如下相同点和不同之处。

《数学教授本》的内容顺序和《数学启蒙》有类似之处。《数学启蒙》是按

〔1〕 神田孝平. 数学教授本(第一卷)[M]. 1868: 32.
〔2〕 伟烈亚力译,金成福校. 数学启蒙(卷一)[Z]. 日本学士院藏翻刻本,1853: 38.

“数字的表示”—“定位表”—“加减乘除”—“度量衡”的顺序，而《笔算训蒙》中却把“度量衡”放在最前面的部分，在“命位”之后便进行了详细介绍。

《数学教授本》中自始至终使用阿拉伯数字和西方计算符号，这比《数学启蒙》要国际化，而把例题计算结果用“考试法”验证的现代式数学方法是《数学启蒙》和《笔算训蒙》中所没有的。

《数学教授本》中有详细的“加减乘除”定义，而《数学启蒙》和《笔算训蒙》中却没有详细说明。将几本书中的“乘法”和“除法”的具体操作方法进行比较可知，《数学教授本》和《笔算训蒙》有类似的地方，而《数学启蒙》中介绍了两种运算方法，《洋算用法》中则介绍了更为复杂的另一种“乘法”运算。

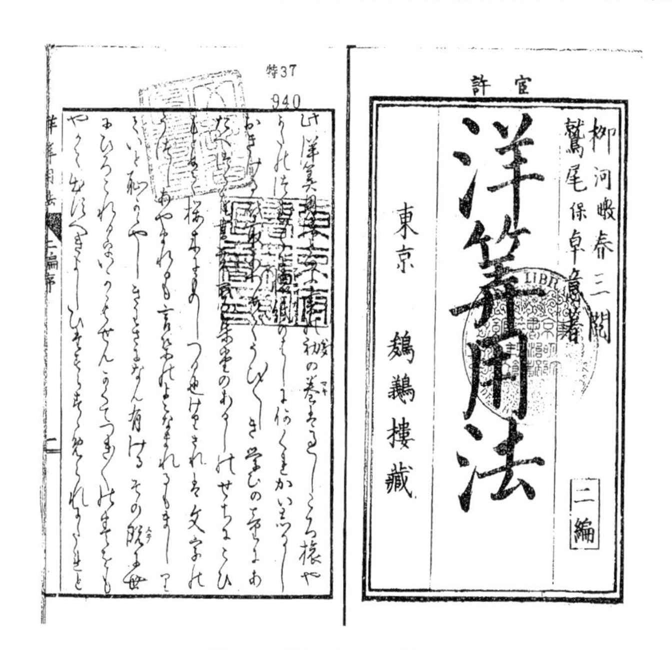

图 3.6　柳河春三《洋算用法》

《数学教授本》中有“单位相乘表”(九九表)，使用了跟《洋算用法》相同的图表。《洋算用法》中用汉字表示各种数字，而《数学教授本》中却用了比较先进的阿拉伯数字。《洋算用法》中的表格很明显受到了明末数学书中“铺地锦”的影响。另外，《数学启蒙》和《笔算训蒙》中的九九表很类似，明显受到明代算盘“口诀”的影响。

由以上分析，可以看出《数学教授本》和汉译西方数学著作，以及明治初期数学书之间的区别。可以肯定，《数学教授本》是在参考这些著作的同时，直接依据西方数学书而写成的一部初等数学教科书。

《数学教授本》中的"除法"算法的展开形式类似于《洋算用法》,但却跟《数学启蒙》和《笔算训蒙》不太一样。例如,《数学教授本》和《洋算用法》中的"小数点"的表示方法相同,都用","表示。但是《数学启蒙》和《笔算训蒙》中的"小数点"却是用"."和"。"表示。"乘法"和"除法"计算中"被乘数"和"乘数",或者"被除数"和"除数"的命名法是完全相同的。值得注意的是,把"被除数"用"实"字表示,把"除数"用"法"字表示,显然是受到传统中国数学的影响。

以上是第1卷内容的分析。

《数学教授本》的其他编辑人员是神田的儿子或者学生,即第2卷的完成者是神田孝平的义子和弟子神田乃武[1],第3卷的编著者是其学生河原九万,第4卷由另一位学生儿玉俊三来完成。在重新编写时神田担任了全书的校注工作和第一卷的编辑。《数学教授本》第2卷序文中记载着"本书依据在开成所初授笔算时发行的书稿,书中说明了凡则以及加减乘除四则和分数的运算法则"[2]。可知,《数学教授本》的主要内容为神田在课堂教学中使用的讲稿。

对于其成书年代,日本数学史界一直以著名数学教育家小仓金之助的研究为依据,认为其成书年代为1870—1871年[3]。经笔者的研究,此书的写作年代应为1868年至1871年之间。

第2卷的序言由神田乃武完成,其中对于"笔算"进行了解释。他认为所谓"笔算"就是西方数学中的算术。《数学教授本》标题中的"数学",不能理解为今天的 Mathematics, 而是 Arithmetic 较为准确,即类似于由中国传日的《数学启蒙》中"数学"的含义,包括"加减乘除"四则运算和一些"分数"问题的解法。在前面引菊池的记录时写道,神田用"点窜"之名来讲授西方"代数学"。另外,值得一提的是,神田在开成所教西方数学的同时,自己也在潜心学习西方微积分知识,如后文中介绍他研究和抄录李善兰汉译西方数学著作《代微积拾级》的具体情况。

在第2卷"度量货币法 数学教授本"中,主要介绍了明治初期日本度量

[1] 神田乃武为神田孝平之养子,近代日本的英语专家。
[2] 神田乃武.数学教授本[M].1870:1.
[3] 小倉金之助.数学史研究(第二輯)[M].東京:岩波書店,1948:201.

衡的换算方法。这一卷完成于明治三年五月(1870 年 6 月)。第 3 卷以“分数 小数 数学教授本”为题,主要介绍了分数,小数的计算规则和最大公约数,最小公倍数的求法。第 3 卷中内容又和第 2 卷相关,设立了“度量分数变化”,“变度量数为小数”等项目,解释了分数和小数的变换方法。这里把“小数点”用“,”表示。此卷最后写着“庚午十一月完成”,即完成于明治四年(1871)。

3.2.2.3 神田孝平和汉译本《代微积拾级》

目前发现日本收藏最早的《代微积拾级》抄本是神田孝平的誊抄本,现存日本东北大学图书馆,分装为甲、乙、丙三册。由于神田孝平在各卷之后一般都注有抄写年月,因而可以断定其誊写时间为 1864 年 7 月至 1865 年 1 月[1]。

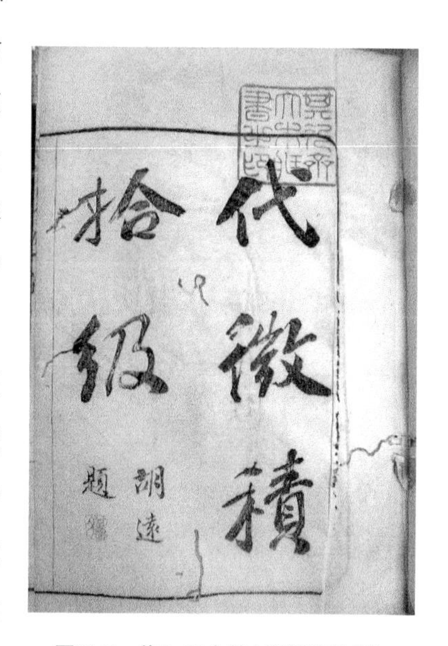

图 3.7 传入日本的《代微积拾级》

神田孝平抄写《代微积拾级》的时间正好处于他在开成所任教期间。虽然他讲授的主要是初等数学内容,但他自己也开始学习微积分等比较高深的数学知识。在此抄本某些页面的上下空白处,有神田的批注,其中有荷兰文的数学术语,也有西式符号表示的公式,这些批注具有重要的史料价值。在抄本卷首李善兰序的空白页,神田用荷兰语写出了从古希腊到近代欧洲 29 位数学家的名字,还注明了英国数学家马克劳林(C. Maclaurin, 1698—1746)的生卒年,在后面伟烈亚力的中文序部分,还有笛卡儿(René Descartes, 1596—1650)和莱布尼兹(G. W. Leibniz, 1646—1716)的生卒年代。在抄本的某些页上,他将文中一些重要数学名词术语所对应的荷兰文术语写在空白处。还可看到与中文术语所对应的英文术语。神田在注解中,将李善兰创译的中国式数学符号和公式表达法还原为西方表达形式[2]。如将原书中的“彳”“禾”等符号改写为国际通用的微积分符号。

---

〔1〕 冯立昇,牛亚华. 近代汉译西方数学著作对日本的影响[J]. 内蒙古师范大学学报(自然科学汉文版),2003,32(1):87.

〔2〕 冯立昇. 中日数学关系史[M]. 山东教育出版社,2009:211.

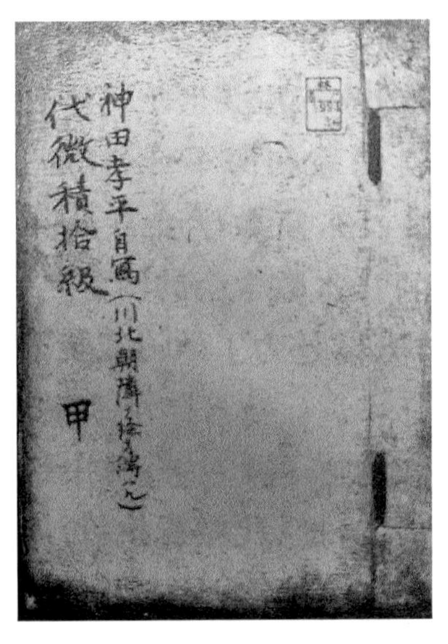

图 3.8　神田孝平《代微积拾级》

特别值得注意的是，神田对于《代微积拾级》中的某些练习题进行求解，他在批注中给出具体的解题过程。而罗密斯的原著中对其中有的问题既无求解过程也无答案，中译本中也只是给出了答案〔1〕。

将神田使用的符号与英文原著以及日本现存的一些1865年前出版的荷兰文微积分著作采用的符号进行比较，发现神田采用的符号与荷兰著作一致。结合神田批注内容的考察，可知神田在抄写《代微积拾级》时还未见到罗密斯英文原著〔2〕。

从神田的抄本可知，他不仅已经掌握了《代微积拾级》中的一些重要内容，而且还开始参照荷兰传入的微积分著作学习微积分知识。幕末时期学习和传授西方数学知识的学者掌握的西方数学知识十分有限，主要是初等数学中最基本的一些知识，其数学水平远不及研究传统数学的学者。神田孝平等一些学者虽熟悉西方语言，但仍难直接学习西方数学原著理解较为高深的西方数学知识。《代微积拾级》等汉译西方数学著作由精通汉文化传统数学的中国学者与西方传教士合作翻译。他们充分考虑到中国固有的数学文化传统，不仅使中国人容易理解，而且令同属汉字文化圈的日本人也易于接受。因此，汉译西方数学著作也自然成为日本学者进一步掌握西方数学知识的中介。他们首先借助汉译著作理解较为高深的数学概念，以此为基础进一步学习西方原著。这无疑是学习西方数学的一条捷径。神田孝平所走的就是这样一条道路。根据1872年刊行的《代微积拾级译解》一书的序文，神田后来可能获得了罗密斯的原著，并且将其翻译成日语。

3.2.3　神田以外学者对《代微积拾级》的学习

神田的抄本是直接抄写中译本的，不是完整的日文翻译。而另有一位

〔1〕 神田孝平抄本《代微積拾級》(甲)，日本東北大学附属図書館狩野文庫藏本。
〔2〕 冯立昇，牛亚华. 近代汉译西方数学著作对日本的影响[J]. 内蒙古师范大学学报(自然科学汉文版)，2003，32(1)：87.

学者大村一秀(1824—1891)却对《代微积拾级》进行了日文翻译。此书为抄本,现藏日本东北大学图书馆,翻译的具体时间未见记录。各卷前面一般题有“美利坚罗密士撰,英国伟烈亚力口译,海宁李善兰笔述,日本大村一秀和解”等字。此书上有大村一秀本人的印,当为自笔稿本。这是一个完整的译本,翻译了中文本的全部内容。译本的符号和公式与中文本完全相同,从书名到名词术语也都直接采自中文本[1]。

大村一秀是幕末时期著名的传统数学家,曾写过多种和算著作,在数学上有很深的造诣[2]。他也是东京数学会社的初期会员,也是该团体的学术期刊的首任编辑。大村在 1877 年至 1879 年间刊行的《东京数学会社杂志》上发表过许多内容涉及微积分算法的文章,而采用的公式和符号的写法完全是西方的,说明明治初期他已熟练掌握了西方数学表达方式。由于大村不精通西方语言,刚开始只能通过中文本《代微积拾级》(1859)学到微积分知识。日本数学史家

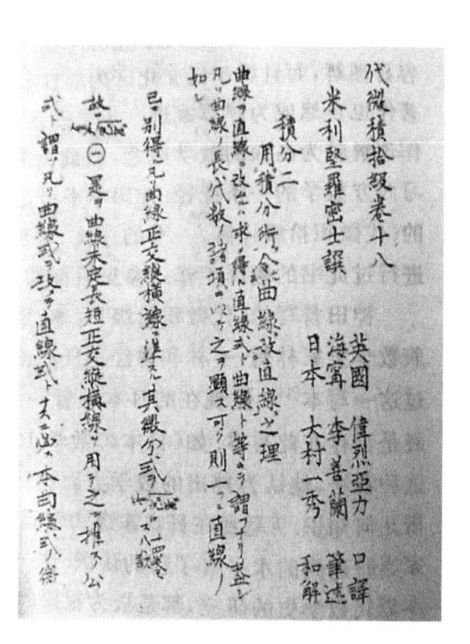
代微積拾級巻十八
米利堅羅密士譔　英國 偉烈亞力 口譯
海寧 李善蘭 筆述
日本 大村一秀 和解
積分二
用積分術令曲線改直線之理

图 3.9　大村一秀翻译《代微积拾级》

三上义夫曾说道:“19 世纪 60 年代日本学者能读到的最好的微积分书籍只有罗密斯的微积分著作的中译本。”[3]据此推测翻译《代微积拾级》是在 19 世纪 60 年代或 70 年代初期。

于 1872 年,福田半依据中文本《代微积拾级》翻译而成的《代微积拾级译解》(以下简称《译解》)正式刊行。其卷首写道:“福田半著,福田泉阅”。福田泉为幕府末期至明治时期著名的数学家,他不仅教授数学还创办了一所名为“顺天求合社”的私立学校。福田半是福田泉的长子,曾在其父亲创办的顺天求合社学习过和算,后来转向学习洋学,从英国教官那里学过西洋科学,并担任过海军教官。

〔1〕 大村一秀. 代微积拾級[M]. 日本東北大学附属図書館狩野文庫藏本.
〔2〕 日蘭学会編. 洋学史事典[Z]. 東京: 雄松堂出版,1984: 113.
〔3〕 柳本浩,冯立昇. 代微积拾级在日本[J]. 内蒙古师范大学学报(自然科学版),1993(3): 81.

福田半在此书的序文中有以下一段文：

> 英国伟烈亚力氏在上海口译代微积拾级，今亦取其同名。又参阅一千八百七十一年出版原书，译解其文，并与上海译本进行比较，家父予以注解，编辑译稿中的涩文。余不才，尚不能胜其任完成全稿。遇神田孝平先生拜读其译稿，以润色拙稿。时值脱稿，深感畅快〔1〕。

由福田半的序文可知，翻译时他还参考了罗密斯原著，并和伟烈亚力的汉译著作进行对比，又向神田孝平借阅其译稿。

福田半《译解》只出版了一卷，这一卷只包括了原书解析几何中的少部分内容，即只涉及到与圆有关的知识。《译解》于 1872 年由东京万青堂发行。于 1879 年出版的《明治小学塵劫记》所附《顺天求合社算学书目》以及 1880 年出版的《笔算微积分入门》最后所载《普通测算学校课书目》(两种顺天求合社的出版书目)中均介绍了福田半一卷本《译解》的内容(见图 3.10)。

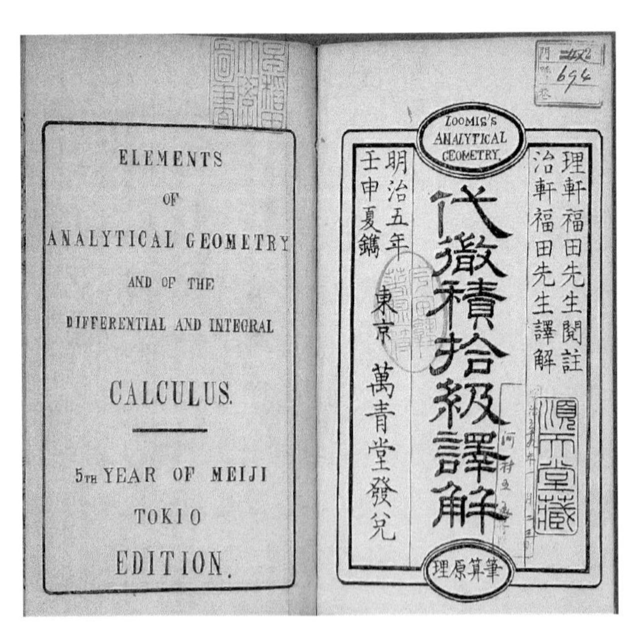

图 3.10　福田父子《代微积拾级译解》

《译解》中的符号和公式，完全采用了英文原著的表达形式，与中文版明显不同，但文字叙述部分与中文版却一致，名词术语也都承袭中文版。福田

〔1〕 福田半. 代微積拾級訳解卷一(序)[A]. 1872.

半的这一译著虽不完整，却是第一个公开出版的《代微积拾级》日译本，因而影响较大，成为当时学习西方高等数学的主要教科书之一。福田半编写的《笔算微积分入门》一书于1880年出版，此书是第一部由日本人编写并正式出版的微积分著作，其中也吸收了不少《代微积拾级》中的内容。笔者将《笔算微积分入门》中的数学名词术语与《代微积拾级》的名词进行了比较，发现有关解析几何，微分学和积分学的名词大多采自后者。

通过上述分析可以断言，第一次将微积分等欧洲高等数学传入日本的著作就是李善兰和伟列亚力等人合译《代微积拾级》等汉译西算著作。

3.3　幕府末期横滨的西方式数学教育

庆应元年(1865)三月，为了培养法语翻译人员，勘定奉行小栗上野介忠顺(1827—1868)，外国奉行栗本锄云(1822—1897)根据法国第二代公使理若士(L. Roches)的建议，在横滨建立了语学所，别名横滨法语传习所(Collège Japonais—Français)。

庆应三年(1868)五月，横须贺制铁所开始招生，又建了横须贺造船所黉舍。黉舍的规则中写道主要学习科目是造船学和机械学，这个之前主要进行的是为教养科目而制定的讲义。语言学方面先让学生学习法语，当充分理解法语内容之后开始讲授包括数学在内的基础科目。

3.3.1　数学教育的概况与培养的人才

在横滨法语传习所每日下午5点到6点开始教授数学课程。教师有法国骑兵曹长布兰德(C. Buland)和牧师梅墨特(Mermet de Cachon)，公使馆书记官勒布林(L. Brin)等人。这个传习所培养了大量的法语人才。成绩优秀者还会受到法国教师的奖赏。庆应三年(1867)一月十三日，从法国来了以切诺英(Ch. S. J. Chanoine，1835—1915)参谋大尉为团长的士官5人，下士官10人，他们带来拿破仑三世赠送的大炮，使横滨的三兵训练开始步入正轨。在当时的学生中有很多人日后成为明治时期政界、经济界、商界和军界的重要人物。如在步兵科学习的有沼间守一(民权活动家)，荒井郁之助(首任明治时期日本中央气象台台长，是东京数学会社会员)，在骑兵科学习的有益田孝(三井物产社长),矢野二郎(东京商业学校校长),在炮兵科学习的有大鸟圭介(枢密顾问官),田岛应亲(陆军大佐)等人物。沼间、益田、矢野等人也学习英语,荒井又学习了荷兰语和数学。大鸟到传习所之前是开成所的教员,而田岛来自法语传习所。仅仅在庆应三年就有 1 400 名幕臣在步兵科受到西方军事技术和航海技术训练,同时接受了西方数学教育的培训[1]。

1873 年 2 月 5 日横须贺造船所黉舍新营舍完工。同年 10 月 17 日,保罗萨达(Paul Sarda, 1850—1905)毕业于法国的巴黎工科学校(Ecole Central),1875 年 1 月 31 日到横滨担任了造船所的教官,当时营舍里有一等生 4 人,二等生 8 人,三等生 10 人,四等生 11 人。他们的所学课程如下所示。

四等生:算学,代数学初步,几何学初步,日本地理学,图学,法语和汉学

三等生:算学,代数学,几何学,化学,日本地理学,图学,法语和汉学,翻译学

二等生:算学,代数学,画法几何学,三角术,物理学,化学,日本地理学,图学,法语和汉学

一等生:高等代数学,高等几何学,高等画法几何学,物理学,化学,图学,法语和汉学,翻译学等

1876 年 7 月 10 日营舍又分成本科和予科,一等生为本科,二等生以下为予科,将本科设为三年制。每学年所学课程安排如下:

第一年:几何图学,微分积分学,推理重学,物品抗耐学,物质组成学,造船实诀,博物学,制图

第二年:造船学,蒸气机械学,造船实考课,制图

第三年:蒸气机械学考课,舰炮学,筑造学,制图,工厂就业等[2]。

这样在横滨建立了相当于高等工业学校造船科的教育机构。培养专攻造船技术和军事技术的学生的同时,又派遣学生到法国留学。如 1876 年 7 月 22 日,派一位叫山口辰祢的学生到法国瑟堡——奥克特维尔(Cherbourg — Octeville)造船学校留学 3 年;1877 年 6 月 22 日,命若山铉吉(幕臣)、樱井省

〔1〕 安藤洋美.明治数学史の一断面[J].数学史の研究.京都大学数理解析研究所,2001:181.
〔2〕 安藤洋美.明治数学史の一断面[J].数学史の研究.京都大学数理解析研究所,2001:182.

三(加贺藩)、辰巳一(加贺藩)、广野静一郎等人到法国留学3年。1878年2月26日和1879年7月22日,分别派黑川勇熊和高山保纲二名学生到法国留学3年[1]。另外,又有学生从这里毕业之后到更高级别的学校,如进入东京开成所学习西方军事技术和造船技术等。毕业于横须贺造船所的人物中出现了很多明治时期的著名学者和军事人物。如山口辰祢日后成为海军造船少将和工学博士,高山保纲和樱井省三成为海军造船大监(大佐),若山铉吉成为东京帝国大学工科大学教授,辰巳一成为海军造船大佐,黑川勇熊成为海军造船少将。

下文中主要介绍一位曾经在横滨传习所学习法语,又成为沼津兵学校数学教师,同时翻译传日汉译数学著作的人物——神保长致的履历和数学研究。

3.3.2 神保长致及其数学研究

3.3.2.1 神保长致生平考

神保长致(1842—1910)是德川幕府和明治时的语言学家、数学家,日本数学史上有关他的资料很少,几乎被遗忘。本书在大量查阅文献后了解到如下情况。

神保长致生长在幕臣之家,其父为幕臣滝川氏,长致排行老三,又名寅三郎,1866年,24岁时成为驻东京的军官神保常八郎长贵的养子,改名神保长致,继承了神保家的官职[2]。

神保曾在开成所学习外语和西方数学[3],其后到横滨语学所(Collège JaponaisFrançais)学习法语,航海术,军事学和数学。该所又称横滨法语传习所,成立于1865年3月,在法国人协助下创办,其目的为培养精通法语的技术人才,非常重视数学教育,教员均为法国军官,牧师,翻译官等[4]。

---

〔1〕 安藤洋美. 明治数学史の一断面[J]. 数学史の研究. 京都大学数理解析研究所,2001: 184.
〔2〕 山下太郎. 明治の文明開化のさきがけ——静岡学問所と沼津兵学校の教授たち[M]. 東京: 北樹出版,1995: 64.
〔3〕 小倉金之助. 近代日本の数学[M]. 東京: 劲草書房,1973: 152.
〔4〕 安藤洋美. 明治数学史一断面[J]. 数学史の研究. 京都大学数理解析研究所講習録,2001: 181.

神保毕业后任骑兵差图役勤方的军官〔1〕,1868年被派遣到沼津兵学校继续学习,是该校首届学员之一〔2〕。入学不久,因其语言学和数学能力均优于同期学员,于1871年被提升为三等方教授,相当于现在的副教授〔3〕。据1869—1878年明治时期《官员录·职员录》记载,1872年沼津兵学校解散后,他到陆军兵学寮(后改称陆军兵学校)执教,1873年担任助教〔4〕,次年当大助教,第三年被聘作教授,直至1893年。神保在陆军兵学寮主要讲授法语和数学〔5〕。

根据陆军兵学寮教授阵《掌中官员录》中所载1874年10月西村组商会《官员录·职员录》,神保继任塚本明毅(他担任陆军兵学寮大教授一职是在1872年3月至5月之间的事情),1873年成为陆军兵学寮中助教,1874年成为大助教,官至正七位。神保从1875年至1893年成为陆军士官学校(其前身为陆军兵学寮)的教授〔6〕,于1910年去世。

3.3.2.2　神保长致的数学研究

考察神保的数学成就可知,1873年他翻译法国军官越斯满(原名及生平不详)的《数学教程》,在陆军兵学寮出版发行〔7〕。越斯满是一位法国军人,自1872年开始以三年聘约担任陆军兵学寮的教员。关于他的资料很少,只有来日本之前,于1870—1871年曾参加普法战争,来日本时胳膊上的伤还没有痊愈,就带伤赴任等简短资料〔8〕。

1876年至1880年间,神保翻译在陆军士官学校讲授数学的法国教员的讲义,出版教材《算学讲本》5卷,卷一"算术"(1876)、卷二"代数"(1876)、卷三"平面几何学之部"(1878)、卷四"立体几何学之部"(1879)、卷五"三角标高平面几何"(1880),其内容包含算术、代数、平面几何、立体几何和画法几何学。

1877年,神保加入东京数学会社,与会员们进行数学交流,他积极向一

---

〔1〕 骑兵差图役勤方,日本幕府时期使用的军衔之一。
〔2〕 杉本つとむ.西欧文化受容の諸相——杉本つとむ著作選集[C].東京:八坂書房,1999:578.
〔3〕 明治史料館編集会.明治史料館通信[J].1986,2(2).
〔4〕 陆军兵学寮,即明治时期培养陆军官员的学校。
〔5〕 陸軍兵学寮教授陣.掌中官員録[M].西村組商会,明治七年(1874)十月:1.
〔6〕 松宮哲夫.大阪兵学寮における数学教育——佐々木綱親の経歴および著書《洋算例題》の特徴—[J].数学教育研究,大阪教育大学数学教室,2004(34):159.
〔7〕 数理会堂編集:数理会堂[J].第13期,明治二十二年(1889)十二月。
〔8〕 小倉金之助.近代日本の数学[M].東京:勁草書房,1973:200.

些数学杂志投稿，解答杂志中的西方数学问题。笔者发现他投在明治二十二(1890)年十二月刊行的《数理会堂》杂志第13期中的数学问题相关资料，其中使用了汉译数学书中的名词术语，如外切圆、垂线、公因数、正弦、余弦等，这和他学习汉译数学著作有密切联系。

以下是神保在《数理会堂》第八期上刊载的三角法问题和解法。

三角法　陸軍教官　神保長致君　本会堂第八会ニ記セシ三角形 ABC 内ノ一點 M ヲ过ル直線 DE ハ a 邊ニ平行ナラズシテ A 角ノ二邊間ニ於テ a 邊ト背反平行(暫ク此ノ如ク譯ス)ナルトキ別言スレハ $\angle DEA = \angle B$，$\angle EDA = \angle C$ ニシテ GF，HK モ亦同様ニ b，c ト背反平行ナルトキハ M 點ノ位置如何ニ関セズ次式アリ　$l\cot A + m\cot B + n\cot C = 2R$ 式中 R ハ此三角形ノ外切圓ノ半径ヲ示ス。

【解】M ヨリ a，b，c 邊ニ下垂線ヲ x，y，z トスレバ，$MD = z\operatorname{cosec} C$，$ME = y\operatorname{cosec} B$ ナリ。故ニ　$MD + ME = l = z\operatorname{cosec} C + y\operatorname{cosec} B \cdots\cdots(1)$　ナリ。

又同様ノ法ニテ $m = x\operatorname{cosec} A + z\operatorname{cosec} C \cdots\cdots(2)$

$n = y\operatorname{cosec} B + x\operatorname{cosec} A \cdots\cdots(3)$

(1) ノ两邊ニ $\cot A$ ヲ乘シ(2)(3)ヘ $\cot B$，$\cot C$ ヲ乘シ公因数ヲ括リ而シテ相加シ

$$\begin{aligned} l\cot A + m\cot B + n\cot C = {} & x\operatorname{cosec} A(\cot B + \cot C) + \\ & y\operatorname{cosec} B(\cot A + \cot C) + \\ & z\operatorname{cosec} C(\cot A + \cot B) \end{aligned}$$

トナル，正弦余弦ノ式ニ変形スレバ

$$\begin{aligned} l\cot A + m\cot B + n\cot C &= \frac{x\sin(B+C) + y\sin(A+C) + z\sin(A+B)}{\sin A\sin B\sin C} \\ &= \frac{x\sin A + y\sin B + z\sin C}{\sin A + \sin B + \sin C} \end{aligned}$$

トナル，然ルニ次図〔図は略す〕ニ於テ

$$\sin BOD = \sin A = \frac{BD}{BO} = \frac{a}{2R}$$

又同理ニテ $\sin B=\dfrac{b}{2R}$，$\sin C=\dfrac{c}{2R}$

故ニ　$x\sin A+y\sin B+z\sin C=\dfrac{ax+by+cz}{2R}=\dfrac{2S}{2R}$（Sハ面積）

又前式ヨリ　$\sin A\sin B\sin C=\dfrac{abc}{8R^3}$　ナリ

然ルニ　$\sin A=\dfrac{a}{2R}=\dfrac{2S}{bc}$ ヨリ $abc=4RS$ナリ

故ニ　$$\sin A\sin B\sin C=\frac{S}{2R^2}$$

因テ　$$\frac{x\sin A+y\sin B+z\sin C}{\sin A\sin B\sin C}=\frac{2S}{2R}\times\frac{2R^2}{S}=2R$$

解法中巧妙使用了三角函数方程，又用图形变换导出答案。通过分析其解答过程可以看出，神保有着较高水平的数学素养。

上述数学问题所载《数理会堂》第13会附录是明治时期数学学术期刊《数理会堂》刊行一年纪念的一期专刊，其中的多数数学问题都是从当时的法国数学期刊转抄和翻译的有关算术、代数、几何、三角法方面的问题。神保的数学问题之后是菊池大麓三角学相关问题。

在横滨接受法语和西方数学教育的神保掌握了较高水平的数学知识，在进行数学著作翻译的同时，担任数学课程的教学任务。在此过程中他编著数学教科书，又参考传日汉译数学著作，对一些数学著作进行了训点和注解。

下文介绍神保对传日《代数术》所做训点的情况，考察该训点本的特色，与汉译本进行比较，分析通过该书日本人了解和掌握西算和数学史料的概况。

3.3.2.3　神保长致训点本《代数术》的特点及其影响

《代数术》是继墨海书馆出版的《代数学》(13卷，翻译期间为1848—1866年。1866年刊，由李善兰和伟烈亚力合作翻译)之后，在我国出现的第二本西方符号代数著作。《代数术》由华蘅芳和傅兰雅合译，于1872年由江南制造局翻译馆出版。《代数术》文笔流畅通俗，其质量、内容和影响都超过了

《代数学》(见图 3.11)。

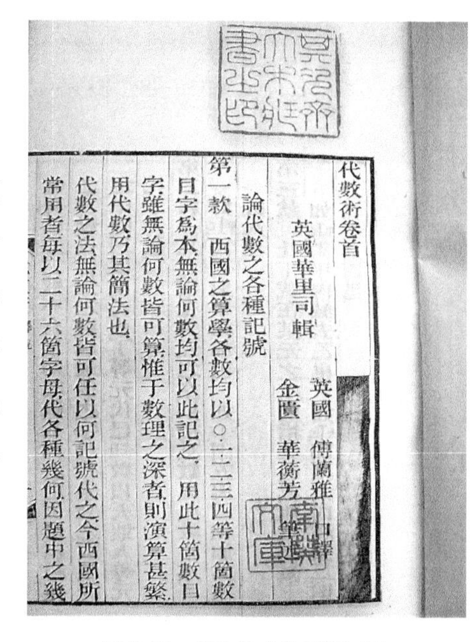
代數術卷首
英國華里司輯
英國傅蘭雅口譯
金匱華蘅芳筆述
論代數之各種記號
第一款　西國之算學各數均以○一二三四等十箇數
目字爲本無論何數均可以此記之，用此十箇數目
字雖無論何數皆可算惟于數理之深者則演算甚繁
用代數乃其簡法也
代數之法無論何數皆可任以何記號代之今西國所
常用者每以二十六箇字母代各種幾何因題中之幾

图 3.11　传入日本的《代数术》

《代数术》出版 3 年后，1875 年由日本陆军文库开始发行日文训点本。

日本学者吉田胜彦提出：《代数术》的底本为英国数学家沃利斯(William Wallace, 1768—1843,汉译本译成华里司)所著，即《大英百科辞典》(*Encyclopaedia Britannica* (8th ed. 1853) Volume II)"Algebra"条目[1]。这是最早提出被中日数学史学者广泛引用的说法。

但笔者通过考察发现，《大英百科辞典》中"Algebra"只是《代数术》中的一小部分，是 *Encyclopaedia Britannica* (*8th ed*)中沃利斯所执笔的第 482—584 页上的内容[2]。跟汉译本《代数术》比较而言，内容少了很多篇幅。可以肯定 *Encyclopaedia Britannica* (*8th ed*)中的 Algebra 是沃利斯根据别的著作简化的内容。所以，笔者认为《代数术》的底本是吉田氏所说"*Encyclopaedia Britannica* (*8th ed*)中的 Algebra 的内容"的观点是错误的。《代数术》的真正底本应该是沃利斯所写另一本代数学著作。

在《代数术》第 25 卷第 273 款出现了沃利斯的名字，记做"华里斯"，并写沃利斯著于 1812 年的书中有

$$\frac{1}{a}=\frac{1}{\tan a}+\frac{1}{2}\tan\frac{1}{2}+\frac{1}{4}\tan\frac{1}{4}a+\frac{1}{8}\tan\frac{1}{8}a+\Lambda$$

的数学式。根据这一信息可以肯定沃利斯于 1812 年写了一本名为 *Algebra* 的代数学著作，笔者认为《代数术》真正的底本应该是这本著作。

笔者考察了幕府末期和明治时期由西方传入日本的数学书目，一直未

〔1〕 日蘭学会編. 洋学史事典[Z]. 東京：雄松堂出版，昭和五十九年(1984)九月二十日：415.
〔2〕 W. Wallace, *Encyclopaedia Britannica* (8th ed. 1853) Volume II, Algebra. Edinburgh: Adam and Charles Black, 1855: 482-584.

见有关沃利斯著 *Algebra* 的记载。而现存日本最早的 *Encyclopaedia Britannica*(*8th ed.*)Algebra 也是 19 世纪 80 年代以后的版本。由此推测，神保长致并未见到原著，凭着其数学能力和法语知识，对训点本作了注解。

1875 年出版的训点本《代数术》(见图 3.12)是神保在陆军士官学校当教员期间完成的教科书。

汉译《代数术》有附华蘅芳“序”和不附“序”的两种版本，训点本《代数术》中无“序”，表明训点本所参考的是无“序”的版本〔1〕。

神保在陆军兵学校的前任数学教授是上文所提到的塚本明毅，塚本于明治五年(1872)出版了《代数学》前 3 卷的训点本〔2〕。训点本《代数术》是在其后三年完成的。可以肯定，他们给学生讲授西算时，先后参考和依据了《代数学》和《代数术》等汉译著作。

神保对《代数术》作训点时，在中文数学名词的旁边均注明了其法文的读法。以下是注解的例子(左为汉译著作中的数学名词，中为日文注解，右为法文的数学名词)：

已知之数——デンブル・コニュー——nombreconnu(卷首)

正数——カンチテー・ポジチーウ——quantité positive(卷首)

代数式——カンチテー・アルジュブリック—— quantité algébrique(卷首)

指数——エキスポザシ——exposqnt(卷一)

分母——デデミナト——dénominateur(卷一)

平方——カレー——carré(卷一)

约分之法——サンプリフィカアシオン——simplification(卷二)

最大公约数——プリュー・グラン・コンモン・ヂヴィゾール——plus grand common diviseur(卷二)

公分母——デンミナトール・コンモン——dénominateur common(卷二)

等根——ラシーヌネガール——racine égale(卷十四)

---

〔1〕笔者在日本早稻田小仓金之助文库见过明治时期传到日本的两种版本。
〔2〕塚本明毅训点版《代数学》首卷及其前三卷有两种版本。笔者曾在东京大学总合图书馆和早稻田小仓金之助文库阅览过两种版本。

实根——ラシヌレール——racine réelle(卷十五)

蔓叶线——シソイド——cissoid(卷二十三)

余弦——シニユス——sinus(卷二十四)

正切——タンジャント——tangente(卷二十四)

余割——コセカント——cosécante(卷二十四)……

神保对此注释工作态度十分认真,他对25卷的数学名词全部加注法文,所标注的读法和今天的读法完全吻合。他在书中西方数学家的名字旁也加注了日文片假名读法,还在多处做出详细注解。塚本明毅的训点本《代数学》中就没有注解,还保留了中国式的数学符号,而训点本《代数术》中将它们全部换写成西方的数学符号。

在下文中比较汉译本《代数术》和训点本《代数术》,举例介绍其中的主要内容,探讨清末和明治时期的中日学者对西方数学知识和数学发展史的了解。

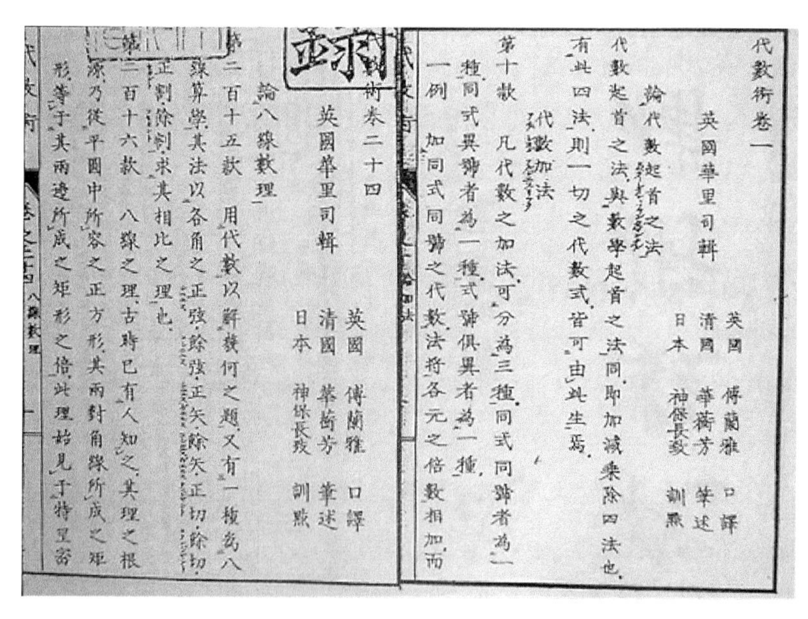
代數術卷一
英國華里司輯
英國 傅蘭雅 口譯
清國 華蘅芳 筆述
日本 神保長致 訓點
論代數起首之法
代數起首之法與數學起首之法同即加減乘除四法也
有此四法則一切之代數式皆可由此生焉
代數加法
第十款 凡代數之加法可分為三種同式同號者為一種同式異號者為一種式號俱異者為一種
一例 加同式同號之代數法將各元之倍數相加而

術卷二十四
英國華里司輯
英國 傅蘭雅 口譯
清國 華蘅芳 筆述
日本 神保長致 訓點
論八線數理
第二百十五款 用代數以解幾何之題又有一種為八線算學其法以各角之正弦餘弦正矢餘矢正切餘切正割餘割求其相比之理也
第二百十六款 八線之理古時已有人知之其理之根源乃從平圓中所容之正方形其兩對角線所成之矩形等于其兩邊所成之矩形之倍此理始見于特里密

图3.12　神保长致《代数术》训点本

《代数术》卷一为"论代数之各种记号",主要介绍西方代数学中使用的各种符号,并附有单项式各累乘求积法和多项式算法。汉译本的第一款中有:

今西国所常用者,每以二十六个字母代各种几何,因题中之几何,有已知之数，亦有未知之数，其代之之例，恒以起首之字母，代已知之数，以最后之字母，代未知之数，今译之中国，则以甲乙丙丁等元代已知数，以天地人等元代未知数……[1]

其中把字母用汉字“甲、乙、丙、丁”和“天、地、人”等代换，无法体现西算中使用26个字母代表已知数、未知数的笛卡儿方法的优越性。在训点本中神保加了一行注释，写道：“甲、乙、丙、丁等元今再换 a、b、c、d 等字母，此惟存原文而已”，即把汉译本的中式记法又还原成西方写法。

在卷一第七款中介绍分数的表示法时，汉译本中写道：“凡几何以他几何分之，记其约得之数，其法作一线以界，其法实，线之上为法，先之下为实”。这里的“法”为“分子”，“实”为“分母”。神保在汉文下注明：“本邦现用西式，故记除约之式正与此言相反，下效之”，并把汉译本中“$\frac{\text{一二}}{\text{三}}$”的分数改写成“$\frac{3}{12}$”。

卷二“论代数诸分之法”，讨论系数为分数的代数方程式；卷三“论代数之诸乘方”，讨论代数方程式的乘法问题；卷四“论无理之根式”，讨论无理方程式的运算问题；卷五“论代数之比例”讨论比例式的运算；卷六“论变清德元之一次方程式”、卷七“论变清多元之一次方程式”、卷八“论一次式各题之解法”等介绍了一次方程式及其展开式的运算问题。

卷九中讨论了代数式乘法、无理式、比例式的运算、多元一次方程解法等。其中介绍的“虚根”是通过《代数术》一书首次传到日本，具有非常重要的意义。

在清末汉译西方数学著作中，李善兰和伟烈亚力合译的《代数学》中首次出现“虚根”。《代数学》中对“虚根”的注释是：“今虽无意，且不合理，而其所解所用，或俱合理，盖非一处用之，大概可用也”[2]。即认为“虚根”虽然没有什么意义，也不合理，但它的应用，或都有合理性，也非仅在一处有用，多数情况是可以用的。《代数术》中华蘅芳和傅兰雅对“虚根”的重要性有进

〔1〕 华蘅芳、傅兰雅《代数术》卷一第一款。
〔2〕 李善兰，伟烈亚力译. 代数学(第四卷)[M]. “指数及代数渐变之理”45a，江夏程氏确园藏版，光绪戊戌(1898).

一步的认识。如在卷九的第九十六款中有：

> 虽此种虚式之根，在解二次之式中，无有一定之用处，不过可借以明题之界限不合，故不能解而已，然在各种算学深妙之处，往往用此虚式之根，以讲明深奥之理，亦可以解甚奇之题，比他法更便，大抵算理愈深愈可用之。

即认为"虚根"在解二次方程时虽无一定用处，却可借用它判定题目是否有解，用它可讲明深奥的算理，用它可解很多奇题难题，在越高深的数学中越有用。该书中有较大篇幅阐释"虚根"的使用方法，并附有华蘅芳等人比较正确的解释。

《代数术》卷十为"论各次式之总理"，其中出现了"代数学基本定理"。卷十一中介绍了三次方程式的解法。其中的第百十五款中有：

> 此法名曰迦但之法，惟详考之，知其法不自迦但而始，乃是大太里耶，与弗里耶斯二算学士，同时两地各创之法。

介绍了西方数学史上公开三次方程解法的一段历史。文中的"迦但"即数学家卡尔丹(G. Cardano，1501—1576)，"大太里耶"为数学家塔塔利亚(Tartaglia，1499—1557)，"弗里耶斯"为数学家费洛(Ferro，1465—1526)。

神保在"迦但"的左侧写上其日文读法"カーダン"。类似做法多次出现在其他卷中。

卷十二中介绍四次方程的解法。在第百二十四款中有：

> 若四次式之各项俱全者则解之法，比前两款所论更难，其法之大要，必先变其式为三次式，其变法有数种，兹且论尤拉所设之法。

这里所写的"尤拉"就是著名数学家欧拉(Leonhard Euler，1707—1783)。欧拉之前的欧洲数学家们对虚数的认识，都是非常混沌的。如发明微积分的莱布尼茨也说过"$\sqrt{-1}$"是一个"可存在也可不存在的两面性的动物"〔1〕。

欧拉却无条件地接受了"虚根"，在其《代数原论》中谈到"$\sqrt{-1}$"时曾认为"……不是不存在的，也不是可存在也可不存在的，……"，而是非常重要

---

〔1〕 Morris Kline, *Mathematical thought from ancient to Modern times*, Oxford U. Press, New York, 1972: 336.

的一种"想象的变量,存在于我们的心中,……事实上,我们利用这些想象的数进行无障碍的计算,……"[1]。欧拉在其1751年的论文中对"虚根"作了更详细的论述[2]。

可以肯定,明治初期的日本学者最初接触到"虚根"以及欧拉等欧洲数学家的数学研究是通过神保的训点本《代数术》而得知的[3]。汉译《代数术》和训点本《代数术》的原文如下:

空其第二项之式。〔中略〕变之为 $y^4-py^2-qy+r=0$,则此式中无 y^3 之项。而其 pqr 皆为已知之任何正负各数。如欲作一四次式。与此无 y^3 之项之式相似。则必先令 $y=\sqrt{a}+\sqrt{b}+\sqrt{c}$ 又令 a、b、c 为 $z^3+p'z^2+q'z+r'=0$ 式之三个根。则依综论之例,得 $a+b+c=-p'$,$ab+ac+bc=q'$,$abc=r'$ 如将所设之 $y=\sqrt{a}+\sqrt{b}+\sqrt{c}$ 式。自乘得 $y^2=a+b+c+2(\sqrt{ab}+\sqrt{ac}+\sqrt{bc})$ 令 $-p'$ 代其 $a+b+c$ 、移其项得

$$y^2+p'=2(\sqrt{ab}+\sqrt{ac}+\sqrt{bc})$$

将此式自乘。得

$$y^4-2p'y^2+p'^2=4(ab+ac+bc)+8(\sqrt{a^2bc}+\sqrt{ab^2c}+\sqrt{abc^2})。$$

又因此式中之 $ab+ac+bc=q'$ 而其

$$\sqrt{a^2bc}+\sqrt{ab^2c}+\sqrt{abc^2}=\sqrt{abc}(\sqrt{a}+\sqrt{b}+\sqrt{c})=\sqrt{r'}y。$$

则可以代法得 $y^4+2p'y^2+p'^2=4q'+8\sqrt{r'}y$。

如此则得无 y^3 项之四次式为 $y^4+2p'y^2-8\sqrt{r'}y+p'^2-4q'=0$。则此式之一根为 $y=\sqrt{a}+\sqrt{b}+\sqrt{c}$ 而其 abc 为其三次式 $z^3+p'z^2+q'z+r=0$ 之三个根。

在这里,对于一般的四次方程式 $Ay^4+By^3+Cy^2+Dy+E=0$,欧拉采取的是首先消去第二项的做法,再把四次方程式中的三次项变为0,使其

〔1〕 Euler, *Elements of Algebra*, translated by John Hewlett; with an Introduction by C. Truesdell, New York: Spring-Verlag, 1984: 43.
〔2〕 Euler, *Opera Omnia*, Ser, 1, Vol. 6: 66-77.
〔3〕 薩日娜.明治初期の日本におけるオイラーの数学——神保長致の訓点版"代数術"を中心にして[J].数学史研究(通卷197号),2008: 1-24.

变为 $y^4-py^2-qy+r=0$ 的形式，得到“简约四次方式”。欧拉假定这个简约后的四次方程式的根是 $y=\sqrt{a}+\sqrt{b}+\sqrt{c}$ 的形式，由此认为未知数 p, q, r 应该由 a, b, c 来决定。接着，欧拉又平方 $y=\sqrt{a}+\sqrt{b}+\sqrt{c}$ 式的两边，得到式子 $y^2=a+b+c+2(\sqrt{ab}+\sqrt{ac}+\sqrt{bc})$，再平方其两边，

又设 $a+b+c=-p'$，$ab+ac+bc=q'$，$abc=r'$，从而得出没有三次项的四次多项式 $y^4-2p'y^2+p'^2=4(ab+ac+bc)+8(\sqrt{a^2bc}+\sqrt{ab^2c}+\sqrt{abc^2})$。

即，欧拉导入辅助变量 p'，q'，r'，将原来的四次方程式化为简单的四次方程式。其中的 a、b、c 是三次方程式 $z^3+p'z^2+q'z+r=0$ 的三个根，而此三次方程式的根可以通过卡尔达诺公式求解[1]。

接着在训点本《代数术》12 卷的第 129 款中介绍了五次和五次以上方程式根的求法，其内容如下所示。

> 以上各卷论二次三次四次诸式、求根之各法、大仾已明、而算学家向来尚未求得一律能解各次式之通法、即如五次及五次以上之式、无人能思得一通法、可径解之、亦无有一定可化之为简次之式者、若平心而论、则前所言解三次式之法、亦不能为公用之法、因遇各根俱为实数者、即不能化、故又必借径于八线表也。

作为数学史内容，这里讨论了 18—19 世纪西洋数学家拉格朗日(Joseph — Louis Lagrange，1736—1813)、阿贝尔(N. H. Abel，1802—1829)、伽罗瓦(E. Galois，1811—1832)、高斯(C. F. Gauss，1777—1855)等人对五次或五次以上代数方程式不存在一般解的研究过程。引用文中用“八线”表示了三角函数，并说明用三次方程式的解法可通过三角函数求得。

通过上述内容可以知道《代数术》中代数学内容并没有停留在简单的二次和三次方程式的初级水平上，而是全面介绍了比较抽象的和较深内容的高次方程式的一般解法问题上。这样的西方数学内容传入清末中国，又通

---

〔1〕 在 1545 年出版的《大术》一书中，卡尔达诺发表了三次代数方程一般解法，人们称其为卡尔达诺公式，也称卡当公式，但真正发明此三次代数方程解法的为塔塔利亚，也是如此两人因而结怨。现代，人们已经习惯称呼的三次方程解法的“卡尔达诺公式”，实际上应称呼为塔塔利亚公式。书中还记载了四次代数方程的一般解法(由他的学生费拉里发现)。此外，卡尔达诺还最早使用了复数的概念。

过神保的训点本《代数术》传播到明治十年(1877)前的日本。其中还包括西方代数学发展历程中欧拉等数学家所做出的具体贡献等。

随后的卷十三中以“论等职各次式之解法”为题,第百三十到百三十五款中介绍了代数方程式中“已知数 a”和“未知数 x”的作用相同情况下的解法,训点本中用字母“a, x”替换了汉字。卷十四“论等根各次式之解法”包括第百三十六到百四十三款的内容,主要以四次方程式为例,解释了根是相等情况下的四次方程式的解法。卷十五“论有实根之各次式解法”中包括第百四十四到百五十款内容,介绍了根为实数(整数、分数)情况下的方程式的解法。

卷十六“论求略近之根数”中包括第百五十一到第百五十七款内容,举两个例子介绍了根不是实数的方程式解法。第百五十六款中写道“以上所论求各根略近之数、其法名曰叠代之法、此法本为奈端所设、惟其后又有拉果阑诸者、变通之、则更灵便、能使人易知每次代得之数离其根之真同数若何”,主要介绍“叠代式解法”,其中的“奈端”,即为英国数学家牛顿,所谓法国数学家“拉果阑诸”,即为拉格朗日。文中又写“兹将拉果阑诸之新法详审之”,继续介绍了拉格朗日的解法。训点本中神保在“奈端”右侧写着“ニュートン”,“拉果阑诸”右侧写着“ラグランス”等日文片假名。

卷十七“论无穷之级数”中介绍了无穷级数方程式的解法,写道“凡欲将所设之任何之式化为级数之式、此在最深之算学中、用代数最要之事也”,指出方程式化为级数展开式在代数中的重要性。

卷十八“论对数与指数之式”中讨论了对数和指数的定义。在第一百六十八款中介绍了布里格斯(H. Briggs, 1561—1631)和纳皮尔等人的对数研究历史。在训点本中神保也在他们的中文名字旁做了日文片假名标注。

卷十九“论生息计利”中举例对数和指数应用题,解释了“利息”运算。卷二十“论连分数”中介绍了简化复杂分数的方法。卷二十一“论未定之相等式”中讨论了不定方程式。卷二十二“论用代数以解几何之题”中介绍用二次方程式解平面几何问题的方法,涉及到解析几何学的初级内容。

卷二十三"论方程式之界线"中讨论了各种曲线问题。其中第二百十款"蔓叶线"中介绍一种特殊曲线的性质，并指出李善兰《代微积拾级》中将其误作"薜荔线"。神保在"蔓叶线"旁用日文片假名标出其西方数学中的读法为"シソイド"。长泽龟之助(1860—1927)专门在东京数学会社期刊上讨论过这一曲线的详情。

《代数术》卷二十四以"论八线数理"为题主要讨论了各种三角函数。在最前面的第二百十五款写道"用代数以解几何之题，又有一种为八线算学，其法以各角之正弦、余弦、正矢、余矢、正切、余切、正割、余割，求其相比之理也"，解释了"八线"的定义和其命名的由来。

17世纪，入华传教士邓玉函(Jean Terrenz，1576—1630)将西方三角函数介绍到中国，同时用"八线"说命名三角函数。三角函数通过明末《崇祯历书》和梅文鼎著作《历算全书》传播日本[1]。这些三角函数的命名传入日本之后一直使用至今。神保训点本中在每个三角函数名称旁用日文片假名写出了其法语的读法。

在卷二十四的第二百十六款中介绍了西方三角函数的历史。首先出现的是"托勒密定理"。此处将托勒密(Ptolemaios，约90—168)写作"特里密"，之后又介绍了希腊数学中三角法的研究和俄罗斯数学家在三角函数的发展历史上做出的贡献。也介绍了瑞士数学家约翰·伯努利(Johann I. Bernoulli，1667—1748)写于1722年的一部三角函数相关数学著作。最后又涉及到欧拉的著作和其三角函数相关的业绩。原文为：

又有尤拉者。于一千七百五十四五两年中。着书论八线之理。比前人更明。而弧三角之法。亦为尤拉于一千七百七十九年所成之书。初以代数驭之。

在《不列颠百科全书》(英文：*Encyclopedia Britannica*)中写道：

"Euler, who stands pre-eminent in every branch of the mathematics, has contributed more especially to this doctrine, as in

[1] "八线表"为明末清初出现的数学术语。明末入华传教士邓玉函的《大测》《割圆八线表》等著作时西方三角函数传入中国之始，其中将用"八线"代表了8种三角函数。"八线表"和"割圆八线说"的传入日本的相关内容可参阅小林龍彦. 徳川日本における漢訳西洋暦算書[D]. 東京大学，2004：182，202，247-285.

his *Subsidium Calculi Sinuum*, in the New Petersburg Commentaries, vol. v. (for 1754 and 1755), and his *Introductio in Analysin Infinitorum*. The doctrine of spherical trigonometry was given in an analytic form by the same writer, in a memoir entitled *Trigonometria Spherica universa ex primis principiis derivate*, in the Petersburg Acts for 1779"[1]。

可以肯定其中内容就是《代数术》中的内容。

后面的第二百十六款中写道:"又有法兰西人拉果兰诸。亦论之。至此时。三角之法。盖已精矣",即法国数学拉格朗日也进行研究,那时三角函数的研究已经达到很成熟的阶段。在接下来的二百十七款中写道"八线数理,在解明各几何之题,用处最广,可甚省古时为几何格致各题所专设之繁图〔中略〕即如哥斯所设平圆内作十七等边形之题,亦可不繁言而解,又如用八线入代数,已可将方程式之诸理,廓充至最广,又如天文家,可得甚简便之法,以推算各行星与彗星之动角,及所行之各道",即"三角函数在各类几何学相关研究中用途广泛,可以简单明了地解释繁杂的(几何)图形"。其中出现的"哥斯"就是数学家高斯。相关内容是有关高斯用三角函数做出正 17 边形图形的事情,又指出天文学家用三角函数计算行星和彗星的移动角度和轨道。

在第二百三十四到二百六十款中介绍了三角函数展开式的应用。其中的第二百五十六款中有如下记录:

> 以上所有 q, r, w, x 四幅之式。为算学士费依达所定之法。惟费依达设此各法。但为弧之通弦式。今则改为正弦式。如于此四幅。令
>
> $$\text{corde}\, a = 2\sin\frac{1}{2}a$$
>
> $$\text{corde}(\pi - a) = \text{corde}(180^\circ - a) = 2\cos\frac{1}{2}a$$
>
> 为费依达之原式[2]。盖费依达初设此式之时。不过指出某倍弧

〔1〕 *Encyclopedia Britannica*, 216 节,547 页.

〔2〕 数式 $\text{corde}(\pi - a) = \text{corde}(180^\circ - a) = 2\cos\frac{1}{2}a$ 在训点版中错写成 $\text{corde}(\pi - a) = \text{corde}(180^\circ - a) - 2\cos\frac{1}{2}a$。

之正余弦。可以他此互求。然亦未言其级数之总法。迨一千七百〇一年。有卜奴里者。设一公式。为弧背之通弦式。其式与 r 幅同。然当时未有人证之。至一千七百〇二年卜奴里又设两式。亦为弧之通弦。其式与 w 幅同。惟其第二式。奈端已早有此法。此书中所录 q、r、w、x、$2x$ 四幅公式。为尤拉所辑。拉果兰诸之书中。言曾用其自己之算法。证此各式知其不误。其算法与微分术相同。

这里出现的 q、r、x、$2x$ 幅式就是前面第 250 款、第 251 款、第 254 款、第 255 款中讨论的各三角函数式。即，所谓 q 幅式就是

$$\cos a = x$$
$$\cos 2a = 2x^2 - 1$$
$$\cos 3a = 2x^3 - 3x$$
$$\cos 4a = 8x^4 - 8x^2 + 1$$
$$\cos 5a = 16x^5 - 20x^3 + 5x$$
$$\cos 6a = 32x^6 - 48x^4 + 18x^2 - 1$$
$$\cos 7a = 64x^7 - 112x^5 + 56x^3 - 7x$$
$$\cdots\cdots$$

其级数展开式为

$$\cos na = (2x)^n - n(2x)^{n-2} + \frac{n(n-3)}{1\cdot 2}(2x)^{n-4} - \frac{n(n-3)(n-5)}{1\cdot 2\cdot 3}(2x)^{n-6} + \cdots\cdots$$

所谓的 r 幅式就是

$$\sin a = y$$
$$\sin 2a = 2yx$$
$$\sin 3a = y(4x^2 - 1)$$
$$\sin 4a = y(8x^3 - 4x)$$
$$\sin 5a = y(16x^4 - 12x^2 + 1)$$
$$\sin 6a = y(32x^5 - 32x^3 + 6x)$$

$$\sin 7a = y(64x^6 - 80x^4 + 24x^2 - 1)$$

……

其级数展开式是

$$\sin na = y\left[(2x)^{n-1} - (n-2)(2x)^{n-3} + \frac{(n-3)(n-4)}{1 \cdot 2}(2x)^{n-5} - \frac{(n-4)(n-5)(n-6)}{1 \cdot 2 \cdot 3}(2x)^{n-7} + \cdots\cdots\right]。$$

所谓的 w 幅式是

$$\cos 2a = 1 - 2y^2$$

$$\cos 4a = 1 - 8y^2 + 8y^4$$

$$\cos 6a = 1 - 18y^2 + 48y^4 - 32y^6$$

……

其级数展开式是

$$\cos na = 1 - \frac{n^2}{2}y^2 + \frac{n^2(n^2-4)}{2 \cdot 3 \cdot 4}y^4 - \frac{n^2(n^2-4)(n^2-16)}{2 \cdot 3 \cdot 4 \cdot 5 \cdot 6}y^6 + \cdots(n\text{ 为偶数})。$$

所谓的 x 幅式〔1〕是

$$\sin a = y$$

$$\sin 3a = 3y - 4y^3$$

$$\sin 5a = 5y - 20y^3 + 16y^5$$

……

其级数展开〔2〕是

$$\sin na = ny - \frac{n(n^2-1)}{2 \cdot 3}y^3 + \frac{n(n^2-1)(n^2-9)}{2 \cdot 3 \cdot 4 \cdot 5}y^5 - \Lambda\ (n\text{ 为奇数})。$$

所谓的 $2x$ 幅式〔3〕是

〔1〕 训点版三种公式的第二和第三式中幂数有误。
〔2〕 此式中“$ny-$”的“$-$”不在训点版原文中。
〔3〕 训点版 $2x$ 幅式有误。

$$\sin 2a = 2xy$$

$$\sin 4a = x(4y - 8y^3)$$

$$\sin 6a = x(6y - 32y^3 + 32y^5)$$

……

其级数展开式是

$$\sin na = x\left[ny - \frac{n(n^2-4)}{2 \cdot 3}y^3 + \frac{n(n^2-4)(n^4-16)}{2 \cdot 3 \cdot 4 \cdot 5}y^5 - \cdots\cdots\right](n\text{为偶数})。$$

文中所出现的“算学士费依达”为法国数学家韦达(François Viète,1540—1603),“卜奴里”是瑞士数学家雅克布·伯努利(Jakob Bernoulli I,1654—1705)。即,第二百五十六款中议论的大体内容是,q、r、w、x 四个三角函数方程式组由数学家韦达所确定,称其为“通弦式”,将其改写成今天的正弦函数式,可得上述四组方程式。如果

$$\text{corde}\, a = 2\sin\frac{1}{2}a,\ \text{corde}(\pi - a) = \text{corde}(180^\circ - a) = 2\cos\frac{1}{2}a,$$

韦达的三角函数式也可以变形,但他最初做出这些方程式时,只是指出这些式子适用于多倍角的正弦和余弦二者〔1〕互求,没有涉及到级数的综合方程式。于1701年,约翰·伯努利做出了通弦式,和 r 幅式相同。但是,没有人给出通弦式的准确证明方法。1702年,雅克布·伯努利做出了两个角的通弦式〔2〕,和 w 幅式或 x 幅式相同〔3〕。关于其第二式牛顿已经进行过详细研究,实际上欧拉已经整理了 q、r、x、$2x$ 四种组合公式(在其著作 *Introductio in Analysin Infinitorum*)。拉格朗日的著作中,用自己独特的

---

〔1〕 Britannica 原文(p. 555 的 256 节)写道:“We owe to Vieta the formula in tables (Q), (R), (2V) and (X). He, however, enunciated them as properties of the chords of arcs, to which they may be transformed, by considering that chord, $a = 2\sin(a/2)$ and chord$(\pi - a) =$ sup. chord $a = 2\cos(a/2)$; he did not indicate the general law of the series, but merely showed how the cosines and sines of the multiple arcs might be formed one from another. ”,所以训点版原文的“某倍弧之正余弦”应理解成“多倍角的正弦和余弦”。

〔2〕 雅克布·伯努利两角通弦式参阅其论文 Section indéfinie des Arcs circulaires en telle raison qu'on voudra, avec la maniére d'en déduire les Sinus & Histoire de l'Académie Royale des Sciences, Paris, 1702, pp. 281 - 288.

〔3〕 中国版和训点版中写着当时没有证明通弦式,但是约翰·伯努利已经给出了多倍角弦的一般公式。

数学方法，给出了正确的方程式，其证明方法和微分法一致。

这样，在《代数术》中详细介绍了韦达、伯努利、牛顿、拉格朗日等西方数学家有关三角函数和无限级数相关研究，同时也涉及到他们的研究跟欧拉的三角函数和无限级数研究之间的关系。在神保的训点本中又把那些复杂的方程式全部改写成西方格式。

在19世纪以前的中国和日本的数学中出现的三角函数的特点主要体现在用几何学方法表示正多角形的边之间的比的关系。但是在《代数术》中确用无限级数表示三角函数〔1〕，又和微积分结合在一起，这是西方数学在中日传播的高等数学内容中非常重要的部分。

在《代数术》中又介绍了欧拉的复数研究，在19世纪后期的中国和日本引进了西方数学中另一个重要内容。在欧拉以前的欧洲数学家们对虚数的使用仍感到困惑。例如，奠定微积分基础的莱布尼茨也曾经说过"$\sqrt{-1}$"是"即有存在性，又具有不存在性的两性动物"〔2〕。

> 我们获得了一种持有无法理解特性的数的概念。但是，它们只是存在于我们的想象之中，一般应称作想象中的变量。……这些数存在于我们的心中而已。它们确实存在于想象中的世界里，对此我们有比较充分的认识。事实上，我们使用这些想象中的数，并在计算中使用这些数应该不会有什么障碍……〔3〕

这样，欧拉有别于对使用虚数感到困惑的之前的数学家，比较自然地接受了虚数概念，在其1751年写的论文中称其为"1的幂根"进行了研究〔4〕。

训点本《代数术》的最后一卷，卷二十五为"论八线数理"，其中的第二百六十一款到二百八十一款中讨论各种三角函数的展开式，并介绍一些西方著名数学家三角函数方面的成就。在第二百六十一款的开头有"前于开方

---

〔1〕19世纪中叶的日本也出现了了解无穷级数的和算家。参阅小林龍彦. 劍持章行の"角术捷徑"について[J]. 数学史研究，2002：234－243.

〔2〕Morris Kline, *Mathematical thought from ancient to Modern times*, Oxford U. Press, New York, 1972: 336.

〔3〕Euler, *Elements of Algebra*, translated by John Hewlett; with an Introduction by C. Truesdell, New York: Springer-Verlag, 1984: 43.

〔4〕Euler, *Opera Omnia*, Ser, 1, Vol. 6, pp. 66－77. 黒川重信，若山正人，百々谷哲也訳. オイラー入門[M]. 東京：シュプリンガー・フェアラーク東京株式会社，2004：117.

各式中，曾用虚式之根号$\sqrt{-1}$者，此式在考八线数理中实有大用处”，确认了虚数之根“$\sqrt{-1}$”的重要用途。还利用数学家棣美弗(de Moivre, Abraham, 1667—1754)的定理加以说明。

汉译本中用非常繁杂的中国式记号表示的算式，在神保的训点本中却改成和今天同样的公式$(\cot\theta+i\sin\theta)^n=\cos n\theta+i\sin n\theta$ $(i=\sqrt{-1},\ n\in\mathbf{Z})$。并且在本卷第二百六十九款中又讨论欧拉做出公式$e^{a\sqrt{-1}}=\cos a+\sqrt{-1}\sin a$，$e^{-a\sqrt{-1}}=\cos a-\sqrt{-1}\sin a$的方法。在这部分的最后写道：

> “此两式，当时拉果阑诸以为最巧之法，惟观其求此两式之时，所用之正弦余弦之级数，即为一千七百年间，奈端所设之级数，如奈端当时能多用一番心，则已可知之，不必待五十年后，尤拉考出矣”。

在第二百六十八款中给出了牛顿于1700年获得的级数

$$\cos a=1-\frac{a^2}{1\cdot2}+\frac{a^4}{1\cdot2\cdot3\cdot4}-\cdots\cdots$$

$$\sin a=a-\frac{a^3}{1\cdot2\cdot3}+\frac{a^5}{1\cdot2\cdot3\cdot4\cdot5}-\cdots\cdots$$

在接下来的文中介绍了莱布尼茨和格列高利(又写作古累固里，J. Gregory, 1638—1675)之间围绕着三角函数引发的优先权问题。又通过介绍用级数展开式求圆周率的计算方法，并回顾了利用“割圆术”求圆周率的历史。

在此第二百七十八款的最后，重新讨论“棣美弗定理”，指出“此法于代数、几何、微分术最深之理中有大用处”，强调了“棣美弗定理”在代数学、几何学、微分学中的重要性。

这样，在汉译本《代数术》中自“迦但”(卡尔丹)到“棣美弗”(棣莫弗)，再引出“尤拉”(欧拉)，把从代数学到三角学，扩充数域的西方数学发展史介绍得非常详细，向明治初的人们展现了西方数学中的很多重要内容。

此外，经《代数术》传到日本的西算知识还有托勒密定理和约翰·伯努利的数学研究，阿贝尔、伽罗瓦、高斯等人的成果，如在卷十二的第百二十九款中介绍了五次，以及五次以上方程的根的求法及无根的情况。

比较神保的训点本和原汉译本，以及其他日文训点本，可以看出一些明显的特色。首先,神保在训点本中将原来的中国式方程式和数学符号全部改写成西方格式。其次,神保的训点本是对照汉译本25卷内容的完整版,这和其他明治时期学者不同,如前文所述塚本明毅只做了汉译本《代数学》前3卷的训点工作,而且基本保留了原书中的中国式书写格式。第三,神保在训点本中的数学术语和西方数学家的名字旁边都用日文片假名标注了法语的读法,这在其他训点本中是没有的,如塚本明毅只是在训点本《代数学》中对伟烈亚力的名字标注了英文读法。第四,神保的训点本中对一些难懂的数学内容做了非常详细的注释和说明,这有助于日本学者的理解和掌握。

汉译本《代数术》出版之后,其内容的深度和一些程度远远超过了李善兰和伟烈亚力合译的《代数学》。可以说,《代数术》一经刊刻出版,即受到广泛的赞誉,有学者称赞其"为算者另辟一径,海内风行,久为定本"[1]。在清末洋务派创办的学堂中开始时以《代数学》为代数教科书,后由《代数术》代之。到了19世纪末,多数学者介绍西方代数学时往往只提《代数术》。如梁启超1896年编撰《西学书目表》,蔡元培1899年编撰《东西学书录》时都列举了《代数术》一书。在光绪二十六年(1900)出版的一本《代数术补式》中其作者写道:"早年读代数术一书,……,海内风行久为定本然其 间简略求赅之处亦复不少"。此书内容基本上是《代数术》25卷本中的例题及其解法[2]。

综上所述,华蘅芳和傅兰雅合译的汉译本《代数术》的内容并非只停留在建立方程,解决问题的阶段,而是进入了求一般性解法,总结出更加普遍,更加抽象的理论的阶段。《代数术》包含二项级数、对数级数、指数级数、高次方程解法、各种幂级数展开以及解析几何的三角函数理论等,还介绍了一些西方数学家,西算新成果和新概念。通过训点本《代数术》,明治时期的日本数学界不仅第一次获知这些新知识,也开始了解到西方数学的发展史。

通过神保的训点本及其教学工作,将一些西方高深的数学知识传播到明治初期的日本。日本著名数学史教育家小仓金之助对《代数术》的评价很高,称其为"当时日本所持有的最高水平的数学书"[3]。据笔者的考察,一直到明治十五年(1882)左右,《代数术》《微积溯源》等传入日本的汉译数学著作

〔1〕 纪志刚.杰出的翻译家和实践家——华蘅芳[M].北京:科学出版社,2000:54.
〔2〕《代数術補式》(卷1—8),日本早稻田大学図書館所藏。
〔3〕 小倉金之助.近代日本の数学[M].東京:勁草書房,1973:226.

中的内容仍然比日本学者直接从西方翻译的数学教材中的内容要丰富。

3.4 静冈学问所的西方式数学教育

1868年7月，江户改称为东京，9月庆应又改元为明治，日本近代史拉开了新的一幕。同年，德川宗家移封到静冈县，转移到那里的幕臣们建立了静冈学问所和沼津兵学校两所传授西方科学技术为主的新式学校。作为西方科技的基础课程，也设置了西方数学课程。这两所学校是东京地区建立大学南校等新式教育设施之前传授西方科学技术的最高级别的教育机构。这里汇集了长崎海军传习所等早期新式技术院校毕业的大量人才。教育科目包括了19世纪以来的西方数学、物理、化学等各门自然科学课程。

静冈学问所和后面介绍的沼津兵学校的数学教育中非常重视欧几里得几何学。该所教师阵容强大，有津田真道(1829—1903)[1]、中村正直[2]、杉亨二(1828—1917)[3]、外山正一(1848—1900)[4]等人。从国外聘请教师讲授数学和化学等课程。听课的学生中多数是旧幕府官员的子弟，他们对于幕府的倒台不甘心，仍想通过掌握西方科学技术重新获得政治上的优势。下文中为考察这所学校的数学教育情况，介绍其聘请的美国教师到日本的历程以及讲授的几何学内容。

3.4.1 静冈学问所的聘请教师克拉克

克拉克(Edward Warren Clark，1849—1907)生于美国新汉普什尔州(New Hampshire)朴茨茅斯(Portsmouth)。其父亲是为虔诚的清教徒牧师。克拉克于1865年入新泽西州新不伦瑞克罗格斯大学(Rutgers College)学习，和格里菲斯(William Elliot Griffis，1843—1928)[5]成为同学。在那

〔1〕津田真道，岡山县人，近代日本第一批留学生之一，1862年和哲学家西周同去荷兰留学，明治时期官僚、政治家、启蒙学者。1873年和福澤諭吉、森有礼、西周、中村正直、加藤弘之、西村茂树共建明六社。

〔2〕中村正直(1832—1891)，字敬宇，日本明治时期武士・幕臣、启蒙思想家。东京女子师范学校校长、东京帝国大学教授。同人社创立者。

〔3〕杉亨二，近代日本的统计学家、官僚、启蒙思想家、法学博士。被称作“日本近代统计之祖”。

〔4〕外山正一，明治时代日本的教育家、文学者、社会学者、政治家。

〔5〕格里菲斯，后又成为东京大学前身，明治时期大学南校的理科教师、牧师、著述家，是最早的一批日本学者、东洋学者之一。

里，他遇到来自日本的留学生，了解到日本的风土人情。1869年，他从大学休学跟随格里菲斯到欧洲游学〔1〕。

克拉克到日本的缘起也和格里菲斯有着密切关系。静冈学问所刚成立不久，胜海舟就想招募西方人担任理科教师，当时给已经担任福井县松平春狱建立的藩校教授的格里菲斯写信，请他推荐一位学识渊博的人物。格里菲斯随即介绍了克拉克。这样，克拉克于明治四年(1871)十月末到横滨，在山手传道会馆停留之际，中村正直带领学校4名教师前来迎接到静冈学问所。

克拉克在静冈学问所主要讲授了数学、物理学和化学，每日的上课时间是上午9点到下午5时，午休时他又在学校新设的实验室进行实验准备或在黑板上写数学公式或化学式。克拉克的讲义主要使用英语和法语，对于不懂外语的日本学生，又请一名翻译进行讲解。克拉克日后写的游记中描写了当时的日本学生对于数理化各门课程的学习热情，以及他们渴望尽快掌握西方科学技术的心情〔2〕。在周日，他进行布道活动，给一些日本教师和学生宣扬基督教教义，据说汉学家中村正直等人此时开始信奉基督教。

克拉克在自己的住所还邀请一些上流社会的日本人，给他们展示幻灯片，又做一些科学实验，并教他们学会用显微镜观察微生物。他又利用休假期间攀登富士山，测量出其高度为3 521米〔3〕，非常接近其实际高度3 776米。

克拉克在静冈工作不到两年的时候，新成立不久的明治新政府，为了在首都东京聚集政治力量和教育资本，削弱地方的势力，宣布废止在静冈县的各类高等学校，并召回学问所的教师和学生到东京任职或学习。为此，作为外国人的克拉克提交了一份题为"诸县学校を顧虑スルコトヲ進ムル建議"的意见书，列举美国的情况，提出建议：在地方或小城市建立一些优秀的大学，在教育体制上更有意义，以此想说服明治政府继续支持学问所的教学〔4〕。但是，明治政府出于中央集权化的教育计划，未加理会克拉克的建议，不仅废止学问所，还命他前往东京的开成学校任职。

克拉克于1873年12月开始的第一学年成为开成学校的理科教师，第二

〔1〕 渡辺正雄，E. W. クラーク. 米国人科学教師[J]. 科学史研究. 東京：岩波書店，1975：155.
〔2〕 徳川慶喜. 静岡の30年[M]. 静冈：静岡新聞社，1997：85－86.
〔3〕 渡辺正雄. お雇い米国人科学教師[M]. 東京：講談社，1976：160.
〔4〕 渡辺正雄. お雇い米国人科学教師[M]. 東京：講談社，1976：162.

年便解约前往中国和印度[1]。他于1875年3月7日从横滨出发，途经神户和长崎，到了香港和印度，再到欧洲，最后回到自己的家乡。回到美国后他把亚洲的见闻整理成一些著作发表。如记录日本期间的教学经历的有 *Life and Adventure in Japan*[2]，又有到亚洲的游记 *From Hong Kong to the Himalayas* 和 *International Relations With Japan* 等。

通过这些论著可以了解近代日本的理科教育情况，以及当时的外国人对明治初期日本的理解。

3.4.2　静冈学问所与明治初期的几何学教育

明末《几何原本》（1607年利玛窦、徐光启合译）和清末《几何原本》（1857年，伟烈亚力、李善兰合译）均传入幕府末期明治初期的日本。汉译《几何原本》传到日本之后，其中的名词术语以及编排体例等均对日本学者学习和了解并编著西方几何学教科书时产生了很大的参考作用。

如前文所述，汉译《几何原本》传入日本之后被广泛传播和收藏。笔者近年又着手进行传日汉译《几何原本》的搜集和整理，发现了不少珍贵的抄本和刊本，转刻本，如图3.13、3.14所示。

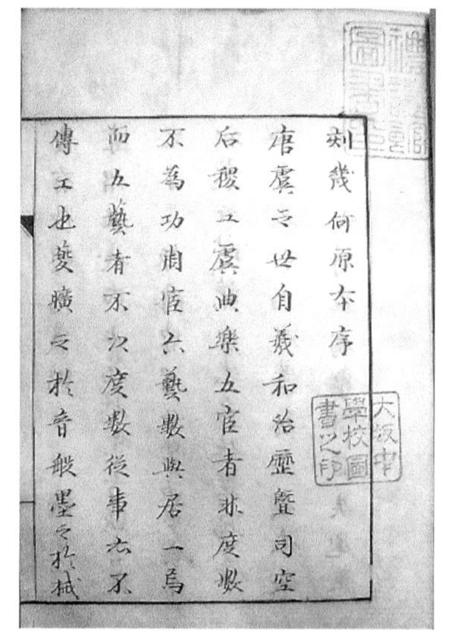
刻幾何原本序
唐虞之世自羲和治歷暨司空
后稷工虞典樂五官者非度數
不為功周官六藝數與居一焉
而五藝者不以度數從事亦不
得工也襄曠之於音般墨之於械

图3.13　日本收藏前6卷《几何原本》抄本

图3.14　日本收藏后9卷《几何原本》

〔1〕 渡辺正雄. お雇い米国人科学教師[M]. 東京：講談社，1976：163.
〔2〕 日文译本参见飯田宏. 日本滞在記[M]. 東京：講談社，1967.

但值得注意的是，日本传统数学盛行的江户幕府时期，汉译《几何原本》中严密的逻辑体系未被当时的日本学者理解和接受。日本数学史家藤原松三郎曾写道“我国学者未能充分认识到几何原本中严密的逻辑证明方法，认为其论证的内容非常简单，显而易见。当时我国数学家未加以重视，反而误认为我国的(传统)数学研究更加复杂的几何图形，远比(西方几何学)更加进步”〔1〕。

但在一切事物新旧更替的明治时期，西方几何学在日本的传播也产生了很大的改变。如前所述，在近代日本历史上最早开始讲授欧氏几何学的学校是1855年成立的长崎海军传习所。在那里为了向学员传授西方的军事技术和航海技术开始了西式的数学教育，其中除了西方算术、代数学、三角学、微积分等课程之外，又有几何学的内容。教员是来自荷兰的军官，采用的也是用荷兰语写成的教材〔2〕。

虽然欧氏几何学教育始于长期海军传习所，但较为正规的欧氏几何学教学内容和教学方式却出现在静冈学问所。下文中通过分析静冈学问所编译的几何学教科书了解近代日本几何学教育的概况。

3.4.2.1　《几何学原础》及其英文底本

静冈学问所的几何学教科书是一本题为《几何学原础》(下文中简称《原础》，见图3.15)的日文译著。其译著者是克拉克，共同翻译的人员是跟随克

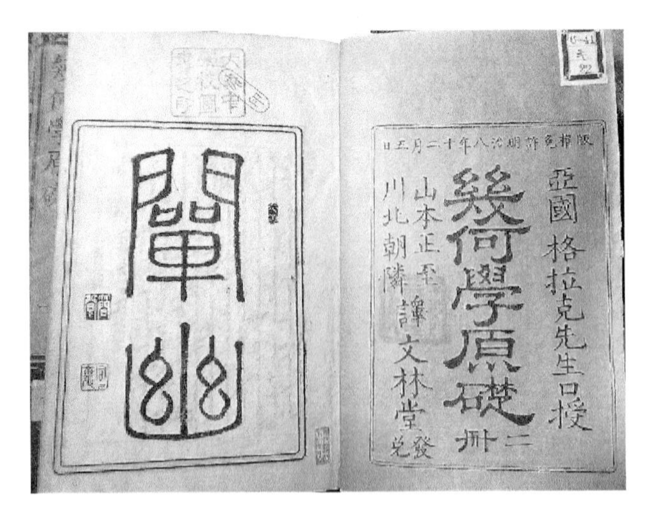

图3.15　《几何学原础》扉页

〔1〕 藤原松三郎，日本学士院編．明治前日本数学史(第四卷)[Z]．東京：岩波書店，1958：160．
〔2〕 藤井哲博．長崎海軍伝習所——19世紀東西文化の接点[M]．東京：中公新書，1991：3．

拉克学习的两位日本学生。

其中一位叫川北朝邻，后成为明治和大正时期的著名数学家。川北出生于江户，幼时学习了传统数学，明治维新后到静冈学问所学习了西方数学。因为他兼通传统数学和西方数学，所以明治后期成为日本数学界非常活跃的一位数学家和数学教育家。在《原础》出版之后，川北以《几何学原础例题解式》（见图3.16）为名，出版了对原书各卷末的命题进行证明的一套解答集[1]。《几何学原础例题解式》各卷末设立了“例题补遗”，其中也出现了一些只用《原础》中的知识无法证明的例题[2]。

图3.16 《几何学原础》及例题册

川北朝邻积极参加1877年建立的东京数学会社的各项工作，主持编写了很多数学教科书，其中一些教科书在20世纪初传到中国，被译成中文，当做数学教材使用。川北还创办了专门讲授数学知识的私塾和出版数学教科书的出版社，在1887年脱离“东京数学物理学会”之后，在东京麹町开设名为“立算堂”的私塾讲授西方数学知识，又和一些民间数学家创办“数学协会”，为普及西方数学做出了很大的贡献[3]。他翻译的英国数学家突德汉特的数学著作也多数传播到20世纪初的中国。另一位翻译者叫做山本正至（1834—1905），是一位静冈士族，也是旧幕臣，数学方面有著作《笔算题丛》，

〔1〕 川北朝鄰.幾何学原礎例題解式[M].静岡文林堂上梓，卷1：明治十三年（1880），卷2：明治15（1882）年，卷3—5：明治十七年（1884）出版.

〔2〕 笔者曾阅读过川北朝隣编辑《幾何学原礎例題解式》（两册，共5卷），静岡文林堂上梓，明治十三至十五年（1880—1884）。

〔3〕 薩日娜.東京数学会社の創立、発展及び転換[D].東京大学修士论文，2004：105.

此书出版后长期成为静冈县中小学校数学教科书〔1〕。

关于《原础》的英文底本，日本学者认为，很有可能是突德汉特编著的欧几里得几何学著作，又参考了其他英文版的几何学著作。

但笔者认为《原础》的内容和突德汉特的著作有很多内容上的差异。在多次查找对照后，发现有一本1787年刊行的罗伯特·希姆逊(Robert Simson, 1687—1768)著，爱丁堡鲍尔弗(Balfour)出版的欧氏几何学著作 *The Elements of Euclid* 的内容和《原础》有很多相同之处。此书第1页到第195页的前6卷内容和《原础》卷一至卷六的内容完全一致。

希姆逊书的扉页上写着：

> The elements of Euclid viz. the first six books, together with the eleventh and twelfth. The errors, by which Theon, or others, have long ago vitiated these books, are corrected, and some of Euclid's demonstrations restored. Also the book of Euclid's Data, in like manner corrected By ROBERT SIMSON, M. D. Emeritus Professor of Mathematics in the University of Glafgow ...

此书共520页，最后几页有书中使用的几何图形。通过对比，这些几何图形和《原础》卷前的图形完全一致。可以确定，克拉克在静冈学问所上数学课时使用了罗伯特·希姆逊版的几何学教科书，翻译成日语时或许参考了其他的英文版几何学教科书。通过目录中的第7卷和第8卷的记录看，他们译完前6卷之后，还打算翻译后面的内容。遗憾的是因教员的调动和克拉克辞职等原因没能完成全部内容的翻译。

3.4.2.2 《几何学原础》内容分析

《几何学原础》(下文中简称《原础》由首卷、卷一至卷六，共7卷本组成。全部使用和纸线装的木版印刷，由静冈县的文林堂出版。在其版权页有刊行日期。首卷和卷一至卷五，于1875年12月5日完成，最后的卷六于1878年11月6日完成。卷首和前5卷在克拉克离开日本之后不久刊刻发行。

---

〔1〕 鈴木武雄. 幾何学原礎の翻訳者山本正至について[A]. 数理解析研究所講究録[Z]. 1739(2011): 138-148.

在《原础》首卷的前2页附有克拉克写于1873年2月的一篇英文序文。序文中克拉克谈到了数学在自然科学中的地位，以及学习数学的重要性等。他写道，数学是一切科学中培养人们的正确思维，敏锐的洞察力的一门重要的学问，尤其是几何学中的论证方法可以有效地加强学习者的思考能力。“序文”中他又介绍西方几何学的历史，并称欧几里得几何学作为两千多年前的古希腊著作，是一部非常好的数学教科书，也是一部具有权威的著作。

克拉克序文的后面是如下几行“凡例”[1]：

一此書は今を去る事二千有余余歳“ギリーキ”国測量学士“ユークリット”氏著す所尋常幾何学書にして原名“エレメントリーユークリット”と号す亜国“格拉克(ふりがな：克拉克)先生静岡学校に於て之を教授す其図解詳にして最便解し易さを以て是を編して初学の資となす。

一西方各国に於て此書頗る行はる諸名家顕す所の尋常幾何学書大概之に基たり因て幾何学原礎と名付く。

一幾何学書は通例文を以て之を詳解し生徒をして諳熟せしむるを法とす然共文意達せす誤解を生るを恐る故に式を設けて初学をして便解し易からしむるなり。

一幾何は量地建築を始要用最広し世人皆之知る故に其用方を挙ざるなり。”

即“凡例”中用日文介绍了欧几里得几何学在西方各国被当作几何学教科书的情况，并解释书名的来历，称西方的几何学教学都依据欧几里得几何学的内容，所以此译著被命名为《原础》。又称为了给初学者的使用和理解提供方便，书中给出了详细的公式。并写到因为几何学被广泛使用在测量土地和建造房屋等方面，所以书中详细介绍了其具体的使用方法。

在卷前作“凡例”的做法，也可能来自汉译数学著作，在《原础》之后出现的明治时期的其他数学著作中逐渐开始出现了这种做法。

“凡例”之后是“译语”，列出了书中使用的数学名词术语的英文和日语的对照表。卷首的翻译被称作“基础译语”，其中把 Definition（定义）翻译成

[1] 克拉克，川北朝鄰，山本正訳. 幾何学原礎（首卷）[Z]. 静岡：文林堂，明治八年刊(1875)：1.

“命名”，Postulate（公准，要请）翻译成“确定”，Axiom（公理）翻译成“公论”。可以看出，书中多数名词术语直接引用了汉译著作中的名词术语。

“译语”之后是数学符号的介绍。该书中的数学符号均为现代式的，这是有别于汉译本的一大特色。明治时期的日译西方数学中直接使用西方现代式数学符号的做法加速了日本数学的国际化进度。

数学符号的解释之后是一系列定义、定理、公理和具体的证明题。

以下是《原础》内容与汉译《几何原本》（下文中简称《原本》）与日文版现代译本《欧几里得原论》（下文中简称《原论》）之间的内容对照：

①《原础》35 条“命名”对应着《原本》36 则“界说”和《原论》23 条“定义”。

在利马窦和徐光启合译本《几何原本》中翻译西方 Definition（定义）一词时用了“界说”一词。依词源而译是 etymological translation，显然取 definire 的词根 finis（界限）之意而衍出新词“解说”，词面意思为“分界之说”。艾儒略《几何要法》第六章中解释：“界者，一物之始终。解篇中所用名目，作界说”[1]。即，“界说”是用来解释名词的含义。

《原础》中“命名”的前 18 条和《原论》中“定义”的前 18 条完全一致。

《原础》第 19 条“命名”是《原论》中不存在的定义。而《原础》第 20—23 条“命名”是《原论》第 19 条定义的分解。《原础》第 24—26 条“命名”是《原论》第 20 条定义的分解。《原础》第 27—29 条“命名”是《原论》第 21 条定义的分解。《原础》第 30—34 条“命名”是《原论》第 22 条定义的分解。《原础》中最后的第 35 条“命名”是《原论》第 23 条定义。

②《原础》中的“确定”是对应于《原论》中“公准”的内容。

《原础》中有 3 条“确定”可对应《原论》中前 3 条“公准”的内容。而《原论》中仍有 2 条“公准”的内容出现在《原础》的“公论”中。

③《原础》“公论”对应着《原论》“公论”，只是内容有些不同。

如同上述，《原础》第 11、12 条“公论”是《原论》第 4、5 条“公论”。而《原础》第 5 条和第 7 条“公论”是《原论》中不存在的条目。

作为明治时期的几何学著作《原础》和现代日文版《原论》中均把 Axiom

〔1〕 艾儒略. 几何要法[M]. 1631：1，1b.

翻译成“公论”，这显然是受到了汉译著作《原本》的影响。

汉译本中的19条公论对应着《原础》和《原论》中公论的内容。

④《原础》的几何证明题也对应着《原本》和《原论》的证明题。但是名称有些不同，和《原本》和《原论》相比，《原础》的几何证明题多数附有图形并且有比较详细的说明。

《原础》卷一中共有48道证明题。

最初的12题之前写有“考定第*问题”，其余的问题却被称作“考定第*定理”。其内容和《原论》中卷一最后的证明题的内容吻合。

其余各卷最后也均设有证明题，并且每卷后面有“第*卷用法”“第*卷例题”等解释前文中“命名”“定义”“确定”“公准”“公论”的内容。

这是《原础》作为课堂教科书的一个明显的特征。

特别一提的是，在首卷末有“卷七考定二十一条 图面组立”，“卷八考定二条五卷、七卷、八卷例题六十条”的一行文，由此推测，当时的译述计划中还包括第7、8卷。

通览《原础》的日文译文，可以看出其文句非常流畅，内容也易懂，这在尚无西方几何学教材的明治初期，作为一本几何学教科书是非常难得的事情。

3.4.2.3 《几何学原础》的影响

《几何学原础》（下文中简称《原础》）每卷前附有各种数学名词和术语，多数为后来建立的“东京数学会社译语会”统一数学名词术语提供了依据。

明治初期日本没有日文版的西方几何学教科书，多数学校使用英语、法语或德语的原版教科书。上课时一般都是老师依据西文原书内容进行讲解。根据1872年的中学教学规则，不同类别的外语专业学校使用不同的几何学教科书，如：英语专业院校用的是查尔斯·戴维斯（Charles Davies，1789—1876）的《初等几何三角学》（*Elementary Geometry Trigonometry*），法语专业院校使用的是勒让德（Adrien Marie Legendre，1752—1833）的*Elementarie Geometrie*，德语专业院校使用的是维甘德（Wiegand）的《几何教科书》（*Elemente Geometria*）等教科书[1]。

然而，1872年以后日文翻译的西方几何学著作逐年增多，一部分也被作

〔1〕 遠藤徒利貞.增修日本数学史[M].東京：岩波書店，1918：686.

为中学教科书使用。其中译自美国的比较多，主要是被称作勒让德流的戴维斯和罗宾逊等人的几何学著作。纯欧几里得传统的英国流几何学书反而为数不多。1877年以前被翻译成日文的欧几里得几何学也就是克拉克等人的《几何学原础》和后面论及的山田昌邦的《几何学》而已。

《原础》出版之后被当时的多数中学当作教材使用。《原础》一书不断被刊行出版，一直到1887年，成为当时日本屈指可数的著名教科书，各地学校纷纷采用其进行几何学教育〔1〕。

通过考察1877年以后的各类师范学校、普通中学的几何学教科书可知，1882年至1888年之间，在青森师范学校、福井县中学、秋田县中学、广岛中学、大阪府师范学校、山口县师范学校、秋田县师范学校、山口县中学、大阪府中学、长野县师范学校、青森县中学、山口县中学、静冈县普通中学等十多所学校的课堂教学中使用《原础》当作几何学的教材〔2〕，可见其翻译水准之高和影响之广。

1877年以后，在日本陆续出现了自编的讲授西方几何学的教科书。如田中矢德的《几何教科书》（中学用书、1882）、中条澄清的《高等小学校几何学》（1883）、远藤利贞的《小学几何学》（1883）、高桥秀夫的《功夫几何学》（1884）、日下部慎太郎的《小学几何学》（1885）等。这些日文几何学教科书的出现丰富了明治十年以后的数学教科书的内容。几何学课程的讲授中也有了很大的选择余地。这样的背景之下，《原础》一书也基本完成教科书的使命，逐渐淡出了历史的舞台。

1884年，长野县寻常师范学校规则中对于该校使用《原础》作为教科书有如下注意事项"幾何学原礎ハ誤謬ノ個所多キニテ教授ノ際注意シテ之ヲ用テ"〔3〕。其意思是，因《原础》中谬误较多，因而教学中需要注意。

这样，在明治初期由于《原础》是最初出现的日文几何学著作，在多数中学和师范类学校当教科书使用。但到了明治后期以后学校教学中开始引入菊池大麓翻译的英国突德汉特等人的欧几里得几何学教科书。菊池在英国剑桥大学留学后于1877年回国，担任日本数学界权威机关的东京帝国大学

---

〔1〕石原純.科学史[M].東京：東洋経済新報出版部，1942：94.
〔2〕根生誠.明治期中等学校の教科書について(3)[J].数学史研究，研成社，1997(152)：45－47.
〔3〕長野県教育史資料編四[Z].昭和五十年(1975)：932.

的数学教授。明治十年之后，菊池大麓为了整顿师范院校和各中等学校的数学教科书状况，不仅翻译西方欧几里得几何学著作，还编著了《初等几何学教科书（平面几何学）》(1888)、《初等几何学教科书（立体几何学）》(1889)等教科书。

此后，日本多数师范院校和普通中学均采用菊池大麓的几何学教科书。

在1887年以后日本出现了很多从西方直接翻译的数学教科书。日本数学界对汉译数学著作的依赖也越来越少。学校的教科书或是日本学者自编，或是直接采用西方通用的数学教材。这个时期的一些数学杂志不再是以普及数学知识为主，而是开始刊登一些西方数学家和日本学者撰写的专业水平较高的研究论文，日本数学界迈向了向国际数学界进军的重要一步。

3.5　沼津兵学校的西方式数学教育

3.5.1　沼津兵学校在明治初期教育中的地位

沼津兵学校建立的时间晚于静冈学问所两个多月。

沼津兵学校的教学科目中数学内容有“点窜”和几何学。虽然写着“点窜”，但实际教学内容却不是和算，而是西方数学。担任教员的是塚本明毅、赤松则良、伴铁太郎等人。他们在长崎海军传习所不仅掌握了西方军事技术，也学习了西方几何学和微积分等知识。可以说沼津兵学校继承了长崎海军传习所的西学传统，成为近代日本引进西式数学教育模式的教育机构。沼津兵学校的教学大纲中的数学教育情况如表3.2所示。

表3.2　沼津兵学校课程中数学教育内容

教学科目	第1年	第2年	第3年
点窜	开平・开立为止的内容	二次方程式	连数・对数之理
几何	平面几何学	三角函数・正斜三角	立体几何学

对沼津兵学校教学情况小仓评论道：“学生均擅长数学知识，沼津的学生毕业之后基本都是数学能手”[1]。确实，从这里毕业的学生日后很多活

[1]　日文原文为“…生徒尤モ数学ニ長ジ，沼津ノ生徒トイヘハ擧世門ハスシテ数学ニ巧ナル者トナスニ至レリ”，小倉金之助. 数学教育の歴史[M]. 東京：勁草書房，1975：218.

跃于明治时期的数学界,成为数学教育家。笔者经考察得知,1877 年建立的日本数学学会"东京数学会社"的初期会员 117 名中就有 17 位来自沼津兵学校。他们是:塚本明毅、永峰秀树、中川将行、荒川重平、真野肇、山本淑仪、榎本长裕、海津三雄、堀江当三、伊藤直温、伴铁太郎、赤松则良、神保长致、古谷弥太郎、宫川保全、矢田堀鸿、冈敬孝等人。其中中川和荒川两人又是海军院校的教授,他们强烈批评和算的落后性,强调西方数学在实际操作中的应用性,指出数学教育中应多注重产业技术方面的内容,数学术语和符号应该统一起来,而数学教科书的书写格式也应该是西式的从左到右的横书格式。他们编写了在近代日本数学教育史上最早的一本西式书写格式的教科书。

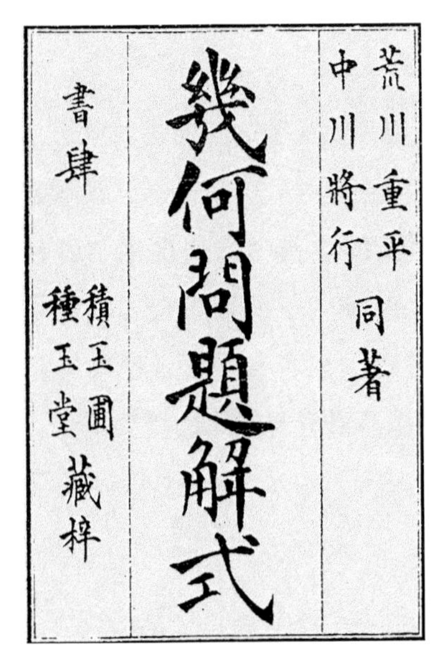
荒川重平
中川將行 同著
幾何問題解式
書肆
積玉圃
種玉堂 藏梓

图 3.17 中川荒川横排书影

如上所述,沼津兵学校非常重视西方军事技术中的基础教育科目——数学,毕业生中也出现了很多明治时期活跃于测量学或工科的重要人才。政府要求该校停办后,其附属小学延续其办学宗旨,仍出版了很多西方数学教科书。笔者搜集到一本明治初年从沼津小学出版的《代数要领》,其内容的完善程度在同时期的日本小学中也是极为罕见的。

曾在沼津兵学校担任教授助手的山田昌邦,在 1872 年调任到北海道开拓使学校(此校后成为日本近代史上著名的农业技术专科学校——札幌农学校)后,根据 1862 年版的突德汉特欧氏几何学内容编著了一本西方"几何学"相关的教科书。此书被日本数学界看作是近代日本最早的欧氏几何学教科书。遗憾的是,该书只有原书第一卷的内容而已,未能体现欧氏几何学的论证意义。

沼津兵学校是在幕府和明治交替之时,即将退位的幕府官僚建在静冈县内的一所专门讲授西方军事技术和航海技术的学校。沼津兵学校虽然只存在了 5 年,但却在明治学术史上占据着重要的地位。

下面主要介绍曾经担任沼津兵学校数学教授的塚本明毅编著数学教材

《笔算训蒙》与汉译数学著作《数学启蒙》之间的关系。

3.5.2　塚本明毅及其《笔算训蒙》

塚本明毅(又名塚本垣甫),是幕末幕臣,明治前期曾服役日本海军,不仅是一位地质学家,也是一位数学家。塚本早年曾在昌平坂学问所学习,后来又到长崎海军传习所学习,成为那里的第1期学生,毕业后成为海军军人,出任海上巡逻队。1868年幕府倒台后,他没有参加反对明治新政府的榎本武扬的舰队,却到沼津兵学校成为一等教授,讲授数学课程。沼津兵学校被废除之后他到陆军兵学寮继续讲授数学,直到1874年为止。

《笔算训蒙》(见图3.19)是塚本在沼津当数学教员时的教科书,此外他还对李善兰和伟烈亚力合译的《代数学》前3卷进行了训点。塚本不仅在数学方面有很深的造诣,也懂得历法和地理。1872年,他参与明治新政府推行太阳历的历法改革,担任指挥工作,发挥其才能,仅用十几天就完成了任务。之后,又接着在明治政府的正院和太政官、内务省担任职务,1880年编纂了3种历法的对照表《三正综览》。同时,又参与编著日本《皇国地志》的指导工作[1]。

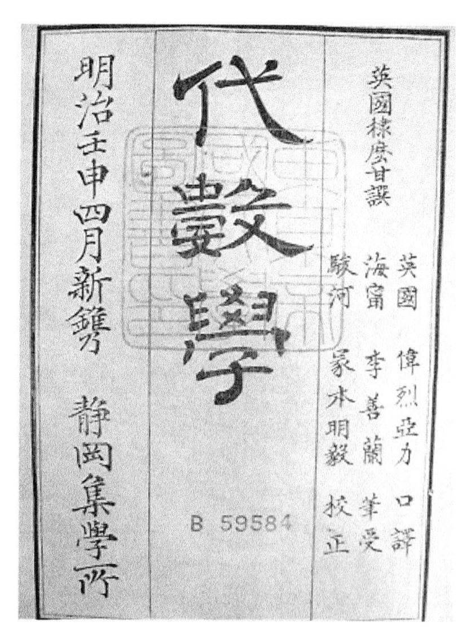

图3.18　塚本明毅训点本《代数学》

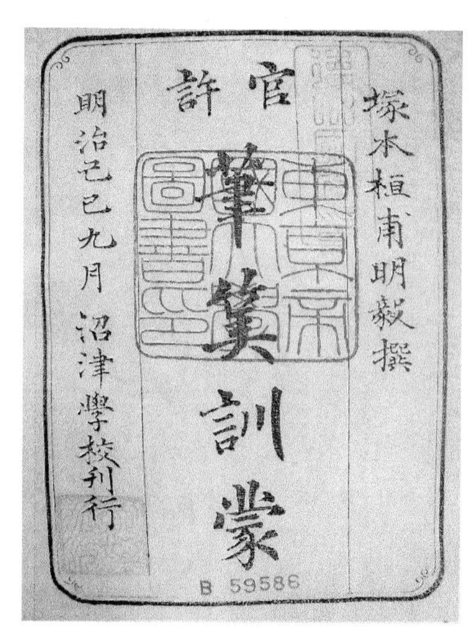

图3.19　塚本明毅著《笔算训蒙》

〔1〕 石田竜次郎.日本における近代地理学の成立[M].大明堂,1984.

《笔算训蒙》出版于1869年，原计划出版五卷，但由于1872年沼津兵学校解散，实际只出版了前三卷，并附有答式。通过比较此书与《数学启蒙》的内容，不难发现二者之间的联系。可以断定，《笔算训蒙》是以《数学启蒙》为蓝本编译、改编而成的。

《笔算训蒙》出版之后很受欢迎，日本著名数学教育家和数学史家小仓金之助写道：

> 沼津兵校出版的塚本的《笔算训蒙》，风靡了数学教育界，事实上，这也正是塚本被称为'当时最著名的数学家'的理由，……笔算训蒙实为数学教育上的一大杰作。若要有人让我推荐明治维新时期的主要教科书，我会首先推荐它〔1〕。

许多日本数学史著作也给《笔算训蒙》以极高的评价。藤原松三郎编著的《明治前日本数学史》称："《笔算训蒙》是当时最优秀的数学教科书，对洋算的普及产生了很大的作用"〔2〕。小松醇郎编写的《日本数学100年史》则称《笔算训蒙》"是明治初期出版数学书的第一名著"〔3〕。

值得注意的是，在沼津兵学校作为教科书使用的就是《笔算训蒙》一书，其内容以算术为主，但也有一些代数内容。

明治初期，尚未出现从西方直接翻译的数学教科书的情况下《笔算训蒙》是一本非常适合初学者的西方初等数学教材。

作者经调查发现，现存《笔算训蒙》不仅分类繁多，在日本大多数图书馆均有收藏。这也是此书不仅成为沼津兵学校及其附属小学使用，在日本全国各地的小学中也广泛使用。

《笔算训蒙》的卷一内容为"数目、命位、加法、减法、乘法、除法、诸等化法、通法、命法、诸等加法、诸等减法、诸等乘法、诸等除法"；卷二内容为"分数、通分、约分、加分、减分、乘分、除分、小数、分数化小数法、小数加法、小数减法、小数乘法、小数除法"。卷三内容为"比例式总论、正比例、转比例、合率比例、连琐约法"。书中完全使用了西方的数学符号。可以说，此书是一本比较完整的西方数学教科书。

---

〔1〕 小倉金之助. 数学教育史[M]. 小倉金之助著作集(6)，東京：劲草書房，1974：224.
〔2〕 藤原松三郎，日本学士院編. 明治前日本数学史(第四卷)[Z]. 東京：岩波書店，1958：163.
〔3〕 "日本の数学100年史"編集組. 日本の数学100年史(上)[M]. 東京：岩波書店，1983：75.

《笔算训蒙》出版之后一直深受日本学者重视。于1872年由日本文部省颁布的学制中，官方指定此书为全国通用的数学教科书〔1〕。日本数学教育家小仓金之助写道：

此书并不是单纯的西方数学教科书的译本，其中有很多日本式的（数学教育）特色，……《笔算训蒙》是数学教育上的一大杰作。如果有人问起明治维新时期教科书中的代表作，我首先会推荐此书〔2〕。

其实，这样一本受到明治时期教育界重视的《笔算训蒙》也是深受清末汉译数学著作的影响。

对照《笔算训蒙》与汉译本《数学启蒙》可以看出，二者不仅所用名词术语基本相同，而且从体例上也完全一致。两书均是在题目之下，先讲概念和定义，然后举例说明解题方法，再给出部分计算上的练习题，最后是一些具体的应用题。二者就连版式的编排也很类似。只是应用题的内容，根据教学和当时日本人的实际需要作了不少改动。

尽管两书渊源关系极为明显，但《笔算训蒙》也并非完全照搬了《数学启蒙》，如卷一数目条下，《笔算训蒙》就介绍了基数、大数、小数的概念，而《数学启蒙》的该条目下只介绍了数目的表示方法。此外《笔算训蒙》的应用问题的数量也较《数学启蒙》的多，其中不少都是关于计算世界人口，面积，各国军舰数目，海军人数的问题，反映了日本人希望了解世界的迫切心情〔3〕。

然而二者最大的差别在于《笔算训蒙》采用了阿拉伯数码，而且还采用了“＋”“－”“×”“÷”“：”及分数符号，未知数符号x也在比例算法中被引入。这和前文出现的《数学教授本》有很多类似之处。

神田孝平和塚本明毅，以及后来的日本学者翻译或编写西方数学著作时虽然以汉译数学著作为蓝本，但书中均使用西方原来的符号。这为日本数学界与国际数学界接轨打下了良好的基础。

小结

在上面的内容中考察了经墨海书馆和江南制造局翻译馆等机构，西方

〔1〕 小松醇郎. 幕末·明治初期数学者群像(上)[M]. 幕末編，東京：吉岡書店，1990：64.
〔2〕 小倉金之助. 数学教育の歴史[A]. 小倉金之助著作集(6)[Z]. 東京：勁草書房，1974：224.
〔3〕 冯立昇. 中日数学关系史[M]. 济南：山东教育出版社，2009：207.

数学传播到清末中国的情况，又分析了洋务运动时期西方数学教育的概况。接着又围绕同时期日本建立的长崎海军传习所、开成所、横滨法语传习所、静冈学问所和沼津兵学校等新式教育机构，考察其实施西方数学教育的情况。

通过对比发现，虽然西方数学传入近代中日两国的具体情况存在很大区别，但是实施西方数学教育的历程中又有很多相似的地方，如开始讲授西方数学的基本都是学习西方军事技术或造船术等教育机构，以及培养西方语言人才的学校。

在考察日本的情况时，作者将研究的重点放在传入日本的汉译西方数学著作及其影响方面。汉译西方数学著作传入日本的途径大体可以分为以下三类[1]。第一，西方船只途径中国到日本时带去了汉译科学著作。第二，走访或考察中国的日本人购入刚出版或已经销售的汉译著作，并将其带回日本。第三，西方传教士到日本之前，先到中国购买汉译著作，将其带到日本。

通过第一和第三条路径传播日本的汉译本以医学和植物学方面的西方科学著作为主，还没有发现有关数学方面著作的传播记录。通过第二条路径传播的汉译数学著作有如下记录。文久二年(1862)，高杉晋作、中牟田仓之助、五代友厚等人赴上海考察时购买了很多当时出版的汉译著作，他们留下了当时走访书坊并购买图书的记录。

> 念七日。中牟田と英人ミニユヘルに至る。上海新報，数学啓蒙，代数学などの書を需めて帰る。念八日。書坊来る。書籍を需む。念九日。書坊を訪ぬ。書籍を得て帰る[2]。
>
> ……数学启蒙　十部　　代数学　十部　　代数积拾级　一部三册　谈天　一部三册[3]。

通过这些介绍可以知道，清末李善兰和华蘅芳等人翻译的西方数学著作中多数传入幕府末期至明治初期的日本，被日本学者转抄、研读、训点、翻

---

〔1〕 八耳俊文. アヘン戦争以降の漢訳西洋科学書の成立と日本への影響[A]. 日中文化交流史叢書(第8卷)[Z]. 東京：大修館書店，1998：285.
〔2〕 田中彰校注. 開国[A]. 日本近代思想大系[Z]. 東京：岩波書店，1999：219.
〔3〕 其中把《代微积拾级》错写成《代数积拾级》。中村孝也. 中牟田倉之助伝[M]. 中牟田武信，大正八年(1919)：253.

译，成为他们间接了解西方数学的重要参考著作。

在这一部分中通过《数学启蒙》《代数术》与《代微积拾级》等清末汉译著作的形成及其在日本的传播为例，全面考察了近代西方数学文明在中日两国的传播情况。通过对其中、日版本的比较，不仅可以看出中日版本的不同之处，也可以了解到英文原本和译本之间的差异。如《代数术》英文原版较为简便的内容，在汉译本中却有较为详细的批注。其汉译本和日文训点的不同之处也非常明显，如在训点本的序文中，外国人名旁边有横向书写的英语和法语的西方术语标注，并且为便于日本读者了解，对某些内容也进行了注解。广受近代日本学者关注的汉译本《代微积拾级》中的理论内容多于计算方法，李善兰和伟烈亚力翻译时又创造出许多新的数学名词术语，通过在日本的传播，其中“中西会通”的微积分理论和新创的名词术语成为日本学者迅速掌握西方高等数学知识的催化剂。而日本数学家在做训点本和翻译时对照西方原点，修订汉译本中的错误，并将冗长繁琐的中式数学符号改变为简便的西式数学符号的做法，又加速了近代日本数学与西方数学文明交融的步伐。

在后文中主要分析1872年颁布的日本新式教育制度“学制”对西方数学教育普及的保障作用，并详细考察1877年创办的数学学会和新建立的东京大学，全面介绍明治后期的日本数学界逐渐摆脱汉译数学著作的影响，完成指导权的新旧交替，从传统模式过渡到西方模式的概况。又通过考察日本数学界吸纳的西方数学内容和参加国际数学会议的情况，诠释其逐步完成与西方数学文明交融的历史进程。

第2篇
近代日本与西方数学文明的交融

在幕府末期至明治初期的日本，多数学术领域摒弃了旧的学术体系，引入新的西方学术模式，其中尤为引人注目的是数学领域中传统数学向西方数学模式的转变历程。

西方数学传入之前，江户时期的日本已存在特有的传统数学——和算。江户时期的传统数学非常重视数学问题的各种解法，所以"和算"一词也曾被看作是一些具体的数学解法。明治以后"和算"相对于西方数学的"洋算"一词，成为专指日本传统数学的代名词，而"和算"的成立也是日本传统数学摆脱中国的影响，独立成体系的标志。

综观明治初期的日本数学界，在国民教育中还没有普及西式数学教育，也没有出现研究西方数学的学者，传统数学家——和算家仍然占据着数量上的优势。虽然，此时已经有不少西方数学著作传入日本，但日本学者了解其中内容时仍然参考和借助汉译西方数学著作。

但到了明治中后期以后，日本数学界发生了非常明显的变化。一些曾经接受传统和算教育的人们纷纷开始学习西方数学，其中多数人也成为讲授西式数学知识的教员，学校教育中也大量使用日文翻译的西方数学教科书。1877年，东京数学会社的建立和东京大学的创办在明治日本数学界的西化过程中有着非常重要的意义。新创建的东京大学建立理学部，率先开设西式数学课程。此时，幕府末期和明治初期留学西方的人员纷纷回国，担任新式学校的教授职务，大学里开始招收数学专业的学生，民间出现了讲授西方数学的各种"私塾"和各类数学期刊。下文中主要从教育制度的保障、数学学会的建立等几个方面分析明治时期西方数学的普及情况。

第 4 章
学制的颁布及其对西方数学教育普及的保障

1872 年 9 月公布的学制作为日本历史上最早出现的近代国民教育制度，对近代日本科学技术和教育文化的发展起到了非常重要的推进作用。学制中规定在全国初等教育中采用西方数学，为西方数学教育的普及提供了制度上的保障。

学制的制定，以及学制中确立西式数学教育制度，并不完全建立在先前的教学经验上。虽然在前文中介绍了幕府末期在西方军事力量的强大威力下，自上而下地开始重视引进西方军事技术，推进殖产兴业政策，并积极开设西方数学的教育课程，但建立较为完备的西式教育体系的建构也经历了一番波折。其原因在于，当时的日本已经有一套完整的教育模式，即江户时期沿承 300 多年的传统数学“和算”的教学模式。新旧教育体系的更替既有东西方文化交流的大背景的影响，又有新建的明治政府培养新型人才的客观需求。

4.1 学制以前的教育政策概述

明治政府建立之初，新政府急需培养新式人才，在国民教育中也需要推行新的教育模式。幕府末期建立的教育机构主要培养了西方军事技术和语言学人才。明治维新后，这些教育机构被政府改编成各类新式学校，其培养的人才在新政府制定新式的教育政策时发挥了非常重要的作用。

在明治初期，建立文部省之前还没有出现中央集权的教育行政机关。然而，明治政府的教育政策并不始于明治四年七月（1871 年 8 月）设置文部省之时，而在明治元年二月，新政府已经开始启动了新的教育模式[1]。新教育政策中包括了大学政策、中小学政策、各藩教育政策、私塾的教学政策、海外留学生政策等广泛领域。设置文部省之前，新政府以东京为中心创办的新式大学，不仅是国家的最高教育机关，也是管理全国各地学校的教育行政机构。

明治二年二月（1869 年 3 月），日本各地政府为了在民间普及教育，开始建立乡学、稽古所、笔算所，其大体情况类似于江户时期传承下来的“寺子屋”的教学模式[2]。

明治二年十一月（1869 年 12 月），政府提出大学校改革方案，修订了大学规则和中小学规则。大学校里推出大学、中学、小学三个阶段学校制度方案。尤其值得注意的是，中小学规则中制定初级学科内容为“句读、国史、万国史、地理、习字、算术”等科目。算术教学中又明确规定了实施笔算为主的西方数学教育。同年十二月，大学校被改称为大学，对于前一年的大学规则和中小学规则又做了大量的修订，于明治三年二月（1870 年 3 月）向各地推广。小学课程中安排“句读、习字、算术、语言学、地理学”等五种必修科目，算术成为理科和医科的基础科目备受重视。

全国各地接受上述中小学教育规则，东京和京都也建立了直属中小学，并规定在数学科目中讲授西方数学内容。

在此背景之下，明治政府进一步加深了对西方近代科学教育中数学教育的重要性的认识，在民间的普通学校也逐渐导入了新式数学教育模式。这为学制的颁布打下了良好的基础。

4.2　学制中的数学教育相关内容

明治四年七月十八日（1871 年 9 月 2 日），日本政府实施了“废藩置县”

[1] 倉沢剛. 学制の研究[M]. 東京：講談社，1973：1.
[2] 寺小屋：江户时期教授一般庶民的子弟读书、写字和简单计算方法的教育机构，在京都、大阪地区称作“寺小屋”，在江户地区称作“手习指南所”或“手迹指南”等.

的新政策，即废弃了江户幕府时期的“藩”的行政机构，设立了以“县”为单位的新式行政划分。4 天后的七月二十二日建立了文部省。佐贺藩出身的江藤新平(1834—1874)被任命为第一任文部大辅。七月二十八日，和江藤同样来自佐贺藩的大木乔任(1832—1899)成为第一任文部卿(后又改称文部大臣)。八月四日，江藤新平从文部省到另一个行政机构“左院”，大木乔任全权负责了教育制度的改革工作〔1〕。

大木担任文部卿之后，依据废藩政策整顿原有的旧藩学校，出台了一系列全国性的学校规则和教学方案。为此，文部省还着手普查了全国人口状况，并对府县学校的教师、学生人数，以及教学情况和学习费用等实际情况进行了全面的调查。另一方面，积极搜集法国、荷兰、德国和俄罗斯等国的学校教育制度相关资料，为学制立案进行了充足的准备。这样在明治五年八月二日(1872 年 9 月 4 日)，公布了学制相关最重要的一部文件“被仰出书”，次日正式公布了学制的具体内容〔2〕。

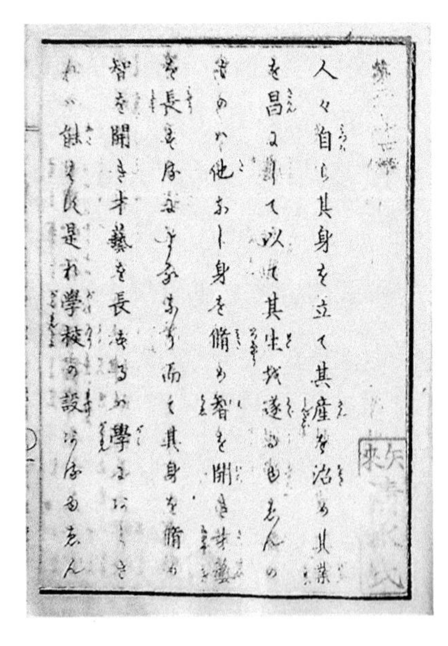
人々自ら其身を立て其産を治め其業を昌にして以て其生を遂るゆゑんのものは他なし身を脩め智を開き才藝を長するによるなり而て其身を脩め智を開き才藝を長するは學にあらされは能はす是れ學校の設あるゆゑんにして

图 4.1　“被仰出书”中内容

在数学教育方面，学制中规定小学数学教学为“算術　九々数位加減乗除但洋法ヲ用フ”，即教授算术，九九数位和加减乘除，要用“洋法”，这又被称作“小学教则”。其中对于小学算术进行了非常详细的规定。通过上文可以知道学制中有明确规定，在普通小学数学教育中用“洋法”，即讲授“西方数学”。

关于学制对于数学教育的具体规定及其制定过程，日本数学教育史研究者小仓金之助在其《数学史研究》(第二辑)和“日本に於ける近代的数学の成立過程”等论著中都做了详细介绍。据小仓的研究，在制定学制的过程中，文部省当局最初是想采用“和算”进行数学教育的普

〔1〕 倉沢剛. 学制の研究[M]. 東京：講談社，1973：273.
〔2〕 上垣涉. 学制期における算術教育の研究[J]. 愛知教育大学数学教育学会志イプシロン，1998(40)：90.

及，但是后来却全盘否定了原先的方案，决定在从小学到大学的整个数学教育中，全面废除“和算”，普及西方数学。虽然当时处于西方科技大举传入的时代背景下，但是原有的传统数学教育模式在社会中的影响很大，所以大木等人刚开始制定规则时，在数学教育中设定使用传统和算的可能性比较大。

小仓得出以上结论的依据主要来自于明治时期刊行的一本学术期刊《数学报知》。其中有一篇数学相关的文章。即在《数学报知》中连载了川北朝邻所写“高久慥斋君传”(原名为“高久慥斋君の伝”)一文，其中有“高久守静小学校教员勤务履历”[1]，介绍高久守静(1821—1883)是一位和算家，1871年到文部省直属小学校当数学教员。然而，在明治十年一月(1877年1月)他却向学校和东京府知事提交了辞职申请。

在这一段内容中有如下对话。明治四年十一月(1871年12月)，文部省中小学负责人吉川孝友对高久守静说道：“今度小学校改革あらんとす数学教員人員満たず但給料の如き僅に金八圓先生奉職すべきや否”，即问“此次小学校改革中数学教员不足，但所付工薪又仅仅八圆，先生是否奉职?”高久反问：“其算は和なりや洋なりや”，即“是和算，还是洋算?”吉川的回答是“和算なり”，即“和算”。这样，高久便当了数学教员。根据吉川和高久的对话，小仓认为明治四年十一月文部省决定数学教育中采用“和算”内容做为具体的教学内容[2]。

对此，一些后来的研究者们在重新考察明治时期日本教育制度时提出了质疑，如根据上垣涉的研究，他认为在学制中规定数学教育内容时，文部省一直主张全盘引入西方数学的内容[3]。

学制制定的指导员和组织者，以及顾问人员分别是大隈重信、大木乔任、维贝克(Guido Herman Verbeck, 1830—1898)[4]等人物，后又有箕作

---

[1] 川北朝鄰.高久慥齋君の傳[J].数学報知. No. 6，東京：共益商社，明治二十三年(1890)：26-28.

[2] 小倉金之助.数学史研究[M].第二輯，東京：岩波書店，1948：110.

[3] 上垣涉.和算から洋算への転換期に関する新たなる考証[J].愛知教育大学数学教育学会志イプシロン，1998(40).

[4] 日文名字为グイド・ヘルマン・フリドリン・フェルベック，通称フルベッキ，荷兰出身的传教士，也是法学专家和神学专家，年轻时受到中国的传教士的影响，对中国和日本等东方国家充满好奇，开始学习中文和日文。对他影响比较大的人物是德国传教士郭士立(又译郭实腊，Karl Friedrich August Gützlaff, 1803-1851)，他是一位先到上海，后经長崎到东京后受到明治政府重用的人物。

麟祥、岩仓纯、内田正雄、长英、瓜生寅、木村正辞、杉山孝敏、辻新次、长谷川泰、西泻讷、织田尚种、河津佑之等12人被任命为学制取调挂，即学制起草委员会成员[1]。

他们在起草方案时多次咨询了政府关键人物的意见。如明治五年一月四日(1872年2月12日)大木文部卿向正院提出了第一次学制制定方案。过了两个月又提出了第二次的方案，这时学制内容基本确定，文部省又向正院提交学制内容正文和学校设计方案等。上垣等人通过考察发现，在学制的正式文件中没有出现数学教学中先使用传统数学“和算”再换为西方数学的内容。

明治五年三月(1872年4月)，“小学教则”基本成形。那时文部省已经听取维贝克等人的建议，决定引进查尔斯・戴维斯和罗宾逊等人写的美国数学教科书作为学校教学中的参考书。所以文部省决定使用西方数学的方案在1872年4月，就已经是既定事实了[2]。

4.3　学制中对采用珠算的具体规定

“学制”的第27章中明确规定小学数学教育中要教授西方数学。在“小学教则”的小学第8级中又重新强调“洋法算术”即“西方数学”的内容，具体以《笔算训蒙》《西方数学早学》等做为标准教科书开始了西方数学课程的讲授[3]。

这样，在数学教育中不仅是小学，乃至整个中学和大学中均开始讲授西方数学的内容。其中，没有任何文件写着使用日本传统和算作为教学内容。然而，1873年至1874年，文部省相继公布三个文件对小学教则中的算术教育政策进行了修订。

在1873年4月传达的文部省第37号文件的原文中写道：“小学教則中算術者洋法而已可相用様相見へ候得共従来之算術ヲモ兼学為致候補ニ候條此段相違候也　但日本算術者数学諸　等ヲ以テ教授可致候也”，即，小

---

〔1〕 倉沢剛. 学制の研究[M]. 東京：講談社，1973：408.
〔2〕 上垣渉. 和算から洋算への転換期に関する新たなる考証[J]. 愛知教育大学数学教育学会志イプシロン，1998(40)：42.
〔3〕 松本賢治・鈴木博雄，原典近代教育史[M]. 東京：福村書店，1965：58.

学教则中要教西方数学，根据状况，兼学传统数学，可将其作为学习西方数学的辅助内容，也可以将传统数学书的内容作为教学内容。一个月后，1873年5月修订的文部省颁布的第76号文件中把“小学教则”第8级中的“洋法算术”改为“算術　洋法ヲ主トス”，即“算术以西方数学为主”。不久，在1874年3月颁布第10号文件，废止了上面的37号内容，写道“明治六年当省第三十七号布達相廃止觀条，小学教科中西方数学相用候共日本算相用候 共其校適宜ニ取記不苦候此旨更ニ布達候”，这样在几番内容修订后，在“洋法ヲ主トス”的前提下，小学数学教育中恢复了传统珠算的教学内容。

这里指的“珠算”就是，江户时期从中国传播到日本的算盘计算方法。江户时期，经过改变后的珠算体系结合传统和算的知识体系，成为相互依存的一种数学模式。

明治时期日本小学数学教育中使用珠算的原因在于，“学制”公布时期的近代日本真正能够讲授西方数学的老师人数上非常匮乏，不得不依赖传统数学家。另外，珠算在日本社会具有根深蒂固的传统文化价值。其实，不仅是在当时的日本社会，就是在现在的中日数学教育中仍具有现代数学无法替代的应用价值和学术意义。

在计算机技术还没有出现的近代中日社会中，进行日常的加减乘除四则运算时珠算是一种非常简单便利的运算工具。甚至比当时传入中日的西方笔算更具有简便性。可以说，珠算在接受西方数学之前的日本社会中具有深远的文化传统，而这种传统并没有随着西方文化的大举传播而改变。作为中日传统数学中的璀璨文化的珠算，以其实际应用上的优越性，其在东西方文化冲突中立于不败之地。

明治二十四年(1891)，在数学期刊《数学报知》第88号上，小野友五郎发表了“珠算の巧用”一文，其中小野谈到自己在明治六年(1873)时，听说在学制中要废止学校教育中的珠算，只讲授西方数学的事情后非常着急，火速赶到文部省跟参事官讨论废止珠算的利弊问题。他虽然没有见到文部卿大木乔任，但跟参事官进行了长时间的讨论。在第三天，文部省发布了西方数学和珠算并存于学校教育中的公告。

我们无法得知小野和参事官之间相关议论的内容详情，但依据小野受传统和算熏陶的经历而言，议论中他一定会力荐保留珠算，尽力劝说不要废止珠算是可想而知的。诚然，只凭小野一人的劝说文部省也不会立刻发布“西方数学和珠算同时讲授”的教学规则。但可以肯定的是明治六年的文部省官员已经充分认识到保留珠算的有利面和其重要的文化价值。这样，在小学数学教育中复苏珠算教学，而其前提却是“洋法ヲ主トス”，即以“西方数学为主”。

在明治八年(1875)八月，当时担任东京师范学校数学教师的日本著名数学史家远藤利贞受到学校的要求编写一套题为《算颗术授课法》的教科书。此书跟传统珠算书不同的最大特色在于其内容以西方数学教授法的顺序编写，是一本比较适合学校教育的新型的数学教科书。

1877年8月，东京师范学校公布了新的小学校教则“下等小学课程”和“上等小学课程”。其中指示“下等小学课程”的第八级、七级、六级中只讲授“笔算”内容，而第五级到第一级的“上等小学课程”中却同时讲授“笔算”和“珠算”。虽然在明治后期的学校教育中，西式“笔算”和“珠算”的侧重点不同，但“珠算”却一直存在于小学数学教育中。

昭和十三年(1938)发布的“小学校令实施规则”中写着“计算应该用心算、笔算、珠算”，这种教学大纲一直留存到今天的日本一些学校教学计划中。

依存于传统和算知识体系的珠算，虽然和西方数学属于不同的数学模式，但在近代东西方文化碰撞的特殊时期以其特定的文化价值和有效性一直保持着长久的生命力。

1872年颁布学制，虽然确定了初等教育和中等教育课程，但是一直没有在学校教育中全面实施。1879年学制被废止，取而代之的是政府发布的另一项教育制度——“教育令”。

学制被废止的原因有以下几点：首先，“学制”公布时的日本国民中大部分是贫苦农民，无法承担沉重的教育费用。在当时的日本很多农村儿童无法去上学，基本都是直接做大人的帮手，从事农业劳动；其次，1877年2月至9月下旬，日本曾有一场较大的国内战争，称作“西南战争”〔1〕，这也间接导

〔1〕所谓西南战争，又称作“西南の役(せいなんのえき)”，指的是1877年在现熊本县、宫崎县、大分县、鹿儿岛县，以萨摩藩出生的西乡隆盛(1827—1877)为盟主发动的一场士族的武装暴动。迄今为止日本历史上最大规模的内战。

致明治政府的很多政策法规无法顺利进行，“学制”也受到其影响；第三，“学制”的很多条例是强制性的，加大了普通百姓的负担；第四，当时日本社会动荡不安，愈加激烈的“自由民权运动”也影响了“学制”的顺利进行。

可以说，“学制”的颁布有很多不适合当时日本国情的地方。但是，值得肯定的是“学制”对于新旧文化交替、东西方文明碰撞时期的明治日本的国民教育中产生了巨大的影响。通过“学制”，近代日本积极引进西方的学校教育模式，对于数学的国际接轨给予了制度上的保证，同时期的清末中国却没有出现过类似的教育体制。

虽然“学制”被废止，但“学制”期间建立的文部省却发挥了教育政策上的指导作用。明治后期的日本政府，总结“学制”中失败的经验继续制定了符合国情和时代特色的新式教育制度，为科学教育的近代化铺平了道路。

第 5 章
东京数学会社与明治时期数学的发展

学制的颁布为西式数学教育在日本的普及给予了教育制度方面的保证，东京数学会社的建立又汇集了当时日本民间和官方的学术力量，为近代日本数学界完成传统数学模式过渡到西方数学模式的历程中起到了非常重要的影响。

下面全面考察东京数学会社的创建和发展概况，分析近代日本数学模式的转换历程。

幕府末期至明治初期的日本，在民间私塾和培养军人以及翻译人才的教育设施中实施西式的数学教育，却不存在正规的数学教育机构和供学者讨论的学会场所。这种状态下在 1877 年创建了东京数学会社，这是一个类似于近代西方学会体制的机构。这个机构是当时日本数学界的缩影。

东京数学会社的初期会员共 117 名，其中包含了传统和算家、学习西方数学的学者、军人、技术人员等对数学感兴趣的社会各界人士。当时的会员中，真正懂得数学的人员主要是和算家和为学习西方军事技术而接受西方数学教育的军人。初期会员中很少有做西方数学研究的教育者和研究者，只有一位菊池大麓是留学英国，在剑桥完成了系统的西式数学教育的人物。

5.1 东京数学会社的创办经过

在现存东京数学会社期刊上有一则“本会沿革”，其中写道：

明治十年ノ始メ在京ノ数学家諸氏相会シテ会社ヲ建立シ数理ノ開進ヲ計ランコトヲ議シ。

即在明治十年初居住东京的一些人员汇聚一起进行创办学会的筹备工作，为发展日本数学而目的创办了东京数学会社。

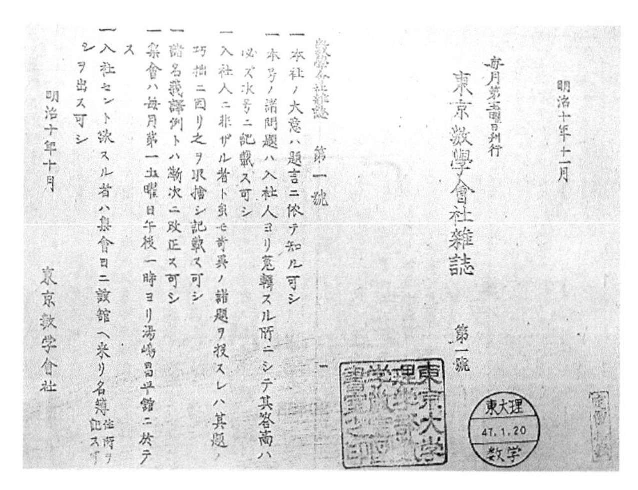
明治十年十一月
毎月第土曜日刊行
東京數學會社雜誌
第一號

數學會社雜誌　第一號
一本社ノ大意ハ題言ニ依テ知ル可シ
一本号ノ諸問題ハ入社人ヨリ蒐輯スル所ニシテ其答論ハ必ズ次号ニ記載ス可シ
一入社人ニ非ザル者ト雖モ奇異ノ諸題ヲ投スレハ其題ノ巧拙ニ因リ之ヲ取捨シ記載ス可シ
一諸名義譯例トハ漸次ニ改正ス可シ
一集會ハ毎月第一土曜日午後一時ヨリ湯嶋昌平館ニ於テス
一入社セント欲スル者ハ集會日ニ該館ヘ来リ名簿住所ヲ記スヘシ
シヲ出ス可シ

明治十年十月　東京數学會社

图 5.1　东京数学会社杂志第一号封面

东京数学会社最初的社长有二人，即神田孝平和柳楢悦〔1〕。创办初期，协助二位社长做大量组织工作的有川北朝邻、福田理轩、塚本明毅、冈本则录、菊池大麓等人员。

1877 年 8 月，柳楢悦著作《算法蕉叶集》的“序文”中描写了创办东京数学会社的筹备始末〔2〕。其中详细说明了在 1877 年 9 月，日本东京文京区汤岛昌平馆汇集一百多位学者，创办日本最早的数学学会—东京数学会社的状况。在出版《算法蕉叶集》的第二年，即 1878 年，柳又刊行了姊妹篇《算法橙实集》，此书序言中，他再次重申了创办东京数学会社的主旨。其内容为：

去年余神田子ト計リ東京数学会社ヲ建立ス江湖ノ算家之ニ応スルモノ一百余人具開講義モ又漸次欧洲数学会社ノ体裁為スヘシ〔3〕。

〔1〕 东京数学会社中经常称神田孝平和柳楢悦为“社长”，而学会期刊上也常写作“总代”。
〔2〕 佐藤賢一. 早過ぎた数学史、和算史の光と闇[M]. 科学史・科学哲学. 2002(16)：15－34.
〔3〕 柳楢悦. 算法橙實集[Z]. 日本学士院所藏抄本，其内容和《算法蕉葉集》相同，可以看作是《算法蕉葉集》的姊妹编。

在此日文中表示，创办东京数学会社是发展日本数学界的一大丰功伟绩，其创办模式仿造了一些欧洲先进国家的数学会。

关于东京数学会社的创办情况，日本数学史家远藤利贞在其《增修日本数学史》(1918)中写道：

> 当时是西洋数学开始流行之时，国内(数学界)舍弃古代旧有的数学〔1〕，依靠(西方数学)者愈来愈多。(该学会的创办)使国内学术界摒弃了之前的各种和算流派相互保密其学术成果的陋习，开创了传统数学和西方数学之间相互交流之学术新风气。(创建初期)与会者百余人，这是一件从未有过的大快人心之事〔2〕。

根据远藤的观点，东京数学会社排除了传统数学和算中流派分离，将数学知识作为学派秘密的学术不良传统，不分日本数学和西方数学，将发展整个日本数学作为学会宗旨。

东京数学会社的创立时期是日本数学界从传统转向西方数学的过渡期。根据聚集于创办大会的学者们的意见，将数学会的名称确定为“东京数学会社”。明治初期，对于西方“society”一词的翻译在学者间的理解非常不统一，他们随意使用“协会”“会社”“社会”“学会”“社中”等名词来解释西方的学会制度〔3〕。柳楢悦在后来回忆东京数学会社事宜时曾说道，实际上使用“数学协会”和“数学会社”等表现形式没有什么区别，如1880年5月发布的社则序言中使用了“数学协会”等称呼。1881年6月在“共存同众馆”举办的纪念会上又使用了“数学会社”等用于。其他学者，如长冈半太郎回忆录中写道，在明治十年的日本学术界“会社”一词经常代表一些学者团体，远比“学会”和“协会”等名词术语使用性较强，因此模仿西方的“Mathematical Society”，将数学会称作“数学会社”〔4〕。

会社创办后，为各项事业的顺利进展，规定每月第一周六下午一点时在

---

〔1〕 即传统数学“和算”。

〔2〕 日文原文为“既ニ西方数学大ニ行ハレ，邦内古有ノ数学ヲ棄テ之ニ依ル者多シ。故ニ従来诸派ノ学术相秘スルノ弊忽チ破レタリ。是ヨリ日本数学西方数学ヲ问ハズ，诸流互ニ气脈ヲ通ゼントス。……此时会スルモノ殆ンド百人，呼噫前代未ダ嘗テ闻カザル所ニ快事トイフベシ”，三上義夫增修，遠藤利貞著. 增修日本数学史[M]. 東京：岩波書店，1918：695.

〔3〕 岡鳩千幸. 社会という訳語について[J]. 明六雑誌とその周辺，東京：御茶の水書房，2004：145-165.

〔4〕 长岡半太郎. 回顧談[J]. 日本物理学会志，1950(5)：323.

汤岛昌平馆举行例会并发行机关杂志《东京数学会社杂志》。1877 年 10 月会议后过了一个月就刊行了《东京数学会社杂志》。在其第 1 号公示了两位社长的姓名和最初的会员名单。这个名簿上基本包含了当时日本的全体数学界人士。所以会社创办之后，日本数学界基本围绕此学会进行了一系列的学术活动。

担任社长的神田孝平和柳楢悦，不仅在社会地位方面德高望重，在数学方面也有很深的造诣。他们不仅全盘了解当时日本数学界的发展概况，对西方数学界也有比较清楚的认识。

神田在东京数学会社 1877 年 11 月发行的《杂志》第 1 号上发表了“东京数学会社题言”（以下，简称“题言”）。他在其中阐述了东京数学会社建立的宗旨不仅发展数学还在全社会普及“实理”。

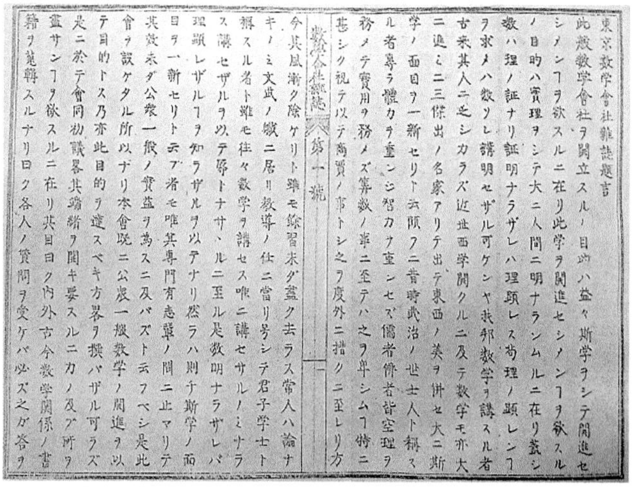

東京数学會社雜誌題言

此般数学會社ヲ開立スルノ目的ハ益々斯学ヲシテ開進セシメンコトヲ欲スルニ在リ此学ヲ開進セシメンコトヲ欲スルノ目的ハ實理ヲシテ大ニ人間ニ明ナランムルニ在リ蓋シ数ハ理ノ証ナリ証明ナラザレハ理顕レス苟理ノ顕レンコトヲ求メハ数ソレ講明セザル可ケンヤ我邦数学ヲ講スル者古来其人ニ乏シカラズ近世西学開クルニ及テ数学モ亦大ニ進ミ二三傑出ノ名家アリテ出テ東西ノ美ヲ併セ大ニ斯学ノ面目ヲ一新セリト云而フニ昔時武治ノ世士人ト稱スル者専ラ體カヲ重ンシ智カヲ重ンセズ儒者併者皆空理ヲ務メテ實用ヲ務メズ算数ノ事ニ至テハ之ヲ卑シムコト特ニ甚シク視テ以テ商賈ノ事トシ之ヲ度外ニ措クニ至レリ方

数学會社雜誌　第一號　一

今其風漸ク除ケリト雖モ餘習未ダ盡ク去ラス常人ハ論ナキノミ文武ノ職ニ居リ教導ノ任ニ當リ号シテ君子学士ト稱スル者ト雖モ往々数学ヲ講セス唯ニ講セサルノミナラス講セザルヲ以テ恥トナサヽルニ至ル是数明ナラザレバ理顕レザルコトヲ知ラザルヲ以テナリ然ラハ則チ斯学ノ面目ヲ一新セリト云フ者モ唯其専門有志輩ノ間ニ止マリテ其效未ダ公衆一般ノ實益ヲ為スニ及バズト云フベシ是此會ヲ設ケタル所以ナリ本會既ニ公衆一般数学ノ開進ヲ以テ目的トス乃亦此目的ヲ達スベキ方略ヲ撰バザル可ラズ是ニ於テ會同初議略其端緒ヲ開キ要スルニカノ及ブ所ヲ盡サンコトヲ欲スルニ在リ其目曰ク内外古今数学関係ノ書籍ヲ蒐輯スルナリ曰ク各人ノ質問ヲ受ケバ必ズ之ガ答ヲ

图 5.2　神田孝平“题言”

“题言”中的一段非常重要语句是：

> 数ハ理ノ証ナリ。証明ナラザレハ理显レス。苟理ノ显レンコトヲ求メバ数ソレ講明セザル可ケンヤ。

其中，神田认为“数”是为证明“理”而存在，如果“证”变得明了，那么“理”也会显现出来。所以为了探求事物道理，一定要讲明数学的原理，这是非常重要。这里他非常强调了以“证”为特点的数学的理论性。“题言”中又写道：“东西ノ美ヲ併セ，大ニ斯学ノ面目ヲ一新セリト云”，表明今后公平对待和算和西方数学，继承二者的优异性，为使数学这门学科面目一新而努力。

"题言"中接着写道，自古以来在日本就有很多数学研究人员，在江户时期的"近世"出现了大量的"杰出"数学家。所以今后仍继承这种优良传统，将发展整体数学水平作为学会的宗旨。神田不仅回顾日本的历史，总结日本社会以前基本以"武"治"世"，举国上下都重"体力"，轻"智力"，又写"方今其风漸ク除ケリト雖モ余習未ダ尽ク去ラズ"，"公众一般数学ノ開進ヲ以テ目的トス"等，呼吁彻底摒弃旧时卖弄"空理"的学术风气，深切盼望在当时的日本民间普及数学教育。

神田和柳以及多数会员均有非常开明的学术思想，以创办东京数学会社为契机，他们跨越和算时期封闭的知识传承陋习，主张普及西式的数学教育。东京数学会社的社则中也设有非会员的普通民间人士参加的规程，鼓励全社会参与、自由讨论数学问题，制造良好的学术氛围。

神田又为了普及数学知识，积极搜集数学书籍，为创办图书设施而做了准备[1]。多数"东京数学会社"学会期刊的末页写着会员和社会人员的赠书记录。明治十三年学会制定"东京数学会社蔵书贷与概则"，其中的第14条中写着"和汉洋ヲ問ハス凡数理書ニシテ廣ク江湖ニ知ラレザル書ハ尚更社ニ蔵シ度依テ有志者ハ見聞キニ随ヒ報知アラン事"，即多方搜集日本传统数学、中国传统数学、西方数学的著作。明治十四年又召开名为"数理温古会"的书展，当时的会则第1条中写着"本邦古今ノ数理書暦書等並ニ支那古今ノ数学書等ヲ蒐集陳列シテ廣ク展覧ニ供ヘ名ケテ数理温古会ト云"。另外，"题言"中又强调"諸名義訳例等ヲ一定可キナリ"，指出统一数学名词术语的重要性。这份"题言"中充斥着神田作为数学学会领导人，为全面普及数学教育的指导性思想。翻译西方数学书必须统一名词术语。明治初期的日本数学界，数学术语非常混乱，统一名词术语成为急需解决的问题。1880年7月创办"訳語会"，这和神田所提唱的观点吻合。

"数学会社"的另一位社长柳楢悦为东京数学会社的创办和发展也做出了很多贡献。柳不仅积极参与了学会的各项事业，也向学会《杂志》投稿，提出了很多建设性的意见。但是到了后期由于公务繁忙不能继续参加学会的各种活动，终于在1882年7月辞去了社长职务并退出了学会。柳因为了解

〔1〕 東京数学会社編集者．本会沿革[J]．東京：東京数学会社，1884：25－48．

传统数学和算和西方数学，所以在机关《杂志》上投了一些相关问题。这些问题中他把一些和算题目用西方数学方法进行解答和证明，并指出和算和西方数学的优劣。他力图折衷两种模式的数学，在发展和算的同时想有效地容纳西方数学。

柳在学会创立之时并没有像神田那样写出类似“题言”的指导性文章，但是后来却留下了不少论述学会建立目的和主旨相关的文章。柳楢悦在1881年纪念会上的祝词刊登在《东京数学会社杂志》第38号(1881年7月)，其中他主要回顾了东京数学会社创建以来的社会影响，并介绍了当时西方数学界的概况。

自“东京数学会社”创建之始柳楢悦非常关注世界数学界的发展动向，对日本数学界日后的发展提出了自己的指导方针。在1881年的一次学会例会上，他首先对学会成立后共创办36期学术期刊，为日本数学界的发展发挥很大的推动作用提出表扬，然后又谈到数学用途极为广泛，是航海、测量技术等各项新兴学科发展的基础性学科。他结合自己出访英国、法国的经验，指出建立数学学会的重要意义，并谈到日本数学界应密切关注欧洲和中国数学界的发展动向，以学会期刊为平台，使数学成为引领其他自然科学发展的带头学科。在柳楢悦的指导之下，东京数学会社发表学术期刊，定期开展学术会议，为日本数学的发展做出了非常重要的贡献。

在东京数学会社的成立和发展，以及日本数学的发展过程中神田和柳二人分别做出了巨大贡献。作为明治初期著名学者的神田担当学会社长，对学会声誉的提高，及其影响力的广泛传播发挥了重要推动作用。但在学会的各项工作步入正轨之后神田就不再参与学会的活动，只是在名义上继续保留社长(会长)职务。而柳却一直作为学会的中心人物，不仅积极投稿，还踊跃参加到各项事务中。他通过东京数学会社力图全面提高日本数学水平，为早日与国际接轨做出了贡献。在后文中继续分析其对日本数学发展中的积极推动作用。

5.2　东京数学会社会员结构分析

在“东京数学会社”创办之初，日本数学界的成员主要是研究传统数学的和算家和为学习西方科技而学习西方数学的所谓"洋学者"。那时和算仍然活跃在历史舞台上,西方数学还没有得到全社会的认可,传统数学和西方数学两者并存的状态持续了较长时间。日本数学界处于和、洋两种数学共存的状态,还是处于一种非常混乱的状态,一些学者的身份也比较复杂,他们无法被归类到传统或西方数学研究者的行列。根据这个时期学者们研究的数学特点,可将他们分为传统和算家、和算和西方数学兼通者、洋学人员、军人数学家等几类。

东京数学会社相当于明治时期数学界的缩影,通过考察最初的 117 名会员的情况,可以简要了解这些人物在近代日本数学发展中发挥的重要作用。

下表是作者经过调查了解到的初期参会人员的生卒年、出身地、数学研究领域、与学会的关系等信息。会员中也有无法考证的、或跟数学研究没有什么关系的人员。

表 5.1 东京数学会社初期会员调查表(东京数学会社杂志第 1 号刊载名次顺序而列)

人名	生卒年	研究领域	出身	著作和杂志中提出的问题	投稿情况
岩田好算	1812—1878	和算	东京	两斜挟椭圆容四圆(1 号)	有
山本信实	1851—1936	西方数学	幕·蕃·开	代数·几何学	无
上野继光	不明	西方数学	大·开·塾	几何精要	有
石川彝	不明	西方数学	幕·开·福山	西方算法·代数术	无
塚本明毅	1833—1885	西方数学	幕·长·军	笔算训蒙	有
铃木秀实	不明	和·洋	大·开·塾	—	无
原田保孝	不明	—	—	—	无
伊藤慎(藏)	1825—1880	和·洋	大野藩	笔算提要	无
小野友五郎	1817—1898	和·洋	幕·长·军	珠算の効用	无
冈本则录	1847—1931	和·洋	东京	查氏微分积分学	有
永峰秀树	1848—1927	西方数学	静·沼	—	无
中川将行	1848—1897	西方数学	静·沼	几何问题及解式	有
荒川重平	1851—1933	西方数学	静·沼	几何问题及解式	有
真野肇	?—1918	西方数学	静·沼	平面几何学	有
松平宗次郎	不明	西方数学	—	曲线问题解义(21 号)	有
马场新八	不明	—	—	—	无
荒川重丰	不明	西方数学	—	—	无

（续　表）

人　名	生卒年	研究领域	出　身	著作和杂志中提出的问题	投稿情况
内藤定静	不明	—	—	—	无
中村六三郎	1841—1907	西方数学	幕・蕃・开	小学几何学(译)	无
大坪正慎	不明	和・洋	塾・加贺藩	—	无
大胁弼教	不明	—	—	—	无
福田理轩	1815—1889	和・洋	塾・大阪	算法玉手箱	有
菊池大麓	1855—1917	西方数学	东・蕃・开	初等几何学教科书	有
市乡弘 义	不明	和・洋	神奈川	—	无
高柳致知	不明	—	—	—	无
小宫山昌寿	不明	洋・地图	大・陆	—	无
长田清藏	不明	西方数学	幕・长・军	—	无
山本淑仪	不明	西方数学	幕・长・军	—	无
榎本长裕	不明	西方数学	幕・蕃・开	几何全书(译)	无
荒井郁之助	1836—1907	西方数学	幕・长・军	微积分术・海上测量术	无
小林一知	不明	—	—	—	无
三浦清俊	不明	—	—	—	无
海津三雄	不明	—	—	—	无
堀江当三	不明	西方数学	—	—	有
古家政茂	不明	西方数学	—	椭圆问题设问(21 号)	有
伊藤直温	不明	西方数学	静・沼・海	问题的提出和解义(22 号)	有
川北朝邻	1841—1919	和・洋	大・幕臣	圆锥截断曲线法	有
岩田幸通	不明	和算	三河赤坂	—	无
花井静	1821—?	和算	东京	笔算通书	无
镜光照	1837—1915	和算	出羽	—	无
泽太郎 左卫门	1834—1898	西方数学	幕・长・军	—	无
永井重英	不明	—	—	—	无
白藤道恕	不明	—	—	—	无
伊藤隽吉	1840—1921	和・洋	幕・长・军	尖圆豁通解稿	有
伴铁太郎	不明	西方数学	幕・长・军	—	无
中村雄飞	不明	—	—	—	无
相浦纪道	不明	—	—	—	无
大伴兼行	不明	西方数学	萨摩藩	代微积分杂问(5 号)	有
矶野健	1852—1897	和・洋	加贺藩	三角术百问之内	有
金木十一郎	不明	—	—	—	无

（续　表）

人　名	生卒年	研究领域	出　身	著作和杂志中提出的问题	投稿情况
荒尾岬	不明	西方数学	加贺藩	代数几何问题(14号)	有
中牟田仓之助	1837—1916	西方数学	长·海·佐贺	—	无
赤松则良	1841—1920	西方数学	幕·长·军	人寿保险相关问题(21号)	有
渡边义通	不明	—	—	—	无
村田三友	不明	—	—	—	无
古川凹	不明	和算	幕	—	无
铃木圆	不明	和算	静冈	容术新题·異形同术解义	有
日置孝忠	不明	—	—	—	无
加藤义促	不明	—	—	—	无
神保长致	1842—1910	西方数学	横·沼·陆	数学教程(译)·代数术	无
村冈范为驰	1853—1929	洋·物理	幕·蕃·开	归纳几何一斑(58号)	有
中西信定	不明	—	—	—	无
浅田世良	不明	—	—	—	无
富永茂德	不明	—	—	—	无
富永铠次郎	不明	—	—	—	无
寺尾寿	1855—1923	洋·天文	大·开	中等教育算术教科书	无
辻范长	不明	—	—	—	无
玖岛琢一郎	不明	—	—	—	无
山本道昌	不明	—	—	—	无
伊部广容	不明	—	—	—	无
松本正之	不明	—	—	—	无
向井喜一郎	不明	西方数学	—	轴式圆锥曲线法例题解式	无
关口开	1842—1884	西方数学	开·塾·加贺	代数学·新撰数学	无
马淵近之尉	不明	—	—	—	无
中山孝教	不明	—	—	—	无
丸山胤孝	不明	西方数学	—	代微积分杂问(4号)	有
嶋忠邦	不明	—	—	—	无
小关茂义	不明	—	—	—	无
玖岛琢一郎	不明	—	—	—	无
田中矢德	不明	和·洋	东京	几何教科书	有
石崎安藏	不明	—	—	—	无
安西谣朗	不明	洋·物理	—	静力学问题(5号)	有
大沼亲光	不明	—	—	—	无

（续 表）

人 名	生卒年	研究领域	出 身	著作和杂志中提出的问题	投稿情况
川井常孝	不明	—	—	—	无
古谷弥太郎	不明	和算	駿河	—	无
内藤勉一	不明	—	—	—	无
石坂清长	不明	—	—	—	无
宫川保全	不明	西方数学	静・沼	几何新论・代数新论	无
细井政二郎	不明	和算	京都	—	无
远藤利贞	1843？—1915	和算	桑名藩	—	无
岩 间正备	不明	—	—	—	无
中山时三郎	不明	—	—	—	无
矢田堀鸿	1829—1887	西方数学	幕・长・海	海上测量术	无
土取忠良	不明	—	—	—	无
中岛这弃	不明	—	—	—	无
中野林磨	不明	—	—	—	无
樋口藤太郎	不明	—	—	—	有
堤福三郎	不明	—	—	—	无
冈敬孝	不明	西方数学	静・沼	—	无
海野葭太郎	不明	—	—	—	无
山川健次郎	1854—1931	洋・物理	大・开・东	—	无
上野清	1854—1924	西方数学	塾・东京	轴式圆锥曲线法	有
驹野政和	不明	和・洋	大・开	新撰珠算精法・算数学轨范	有
鸟山盛行	不明	—	—	—	无
关景雄	不明	—	—	—	无
吉田健吉	不明	—	—	—	无
中条澄清	1849—1897	西方数学	大・数理社	比例新法・算术教授书	有
尾崎久藏	不明	—	—	—	无
海野奉影	不明	—	—	—	无
有泽菊太郎	不明	—	—	—	无
益子忠信	不明	—	—	—	无
池添祥邻	不明	—	—	—	无
柳楢悦	1832—1891	和・洋	长・海・津藩	量地括要・算题类选	有
大村一秀	1824—1891	和・洋	东京	垂线起源	有
利奥波德・申德尔(Leopold Schendel)	不明	西方数学	德国	简明代数学	有

和—和算关系者　洋—西方数学素养者
幕—幕臣　塾—设立私塾者
崎—长崎海军传习所关系者　军—军舰操练所关系者
开—开成所关系者　蕃—蕃书调所
陆—陆军关系者　海—海军关系者
静—静冈学问所关系者　沼—沼津兵学校关系者
大—大学南校关系者　东—东京大学关系者
横—横滨法语传习所关系者

表中的“和”代表的是专门研究传统数学和算的人员。在初期会员中，可以明确判定和算家有 23 人，其中有 13 名会员不仅有很深的和算造诣，还学习过西方数学。明治时期日本数学界著名代表人物岩田好算、铃木圆、大村一秀、福田理轩、远藤利贞、川北朝邻等人不仅积极参与学会的各项活动，还在学会期刊上发表了很多文章和论文。

表中的“洋”，指的是了解西方数学的会员。初期会员中具有西方数学修养的人员有 40 名左右，多数是为学习西方军事和航海技术而学习西方数学的人员。代表人物有中牟田仓之助、赤松则良、柳楢悦、中川将行、荒川重平等。如前所述，首任会长柳楢悦是先学习传统数学，后又为了学习西方技术而学习西方数学的人物。

此外，初期会员中也有上野清、长泽龟之助等在民间的私立和公立学校当数学教员，又编著很多西方数学教科书的著名学者。

初期会员中，东京大学前身蕃书调所和开成所出身人员有神田孝平、山本信实、菊池大麓等人。其中菊池大麓是唯一一位留学西方的人员。

为制作初期会员统计表，笔者调查了幕府末期至明治时期人名事典和明治时期各种学术期刊，但是初期会员中仍有 52 名会员的研究领域和出身情况无法考证。

有一项纪录表明初期会员中有 7 成为和算关系者〔1〕，所以这 52 名会员的多数可能是学习和算的人员〔2〕。因近代日本数学界从和算转换成

〔1〕 川北朝鄰. 数学协会雜誌[M]. No. 1，明治二十年(1888)：168.
〔2〕 伊藤俊太郎. 科学史技術史事典[M]. 東京：弘文堂，1982：713.

西方数学，多数和算家已被历史遗忘，所以很难再考证他们的履历和业绩。

随着学会的发展，跟数学研究没有关系的一些会员纷纷退会，又有其他对数学研究感兴趣的人员加入到学会中。

学会期刊第 2 号到第 67 号中记载了入会和退会的人员名单，如下所示。

第 2 号(1878 年 1 月)(入会)内田五观　中村义方　古谷(后面的名字不详)

第 3 号(1878 年 2 月)(入会)早川义三

第 4 号(1878 年 2 月)(入会)岩永义晴　樽俊之助　长岭谦　关令三郎　市川芳御　小林桂　白藤道怒

第 5 号(1878 年 5 月)(入会)土谷温斉　中条澄清　杉浦岩次郎　尾崎久蔵　吉田建吾

第 11 号(1878 年 11 月)(入会)阿川周斉

第 26 号(1880 年 7 月)(入会)小泽兼蔵　近藤真琴

第 27 号(1880 年 8 月)(入会)平冈道生　能势秀直　土屋正信

第 29 号(1880 年 10 月)(入会)长泽龟之助　镜光照　真山良　(退会)丸山胤孝

第 30 号(1880 年 11 月)(入会)浜田晴高

第 31 号(1880 年 12 月)(入会)田中矢德

第 32 号(1881 年 1 月)(入会)岩永义晴　泽田吾一

(退会)中村义方　岩间正备

第 36 号(1881 年 5 月)(入会)泽鉴之助　山田正一

第 37 号(1881 年 6 月)(退会)大坪正慎

第 38 号(1881 年 7 月)(入会)小出寿之太(退会)真山良

第 41 号(1881 年 11 月)(入会)杉田勇次郎

第 42 号(1881 年 12 月)(退会)浜田晴高

第 43 号(1882 年 1 月)(入会)谷田部梅吉　古市公威　关谷清景　三轮桓一郎　中久木信顺　大森俊次

第 44 号(1882 年 2 月)(入会)菊池锹吉郎

第 49 号(1882 年 7 月)(入会)山川健次郎　坚泽孝宽　(退会)柳楢悦

第 50 号(1882 年 8 月)(退会)小泽兼藏

第 54 号(1882 年 12 月)(入会,常员)藤泽利喜太郎　田中正平　北条时敏　福田半(入会,别员)萩原太郎　杉浦忠昌　胁山百松　安井章八 本木常次郎　塚原邦太郎　(退会)元良勇次郎　金木十一郎　福田理轩

第 60 号(1883 年 10 月)(入会,常员)高桥丰夫

(入会,别员)埜间小三郎　高关八百千郎

(退会)小宫山冒寿　泽鉴之丞

第 62 号(1884 年 1 月)(入会)熊泽镜之介

(退会,常员)镜光照　堀江当三　古屋政茂　同别员　林田雷次郎

第 63 号(1884 年 2 月)(退会,常员)肝付兼行　藤泽利喜太郎

第 65 号(1884 年 4 月)(入会,别员)梅村贯太郎

(退会,常员)尾崎久藏

第 66 号(1884 年 5 月)(入会,别员)森田专一

(退会,别员)木本常次郎

第 67 号(1884 年 6 月)(入会,常员)北尾次郎　隈本有尚　难波正

通过上述列表可以看出数学会入会和退会情况非常频繁,这也表明当时日本数学界处于从传统到西方数学模式的过渡时期。

本书后文中介绍的长泽龟之助于 1880 年入会,泽田吾一于 1881 年入会。尤其值得注意的是,1882 年有很多留学回来的人员,如古市公威、三轮桓一郎、藤泽利喜太郎、山川健次郎、田中正平、北条时敏等与东京大学有关系的人员入会,而此时却有创办学会的柳楢悦和著名和算学者福田理轩退出了学会。1881 年、1882 年间,入会的会员中接受系统的西方数学教育者增多,而一些非专业数学家的军人出身会员和传统数学研究人员退会的比较多。

藤泽利喜太郎于 1884 年退会是由于他要去欧洲留学数学为目的,而和他同年退会的肝付兼行是柳楢悦的学生,是一名军人,又有一位镜光照是和算学者。

通过上述入会和退会者的情况分析,可以了解到此时的日本数学界正在处于新旧学术模式更替的关键时期,在海外接受纯正的西方数学教育的人员已在数学界崭露头角。

本书前文中曾介绍了学会会员小野友五郎、川北朝邻、柳楢悦、神田孝平等人学习汉译西方数学，并进行西方数学研究的具体情况。在下文中继续考察一些学会重要成员的履历和数学业绩，以及他们和学会之间的各种关系，以便了解这一时期日本数学界的基本情况。

(1) 大村一秀，幕末至明治时期的著名数学家。他生于文政七年(1824)，明治二十四年(1891)逝世。少时跟和算家细井宁雄和秋田义一等人学习传统数学，后成为江户时期著名和算学派长谷川派的继承人[1]。明治维新后，到工部省和海军水路部工作。他著作中以稿本形式留世的内容居多，天保十二年(1841)刊行的著作《算法点窜手引二编》是广泛使用的点窜(代数)教科书。

他的研究中比较重要的有庆应三年(1867)写作，研究悬垂线问题解法《垂线起源》一书。此书是研究和算家萩原祯助著作《算法方圆鉴》(1862)中垂线问题的成果[2]。如前文提及，他又对西方数学发生兴趣，根据传入日本的《代微积拾级》，写成一部《训译代微积拾级》的抄本[3]。成为学会会员后，他担任会刊第1号(1877年11月)至第42号(1881年12月)的编辑和印刷责任者。他通晓传统数学内容，又了解西方数学，所以不仅修订投稿者的文章，还积极投稿和算和西方数学相关问题。如他的投稿问题一直出现在第1期到第47期(1882年5月)的学会杂志中。他又成为“译语会”的委员，对数学名词术语的确定做出了贡献。

(2) 福田理轩，幕末至明治初期的著名和算家。生于文化十二年(1814)，又名和泉，通称理八郎或主计介。号理轩，顺天堂。少时跟随和算家武田真元和小出修喜学习传统数学和天文历法。完成学业后在大阪南本町四丁目开设顺天堂塾，招学生讲授和算和天文历法和测量学。1871年又到东京，创办了顺天求合社，是今天的东京“顺天学园”的前身。1873年将顺天求合社的职位让给儿子，在明治政府的陆军省工作。退休后回到大阪，一直到1889年逝世为止进行数学相关著述工作。

福田在幕府末期到明治维新后期为止，写作了大量的和算著作。比较

[1] 日本学士院.明治前日本数学史[M].No.5，東京：岩波書店，1960：205-207.
[2] 水木梢.日本数学史[M].東京：教育研究会，1928：502.
[3] 大村一秀抄本《訓訳代微積拾級》现存東北大学付属図書館狩野文庫。

著名的是，他写成了日本历史上最早的一本西方数学教科书，即安政四年(1857)刊行的《西算速知》。

此外，又写成《测量集成》(1856)和汉译西方科学书《谈天》的训点本(1861)，以及《笔算通书》(1875)和记述和算史的著作《算法玉手箱》(1879)等著作。

福田为数学学会的开展做出了很多贡献。在学会期刊上随处可见福田理轩的名字。因其数学方面造诣很深，深受其他会员的尊敬，1880年被委托办理数学书展览会的工作。他又从第1号期刊开始投稿诸多数学内容，其中不仅有和算问题，还有和西方几何学相关的问题。

福田之子福田半(又名福田治轩)，曾经在前文中介绍《代微积拾级》传日的内容中有所涉及，他虽然入会比较晚，但是在学会期刊上发表了不少数学问题及其解答在学会期刊第14号(1879年4月)第11套“问题解义”中，他对其他会员刊登在《杂志》的8个问题给出了图文并茂的解释。

(3) 和算家内田五观(1805—1882)于1878年1月加入学会，在《杂志》第2号中留有记录。对于他的履历介绍如下：内田五观，通称弥太郎，最初成恭，后改成观或五观。内田的字是思敬或者东瞳，号观斋和宇宙堂等。文化二年(1805)生于江户，一直居住在四谷忍原横町。1882年3月29日逝世。内田自小聪慧，是位天才型人物。11岁入和算家日下诚(1764—1839)门下学习，文政五年(1822)，18岁时成为关流的接班人。在文政十年四月十八日(1827年5月13日)著名和算家和田宁(1787—1840)将圆理术的解法传授于他。内田的知识面很广，涉及数学、天文、地理、航海、测量等诸多领域。

值得注意的是，内田不仅熟读和算著作，曾经向幕府末期著名兰学家高野长英(1804—1850)学习了西方数学，学成之后创办专讲数学的私塾，其名称为“玛得玛弟加塾”，来源于英文的数学一词的读音“Mathematica”，又称“详证馆”。在其著作《详证学入式题言》(1856)中解释了何谓“详证学”(wiskunde)。他把“数学”分为“纯粹数学”和“应用数学”，又分别对算术、几何、三角法、代数等进行了解释。内田通过兰学熟悉古希腊哲学家泰勒斯、柏拉图、亚里士多德的著作，在书中列举他们的哲学思想，也对数学的重要性进行了全面的解释。可见，内田受到兰学者高野长英的影响，较早认识到西方数学的论证性，认为数学是一门需要论证的学问。这对于从小受到传统数学—和算影响的内田来说，是认识上的一种“质”的飞跃[1]。

明治维新后，内田到新政府的历法局入职，从事编历的工作，1873年采用太阳历时发挥了重要作用。1879年3月1日成为东京学士院会员。他的学生很多，在近代日本历史上也是桃李满天下的一位人物。其代表性的著作有《弧积术解》(抄本，1820)、《古今算鉴》2卷(刊本，1832)、《变源手引草》(抄本，1839)等[2]。在数学会《杂志》第4号(1878年2月)上曾刊载过内田介绍的和算问题。其中主要介绍了和算家会田安明，又讲述了很多和算著作的内容。在第1号到第3号的学会期刊上又给出了一些和算问题的解答。第4号以后的学会期刊上也可以见到内田五观的名字。

(4) 赤松则良是日本海军的创建者之一。明治到大正时代的海军军官，晚年成为海军中将和男爵。他曾在长崎海军传习所学习了近代航海技术、测量术和西方数学。他在万延元年(1860)随日舰咸临丸到美国考察，途中使用掌握的西方测量术，协助小野友五郎等人的顺利航行。

他于1862年至1868年期间在荷兰留学。在那里又学习了西方数学、测量术、航海技术、炮术和造船术。回国后从东京到静冈县，参与沼津兵学校的创办计划，在西周手下担任一等教授职位。在沼津兵学校中赤松是一位西方数学素养较高的教授。他在学校讲的基本上是为军事技术而准备的实用数学。当时的学生使用的数学教科书是赤松编写的一本数学著作[3]。

赤松不仅成为数学会创办时期的会员，在学会改编为“东京数学物理学会”后也积极参加了学会的各项活动。他虽然1877年以后成为男爵和海军中将、贵族院议员、国防会议议员，忙于政务，但一直关心日本数学的发展。在其他会员中有高的威望，和另一位冈本则录共同成为数学会期刊的代微积部门编委。他的数学能力也受到其他会员的高度评价，在学会第22号期刊上发表了一篇有关生命保险相关的文章，在早期数学会和算类型“问题的

---

〔1〕 川尻信夫. 幕末におけるヨーロッパ学術受容の一断面[M]. 東京：東海大学出版会，1982：221-253.
〔2〕 日本学士院. 明治前日本数学史[M]. No. 4，東京：岩波書店，1958：103-105.
〔3〕 赤松範一. 赤松則良半生談[M]. 東京：平凡社，1977：172-205.

提出和解答"形式的改变带来了一股改革之风。

(5) 中川将行(1848—1897)是一位幕臣的儿子,于1869年入沼津兵学校学习。1871年到海军兵学寮任职,1876年成为海军兵学校的教官,1880年成为数学教授。1888年海军兵学校搬迁到江田岛时他留在东京。在数学教育方面中川的贡献在于,他和荒川重平一起编著了日本历史上最早的一部左起横书的西式数学教科书。他又和海军学校同僚的荒川和真野肇共同编译了很多数学著作。如和荒川合译《几何问题解式》(1874,R. Potts,欧几里得几何学内容),跟真野共编《笔算全书》(1875, H. W. Jeans, *Plane and Spherical Trigonometry*, Part I 的翻译)等。此外还独立编著了海军兵学校数学教科书《平面三角术教授书》(1883)、《弧三角术教授书》(1884)和《罗针仪自差论》(1887)、《洛克初等平面三角术》(1889)等。特别一提的是,他翻译的《数学史要》(Ball. *Short Account of the History of Mathematics*, 1888年版的完整译本)是一本当时少有的西方数学史著作。中川又非常喜欢西方文艺作品,还翻译了《泰西世说》(Chambers, *Short Stories*)等英国文学作品〔1〕。

中川是"数学会社"最活跃的会员之一。在《杂志》上投稿很多,也极力主张数学术语统一,热心参加学会的"译语会"工作,对很多数学术语的确定发挥了重要作用。中川在学会期刊上发表的"读数理丛谈"(第31号),和"再驳上野论者之说"(第35号,第37号连载),"数学效用论"(第51号),"数学会社之目的"(第52号)等文章中发表了对数学教育的意义,数学学会功能的各种观点。

(6) 长泽龟之助是日本明治时期到大正期非常活跃的一位民间数学家。生于1860年,是一位久留美藩士的儿子,学习于九州岛唯一的一所官立学校,后又到长崎海军学校学习了西方数学知识。学成之后在京都开设了数学私塾,后到东京,跟随川北朝邻学习。入东京数理学院后,帮助老师翻译和编著了很多欧美数学教科书。长泽不仅精通数学,还对汉学和史学非常感兴趣。他在学会期刊上发表的数学问题包罗万象,有中日传统数学,还有西方数学的各项内容。他是日本明治早期的一位具有代表性的数学家和数学教育家。在

〔1〕 小倉金之助. 近代日本の数学[M]. 東京: 劲草書房,1973: 191-193.

后文中会详细分析他发表在学会期刊上的一些典型的数学问题。

长泽于九1880年9月成为“数学会社”的会员。之后，一直活跃于学会的各项事业，又积极投稿，在第29号(1880年10月)以后的各期《杂志》上刊载了他提出的问题和解答。另外，他又提出和算问题、中国传统数学问题、汉译西方数学著作中的问题、古希腊数学问题、近代西方数学问题等，为学会期刊中数学内容的多样性做出了贡献。1881年翻译了突德汉特的积分学著作，由川北数理书院出版。这是日本历史上最早的一本微积分学的译著。

长泽自年轻时期开始是一位非常努力刻苦的学者。1883年，他成为明治时期陆军学习教员，从事数学教育和教科书的编著工作，后又成为东洋英和学校的数学教师，并担任东洋英和女校校长等职务，于1892年辞职。之后从事编著工作，自1907年至1918年又成为专修大学的讲师，编著了很多数学教科书。1906年开始创办数学杂志《えっくす・わい》，其中“えっくす”为“X”的日文读音，“わい”是“Y”的日文读音。一直到逝世为止的24年间成为此数学期刊的主编，为数学的普及做出了重要贡献。他的译著多达150册，其中多数成为明治时期日本全国各地中小学广泛使用的数学教科书〔1〕。长泽翻译和编著的很多西方数学著作和教科书，通过留日中国学生传播到20世纪初的中国，推进了中国数学教育的普及。另外，长泽编著的一些数学辞典也长期受到日本数学界的重要，也被翻译成中文，成为清末和民国初期中国人常用的数学辞典。据说，鲁迅等人也曾经使用过长泽编的数学辞典。长泽还和20世纪初到日本的中国学者进行数学交流，共同探讨数学问题，在中日数学交流史上也留下了引人注目的业绩，晚年还潜心研究了传统数学和算中的一些问题。

(7) 菊池大麓，1855年生于江户，原先的名字为箕作大六。他的外祖父箕作阮甫是江户时期津山藩的著名兰学家和医生，也是蕃书调所的一名教授。父亲入赘到箕作家当女婿，元姓为菊池。所以箕作大六长大后将名字改为菊池大麓。菊池在6岁时就到蕃书调所学习英语和数学。所学的数学为算术和初等代数内容，如前文所述神田孝平曾在开成所担任过他的数学老师。

---

〔1〕“日本の数学100年史”编集委员会. 日本の数学100年史(上)[M]. 東京：岩波書店，1983：127.

1866年菊池到伦敦留学，幕府倒台后回国入开成所学习法语。1870年又跟明治政府派遣美、英、德、法的留学生一起再度留学欧洲，1873年入伦敦大学学习，同年转学到剑桥大学，跟英国数学家凯利和突德汉特学习了正统的西方数学。在剑桥学习的内容中包括经典力学、流体力学、天文学、行星理论、光学等的所谓“混合数学”[1]。数学以外，又学习了拉丁语、希腊语、化学、物理学、建筑学和历史学。1877年，在剑桥大学毕业测试数学考试中的tripos中取得优异成绩，获得学士学位(回国后的1881年6月获得了剑桥的硕士学位)。

菊池于1877年归国。归国后立即参与到东京数学会社的创办工作，后又参加了学会的各项事业。在学会期刊上发表了各种各样的西方数学问题，把西方最先进的数学内容传播到明治时期的日本。在后文中将重点考察菊池参加学会的组织活动，又把学会改变成和国际数学界接轨的现代式数学学会的历程。

菊池不仅为近代日本数学的发展做出了重要贡献，在教育制度的改革中也发挥了指导性的作用。菊池最早翻译的一篇文章是1879年刊行的129页小册子《修辞及华文》，是威廉·钱伯斯(W. Chambers)和罗伯特·钱伯斯(R. Chambers)，*Information for the People* 中部分内容的翻译，跟数学没有什么关系。1886年刊行的《数理释义》是英国著名数学家威廉·金顿·克利福德(W. K. Clifford，1845—1879)，*The Common Sense of the Exact Sciences*(1885)的日文翻译，是面向普通读者的一本西方数学启蒙读物。此后，菊池特别关注数学教科书的整顿工作。他写的《初等几何学教科书(平面几何学)》(1888)，《初等几何学教科书(立体几何学)》(1889)等著作刊行之后一直成为19世纪末到20世纪初日本各地中学和师范类学校的数学教科书，对明治时期日本数学教育近代化发挥了巨大影响。

菊池写的《初等几何学教科书(平面几何学)》是一本以左起横书的西式体裁写作的教科书，成为近代日本数学教科书的模板。多数菊池编写的数学教科书通过留日学生之手传播到20世纪初的中国。一直到1920年代末，在北京、上海等大城市的重要中学几何教学中均使用过菊池的教科书。可以说对中国几何学教育产生过巨大的影响。

---

〔1〕 小山騰.破天荒“明治留学生”列伝[M].東京：講談社，1999：95.

1883 年 7 月 7 日，菊池在学会的例会上发表了一篇数学运算符号相关的讲演，对数学术语和符号的统一问题提出了重要的指导性方案。其内容刊载于《杂志》第 59 号(1883 年 9 月)，第 63 号(1884 年 2 月)中。可以通过《菊池前文相演说九十九集》(1903)，《新日本》(1910)等著作了解他的主要教育思想。在 1895 年到 1899 年之间，菊池用英文写了 5 篇论文，介绍了关孝和(? —1708)等人的数学成绩，用西方数学的视角分析了传统数学中获得的各项成果。菊池一生为日本数学早日达到欧美先进国家的水平而做了不懈的努力[1]。

(8) 东京数学会社有一名外国会员利奥波德·申德尔(Leopold Schendel)是一件值得注意的事情。幕末至明治初期的日本聘请了很多西方学者担任新建的东京大学和各地学校的数学、医学、工学等西方科学技术相关科目的教师。他们在日文中被称作“お雇い外国人教师”，即雇用外国教师，为明治日本科学技术的近代化历程中扮演了非常重要的角色。他们讲授的很多理工科内容是当时日本学术界了解西方科学技术的重要手段之一。

东京数学会社创办之初的日本，活跃着很多来自欧美各国的聘用教师，这在学会会员的名单中也有所反映。入会的早期会员中有一位外国人的名字，日文写作“レオポルド・シェンデル”，他是来自德国的聘用教师申德尔。他曾经是东京医学校(1877 年成为东京大学医学部)的数学和物理学的聘用教师。

申德尔在日本任职的时间是 1875 年 1 月到 1882 年 6 月为止。关于他的教学情况在《东京大学医学部第四年报》(1878 年 9 月)“外国教授申报抄译”中有记载。他作为数学家在数学期刊《克雷尔杂志》(*Crelle's Journal*，在日文中被写成《クレレ志》)上发表了很多数学论文。全称为 *Journal für die reine und angewandte Mathematik*，意思是纯应用数学杂志，于 1826 年由德国数学家克雷尔(A. L. Crelle)创办。申德尔的论文发表在 80 号(1875)、82 号(1877)、84 号(1878)上，数学会期刊中常有《克雷尔杂志》中内容的载录[2]。

---

〔1〕 原平三. 德川幕府の英国留学生[J]. 歴史地理. 1942，79(5).

〔2〕 克莱因著，石井省吾、渡边弘訳. クライン：19 世紀の数学[M]. 東京：共立出版株式会社，1995：96.

申德尔又写了伯努利(Bernoulli)函数和格拉斯曼(Grassmann)代数相关的著作[1]。他在日本任职期间,根据数学讲义内容编著了代数学教科书。即,*Algebra, zum Gebrauche am Tokio Daigaku Igakubu* (Yokohama, 1879),此书于1889年被日本第四高等中学校教师菅浪慎一翻译,饭盛挺造校阅,以《简明代数学》名称翻刻出版[2]。

申德尔于1877年11月成为数学会的会员之后,在学会成立大会上做了一份报告,其讲演内容不得而知。申德尔在学会期刊《杂志》第2号(1878年1月)第五套"代微积杂问"中发表了一篇数学文章。

以上是关于参加"东京数学会社"的一些学者的介绍。通过介绍可以知道,参加学会的会员的身份迥异,既有传统和算家和西方数学家,又有大学数学教授和民间数学家、军事院校的数学教师等。通过列表可以得知,参加会议的初期会员中占多数的是传统数学家。这些接受传统数学教育的人员中也有一些是后来学习西方数学的人员。这一时期,了解西方数学的会员成份错综复杂,既有军人,也有民间学者,又有政府聘用的西方教师和留学海外者。而其中符合今天的数学家标准的人物只有一人,就是菊池大麓。这种初期会员的组成,也正是明治初期日本数学界的写照,通过他们在学会的活动可以了解近代日本数学发展的具体历程。

下面,为进一步了解近代日本数学的发展情况,考察数学会各个阶段发生的重要事件和主要变革。

5.3 东京数学会社的活动概述

通过上述分析,可以看出东京数学会社的初期会员构成非常复杂,包含了那个时期日本各个阶层的重要人物,他们虽然志不同但却有一个共同的爱好,那就是数学研究。可以说,东京数学会社的成立,为他们提供了一个施展各自数学才能、发表数学成就和阐述数学思想的交流平台。正因为有

---

〔1〕"日本の数学100年史"编集委员会. 日本の数学100年史(上)[M]. 東京:岩波書店, 1983:69.

〔2〕公田藏. 明治期の日本における理工系以外の学生に対する"高等数学"の教育[J]. 数学史の研究,京都:数理研講究录,2004:1.

了这样的一个交流平台，明治时期的日本才能够顺利普及数学教育，较快完成了和国际数学界的接轨。

如前所述初期的学会会员共117名中，即有热心参加学会各项活动并积极投稿的人员，也有只参加学会，不久便退出者。这样，到1879年10月的时候，117名会员锐减为66名[1]。学会会长也更替过几次，又有新的会员加入到学会中，《杂志》第2号到第67号(1884年6月)中详细记录了每一期学会会员的退会和入会情况。

东京数学会社自1877年成立以来，一直到1884年5月重新改编，学会名称变更为止共延续了7年。这7年间的工作主要是开例会、讨论学会规程、编辑出版学会杂志，创办制定数学名词术语的“译语会”，将西方数学术语翻译成日文术语等一系列事情。

有关东京数学会社的发展历程，在《东京数学物理学会记事》中按时间顺序分成五个阶段。下面逐一介绍各段阶的发展概况，考察其主要事迹和每一期的演变特征。

第1阶段：1877年9月到1880年5月，是奠定数学学会基础时期。这一期间的重要事情如前所述，1877年9月在昌平馆召开东京数学会社创办大会，学会的各项事业逐渐开始实施。不久，在12月召开的例会上发布了学会最初的6条规则，其内容主要规定了常务会员和临时会员的区别，以及会费细则等。又规定每月第1周六下午1点在昌平馆召开集会(即例会)，讨论学会相关事宜。在1879年11月的例会上规定，学会的各项事业或学会期刊上的问题遭到社会人士的质疑时，会中应有负责答复的学务委员。被选举的人员是冈本则录、大村一秀、福田理轩、柳楢悦、菊池大麓、矶野健、山本信实、肝付兼行、中川将行、荒川重平、赤松则良、川北朝邻等12名会员。这一时期刊行的学会期刊是第1号到第24号，共24期。其中第1号是创刊号，发行于1877年的11月。

这一期间，学会的内部组织经常有人事上的变动，神田、柳、冈本三位交替担当会长。1878年1月，因柳楢悦要去海外视察辞去会长职务，自4月开始冈本和神田共同担任会长职务。1880年3月6日的例会上神田孝平辞去

---

[1] 東京数学会社編集者. 本会沿革[J]. 東京：東京数学会社，1884：8.

会长职务，同月20日，菊池提出了所谓的“社长废止论”。参加会议的23名会员投票决议，以1票之差得以执行。这样，4月3日冈本辞去会长职务，重新选出了2名事务委员。当选的人员是冈本则录和川北朝邻。然而，这两人于4月25日却提出了重新进行会长选举的决议。这样，5月1日开始又设会长，回国后的柳继续担任了会长职务。柳就任之后，发布了学会创办以来的第二次规则23条。这一次的规则和最初的社则比较而言，加入了很多新内容，变得更加成熟。新内容包括，会员分为常员（即经常参加学会例会，参与学会各项事业的讨论等）、通信员（居住在东京以外的地区，依据学会规则办事的会员）、客员（在数学和理学研究中取得重要成果的著名学者）三类。又详细规定了入会金额等。也决定在学会期刊上发表公立和私立中小学校的数学考试问题，并设立负责这些问题解答的学务委员。新规则规定编著学会的藏书目录和学会期刊发行调查表。可以说，第一时期的东京数学会社，基本上是在柳楢悦会长的管理下开展了各项事宜。

第2阶段：从1880年7月到1881年5月。这一时期，发行了第25号到第37号学会期刊。

根据学会期刊的记录和其他相关资料，这一阶段的重要事情有：建立了日文数学术语机构“译语会”和开办了数学书籍展览会。1880年6月5日，在共存同众馆召开例会，向会员们发布了第1期杂志中决定的新学会章程，公布重新担任会长的柳楢悦和12名学务委员的姓名，又确定了学务委员审核7条规则。其中包括负责回答学会期刊相关问题和学会内外各种质疑的责任会员应遵守的各项规则等。即，山本信实和川北朝邻二人负责算术和代数学相关问题；中川将行、荒川重平、伊藤直温三人负责回答几何和三角学相关问题；矶野健、肝付兼行负责回答球面三角法、星学、航海学问题；冈本则录、赤松则良负责回答代数学相关问题；菊池大麓负责回答三轴法、重学（力学）问题；大村一秀、福田理轩、川北朝邻负责回答本朝数理（即和算）问题。又发布“东京数学会社藏书贷与概则”15条，也决定搜集“和汉洋”古今数理书籍，开展书籍展览会。本次例会上最重要的一项决议是7月10日全体会员共同商讨建立统一数学术语的机构“译语会”事宜。关于此事在东京数学会社“本会沿革”中写道“7月3日例会出席十六名……同月十日柳屋ニ於テ委員会ヲ開キ訳語会建立ノ議ヲ起ス”。8月7日，在共存同众馆召

开7名委员参加的委员会，议定了11条译语会会则。其中第1条中决定："数学訳語会ハ本年九月ヨリ始メ当分毎月第一周六下午二時ヨリ共存同众館ニ於テ開席ス"，即确定了今后召开译语会的准确时间等。

1880年9月，根据第1期所定新规则第4条"委員協議に参加する会員に会員券を交附する"，对于参加例会的会员发布"会员券"，会长和事务委员都决定了各自的会员顺序。当时共确定了59名会员的序号。最前面的10名会员序号为"一号神田孝平、二号柳楢悦、三号冈本则录、四号福田理轩、五号赤松则良、六号菊池大麓、七号伊藤隽吉、八号大村一秀、九号矶野健、十号中牟田仓之助"。这次例会中规定今后不再书写会员个人姓名，而用序号代替姓名的做法。1881年3月26日，川北向会长报告了发行学会期刊中遇到的问题，并讨论学会期刊内容的变化等。5月28日，将举办数学书展览会的具体事宜交给冈本、福田、川北三人管理。

第3阶段： 1881年6月到1882年5月。这一期间，发行了第38号到第48号学会期刊。

这一时期，重新讨论了"数学会社"的主旨和方针等，把例会场所转移到东京大学，又决定举办数学书籍展览会。1881年6月4日，再一次投票选举了学务委员。票数多少的顺序为中川将行、菊池大麓、肝付兼行、荒川重平、矶野健、冈本则录、大村一秀、伊藤直温、福田理轩、川北朝邻、真野肇、上野清等12名。同日，在共存同众馆召开了25名会员参加的纪念会。柳陈述了祝词，指出了数学的重要性，又共同讨论了创办"数学会社"的主旨和今后的具体方针等。

1881年8月，建立了数理温故会，发布了16条会则。其会则第1条为：

"本邦古今ノ数理書暦書等(明治紀元以以降ニテ洋本ノ翻訳ニ係ル者ハ姑ク之ヲ除ク)並ニ支那古今ノ数学書暦書等ヲ蒐集陈列シテ広ク展覧ニ供ヘ名ケテ数理温故会"。

即全面搜集中国和日本的古今数学书籍，开办数学书籍展览会。在其他规则中又规定学会会员协助非会员人员收集古今数学典籍，确定10月3日召开展览会，并规定了展览会细则等。

同年8月30日，菊池和冈本等人，为申请今后在东京大学举办例会，向当时的东京大学总理(即校长)加藤弘之(1836—1916)提交了学会名称、创办学会目的、开展演讲的旨趣，以及会长和会员的名单等。经同意批准之后，于9月17日在东京大学召开了例会，并确定此后的例会和译语会等均在东京大学召开。

1882年5月6日召开例会和第18届译语会，确定了10条数学术语。那天，菊池大麓又提出了第二次的“社长废止论”。

第4阶段：自1882年6月到1883年5月。这一时期发行了第49号到第58号的学会期刊。

这一期间主要讨论了在第3期提出的菊池“社长废止论”的执行与否。1882年6月3日，召开学会例会，菊池提出了废止社长的各种理由，让参加会议的会员们进行表决。最后以赞成者起立的方式确定了在学会内一段期间不再设立会长职位。其具体规定有如下三条：

> 第四期間ハ社長ヲ廃スルコト　学務委員ハ是迄ノ通十二名ヲ选举スルコト　事務委員モ同シク二名ヲ选举スルコト。

即第四期间废止社长、选举十二名学务委员、选举两名事务委员。在此会议上，又讨论了第二次规定的新规则23条的不足部分，重新审议了新的规则。在7月1日的例会中选举了12名学务委员。当选者有中川将行、荒川重平、菊池大麓、冈本则录、矶野健、伊藤直温、长泽龟之助、山本信实、村冈范为驰、平冈道生、向井嘉一郎、白井正信等人。又选川北朝邻和长泽龟之助担任了事务委员的职务。之后，于9月的例会上发布了24条新学会规则。这是东京数学会社的第3次发布的学会规则。跟前面的第2次发布的规则比较，有如下几条不同之处。相对于第2次规则中“本社ハ数学測量天文ノ学术ヲ研究練磨シ数理ノ開進ヲ以テ事務トス”，第3次的规则中写出了“本社ハ数学及ヒ之ニ関スル一般ノ学術ヲ研究練磨シ併セテ斯学ノ普及ト開進トスルヲ以テ其目的トス”，即将普及数学知识作为学会今后的主要内容。将第2次规则中“本社会員ヲ分ッテ常員通信員客員ノ三種トス”代替的是第3次规则中的“本社会員ヲ分ッテ常員別員ノ二種トス”。又改变第2次规则中“社长一名　学務委員十二名　事務委員二名　書 記一名ヲ置ク”修改为“学務委員十二名　事務委員二名　書記一名ヲ置ク”。即取消了社长(会长)的记录。

第5阶段：1883年6月到1884年5月。发行了第59号到第67号学会期刊。

这一期间,“东京数学会社”转变成了“东京数学物理学会”。1883年6月2日,译语会又确定了20条译语,并决定把力学相关的物理学者也招募到译语会中。这一期间重新担任学务委员的人员是菊池大麓、冈本则录、山本信实、长泽龟之助、岸俊雄、田中矢德等人。川北朝邻和长泽龟之助继续担任事务委员的职务。1884年4月28日,菊池大麓给会员们发布了包括所谓2条“动议”的建议案,其后面添附了理由说明书等〔1〕。菊池提出的第一条“动议”中将学会名称改为“东京数学物理学会”,除了数学以外又加入物理学和天文学(当时称作星学)会员,扩大了学会的影响;另一条“动议”中选举改正学会规则的草案委员3名,商定改名之后的新的学会规则等。在5月3日的例会上确定草案委员为菊池大麓、川北朝邻、村冈范为驰3人。在5月24日的临时会议上决定了新学会规则共25条,又有副则16条。决定从6月份开始实施新规则。这些新规则的内容是“东京数学会社”转换成“东京数学物理学会”后的最初规则。

通过对东京数学会社第1期到第5期的分析,可以充分了解学会形式和各项事业内容的变换。主要特征是随着时代的变迁循序渐进。学会的改名标志着数学界的中心已由民间转移到以菊池大麓任职的东京大学等官方机构。菊池接管学会之后努力在数学学科和其他各项自然科学之间建立密接的合作关系,将学会的宗旨确定为普及西方数学,同时发展其他自然科学学科等。

东京数学会社初期会员中7成以上为传统数学家,即以和算家为中心。早期学会期刊的格式和刊载的数学内容是和算模式的“问题的集成”形式,没有论证或讲究“理论体系”的数学问题。这种状况保持了相对长的时间。自第36号起,学会期刊的体裁得以改变,刊载的数学内容由和算家和洋学者共同编辑,数学问题的形式和内容也发生了比较大的变化。从此以后,学会期刊的体裁逐渐演变成现代模式,期刊上的西方数学内容的篇幅也增加了很多。又添加了介绍和算和西方数学的内容。值得一提的是,东京数学会社学会期刊上也出现过大量的中国传统数学和汉译西方数学著作内容的文章。

---

〔1〕 東京数学会社編集者.本会沿革[J].東京:東京数学会社,1884:88.

5.4　东京数学会社学术期刊概述

5.4.1　期刊格式的演变情况

“东京数学会社”创办后不久发型了学会学术期刊《东京数学会社杂志》。其第 1 号刊行于 1877 年 11 月，此后决定每月第一周六刊行一期学会期刊，但是也有时未能按期发行。如，第 24 号刊行于 1880 年 5 月 1 日，第 25 号却刊行于 6 月 5 日。第 40 号刊行于 1881 年 9 月 28 日，第 41 号却刊行于 11 月 16 日。即，学会期刊的出版并不是定期的。

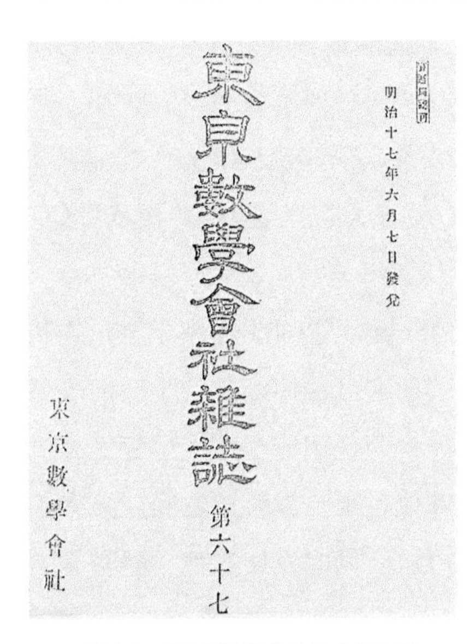

图 5.3　《东京数学会社杂志》67 号

东京数学会社改名之前共发行了 67 期的学术期刊，可分为两种形式。第 1 号到第 36 号期刊属于一个类型，第 36 号到第 67 号期刊属于一个类型。学会期刊的第 1 号共 17 页，第 2—6 号共 14 页，第 7 号为 22 页。第 9 号开始原来的木刻版印刷变为活字版印刷，期刊上的文字变得要比以前清初明快。第 1 号到第 35 号使用了和江户时期数学书同样的“和纸”，其长约17.5 cm，宽约 11.7 cm。

第 36 号到第 67 号的学会期刊形式和使用纸张均发生了很大的变化。即开始使用被称作“洋纸”的新型纸张，也开始采用活版印刷。其大小如同今天的 B5 纸，长约 25.6 cm，宽约 18.2 cm，页数变成 14 页。因期刊的版型变得很大，所以上面刊登的数学内容也逐渐变得多了起来[1]。

随着数学会的日益发展壮大，参加学会的人员中熟悉西方数学的会员愈来愈多，后面的期刊基本由和算家和所谓的“洋学者”共同编辑完成。又

〔1〕 藤沢利喜太郎. 開会の辞[J]. 東京数学物理学会編《本朝数学通俗講演集》，明治四十一年(1908)：12.

因为期刊形式和内容发生较大变化，学会中弥漫着大家公认西方数学优越性的学术氛围。第 51 号(1882 年 10 月 20 日)开始，期刊中介绍西方数学和西方数学史的内容明显开始占据了大量的页码。

学会期刊第 31 号(1880 年 12 月)的最后有一份“数学会社杂志出纳调制表”。这是一份实施于 1880 年 11 月，对学会期刊发行状况的调查表。在这个调查表中详细记载了第 1 号到第 31 号为止的学会期刊所印刷部数(“出纳调制表”中记录成“原数”)，发配各地的数量、卖出的数量、学会内部保存的数量、在书店委托数量等。根据统计，第 1 号至第 30 号，总印刷数量为 10 888 册。其中配送各地的为 567 册、卖出 385 册、学会保存 5 797 册、委托书店共 4 139 册。根据这些统计数量可以知道，东京数学会社学会期刊的发行数量远远超过其他同期的学术杂志。这对于 1877 年以后的日本社会普及西方数学教育确实起到了非常重要的推动作用。

学会期刊上刊载的原稿以学会会员的投稿为主，时而也有非会员人员提出的数学问题。会员们的投稿内容不仅有日本传统数学和西方数学内容，还有中国传统内容和汉译数学内容。会员们通过互相提问和解答加深对数学问题的理解。比较有趣的一个现象是，因会员中既有传统数学家，也有精通西方数学的人员，所以期刊上经常有把和算问题用西方数学的方法进行解答，或把西方数学问题用和算方法加以解释的内容。早期期刊中的西方数学问题多来源于汉译西方数学著作。到了后期开始出现了直接译自西方数学著作中的问题。

对于第 1 号到第 67 号中引用的文献进行统计可知，西方书籍中的引用约有 58 处(21 处出现在第 1 号到第 50 号期刊中)，和算书籍中的引用约有 10 处(其中 8 处出现在第 1 号到第 50 号期刊中)，中国数学书中的引用有 8 处(4 处出现在第 1 号到第 50 号期刊中)。

表 5.2　东京数学会社杂志中引用的文献统计表

杂志号＼引用书	和算书	中国数学书	西方数学书
1 号—50 号	8	4	21
51 号—67 号	2	4	37

根据图表内容分析，第 50 号学会期刊开始，其内容的构成发生了重要变

化。而第50号期刊发行于1882年8月。之前的一个月，即1882年7月，原任会长柳楢悦不仅辞去了会长（当时称作社长）职务，也退出学会。随着柳的会长辞职和退会，多数和算家出身的会员开始退会，东京数学会社进入了新旧更替的重要环节。这另一方面也标志着整个日本数学界开始进入了学术上的新旧模式交替时期。

东京数学会社时期的学会期刊上刊载的数学问题为"和汉洋"三种。这里的"和"代表着传统数学和算相关的数学问题，具体而言是和算家和和算书的介绍、和算相关解法的说明、用西方数学解和算问题的方法等；"汉"指的是中国数学相关问题，主要内容包括中国传统数学（中算）的介绍和汉译西方数学著作中的问题等；"洋"指的是西方数学相关内容，学会期刊上刊载了从古至今的各种西方数学和数学史相关问题。

下面，将学会期刊登载的各种数学问题以和算、中算、西算分类，分别考察一些典型问题，分析东京数学会社，从成立到改变名称为止的日本数学界的发展状况。

5.4.2 期刊上介绍的和算问题

日本传统数学家—和算家在东京数学会社建立后较长一段时期内扮演了比较重要的角色。1877年的日本数学界，和学习西方数学的人员比较而言，和算研究者们占据着数量上的多数。数学学会成立最初的两、三年间，在期刊上提出数学问题比较多的是和算家出身的会员。他们都采用和算中的数学用语，基本没有使用西方数学的术语。然而，入会成员中有一部分会员兼通和算和西方数学，他们经常把和算问题用西方数学方法解释，或者比较和算和西方数学的优劣等。

学会初期会员中有远藤利贞、花井静、铃木圆、岩田好算、大村一秀、福田理轩、内田五观、川北朝邻等著名和算大家之一的学者。远藤利贞和花井静[1]作为初期会员登录在籍，但他们并没有给学会期刊投稿，也没有参加学会其他活动的记录。铃木圆和岩田好算加入学会，在期刊第1号刊载了和算问题。前文中已介绍大村一秀、福田理轩、内田五观、川北朝邻4人的履历

---

〔1〕 小倉金之助. 数学教育史[M]. 東京：岩波書店，1941：265.

和主要业绩。学会会长柳楢悦不仅和算造诣很深，也精通西方数学，所以也经常投稿。另外，翻译诸多西方数学书的长泽龟之助也理解和算内容，所以在学会期刊上用西方数学方法解释了和算问题。

下面，通过分析“东京数学会社”创立之期到改称“东京数学物理学会”为止的 7 年间，在学会期刊上登载的和算历史、和算书籍、和算问题，以及用西方数学方法解答和算问题的内容，考察这一时期日本数学界中传统数学—和算由兴走向败的起伏变化。

第 1 号—第 67 号学会期刊中，对于和算家的介绍，除了只提到名字的少数情况，但更多的时候是详细介绍了其生平事迹。对于和算书籍，不仅有简单介绍的部分，也有频繁引用其内容，多次介绍其中问题的情况。综观 67 期的期刊，有关和算问题基本集中在初期的期刊上。以下是对其中一些重要事例的介绍。

学会期刊中出现最早的和算内容是，在第 1 号刊载的铃木圆提出的“圆内交画四斜容五圆”的问题。即，有五个小圆内切于一个大圆中。五个圆中，东、西、南、北四个圆又外切于四条线，已知四个圆中三个圆的直径，求其他圆的直径为多少。铃木圆是一位和大村一秀和高久守静齐名，被称作明治初期圆理问题方面的三位著名和算家之一的学者。铃木的主要著作有《容术新题》(1879)、《异形同术解义》(出版年不明)等。铃木在第 1 号提出的问题的解答刊载于第 22 号(1880 年 3 月)学会期刊上，是用传统的和算容圆问题进行了解答。他在学会期刊第 11 号上也提出了类似的容术问题。

铃木以外提出和算问题的还有大村一秀、岩田好算、福田理轩等人。大村提出的问题是，一个尖圆中内接圆的直径的求法问题。而福田提出的是求解外接椭圆和圆的周长关系的问题。和大村和福田刊载的问题比较而言，更加引人注目的岩田提出的一道和算问题。

岩田好算，通称专平，是江户时期另一个和算流派传人马场正统(1801—1860)的弟子。不太清楚他写的具体的和算著作。他因在学会第 1 号期刊上提出一道和算问题而出名。他去世于学会成立后的第二年。

岩田在第 1 号期刊上提出了若干个和算问题。特别是，他在学会期刊第 1 号的第 9 套“本朝数学”中提出了一道非常难的和算问题，本书中将其称作“岩田问题”。其内容如下：

今有如図以両斜挟楕圓容元亨利貞四圓只云元圓径若干亨圓径若干利圓径若干問得貞圓径術如何　答曰如左術　術曰置亨圓径乘利圓径以元圓径除之得貞圓径合問　解　紙数五十二枚此解ヲ縦覧セントスルモノハ本社ニ来ル可シ　于時慶応二年丙寅夏五月十六日　岩田専平好算考　行年五十五歳[1]

用现代数学语言解释此问题，即要证明“外切与一个椭圆两条切线的四个圆的半径成比例”。岩田在学会期刊上又登载非常形象的几何图，进行了详细说明。

楕圓に2つの相交わる切線l，l'を引く。そして楕圓と外接する2つの圓を元と貞とする。また，楕圓と内接する2つの圓を亨と利する，4つの圓はl，l'と接点がある。4つの圓の直径を$d_{元}$，$d_{貞}$，$d_{亨}$，$d_{利}$とする。$d_{元}$，$d_{亨}$，$d_{利}$の値が与えられた時，$d_{貞}$の値を求めよ。その答えは，$d_{貞}=d_{亨}\times d_{利}\div d_{元}$”。即“椭圆上画出2条相切线l和l'。把椭円外接2个圆记作元和贞，又记椭圆内切2个圆为亨和利。4个圆在l，l'线有交点。4个圆的直径记作$d_{元}$、$d_{貞}$、$d_{亨}$、$d_{利}$。当给出$d_{元}$、$d_{亨}$、$d_{利}$的值时，求出$d_{貞}$的值。其答案为：$d_{貞}=d_{亨}\times d_{利}\div d_{元}$。

在接下来的记述中岩田写到，他花费了自元治元年八月（1864年9月）到1866年6月的近两年期间才得出其解法，其解法又长达52页纸。

第1号中紧接着岩田问题出现的是如下一段文字：

悦曰元禄ノ頃，中根元珪七乘冪演段二巻ヲ作ル。其書タルヤ一題ヲ演段スルコト上下二巻シテ漸ク通術ヲ得ヘシ，六十五乘法ニ開キテ答商ヲ挙ク，凡算題ニ无量ノカヲ竭スコト古今ナキ処ナリ，然レトモ其題作物ニシテ必ス答商ヲ得ルノ目途アリ。今好算翁ノ此題ヲ作ル原ヨリ其答商ノ何タルヲ知ラス千括万解ノ変化ヲ尽シ五十五件ノ空数ヲ経テ遂精識ヲ得ル其功元珪ノ右ニ出ツ翁精煉老熟ニアラザレハ何ゾ其結局ヲ得ルニ至ラン[2]。

文中的“悦”，指的是柳楢悦，所谓《七乘幂演段》指的是，和算家中根元珪完

〔1〕 東京数学会社雜誌編集会．本朝数学[J]．東京数学会社雜誌，1877(1).
〔2〕 東京数学会社雜誌編集会．本朝数学[J]．東京数学会社雜誌，1877(1).

成于元禄四年的著作《七乘幂演式》。

上述文章的意思是：

> 中根元圭为求出《七乘幂演式》中一道题的解法，写出了上、下二卷书，才得出一般解法。那是列出六十六次的方程式，求出其商的方法。凡是在算题的求解过程中无不花费古今罕见的全部功力。而且必须得出所出问题的解法作为其（研究）目的。今好算翁本不知所作题的答案，穷尽千万种解法之变化，经过五十五件大数才得出此题的精确解法，其（数学）的功德已超出（中根）元珪，（这说明岩田）翁精炼并熟悉（数学研究）才得出其结果。

在这里，柳楢悦高度评价岩田的数学研究成果，说他的水平已经超出了和算家中根元圭。

这里出现的和算家中根元圭（1662—1733）是江户时期近江浅井郡出身的人物，曾经向京都的田中由真学习传统数学，后成为著名数学家建部贤弘的弟子。他是江户时期著名的和算家和天文学家，对汉学和音乐理论也有很深造诣。中根元圭是学会期刊中最早出现的一位传统数学家。

在学会期刊第4号上内田五观继续解"岩田问题"，得出展开式，画3种图进行了全面研究。根据柳对岩田的高度评价和内田对此问题的研究，可以知道当时的日本数学界仍存有江户时期流行的"难题解答"的和算遗风。

岩田对于自己得出此问题的解法一事深感自豪，在参加学会创立之初的第1次集会时便带去此题向参会者展示其数学能力。

比较有趣的是，岩田历经两年时间，使用52张纸，运用和算解法非常艰苦地求解的问题后来得到学习西方数学的人员的挑战。在1884年7月的例会上，刚刚留学法国回国的寺尾寿（1855—1923）却用西方数学的方法巧妙地给出了答案。寺尾是明治到大正时期著名的天文学家和数学家。他运算中使用代解析几何学的方法，不仅求出解法，又在原题基础上给出了更加复杂的展开式〔1〕。寺尾的标题为"岩田好算翁ノ問題ノ別解並ニ敷衍"，此题后又有水原準三郎（1890），林鶴一（1895）进一步研究获得其他展开式。

关于和算家和学习西方数学的学者们对于"岩田问题"的解答历程，即

---

〔1〕 東京数学物理学会記事編集会. 東京数学物理学会記事[M]. 卷一，1884：551-166.

可以看出明治时期日本存在两种数学模式，又可以知道在数学学会成立之初，已经开始从传统向西方模式转换的时代特色。

关于“岩田问题”另有一段有趣的故事。如前文中曾经介绍菊池大麓是一位幼年时就留学英国，接受系统的西方数学教育的人物。而据他回忆，他真正感受到日本传统数学—和算的魅力是在看到“岩田问题”之后的事情。他有如下一段描述：

> 之を見て，私は実に驚いたのであります。之は大変なものです。斯の如き学問が，日本にあるものかと思って，初めて和算と云ふものは，之はなかなか豪いものであると云ふことを感じて，密に之はどう云ふものが，機があったらどうぞ，知りたいものだと云ふ考を起こした……此和算の中の圓理のこと，圓周率などに関することを，英語に訳して，数学物理学会の記事に出しました。……其後，藤澤教授は巴里の大博覧会の節，巴里に開かれた所の，萬国数学会に出席されまして，本朝数学の，歴史の概略を書いた所の一論文を提出されまして，之は外人間に頗る好評であって，数学史の中の一纪元であると迄，或る人は評したのであります〔1〕。

上段日文中写道，

菊池通过“岩田问题”对和算发生兴趣，感叹和算中数学内容的趣味性和复杂性，对即将走向衰落的传统数学——和算中的“圆理”也有了一定的了解。所谓“圆理”是和算中计算圆周和曲线长度、圆面积、球体积时对其中的圆或弧长的求法，以及由此演变的各种理论。菊池于19世纪末，非常自豪地用英语写了介绍圆理的论文，向国外介绍了和算中的一些重要内容。晚年时，他又积极倡导搜集和算书，为保护日本独特文化遗产和算而做了不懈的努力。继菊池后，对和算发生兴趣的是著名数学家藤泽利喜太郎（1861—1933）。他于1900年参加在巴黎召开的国际数学家大会时报告了和算内容。日本东北大学数学教室创办者林鹤一（1873—1935）、藤原松三郎（1881—1946）等人也继承菊池和藤泽的传统，讲授西方数学的同时也进行传统数学

〔1〕 菊池大麓．本朝数学について[J]．本朝数学通俗講演集，東京：大日本図書株式会社，明治四十一年(1908)：11.

和算史的研究。

文中出现的“圆理”起源于江户时期日本对于为寻求圆周率3.16的来源的一种计算方法。“圆理”一词最早出现在和算家泽口一之写于1671年的《古今算法记》中。又有今村知商、村松茂清等研究者。江户时期大数学家关孝和曾经计算圆内接正131072边形的周长，得到近似值为355/113(≒3.1415929)的圆周率。此后又有建部贤弘用无限级数表示弧长，另有松永良弼和久留岛义太、安岛直圆、和田宁等人通过“圆理”获得了很多卓越的研究成果[1]。

日本江户时期到明治时期，影响最大的和算流派叫做“关流”。和算是通过16世纪末，经朝鲜半岛传入日本的中国传统数学著作的影响之下发展而来。在江户时期获得了非常重要的数学成果。被称作“算圣”的“关流”始祖关孝和，又称新助，是今东京上野人士。他在延宝二年(1674)写出一部《发微算法》，成为名扬天下的和算大家。在他的影响下，江户时期和算取得了和西方行列式媲美的优异成果。他培养了很多优秀的学生，使江户时期日本数学水平得以飞速提高[2]。

柳楢悦最先在学会期刊上介绍关孝和的业绩。笔者曾经搜集到柳所写的一部著作《新巧算题三章》，在其最后一页写着自己是“关流八传”，即关流第八代传人。柳在学会期刊第1号上发表了一篇“极大极小ヲ求ムル捷法西式”的问题，其中谈到关孝和的“适尽诸级法”和另一位和算家斋藤宜义(1816—1889)的《算法圆理鉴》(1834)。斋藤宜义是著名和算家和田宁(1787—1840)的学生斋藤宜长(1784—1844)的儿子。

因后文中将详细讨论柳提出问题的数学意义，这里不再赘述。此外，柳又介绍了幕府末期的很多和算家及其著作。如在学会期刊(1878年2月)第3号中谈到，如果使用和算家桥本昌方所著《点窜初学抄》(1833)中的解法，可以巧妙地解决“岩田问题”。

学会期刊出现的中较高数学水平的和算问题是从和算家安岛直圆(1732—1798)的著作《不朽算法》(1799)中引用的一些例题[3]。《不朽算法》共上下两卷。从中选择了37道题连载于第36号(1881年5月)到第42

〔1〕 平山諦. 圓理[J]. 国史大辞典，第2卷う—お，東京：吉川弘文馆，1980.
〔2〕 佐藤健一. 和算史年表[Z]. 東京：東洋書店，2002：22.
〔3〕 日本学士院. 明治前日本数学史[M]. No. 4，東京：岩波書店，1958：198－201.

号(1881年12月)的学会期刊上。多数问题附有几何图。

在和算史上还有另外一个学派。他们一直和“关流”争论不休,有些数学问题解法上还跟“关流”学者针锋相对,互相攻击。这个流派就是日本山形县出身、一直活跃于东北地区的和算家会田安明(1747—1817)创始的“最上流”学派。最上流创始者会田安明为现山形县七日町出身,通称算左卫门,号自在亭。曾想入“关流”藤田贞资(1734—1807)门下被拒。从而开始和“关流”学派的论战,后自创“最上流”,培养了很多弟子。

内田五观在第4号学会期刊上简单介绍了会田的数学成就以及所创立的“最上流”。内田又介绍了会田在学术上的对手藤田贞资的《神壁算法》(1789),以及另两位和算家御粥安本(1794—1862)的《算法浅问抄》(1840)和岩井重远(1828—1865)的《算法杂俎》(1830)等书中的内容。问题的旁边都画出相关的图形。其内容基本上是和算中所谓的“容术问题”。

正如在《明治前日本数学史》中对江户时期和算家身份的描写:“他们不受官方的保护,私下办学教学生或者根据自己的爱好在业余时间进行数学钻研”[1],和算家中既有普通农民,也有商人和武士阶层的人员。多数人的社会地位并不高,但也有一些上层阶级出身的和算学者。如有两位和算家曾是幕府的地方最高统治者—藩主,其中一位叫有马赖徸(1714—1783),另一位叫牛岛盛庸(1756—1840)。有马赖徸是九州岛久留美藩主,著有40多部和算著作。在第37号(1881年6月)学会期刊上刊登过有马写于明和元年(1764)的著作《招差三要》中的和算问题。在此书中有马讨论了等差级数问题。据说,有马又从诸多和算著作中选取一些主要问题,以丰田文景的笔名于明和六年(1769)刊行了一本题为《拾玑算法》的著作。《拾玑算法》中出现的150个问题及其答案,向世人展示了当时和算算法中最高水平的数学内容。关于《拾玑算法》,柳楢悦在创刊号学会期刊中也做了介绍。

学会期刊中对和算家的生平介绍基本和作者的数学研究内容出现在一起。但也有例外,如学会期刊第46号(1882年4月)中用较长篇幅详细介绍了和算家牛岛盛庸(1756—1840)的传记。

---

〔1〕 日本学士院.明治前日本数学史[M].No.4,東京:岩波書店,1958:177.

牛島盛庸小傳　君姓牛島名盛庸，俗称宇平太鶴溪卜号ス。牛島伊三太盛貞ノ二男ナリ。幼ニシテ巧思非凡頗ル物理ヲ好ミ。……又甲斐福一ニ従ヒ数学ヲ学ヒ，数岁ノ間神ヲ凝シ蛍雪ノ功ヲ累ネ反覆諦觀奇案妙想往々人意ノ表ニ出ルコトアリ。安永八年(1779)，藩月俸ヲ給ヒ挙ゲテ算学師トナシ，国子ヲ誘導セシメ遂ニ一家ヲ興スニ至ル。爾後一層研学数十年間終始一ノ如シ，故ニ古今ノ算書一トシテ窺ハサルコトナク暦法測量ニ至ル迄审ニ其源委ヲ究メサルハナシ。寛政六年(1794)，算学小筌ヲ著シ，文政六年(1823)，又其続編ヲ著ハス，共ニ世ニ行ハル。君嘗テ阴阳消長ノ理ヲ穷メ，天圓地方ハ陽中ノ陰，陰中ノ陽ニシテ，陽ハ陰ニ根シ陰ハ陽ニ起ル。是則曲直一致，天地自然ノ妙，数ナリト眞ニ能ク方圓変化ノ理ヲ盡シ，幾何ノ妙旨ニ貫通シ〔1〕。

其中的日文意思大体是：

牛岛盛庸于宝历六年(1756)生于肥后(熊本县)，俗称宇平太鹤溪。自幼喜欢探究事物的原理，学习了国学和数学。安永八年，觅得教算学的职务，宽政六年《算学小筌》(点窜术，容术问题)，文政六年著有其续篇。接下来的内容是，牛岛深入研究阴阳盛衰之学，主张天地自然的奥妙在于数学，也曾在几何学方面有很深造诣。

1877年左右的日本数学界正处于传统和算模式被西方数学模式更替的过渡时期。当时研究和算的人员越来越少，介绍牛岛的作者，也许正是感受到这种时代的氛围才多费笔墨介绍了其生平和著作吧。

5.4.3　期刊上介绍的西方数学问题

5.4.3.1　纯数学问题的介绍

东京数学会社创办初期，在学会期刊上以问题的“提出和解答”的形式介绍着西方数学，基本都是比较初等的内容。这种状态也持续了比较长的一段时间。其实，通过前文介绍，可以知道学会初期会员中也有了解较深的西方数学内容的人员，只是他们还并没有开始活跃于学会的交流平台。随

〔1〕 東京数学会社雑誌編集会．東京数学会社雑誌[J]．No.46，明治十五年(1882)．

着，人们对西方数学的重要性的认识不断深化，学会期刊上刊载的内容也变得更加深奥。经一些熟悉西方数学的会员们的努力，学会期刊对西方数学的普及和日本数学的近代化也产生了长期的推动作用。

通过分析发现，在数学会期刊上刊载的西方数学和数学史知识，自古希腊到 19 世纪欧洲，不仅跨越较长时代，其内容也非常丰富。实际上，这些西方数学内容，早在东京数学会社创办之前已经通过不同渠道传入日本。直接渠道是，通过江户时期的兰学或日本派遣西方的留学生或欧美出访人员，以及到日本的西方人所传播；间接渠道主要是从中国输入的汉译西方数学知识在日本的传播。

比较而言，通过间接渠道接受西方数学是幕府末期至明治初期的日本学者普遍采用的一种方法。他们一方面通过汉译著作了解西方数学，另一方面通过和西方的直接交流接受着西方数学内容。但到了明治中后期，随着明治政府聘请西方人当教员，向西方派遣留学生，考察西方等各种途径，开始直接从西方大量输入数学知识，清末汉译著作的媒介作用也逐渐缩小。

东京数学会社改名之前的一段时期，其学会期刊上的西方数学问题充分反映着正处于传统数学和西方数学更替的过渡时期的特征。数学会创立初期，西方数学的直接传播方面来自英国的影响比较引人瞩目。究其原因，一是来自英国的聘用教师比较多，如前所述克拉克等人。另外，到英国留学的菊池大麓回国后直接成为东京大学的数学教授，成为领导日本数学的主要力量。

学会第 1 号到第 17 号期刊中，一直连载英国大学的数学考试问题，其内容有高等代数学、微积分学、解析几何学等较深的西方数学内容。到了学会发展后期，随着派遣德国和法国的留学生的回国，学会期刊上也开始出现欧洲其他国家的数学内容。

明治以后的日本直接接受西方数学的一种重要手段就是大量购入西方数学杂志和数学著作。学会期刊中出现的很多西方数学问题就是参照这些期刊和著作的。

学会期刊中曾经记录购买西方数学杂志的信息，其中数量比较多的是英国的数学杂志。如，在学会第 8 号(1878 年 7 月)有“英国数学雑誌三種ヲ注文スベシ”的记录。第 31 号(1880 年 12 月)中有“买入英国数学杂志十四

本”的记录。在第44号的“級数ノ総計”中有片假名写的数学杂志名“ミスセンゼルオフマセマチックス”。这是1872年由伦敦麦克米伦出版社(Macmillan Publishers Limited)刊行的英文数学杂志《数学通讯》(*Messenger of Mathematics*)的日文表示，可能是传入日本最早的西方数学杂志[1]。在53号期刊中有长泽龟之助投稿的“圓錐曲線ノ性質”一文，这是从《数学通讯》中翻译的一段记载圆锥曲线性质的数学内容。

学会第60号期刊上有一篇冈本则录的稿件，题为“八面体ノ質心ヲ求ム”。译自伦敦数学会(London Mathematical Society)学术期刊。该会从1865年开始发行《伦敦数学会会报》(*Proceedings of the London Mathematical Society*)，冈本翻译的是克利福德论文的部分内容。

另外，有的文章来源于其他国家。如在第44号中出现的求极大值的问题则出自“明治十年上海出版”的《格致汇编》。第67号(1884年6月)田中矢德“直線ノ方程式ノ間ノ消去法”介绍圆锥曲线方程式消去法。田中写道：

> 読者ハ若シ更ニ充分ニ知ラント欲セバ……クレル氏の雑誌の学芸雑誌ニ載スル所ノ録事ヲ読ムベシ。

即，如果读者想充分了解(曲线方程式消去法)，应读克雷尔所编学术杂志的记录部分，即前述1826年由德国数学家克雷尔创刊的《克雷尔杂志》。

此外，数学会期刊上引用次数较多的1878年的美国数学杂志*American Journal of Mathematics*，如第56号(1883年2月)冈本则录的“双曲线八线”即源于此刊。又有创刊于1880年代的美国教育杂志*Educational Notes and Queries*也被多次引用。如第56号中有菊池大麓介绍的算数级数(Arithmetical Progression)和几何级数(Geometrical Progression)即源于此刊。

以上记录显示“数学会社”的会员在学会期刊上介绍西方数学问题时经常参考和借鉴西方出版的数学与教育相关的学术期刊内容。

随着数学会的发展，学会期刊上刊载的西方数学问题也变得愈来愈难，专业性也愈来愈强。特别是，第50号(1882年8月)期刊以后，刊载的数学

---

〔1〕 小倉金之助.近代日本の数学[M].東京：劲草書房，1973：47.

内容不仅增加了难度，学术水平也越来越高。下面介绍其中的部分内容。

在第50号期刊上出现了一篇题为“微系係数ヲ有セサル聯続函数ノ説”的文章，作者是菊池大麓。其内容主要是用“ε—δ”语言表述连续函数的定义，并且用此定义举例证明一些具体的连续函数。在西方，微积分学的严格化证明出现于19世纪后期，由德国数学家卡尔·魏尔斯特拉斯(K. Weirestraus，1815—1897)完成。这说明，通过数学会期刊近代西方数学的新成果也较早传入日本。

这段记录中有如下记载：

左ニ掲クル者ハ会員古市公威巴里ニ在リシトキ其師ヨリ得タル者ニシテ本年第一月ノ数学会ニ於テ之ヲ演セラレタリ今余カ当日ノ記ヲ略シテ以テ広ク同好ノ諸君ニ示ス。

意即此为留学法国回来的古市公威(1854—1934)的学术报告中介绍的数学内容。古市公威曾在法国巴黎中央学校(Ecole centrale de Paris)留学，归国后到明治政府内务省担任理学部管理员。后又出任东京大学工学部教授、帝国学士院院长、日法会馆理事长等职。

学会期刊第52号(1882年10月)菊池介绍了著名的“费马大定理”(Fermat's Last Theorem)。其原文为：

二個ノ三乘数ノ和或ハ差ニ等キ三乘数有リヤフェルマーヨク此式ニ適スベキ数ハ得ベカラズトバーローハ之ヲ証明シタリ而シテ此証明ニ誤謬アリ此問題ハ屡数理学者ノ研究シテ未其有無詳ニセサル所ナリ本朝ニ於テ之ヲ究メタル者アルヤ否〔1〕。

这是在日本的最早出现的费马(P. de Fermat，1601—1665)定理。菊池还介绍了该定理的历史，如他写道，英国数学家艾萨克·巴罗(I. Barrow，1630—1677)曾试图给出证明，但其题解有误等。

学会期刊第58号(1883年5月)发表了留学德国、明治十四年回国的村冈范为驰投稿的数学论文“归纳几何一斑”，介绍莱叶(Reye)射影几何学。共9章内容，第1章中介绍了欧几里得几何学、画法几何学、解析几何学的概念，分析了它们与射影几何学之间的联系和区别等。在第2章到第8章中介

〔1〕 東京数学会社雑誌編集会.東京数学会社雑誌[J]. No. 52，明治十五年(1882)十月.

绍了射影几何学的定义和一些例题解的展开式。第9章中画出一些二次曲线图,用射影几何学进行了解释。

在数学会发展的后期,经常出现像古市公威和村冈范为驰等留学西方、接受近代西方系统数学教育的人员提出来的数学问题。这是学会从和算影响中脱离的重要标志。

学会期刊第65号(1884年4月)上泽田吾一介绍了麦克斯韦(James Clerk Maxwell, 1831—1879)《電気及び磁気学》中复合函数论内容。题目为"相属函数ノ説",其内容中有"$\alpha+\sqrt{-1}\beta$若シ$x+\sqrt{-1}y$ノ函数ナルトキハα及ヒβヲx及ヒyノ相属函数ト称ス"的部分。即,$\alpha+i\beta$是$x+iy$的函数时α, β是x, y的复合函数。这是西方函数论内容在日本最早的介绍。

此题后面是题为"単位及ヒ原行之説"的小文章,主要介绍了世界长度单位的标准化以及"米法"的实施。

以上是对数学会期刊上刊载的从西方数学杂志和数学著作中直接翻译的内容。可以看出,东京数学会社时代以学会期刊为传播平台,较高水平的西方数学成果传播到日本数学界。

5.4.3.2 西方数学史内容的介绍

学会期刊上对西方数学家和数学史的介绍多数较简单,个别较详细。

对于西方古代数学史的内容介绍得比较简单。如在学会第16号期刊上有一段古希腊数学的介绍。其内容为:

> 亜奇氏(アルチメーズ)螺線半匝(其象桃果ノ如シ)アリ中軸径(凹突ヨリ頂点ニ至ル)aヲ以テ皮面積ヲ求ムルトキハ左ノ如シ起原如何。

其中的亚奇氏(アルチメーズ)就是古希腊著名学者阿基米德,这里主要介绍了阿基米德螺线内容。在第39号(1881年8月)期刊上又有长泽龟之助对此问题的详细介绍。

学会期刊上对于一些近代西方数学家也进行了比较详细的介绍。如在第49号(1882年7月)第五套中有"伽利略传"。这是近代著名学者、实验之父伽利略(Galileo Galilei, 1564—1642)及其工作的介绍。这部分内容中还涉及到西方很多著名学者。如古希腊哲学家亚里士多德(公元前384—公元前 322）的宇宙论、哥白尼（N. Copernicus，1473—1543）的日心说、开普勒（J. Kepler，1571—1630）的三大定律、惠更斯的钟摆问题等。对于伽利略的科学成就，介绍他制造望远镜进行天体观测，发现月球表面的凹凸情况、木星的卫星、太阳黑子的始末等。还介绍了伽利略的自由落体实验和支持日心说受到宗教裁判的故事，以及他悲惨的晚年生活。共 1 400 字的日文中全面介绍了伽利略的生平，以及相关业绩和涉及到的著名科学家等，是一篇短小精炼的数学家传记。

学会期刊上也介绍了一些历史上著名的数学命题的证明和研究的过程。如有几处出现了对"摆线"问题的研究。最早是第 5 号（1878 年 4 月）上刊载的大伴兼行所写一篇文章。第 11 号（1878 年 11 月）有题为"エピシクロイドノコト"的短文，把摆线写作"シクロイド"，给出了详细定义。希腊文 epicycloid，日本人写作"エピシクロイド"，清末中国学者译作"摆线"。

介绍最详细的是第 50 号（1883 年 2 月）的一篇"サイクロイドノ歴史"的文章，其中还画出摆线图加以说明。其内容如下：

> サイクロイドノ歴史此曲線ハガリレオノ発明ニ係ルト言フ然レトモウォリスハ其ライブニッツニ送リタル書中ニ曰ク"カルヂナル"高僧ド・キコザハ一千五百十年ニ出版シタル書中ニ之ヲ載セタリ又一千四百五十四年比ノ抄本ニモ見ヘタリト。ロベルパルハ其全面積ハ母圓ノ積ノ三倍ナルヲ証明シタリ。此発見ハ数多ノ数学家之ヲ為シタルノ栄ヲ争ヘリ，デーカルトハ之ヲ切線ヲ引ク法ヲ示シ。一点 P ニ於テノ切線ハ母圓ノ弦 BQ ニ直角ニシテ即 CQ ニ平行ナルヲ証明シタリ，又之ニ由リテ $QR=PQ=$ 弧 BQ ナルコト明ナリ，レンハ始テ其弧ノ長サヲ発見シタリ，即チ頂点ヨリ P 点迄弧ノ長サハ P 点ニ於テノ切線ニ平行シタル母圓ノ弦ノ二倍ナリ故ニ曲線ノ全長ハ母圓ノ経ノ四倍ナリ。パスカル曲線ノ或ル"セグメント"ノ面積及重心ヲ知ルノ法ヲ発見シ又"セグメント"ヲ曲線ノ軸或"セグメント"ノ底線ヲ軸トシ迴轉セシメテ得ル所ノ立体ノ面積及体積ヲ度ルコトヲ発見シタリ，是ニ於テ当時ノ数学家中之ヲ解スル者有ラハ四十"ピストル"金銭ノ名及二十"ピストル"ノ報賞ヲ与フ可シト公言シタリ，ウォリス（佛人）之ニ應スト雖此賞与ハ終ニ受ケザリシト云，ハイゲンスハ"サイクロ

イド”ノ“エボリュート”ハ等シキ“サイクロイド”ニシテ其位置轉倒セル者ナルコト及“レーデヤス,オブ,クルバチュル”ハ切線ニ直角ナル母圓ノ弦ノ長サノ二倍ナルコトヲ発見シタリ同氏ハ又此曲線ノ同時質ノ発見者ナリ則此曲線ヲ轉倒シ軸ヲ垂直ニ置クトキハ曲線ヲ滑テ落ル分子ニ何点ヨリ発スルモ同時ニ頂点へ達スルコトヲ発見シタリ,ジョン・ベルノウイーハ其最短ナルコトヲ発見シタリ,即チ一分子重力ニ由リテ一点ヨリ一点ニ達スルニ“サイクロイド”ヲ滑リ落ル時ハ其時間最モ短シト此他此線ニ付キ記ス可キコト甚タ多シト雖右ニ掲ケタルハ其重大ナル者ナリ〔1〕。

这段引用文提到和摆线问题相关的西方科学家有约翰・沃利斯(John Wallis, 1616—1703)、莱布尼茨、罗贝瓦勒(Gilles Persone de Roberval, 1602—1675)、笛卡儿、雷恩(Christopher Wren, 原文中把他的生卒年写成1585—1667是错的,正确的是1632—1723)、帕斯卡尔、惠更斯、约翰・伯努利等人。

文中记述摆线问题由伽利略最早提出来,后沃利斯和莱布尼茨也开始研究相关问题。沃利斯曾在送给莱布尼茨的书中写到,一位神父德・基茨扎在出版于1510年的书中记载了摆线问题。在1454年出现的其他抄本中也有摆线的相关记录。罗贝瓦勒证明摆线的全面积是其母圆面积的三倍,这一发现引起了众多数学家的兴趣。

接下来是笛卡儿定义的介绍。即,证明由摆线上一点 P 引切线与母圆上弦 BQ 构成直角,并与另一条弦 CQ 平行,又可以导出 $QR = PQ =$ 弧BQ。接下来介绍了雷恩证明 $\overset{\frown}{PC} = 2\overset{\frown}{CQ}$, $\overset{\frown}{AD} = 4\overset{\frown}{BC}$ 的过程,还有帕斯卡尔发现摆线围城的部分面积的求法,以及部分曲线沿着一条直线为轴旋转一周得到一个立体,并求出其表面积或体积重心的方法等。做为数学史内容又介绍了惠更斯发现摆线的等时性特点的过程和约翰・伯努利获得摆线最短问题的重要成果等。这是最快下滑线问题的研究,也是变分法起源之一。

以上是学会期刊上刊载的西方数学史相关内容的介绍。学会的会员们

〔1〕 東京数学会社雑誌編集会.サイクロイドノ历史[J].東京数学会社雑誌,No.50,明治十六年(1883)二月.

不仅介绍纯数学问题，为了数学的普及，更注重西方数学史知识的介绍，这为明治初期人们早日了解西方数学起到了重要的推动作用。

5.5 东京数学会社及其“和洋折衷”的学术理念

东京数学会社创办之初的1877年左右，和算并没有完全退出历史舞台，西方数学还没有受到国家教育制度的支持，日本数学界处于两种模式的数学体系并存的时期。当时，开始学习西方数学的和算家很多。他们保持和算传统的同时审视西方数学，并对照二者之间的兼容性。在当时的日本数学界又有另外一部分跟西方数学相关的人员。他们的真实身份是军人或翻译人员，他们为了学习西方的军事科学技术，学习了西方数学。这些人员中有很多人成为明治时期普及西方数学的主要力量，他们加入数学学会，编著数学教科书，为西方数学的全面普及发挥了推动作用。

通过对加入数学会的会员的调查发现，其中一些学习和算出身的人员和了解西方数学的人员一直进行着对比两种数学体系，想在两种数学模式中找出一种能够“折衷”的方法或可以“会通”的模式。具体而言，出现了一些用西方数学的方法解答和算问题，或者用和算的运算方法表示西方数学内容的做法。

前面介绍过的福田理轩是明治初期和洋折衷主义的代表性人物之一。他在自己设立的私塾—顺天求合社，同时讲授和算和西方数学，在其1871年的课程中既有传统和算的内容，又有西方微积分学的内容。下面是他书中可以体现其和洋折衷主义的一份资料。

> 童子問テ曰ク，皇算西方数学何レカ優リ何レカ劣レルヤ。曰ク，算ハコレ自然ニ生ズ。物アレバ必ズ象アリ。象アレバ必ズ数アリ。数ハ必ズ理ニ原キテ其術ヲ生ズ。故ニ其理万邦ミナ同ク，何ゾ優劣アラン。畢竟優劣ヲ云フ者ハ其学ノ生熟ヨリシテ論ヲ成スノミ又問テ曰ク，其学ハ何レカ捷敏ナル，又何カ学ビ何ナルヤ。曰ク，捷敏ハ学者ノ任ニ在テ，ソノ巧不巧ニヨルベシ。何ゾ術ニ関カランヤ。又其学ニ於ルヤ，何ゾ可不可アラン。……然レドモ其器技ノ得失ヲ論ゼバ異ナルベシ。皇邦ノ学ニ在テハ，珠算必ズ捷敏ナラン。

又洋書ヲ読ミ其学ヲ修スルノ人ニ在テハ，筆算ニ如クハナシ〔1〕。

即，福田在这里采用问答的描述方式，阐释数学这门学科的本质问题，提到象数之说，又称日本传统数学和西方数学之间没有优劣之差，只是在运算方法上存在区别而已。

当时民间又有一些人把西方数学书中的问题用和算方法解释，以此说明二者之间的互通性。如1876年外山利一著《点窜问题集解义》，把一本西方代数书中的问题全部用和算方法进行了解释。1876年，又有一位柳井贞藏的人写了《笔算通术解》一书，在其中也用和算方法解释了诸多西方数学问题〔2〕。

这些说明，1877年到1887年间的日本数学界一直存在着讨论传统数学和西方数学优劣性，寻找二者之间可"会通"的做法。这个时期日本传统数学依然拥有很强的生命力，但西方数学成为掌握西方军事、航海、测量技术的基础知识而受到重视，大有替代传统数学之势。维护传统数学和提倡传播西方数学的两大阵营的学者以《东京数学会社杂志》为阵地，投稿阐述对两种不同数学的不同学术观点。

东京数学会社创立时期，日本学术界存在传统数学和西方数学并存的现象，探讨其优劣的学术争论也一直存在。这一时期的学会期刊上刊载了不少把和算问题用西方数学方法解释，或者把西方数学问题用和算方法运算的内容。下面从中选择比较有代表性的内容加以介绍。

东京数学会社首任会长柳楢悦将数学问题分成"和、汉、洋"三种类型，把中日传统数学和西方数学进行对比，力图将其"会通"，寻找使二者可以兼容的方法。

在《东京数学会社杂志》第1号第10个问题中刊登了他提出的"求极大极小的快捷方法"，用西方微积分解答传统和算问题，说明了西方数学的便捷性。下文是柳楢悦问题和解法的译文：

求极大极小的西式捷法 柳楢悦稿 和算中有求极限的方法。关孝和发明'适尽诸级数法'，根据其方法决定'多少极'，即求极限。虽然关

〔1〕 花井静. 筆算通書[M]. 序，明治四年(1871).
〔2〕 小倉金之助. 近代日本の数学[M]. 東京：勁草書房，1973：74.

孝和的求极限方法有时要比西方数学方法简单，但和算中'弧背'术的括要法极其复杂，且又有很多错误。如《五明算法》和《拾机算法》的解法完全是错的。在天保年间齐藤宜义著《圆理鉴》，发明求极限的正确方法，纠正了前人的错误。我(柳)探究齐藤之法，看出他(的)方法与我有相同之处。二者均依据关孝和'适尽法'，使用'圆理'中的'叠法'。(这种算法)往往使用2、3张纸才能写出其解法，却也不能求得其值。但是使用西方数学中的微分法，可以简洁明了地算出其'多少极'。我国学者还没有完全掌握这种方法，所以想通过此题写出其解法，让我国学者广泛了解(西方微积分解法)〔1〕。

其中的叠法，即和算中求"积分"的方法。这番解释之后，柳楢悦做出一个曲线图，并画出其切线，指出切线的正切函数值(tan)为微分商，正切值为零时便可求出其极限值〔2〕。柳又指出，此法不仅可以适用和算中的"弧背"问题，其他问题中也可以使用。

省略柳画的图，其解法原文为：

図ノ如クABヲ基線トシ、CDヲ曲線トシ、Aヲ原点トス。AMヲ横線トシ、PMヲ縦線トス。P_1M_1、P_3M_3ハ縦線ノ多极ニシテ、P_2M_2、P_4M_4ハ縦線ノ少极ナリ。今基点Pニ切線ヲ作リ微角ヲ設タ。其角縦線ノ多少极ニ至ルトキハ必ズ空ヲ得テ微角正切モ亦空ナリ故ニ微分術ヲ施シ微角正切(即チ微分商)ヲ求メ空トシテ矩合ヲ求ム此レ横線ニ係ル線ノ多少極ナリ此法ハ畹背ニ限ラズ惣テノ題ニ適适ス次ニ試問二件ヲ奉グ。

在学会杂志的后几期中，柳楢悦提出不少数学问题并用西方微积分法

〔1〕 日文原文为"極大極小ヲ求ムル捷法西式　柳楢悦稿　凡算題ハ辞ニ極数アリ。其極ヲ過クルトキハ開方式ヲ得ルモ解商虚偽ヲ得ル。其極限ヲ求ムル法、我国ニ於テハ関孝和適尽諸級数ヲ考明シ、以テ多少極ヲ定ム。其術確乎トシテ泰西多少極ノ術ニ比スレバ、簡易ニシテ而モ微分商ヲ求ムルノ労ナシ。然レトモ弧背ニ関係スルトキハ迂遠困難、其括法洪ニ煩シ。故ニ先哲弧背ニ関係スル極題ヲ作ルモ皆邪術ニシテ、其真ヲ得ス。五明算法、拾機(璣)算法等之術皆非也。天保ノ際、斎藤宜義円理鑑ヲ作リ、正術ヲ発シ、以テ前人ノ邪術ヲ明ニス。予宜義ノ法ヲ視スト雖モ、予カ考究スル処ト全ク等シク、関氏ノ適尽法ニ原キ、円理ノ畳法ヲ用ウナルベシ。其起原甚ダ迂遠ニシテ、一題二、三葉ノ解義ヲツクラザレハ其全結ヲ得ス。今西式ノ微分法ヲ施トキ、簡易便捷ニ多少極ヲ得ル。此レ未ダ本朝算家ノ知ラザル処ナリ、因テ今此術ヲ略解シ。好算家ノ一助ニ備フ"，上文由笔者译。

〔2〕 原文中的日文为"tanが空の時多少極に至る"

求解。如在“求出已知圆锥体中能包含的最大圆柱之高”中[1]，列出三次多项式，再用微分法求解。他在解题过程中使用了西方 dy/dx 等数学符号，而同时期的中国学者尚未使用。另外一些算题摘录自和算家齐藤宜义所撰和算书《算法圆理鉴》(1834)，具体问题和解法此略。柳在题后说：“圆理中求极限方法不太容易，西方数学要便捷很多”[2]。

柳楢悦幼年学习和算，年轻时为学习西方测量和航海技术掌握西方微积分，二者兼通，上文中他明确表示了西算的简便性。在学会期刊第1号上柳楢悦发表的问题掀起一场和算与西算优劣之争。该刊第21号“投稿”栏落款“东京齐三思樵夫”[3]文中，作者既表达了对柳楢悦问题的充分理解，也全面分析了和算与西算不同之处。

1878年柳楢悦给群马县和算家萩原祯助《圆理算要》作序：

> ソレ数学ノ要ハ，代数、微分、積分ノ三術ニアリ。〔中略〕積分術ハ即チ昔ヨリ称スル所ノ圓理術ナリ。文政天保ノ间ニ至ッテ，此術愈精微ヲ究ム。〔中略〕輓近ニ及ビ西方算法大ニ行ハレ，〔中略〕深ク本朝数学ヲ修ムルモノ漸ク稀ナリ。蓋シ他ノ積分術ハ，我ガ圓理術ト真理全ク一ニ帰ス。然モ其解法大ニ異ル。我法ヲ以テ西式ニ比スレバ，畳法捷便，我レ其右ニ出ヅト云フト雖モ，豈謾言ナランヤ。然モ深ク之ヲ修ムル者浙漸衰ヘ，マタ文政天保ノ盛ヲ今日ニ見ズ。予憾ムナキ能ハザルナリ[4]。

其中柳认为西方数学中的“积分”就是和算中的“圆理术”，而“积分法”就是和算中的“叠法”，和算中也有同西方数学媲美的数学方法等。显然柳拔高了和算方法的优越性。

明治政府1872年颁布新式教育制度“学制”，明确规定普及西方数学，全面放弃和算，所以明治十年以后西方数学大有普及全国之势。而当时中小学数学教师多数接受传统和算教育，所以西方数学普及的潮流中纠结于传统数学者仍大有人在。

---

〔1〕 日文原文是“直圓锥が与えられた時、その中の最大容量の圓柱の高さはいくらか”
〔2〕 日文原文是“圓理ノ极数術ヲ施スモノハ其解容易ナラズ泰西数学ノ便捷ナルコト上ノ如シ”
〔3〕 此笔名“齐三思”的日文谐音同“再三思”，可能作者希望人们再三考虑传统数学的优秀成果。
〔4〕 小倉金之助. 近代日本の数学[M]. 東京：劲草書房，1973：74.

在1889年2月发行的第19号期刊上刊载了柳楢悦选自萩原祯助所著《圆理算要》中一题"斗笠体积"〔1〕,用"圆理豁法"计算,并解释日本传统数学中也有很好的数学方法。其原文为:

近時上州人萩原禎助著ス所ノ圓理算要ハ,我算書ノ冠タルモノニシテ,難題最モ多ク答術頗ル簡ナリ。恐ラクハ欧美ノ算儒ト云フトモ,容易ニ之ヲ通解シ能ハザルモノト云フベシ。今其ノ問題ニ西式ヲ施シ,西国積分ノ術ハ我圓理豁法ノ右ニ出ルノ証ヲ挙ゲンコトヲ乞フ。

三年之后的1882年2月刊行的学会期刊第44号上刊登了当时年仅22岁的长泽龟之助用积分法和反三角函数公式计算出斗笠体积的方法,与原来的和算比较,长泽使用的西算步骤非常简便。

长泽得出的结果和《圆理算要》的结果完全一致。在解完全体后长泽写道:

往日萩原禎助氏上京ノ際,余ニ謂テ曰ク,"本題ノ如キハ浅近ノ題ナリト雖モ,之ヲ圓理ニテ解スレバ,畳法〔積分法のこと——引用者〕ヲ施ス前ニ……級数ニ解キ〔展開すること〕,之ヲ畳ミテ,マタ,之ヲ括ラザレバ〔級数の和を求めなければ〕術文ノ如クナラズ。蓋シ西式ニテ解セバ如何ナラン"ト。余由テ直ニ之ヲ解シテ同氏ニ示シ,且ツ曰ク,"西式ニテ解ケバ,級数ニナシテ積分スルニ及バズ,大ニ簡便ナル所アリ。今一歩ヲ進メテ,其然ル所以ヲ述ベン。元来,圓理ナルモノハ,代数式ノ積分ノミニシテ,弧背八線〔逆三角函数のこと〕等ニ関係スル,凡テ超越式函数ヲ積分スルノ法ナシ。コレ其解中,級数ヲ用ヒテ冗長ヲ致ス所以ナリ。"〔2〕

对于萩原提出的问题,长泽给出了简明扼要的答案。当时,萩原54岁,长泽22岁。自学西方数学的年青学者长泽用简捷的方法解决了研究和算几十年的老学者萩原提出的问题,对于用西算解决和算问题又给出了非常精彩的一个回答。

从上述分析可以看出,柳楢悦和长泽等明治时期学者对和算与西算的

---

〔1〕 原题中日文写作"穿面笠形",即如同斗笠的一种立体面积的计算。
〔2〕 東京数学会社雜誌編集会.東京数学会社雜誌[J].No.44,明治十五年(1882)二月.

不同态度。柳楢悦因从小受到传统数学的熏陶，所以对其有很深的眷恋，并不一味地排斥。他又曾在长崎海军传习所为学习西方航海术和测量技术学习微积分、三角函数等西方高等数学，所以深知西方数学对于掌握西方科技的优越性，因此他撰文宣传其简便性。

如果将这一时期人们对和算与西算的态度分类的话，一些人是完全推崇传统数学，而另一些人则是完全否定，想用西方数学来替代它。柳楢悦对两者采取折衷的态度，他想找出二者之间可以融通的地方，按照乔治·萨顿的观点，科学在本质上是统一的，柳楢悦也许对此深有体会。

5.6　日本学者对汉译西算著作的态度变迁

前文中曾提到幕末至明治初期日本学者通过传日的汉译西方数学著作学习和了解西方数学的情况。他们或是做训点本，或是直接翻译成日语，或是做抄本等，采取了各种方法，最大限度地利用汉译本学习西方数学。

然而，到了明治十三、十四年，日本数学界逐渐将目光转向西方，随着明治政府的门户开放政策，游学西方和留学西方的留学生逐渐增多，日本学者对待汉译西方数学著作的态度也随之产生了变化。

实际上，一些日本学者以汉译西方数学著作作为媒介学习西方数学时，他们的很多做法也为日后直接了解西方数学提供了方法上的便利。下面通过分析近代日本著名的数学家和数学教育家长泽龟之助引用和借鉴汉译著作的事例考察明治时期日本学者对汉译著作的态度变迁始末。

1877年以后，日本教育制度得以改善，出现了东京数学会社等民间学术团体，东京大学建立并设数学系。而此时一些派往西方的留学生如菊池大麓等人陆续回国任职，不少学校聘请德、英、法等国教师讲授西方各门课程。各地大量购买西算书籍，掌握西方语言的学者开始埋头翻译。此后汉译数学著作的翻刻版和训点本不再出现。但这个时期翻译西算的多数学者仍然参考汉译算书，引用其名词术语，以便读通和理解西算。所以当时的数学杂志中仍有不少汉译西算书的介绍，如在东京数学会社的多期机关杂志上均有刊载。

其中尤其以华蘅芳《微积溯源》等著作的介绍为主。

华蘅芳汉译西方数学著作《微积溯源》由上下二部组成。前 4 卷介绍微分法及其应用问题，后 4 卷主要介绍了积分法和微分方程式。

《微积溯源》卷一至卷八的内容如下。

卷一 “论变数与函数之变比例”，主要介绍各种函数微分求法。第十九款中有“越函数为指数函数与对数函数之总名，兹款先论指数函数求微分之专法，……代数术第一百七三款及此书中以后所证”，主要是指数函数微分求法的介绍。又写道其证明在《代数术》第一百七三款中。

卷二 “叠求微系数”，主要介绍求一个函数微分可以得到另一个新函数的方法。其中又出现了英国数学家泰勒（书中写成“载劳”，B. Taylor，1685—1731）定理和马克劳林（书中写成“马格老临”，C. Maclaurin，1698—1746）定理。

卷三 “求函数极大极小之数”，主要是椭圆和双曲线的切线公式的求法。

卷四 “论曲线相切”，继续讨论各种曲线的切线求法。特别是在八十二款中介绍了古希腊数学家阿波罗尼奥斯（书中写成“亚不罗尼斯”，Appolonius，约公元前 260—约公元前 170）圆锥曲线研究的详细介绍，是非常有意思的数学史内容。

卷五 “论反流数”，其第九十九款写道：“反流数者即积分学也，此法专以任何函数之微分，求其原函数之式”，介绍积分学，并给出了原始函数的定义和基本公式。

卷六 “求虚函数微分式之积分”，其第一百二十三款写道：“凡微分式内之虚函数若能变之为实函数者，则可依前卷之各法求其积分”，介绍了实函数和复变函数积分求法。

卷七 “求曲线之面积”，主要内容是根据积分法所得的特殊曲线面积求法。在其第一百五十六款中写着：“一题 设曲线为抛物线，已为通径，欲求其面积；二题 设线为平圆线，欲求其面积；三题 设曲线为椭圆，欲求其面积；四题 设有双曲线，欲求其形外面积；五题 设有双曲线，欲求其形内面积；六题 设有正双曲线，欲求其渐近线与曲线间之任一段面积”等内容，主要是一些曲线图形面积求方法及其公式。

卷八 “求双变数微分之积分”，介绍了根据有两个变量时的微分求出其积分的方法。其第一百七十五款写道："求乘数之事，尤拉(欧拉)已考至甚深，其所著之书中，曾有各题，设其积分为已知，而反求其任何微分式，辨别其函数为何种性情则能求积分。"介绍了数学家欧拉的研究，并举出具体实例给出其积分的求法。

总而言之，华蘅芳《微积溯源》的内容要比李善兰《代微积拾级》要丰富，而且水平比较高。尤其是《微积溯源》中充满着牛顿模式的微积分求法。如把导函数称作"流数"(日文中今天也称作"流率")，把积分学称作"反流数"[1]。

《微积溯源》中丰富的西方微积分学知识通过汉译著作的传日对明治初期日本也产生了非常重要的影响，在东京数学会社杂志中常有介绍。

1879年4月出版第14号期刊中有《微积溯源》的两道题，由和算家大村一秀介绍。如前所述他曾写过多种和算书，数学造诣很深[2]。他是东京数学会社的初始会员，并任《东京数学会社杂志》的首任编辑。1877—1879年大村在该刊上发表过许多微积分算法的文章，公式和符号的写法完全是西方的。在前文中曾介绍过大村并不精通西方语言，最初只能通过中文本的《代微积拾级》学习微积分。

通过大村一秀介绍《微积溯源》中两道题的做法，可以看出他也细读过《代微积拾级》以外的其他汉译著作。这两题的答案刊于1882年第43号《东京数学会社杂志》上，解答者为长泽龟之助。他是明治—大正时期的数学家和数学教育家，精通中日传统数学，对西方数学也作了很多研究。他在解答这两道题时，使用西方的数学符号和式子，过程简单明了，可见他对原汉译著作的内容也是比较熟悉的。长泽是介绍和参考资料中引用汉译西方数学著作最多的一位学者。

以下是第14号中出现的《微积溯源》中一题：

二　高a尺ノ燈下ニ一物ヲ視ル，其光力最明ナラント欲ス，燈ノ基礎ヲ距ルコト幾何ナルヤ[3]。

---

[1] "流数"的英文为Fluxion。至今为止在一些中国数学史相关书本中把牛顿的Fluxion翻译为"流数"，把Fluent翻译为"流量"。

[2] 遠藤徙利貞遺著，三上義夫編，平山諦補訂．增修日本数学史(第五卷)[M]．東京：恒星社，1981：564-565.

[3] 東京数学会社雑誌編集会．微分积分法杂问[J]．No. 14，明治十二年(1879)四月.

这是《微积溯源》卷三第八问。原文是：

八题　设置于灯下视一细物。已知物距灯底之数。求灯火高若干度则光最明[1]。

此题发表之后，很长一段时间没有引起学者们的注意，在3年后1882年1月刊行的第43号第1套“问题解义”中出现了长泽龟之助的解答。长泽将原文中国式数学符号和方程式全部替换成西方的，做了详细的解释。如把四则演算符号“丄”,“丅”换成“+”,“-”；把微分符号“彳天”,“彳地”换成“dA”,“du”。

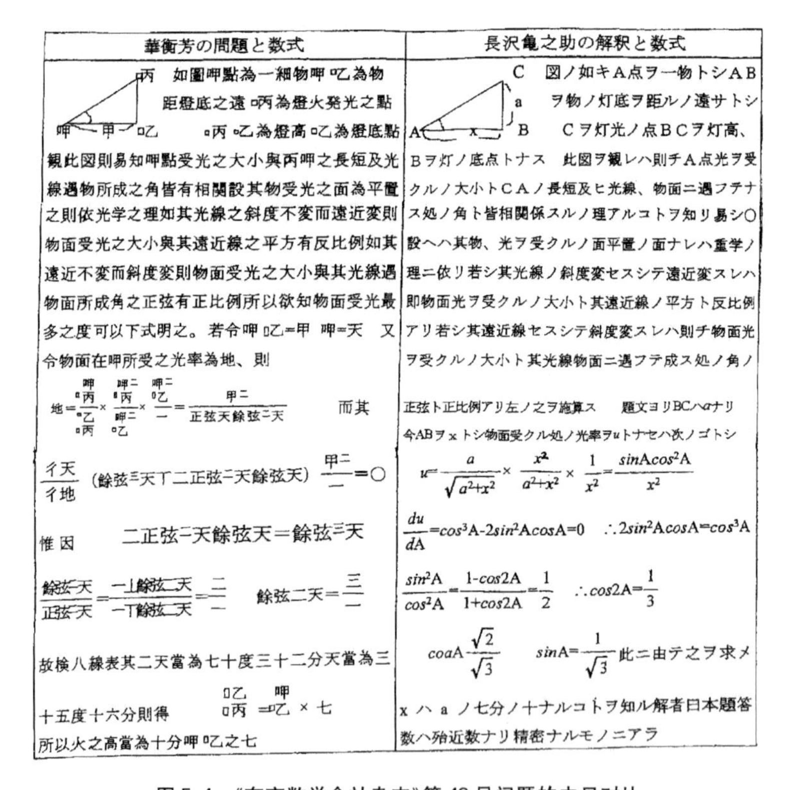

華衡芳の問題と数式	長沢亀之助の解釈と数式
口丙　呷　甲　口乙 如圖呷點為一細物呷口乙為物距燈底之遠口丙為燈火發光之點口丙口乙為燈高口乙為燈底點観此図則易知呷點受光之大小與丙呷之長短及光線遇物所成之角皆有相関設其物受光之面為平置之則依光学之理如其光線之斜度不変而遠近変則物面受光之大小與其遠近線之平方有反比例如其遠近不変而斜度変則物面受光之大小與其光線遇物面所成角之正弦有正比例所以欲知物面受光最多之度可以下式明之。若令呷口乙=甲　呷=天　又令物面在呷所受之光率為地、則 地＝(口丙/呷)/(口乙/口丙)×(口丙/呷二)/(呷二/口乙)×(口乙/呷二)/一＝甲二/正弦天餘弦二天　而其 彳天/彳地（餘弦三天丅二正弦二天餘弦天）甲二/一＝〇 惟因　二正弦二天餘弦天＝餘弦三天 餘弦二天/正弦二天＝(一丄餘弦二天)/(一丅餘弦二天)＝二/一　餘弦二天＝三/一 故検八線表其二天當為七十度三十二分天當為三十五度十六分則得　口乙/口丙＝(呷/口乙)×七 所以火之高當為十分呷口乙之七	C　A　x　B　a 図ノ如キA点ヲ一物トシABヲ物ノ灯底ヲ距ルノ遠サトシCヲ灯光ノ点BCヲ灯高、Bヲ灯ノ底点トナス　此図ヲ観レハ則チA点光ヲ受クルノ大小トCAノ長短及ヒ光線、物面ニ遇フテナス処ノ角ト皆相関係スルノ理アルコトヲ知リ易シ〇設ヘハ其物、光ヲ受クルノ面平置ノ面ナレハ重学ノ理ニ依リ若シ其光線ノ斜度変セスシテ遠近変スレハ即物面光ヲ受クルノ大小ト其遠近線ノ平方ト反比例アリ若シ其遠近線セスシテ斜度変スレハ則チ物面光ヲ受クルノ大小ト其光線物面ニ遇フテ成ス処ノ角ノ正弦ト正比例アリ左ノ之ヲ施算ス　題文ヨリBCハaナリ今ABヲxトシ物面受クル処ノ光率ヲuトナセハ次ノゴトシ $u=\frac{a}{\sqrt{a^2+x^2}}\times\frac{x^2}{a^2+x^2}\times\frac{1}{x^2}=\frac{\sin A\cos^2 A}{x^2}$ $\frac{du}{dA}=\cos^3 A-2\sin^2 A\cos A=0\quad\therefore 2\sin^2 A\cos A=\cos^3 A$ $\frac{\sin^2 A}{\cos^2 A}=\frac{1-\cos 2A}{1+\cos 2A}=\frac{1}{2}\quad\therefore\cos 2A=\frac{1}{3}$ $coa A\frac{\sqrt{2}}{\sqrt{3}}\quad\sin A=\frac{1}{\sqrt{3}}$ 此ニ由テ之ヲ求メxハaノ七分ノ十ナルコトヲ知ル解者曰本題答数ハ殆近数ナリ精密ナルモノニアラ

图5.4　《东京数学会社杂志》第43号问题的中日对比

长泽又把原书中分数的书写方法也改成西方格式。清末华蘅芳等人的著作中书写分数时总是把分子置于横线之下，而把分母置于横线之上。长泽又把原书中用中文表示的未知数和已知数全部用字母替换。如把“甲”换

〔1〕（英）华里斯撰，（英）傅兰雅口译，（清）华蘅芳笔述．微积溯源（共八卷）[M]．测海山房中西算学丛刻初编，1896：12.

成"x",把"地"换成"u",把"正弦天"改写成"$\sin A$"等。长泽还对原文中的三角函数方程式做补充说明。如把原书中"余弦二天$=\frac{三}{一}$,故检八线表"的地方,翻译成由三角关系式 $\cos 2A = \frac{1}{3}$ 求出 $\cos A = \frac{\sqrt{2}}{\sqrt{3}}$, $\sin A = \frac{1}{\sqrt{3}}$。又使用了 $\cos 2A = 2\cos^2 A - 1$, $\sin^2 A + \cos^2 A = 1$ 等三角函数关系式。

可见,长泽并没有直接采用,而是有意识地改变了原汉译著作中的数学符号和数学式子,这种做法在明治中后的日本学者中很普遍。说明近代日本学者参考和学习汉译著作时一直参照西算模式,为大量引用西算做了全面的准备。

后来,长泽直接从西方数学书中选择了很多数学著作进行翻译,翻译过程中他经常参考汉译数学书。在一本《微分学》"序"中他写道:

> 译高等之书,方今一大急务矣。……余谓微分之学,其理深远。况突氏[1],英国算家中之巨擘,其书周密高尚。……然今学者,憾无高等之书,叹文明之缺典。……且如算语之译字,世有先例者鲜矣。故仅据支那译之代微积拾级、微积溯源等二三书。或参考代威斯氏[2]数学字典[3]。

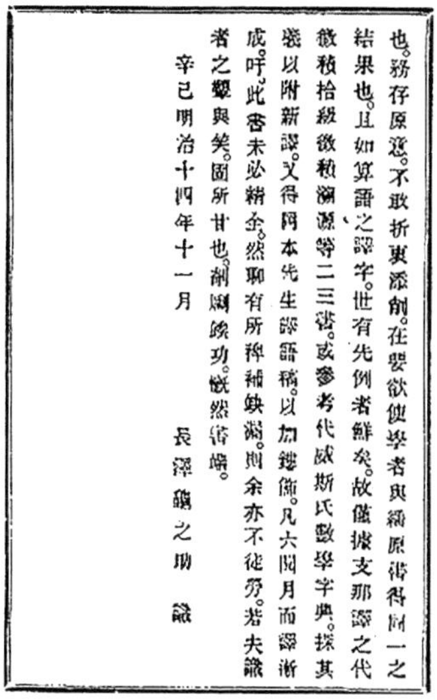

也。務存原意。不敢折衷添削。在要欲使學者與繙原書得同一之結果也。且如算語之譯字。世有先例者鮮矣。故僅據支那譯之代微積拾級、微積溯源等二三書。或參考代威斯氏數學字典。採其[illegible]以附新譯。又得岡本先生譯語稿。以加雕飾。凡六閲月而譯漸成。吁。此書未必精全。然聊有所裨補缺漏。則余亦不徒勞。若夫識者之譏與笑。固所甘也。剞劂竣功。[illegible]

辛巳明治十四年十一月　　長澤龜之助　識

图 5.5　长泽龟之助《微积分》序

即,长泽翻译西方微积分学著作时还没有日本学者写的相关书籍,其主要参考书是汉译著作《代微积拾级》和《微积溯源》等书。

长泽开始发表自己对于西方数学的研究成果。如 1881 年 11 月至 1882 年 1 月之间发行的《东京数学会社杂志》第 41 号、第 42 号、第 43 号中连续发表了题为"曲线说"的有关高次曲线的研究成果。其间也多次列举汉译著作《代微积拾级》《代数术》《微积溯源》中有关曲线的内容。对于多数曲线的名称长泽沿

---

〔1〕 英国数学家突德汉特,其几何学著作对明治后期和 20 世纪初中国的数学教育中产生了很大的影响。

〔2〕 英国数学家戴维斯,其代数学著作和数学辞典对明治后期和 20 世纪初中国的数学教育中产生了很大的影响。

〔3〕 長澤亀之助. 微分学[M]. 数理学院,1881: 1.

用中文译名，改正了其中认为不太确切的。如在“悬连线”（今作“悬链线”）一节中写道：

> 悬连线，英文名称为 catenary，拉丁语名称是 catenerius。中国人在《代微积拾级》中译成两端悬线，《微积溯源》中译作软腰线，又有国人译作锁线，均不妥，是而译作悬连线[1]。

在介绍“蔓叶线”时比较了《代微积拾级》中使用的“薜荔叶线”和《代数术》中的“蔓叶线”，然后通过介绍蔓叶线轨迹方程的求法，说明《代数术》中的译名较好。此文中长泽又介绍了“蔓叶线”是古希腊数学家狄奥克莱斯(Diocles，约 B. C. 240—B. C. 180)为解决立方倍积问题而发现的历史过程。

长泽的曲线研究是日本学者首次对高次曲线的研究。由上文可知长泽讨论西方传入的数学内容的同时依旧参阅汉译著作。但值得注意的是和以前的抄本和训点本的作者不同，这时期的日本学者已经开始对汉译著作的内容进行批判和筛选。长泽对西方的几何学也做过深入的研究，在一些数学杂志中对汉译《几何原本》作了较为详尽的讨论。

和长泽同时期的很多日本学者在翻译西方数学著作时引用汉译著作。下面是田中矢德(1846—1910)翻译西方数学书时参考汉译著作的例子。

田中矢德于 1880 年 12 月加入东京数学会社。他刚开始也是学习了传统数学，后到一位近藤真琴所开的私塾攻玉塾学习了西方数学。1876 年至 1885 年到东京高等师范学校当数学教员。1886 年开始成为攻玉塾的数学专攻科主干教师。田中于 1882 年开始教授罗宾逊，突德汉特等西方数学家的代数和几何教科书。其中《代数学教科书》是罗宾逊所写 *New University Algebra* 一书的日文翻译。在此书的“序”中有参考突德汉特书中内容。序中又写道：“译语参阅宋杨辉算法、算法启蒙、数学启蒙、代数术、数学会社杂志……记述”[2]。

田中的译著出版后的第二年，长泽翻译了突德汉特的《平面三角法》(1883 年 6 月，东京数理书院刊)、《球面三角法》(1883 年 8 月，东京数理书院刊)等两本教科书，其中也参考了《代数术》和《微积溯源》等汉译著作。

---

〔1〕 長澤亀之助. 東京数学会社雑誌[J]. No. 43，明治十五年(1882)一月：42.
〔2〕 近藤真琴閲，田中矢徳編，鈴木長利校. 代数教科書[M]. 緒，東京：攻玉社，明治十五年(1882)一月.

1887年，在日本出现了很多从西方直接翻译的数学教科书。日本数学界对汉译数学著作的依赖也越来越少。学校的教科书或是日本学者自编的数学教科书，或是直接采用西方通用的数学教材。这个时期的一些数学杂志不再是以普及数学知识为主，而是开始刊登一些西方数学家和日本学者撰写的专业水平较高的研究论文，日本数学界迈向了向国际数学界进军的重要一步。

5.7　学会更名投射的明治后期数学的发展

在下文中通过考察以东京数学会社原社长柳楢悦为首的传统学者被菊池大麓为代表的完全接受西式教育的人员所替代的历程。通过学会主导权的更替，学会的主旨从普及西方数学过渡到研究西方数学和物理学，并形成了完全与西方数学交融的崭新模式。

东京数学会社的转换的主要特征就是纯西方数学研究人员代替和算传统和"和洋"混用派学者掌握主导权的过程。也是业余的非专业的数学爱好者被掌握近代西方数学和物理学的职业科学家团体取代的过程。

这种转变在学会的发展历程中主要体现在菊池大麓提出的两次"社长废止论"上，日文称作"社長ヲ廃スル説"。通过分析菊池的"社长废止论"，可以看出东京数学会社的转换，以及学会主导权从柳派到菊池派的变迁过程，主要分两个阶段。

第1阶段对应着学会发展的第1、2、3期。这期间出现的和算派和西算派之间出现的矛盾事件主要有如下几点。

1880年3月6日，通过例会宣布另一位首任会长神田孝平辞去职务。不久，即3月20日，菊池就提出了第1次的"社长废止论"。当时参加集会的23名会员通过投票表决，以赞成票多出反对票1票之差通过提议。关于当日会议情况有如下记录：

> 本月二十日……相会スル者二十三名席上ニ於テ菊池大麓氏社長ヲ廃スル説ヲ起ス衆員交々議ヲ起シ討論数刻岡本則録氏ヲ仮議長トシ議決ヲ取ルニ終ニ廃シ論ニ賛成スルモノ一名ヲ増ス依テ社長ヲ置カザルニ決ス猶本社ノ事務上ニ付委員二名ヲ置キ本社一切ノ事務ヲ

委托スルコトヲ决ス〔1〕。

这一次的“社长废止论”是菊池以蕃书调所时代老师神田的辞职为契机，想彻底改变学会模式而努力的结果。显然，他认为非专业数学人员拥护的柳社长的领导之下，东京数学会社无法完成日本数学的近代化。第1次“社长废止论”提出后不久柳辞去会长职务，学会选出冈本则录和川北朝邻等两名事务委员管理学会日常事务。但是，这二人却在3月25日呼吁重新选举会长。这样5月1日，柳又被当选为会长。

通过前面对冈本和川北的介绍可知，他们二人的学历背景和柳楢悦相同，观点和菊池有很大的不同之处。第1次的“社长废止论”以短短40天便宣布夭折。这表明，当时的日本数学界，专业学者还没有占据主导地位，数学会的主要成员也还是以和算系统的人员为主。

学会在发展的第2、第3期，在人事组织方面貌似没有大的变化，但是在平稳的表面下，柳和菊池两个学派的冲突却是很激烈的。如从第3期开始，学会的例会就已经转移到东京大学召开。1881年8月30日，菊池和冈本给当时的东京大学总长加藤弘之提交申请，把例会和“译语会”的召开场所均定在东京大学。这是学会的中心转移到东京大学的重要标志。

菊池第2次提出的“社长废止论”，应是东京数学会社迎来转换期的重要象征。时间是在学会发展的第4期，即1882年6月3日，在东京大学举办的一次例会上，面对22名的出席人员，菊池大麓提出改变原来的第16条学会规则。那一条会则上写着“社长一名　学务委员十二名　事务委员二名　书记一名ヲ置ク”。那一天的例会上会长柳也缺席，冈本担任议长，对菊池的意见进行了审议。这一次的菊池意见被称作第2次的“社长废止论”。会上，菊池又指出当时的会长因忙于其他公务，对学会的事情不闻不问是一种不负责任的态度，为了今后学会事业的顺利进行，应该废止会长，选出事务委员2名，学务委员2名，由他们来管理学会事务和“译语会”的进展等。

这样，进入1882年之后，东京数学会社的人员组织形式发生了重要的变化，学会期刊的登载的数学内容也发生很大变化，和算问题和西方数学问题的比率开始逆转，开始出现了一些讨论比较深的西方数学内容的文章。学

〔1〕 東京数学会社編集者.本会沿革[J].東京：東京数学会社，1884：10.

会也迎来了新的一个时期。

1881年9月，东京大学的数学系和物理学系从星学系分离并独立。独立后的数学系学生人数很少，但在1884年，送出了第一届毕业生。是一名叫高桥丰夫的学生。第二年又有北条时敬和熊泽镜之助二人毕业[1]。东京大学的第一届、第二届数学专业毕业生应该是海归学者菊池的教育下正规学习西方近代数学的最初的职业化数学家代表。

东京大学数学系出现毕业生的时期，也是日本数学界新旧更替的关键时刻。这一年，东京数学会社正式转变成东京数学物理学会。东京数学物理学会的第一期会员中除了新毕业的高桥丰夫和熊泽镜之助之外，还有从西方学成归来的隈本有尚、泽田吾一、三轮桓一郎、田中正平、北条时敬等人员。

以职业数学家和物理学家为会员的东京数学物理学会，不仅在组织结构上和原来的东京数学会社有着很大的不同，更主要的是其学会的宗旨发生了很大的变化。东京数学会社时代，可以称得上专业数学家的就是研究传统数学—和算的学者。而东京数学物理学会时期的专业数学家却是掌握西方数学的人员。

1884年4月5日召开的东京数学会社例会上只有5名参会人员，也没有召开“译语会”，发行了学会最后一期学刊《东京数学会社杂志》第67号。

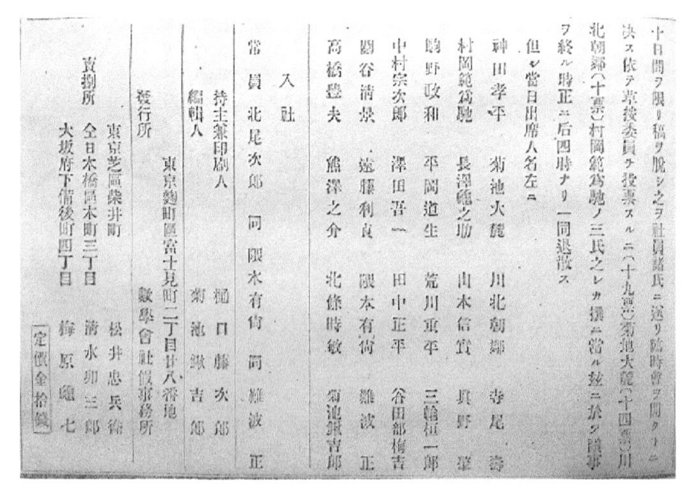
十日間ヲ限リ稿ヲ脱シ之ヲ社員諸氏ニ送リ臨時會ヲ開クトニ決ス依テ草按委員ヲ投票スルニ（十九票）菊池大麓（十四票）川北朝鄰（十票）村岡範爲馳ノ三氏之レカ撰ニ當ル茲ニ於テ議事ヲ終ル時正ニ后四時ナリ一同退散ス

但シ當日出席人名左ニ

神田孝平　菊池大麓　川北朝鄰　寺尾壽
村岡範爲馳　長澤龜之助　山本信實　真野肇
駒野政和　平岡道生　荒川重平　三輪桓一郎
中村宗次郎　澤田吾一　田中正平　谷田部梅吉
関谷清景　遠藤利貞　隈本有尚　難波正
高橋豊夫　熊澤之介　北條時敏　菊池錦吉郎

入社

常員　北尾次郎　同　隈本有尚　同　難波正

持主兼印刷人　樋口藤次郎
編輯人　菊池鐵吉郎

發行所　東京麹町區富士見町二丁目廿八番地　數學會社假事務所

賣捌所　東京芝區柴井町　松井忠兵衛
仝日本橋區本町三丁目　清水卯三郎
大坂府下備後町四丁目　梅原龜七

定價金拾錢

图5.6　第67号杂志最后一页

〔1〕“日本の数学100年史”編集委員会. 日本の数学100年史(上)[M]. 東京：岩波書店，1983：106.

不久,菊池给所有学会会员写了一封信,宣告了学会的终止。同时宣布把社名改成"东京数学物理学会"。对于学会名称的更改他给出了如下理由。

動議第一 本社社名ヲ改メ東京数学物理学会ト改メ数学及ヒ物理学(星学ヲ含有ス)ヲ講究拡張スルヲ以テ目的トス可シ

動議第二 本社ノ社則ヲ改正スル為メ草案委員三名ヲ选举シ改正社則ヲ草セシム可シ但シ十日間ヲ限リ稿ヲ脱スルコトトス

理由説明:本社創立以来此二六年其間社運ノ变遷少カラスト雖トモ未タ曽テ満足ス可キ有様ニ至リタルコトナシ実实ニ嘆セサルヲ得ス。抑モ本邦ニ於テ学術ノ勢未タ振ハス之ヲ攻ムル者甚少シ是レ学術ノ本邦ニ入込ミタル日尚ホ浅キニ由ル者ニシテ現ニ学術ヲ考究スル者ハ最モ之ヲ拡張スルコトヲ勉ムルノ責アルベシ。……夫レ数学ト物理学トハ甚親密ナル学科ニシテ物理ヲ攻メントスルトキハ必ス高等数学ヲ修メサル可カラス数学ヲ攻ムル者ハ其应用ヲ物理学ニ求ム……欧米諸国ニ於テモ学会又ハ雑誌等此両学科ヲ兼タル例甚多シ……本社会員中ニモ物理学ヲ専攻スル者少トセス而シテ其本会会員タルハ既ニ学科ノ関係甚親密ナルヲ以テナリ若シ本社ノ区域ヲ广メテ物理学ヲ加フルトキハ此等ノ诸君ノ勉強尚一層ナランコトハ勿論ナリ……斯ク亲密ナル二学科ヲ併セテ攻究スルハ其性質ニ於テ差支ナクシテ大ニ社ノ勢力ヲ増加ス可シ[1]。

其中,菊池谈到自东京数学会社创办以来虽然取得了一些成绩,但是运营方式长期处于一种陈旧状态,已经不符合日本数学的长远发展,所以有必要重新调整。对于变迁后的学会中数学和物理学共存的现象,他解释说,西方数学和物理学两个学科有着非常密切的关系,当时的欧米各国学会也把二者结合在一起。

这样,在菊池的主持下于1884年5月3日,学会在东京大学召开例会正式公布将原来的"东京数学会社"改名为"东京数学物理学会",宣布新规则,选举新会长。因当选为新会长的菊池要到国外开会,由票数第二的村冈范

〔1〕 東京数学会社編集者.本会沿革[J].東京:東京数学会社,1884:88.

为驰当选为“东京数学物理学会”的第一任会长，当时称作“初代委员长”。

不久召开临时委员会，公布了会员责任和学会期刊的体裁、内容等。村冈之后担任学会“委员长”的人员是山川健次郎(1885)和菊池大麓(1886)等人。他们后来也分别担任过最高学府东京大学校长和教育部长等职务，为近代日本数学和物理学的发展做出了重要贡献。

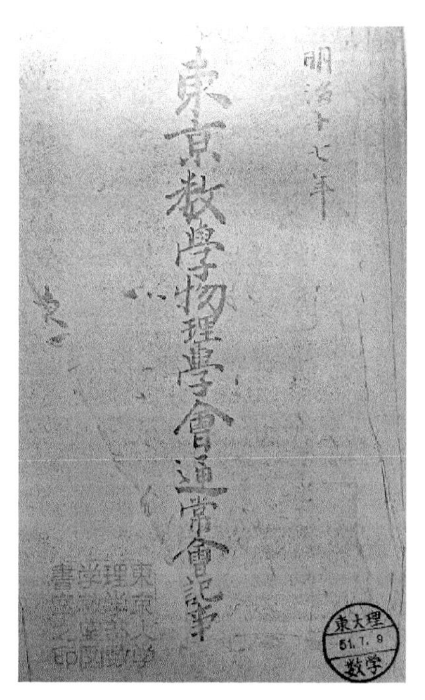

图 5.7　东京数学物理学会记事

学会组织变更后，会员以专业数学家或物理学家为主，其学会期刊的内容也发生了质的变换，和国际数学界的交流也变得非常密切。如在 1885 年，斯德哥尔摩大学教授，《数学学报》(*Acta Mathematica*)主编给菊池发来一封信，以 *SWEDEN KOTEI KENSHO MONDAI* 为标题发表在学会期刊《东京数学物理学会记事》上，其中的内容是瑞典国王颁布的数学问题[1]。1892 年，期刊上刊登了罗巴契夫斯基数学论文的英文翻译，旁边还有菊池写的注解。菊池又把高斯用拉丁语写成的无穷级数方面的论文翻译成英文发表在期刊上。

在东京数学会社刚创立时，神田孝平曾在第一期学会期刊上刊登的“题言”中写道：“本会既ニ公衆一般数学ノ開進ヲ以テ目的トス”[2]，即倡议学会的主要任务是向全社会普及数学。转换成东京数学物理学会后，在其第二条规则中写道：“本会ノ主旨ハ同志相会シテ数学及ヒ物理学(星学ヲ含有ス)ヲ考究シ其進歩ヲ図ルニ在リ”[3]，即学会的主要任务不再是普及数学知识，而是深入研究近代西方数学和物理学。

在 1877 年，东京数学会社创办之后，日本数学界一改和算时期封闭的状

〔1〕 東京数学物理学会記事編集会. 東京数学物理学会記事[M]. 卷Ⅲ，第 1 期，明治十八年(1885)：185－189.
〔2〕 東京数学会社雑誌編集会. 東京数学会社雑誌[J]. No. 1，明治十年(1877)：1.
〔3〕 東京数学会社編集者. 本会沿革[J]. 東京：東京数学会社，1884：93.

态，会员们将研究成果发表在学会期刊上，形成了比较自由的数学研究氛围。可以说，东京数学会社的成立为西方数学的普及和近代日本数学的发展起到了非常重要的推动作用。但是，这个时期学会期刊上登载的基本上是一些类似传统数学模式的问题集和总结报告类的数学内容，没有一篇可以称得上是数学研究的论文。可见，这种模式无法支撑需要进一步发展的日本数学模式。因此到了东京数学会社发展的后期，逐渐形成一股改革学会模式的趋势。这是东京数学会社转变成东京数学物理学会的重要原因之一。

随着东京数学物理学会的成立，日本数学界以发展数学和物理学研究为学会目的，通过和国际数学界和物理学界的交流，促进了整个日本数学和物理学水平的提高，也推动近代日本科学技术的发展，并提供了交流的平台和学术的保障。

第 6 章
“译语会”与近代日本数学名词术语的确定

东京数学会社建立以前就出现了确定数学名词术语的奠基性工作，在明治初年，已有学者做过日语和西语数学名词术语的对照表。但翻译机构的正式形成却是在 1880 年 7 月东京数学会社建立“译语会”之后。在“译语会”倡导之下，日本数学界确定了使用至今的各种数学名词术语。

下文考察“译语会”的成立及各项工作，分析近代日本通过大量翻译西方数学著作，促进数学界全盘西化的过程。

6.1 译语会成立的时代背景

在明治初期的日本数学界，数学名词的统一逐渐变成一件亟待解决的问题。“数学会社”的第一任社长神田孝平在其《东京数学会社杂志》第一号“题言”中曾谈到译语（名词）的统一问题是“数学会社”今后需完成的重要任务之一。菊池大麓作为“数学会社”后期的社长也非常关心西方数学名词术语及科学技术用语的翻译问题。菊池曾写过一篇“论统一学术上的译语”的文章，其中全面分析了自己对译语工作的观点，并考察了明治初期学术用语翻译的时代背景。

菊池在该文中，首先提到“对于学术研究最重要的事情之一就是词语的正确性”。曾留学英国的菊池非常熟悉 19 世纪后期西方各国学术发展状况。他文中谈道“在西方各国的学术界学术用语虽然也未尽完备，但已经逐步确定下来重要的名词术语”[1]，并举例说明西方各国确定学术用语的具体情况。他又指出当时日本在翻译西方科技著作时学术用语的翻译非常不规范，给读者带来极大不便的混乱状态。另外，他还特别要求必须针对某一个学术用语只能有一种译语对应的翻译原则。菊池认为直接使用西方各国原来的词语是不可取的做法，但考虑到刚刚对西方各国开放的特殊时代，可以默许一些很难翻译的词语使用原文。在此文章的结束部分，菊池主张确定译语时不能采取像古代中国在翻译梵语时借助政府力量的做法，而是各个学术领域内的学会及学者团体进行相应的翻译工作。文部省接受他的观点并大力支持确定翻译术语的工作。在这种状态下明治时期统一各种术语的工作开展得比较顺利。另外，菊池不仅主张数学名词术语的翻译和统一，还提倡在其他学术领域内也实现译语的统一工作。1881 年，时任东京大学理学部长的菊池提出的译语相关建议在数学、物理学领域得到了普遍的认可和执行。在数学领域，虽受到一部分民间数学家的反对，菊池的方案还是得到了多方的支持。数学会社成立“译语会”的设想曾受到一些学者的抵触，数学家上野清就采取了反对立场。他在“诸学普及数理丛谈”的第 44 号里认为，数学词汇应该顺着时代的潮流，沿用多人使用的用语，没有必要设立专门机构人为地进行确定。对此，会员中川将行在该杂志的第 31 号(1880 年 12 月)—第 37 号(1881 年 6 月)(第 36 号除外)上连续登载文章进行了反驳和批评。中川将行特别热衷“译语会”的工作，他对设置“译语会”的必要性和重要性见解深刻，具体观点如下。

首先，针对上野提出“訳語会ノ事業ハ牽制スヘキ権力ナキ者カ漸ヲ以テ成リタルモノヲ改正スルノ業ナリ”[2]的观点，中川说道：

> 牽制スヘキ権力トハ，君主専制国ノ君主カ其臣民ヲ統治スルノ権力ノ如キモノナルヘシ，仮令ヒ牽制スヘキ権力アルモノナリトモ，漸ヲ以テ成リタルモノヲ遽ニ改メンコトハ為スヘカラサルノ业ナリ，余輩豈ニ漸ヲ以テ成リタル訳語ヲ改革スルカ如キ従ラナル業ヲ執ランヤ，其未夕成ラサル訳語ヲ定メント欲スルナリ[3]。

---

〔1〕 菊池大麓. 学術上ノ訳語ヲ一定スル論[J]. 東洋学芸雑誌. 第 8 号. 明治十五年(1882).
〔2〕 東京数学会社雑誌編集会. 東京数学会社雑誌[J]. No. 31 号- No. 32，明治十四年(1881)一月.
〔3〕 東京数学会社雑誌編集会. 東京数学会社雑誌[J]. No. 31 号- No. 32，明治十四年(1881)一月.

即上野批判花费时间和人力确定译语的做法不科学，又认为权威人士左右着学术名词术语的自然形成。而中川反驳道，所谓牵制译语会的权威力量并不存在，确定名词术语是时代发展的需要和总趋势。

其实，上野一直从事翻译西方数学教科书的工作，译语会成立初期他已经使用了很多新名词术语。而跟他辩论的中川也是翻译过西方数学著作的人物，但是和上野比较而言他的思想更加活跃，更加激进。二者在确定名词术语问题的认识背后隐藏着他们对传统与西方数学模式的取舍态度。

在辩论中，上野认为把日本的数学名词术语分为和算用语、中国传来术语和西方术语三种。中川对其论点进行一一分析，并做了逐一的反驳。比如，上野认为大部分西方数学名词术语都可以找到相应的和算用语，而且当时日本社会也存在一些复古势力，想用和算的名词术语来替代已传入日本西方数学用语。对此，中川认为这种做法只能适用于长方形和圆等为数不多的一些用语上。另一面，上野又有极力主张采用中国汉译著作中的名词术语，针对上野的中文译语势头愈来愈强的见解，中川认为中文用语尚属西方数学名词术语的一部分，还局限于初级阶段。另外，上野还指出如果重新制造新的译语，很多和算用语的原有意义将被遗忘。针对这一观点，中川认为不应该使用无视西方数学名词意义的新数学名词术语，译语会应该制造有意义的数学名词术语。然后，上野又断言当时的日本数学界处于十分混乱的状态，因此译语的统一是不可能成功的一件事。而中川则认为，学者普遍期待译语的统一，所以创立“译语会”并规范译语是非常有意义的事情。

如上所述，“译语会”成立之际，中川表现出跟“数学会社”的会员合作的态度，并与上野为代表的反对者进行争论，积极宣传数学名词术语规范化的重要性。

6.2　汉译数学名词与明治初期的学术用语

从江户时代至明治维新时期的日本数学，即和算的数学名词术语，主要以中国传入的数学名词和日本传统数学家们自创用语为主。从中国传入的数学名词术语中有中国古典数学书里使用的用语。例如，方程、勾股、三角、圆等。

另一种系统是,16世纪末以后耶稣会传教士和中国学者合作翻译的汉语数学名词。或者在其影响下撰写的《历算全书》(梅文鼎遗著,1723)里使用的数学名词术语。比如,几何、面积、体积、正弦、余弦、弧背术、对数等。和算家独创的用语有圆理、豁术、容术、点窜、傍书等。

如前所述在长崎海军传习所,应国防之需作为科学技术教育的一环开设了西方数学教育。在这方面的教育用荷兰语进行,翻译由荷兰"通词"担任[1]。但是翻译人员的荷兰语能力较低,找到符合西方数学名词术语的日语也是一件难题。因此这个时候的西方数学教育也是举步维艰[2]。根据当时的科目可以看出,面向日本学生的荷兰语授课内容中使用了和算用语点窜和对数、几何、三角法等汉译名词术语。

在清末中国,以鸦片战争为契机,西学变得活跃起来,尤其是来华传教士与中国学者共同翻译了很多西方学术著作。明治初期的日本人学习和理解西方学术著作时采取了对中译本进行训点的方法。不仅限于汉学者,因幕府末期至明治时期的兰学家们也具备较高的读解汉文书籍的能力,所以他们也通过参考汉译书籍了解西方的情况。除此之外,他们熟知一些汉字的多义性,在遇到新奇的西方术语时便根据那些意思重新创造了新词。换言之,翻译西方的学术词语时,他们充分发挥其汉字文化修养创造新名词术语。这样,在明治初期以后的日语里出现了很多新的汉字术语。

关于日益增多的汉字术语的情况,英语学者平文(J. C. Hepburn, 1815—1911)的《和英语林集成》(第三版)序文中有"在各种领域由于日语的令人惊异的快速变化,致使辞典的词汇量增补工作很难跟上"的一段话。而且,"这些新造语的大部分都是汉字术语"[3]。另外,日本人正式学习英语时,也利用加训点的英汉词典的中译书。例如,日本人学习英语时利用了在中国早已出版的《英华辞典》[4]。汉译西方科学书籍成为日本人学习西方科学技术知识的一条重要途径。

---

〔1〕倉沢刚. 幕末教育史の研究(二)[M]. 東京:吉川弘文館,1984:124.
〔2〕藤井哲博. 長崎海軍伝習所[M]. 東京:中央公論社,1997:59-68.
〔3〕平文编译《和英语林集成》原英文名 *A Japanese and English Dictionary; with an English and Japanese Index*, 1867年在横滨出版。平文是1859年到日本的西方传教士,居住横滨,花去约8年时间写成此书。
〔4〕英华辞典代表性著作有卫三畏(S. Williams)《英华辞典》(1844),麦都思(W. H. Medhurst)《英华辞典》(1848),罗存德(W. Lobscheid)《英华辞典》(1866—1869)等。

6.3 “译语会”成立前的数学术语状况

1862 年来中国考察的日本人带去了一些汉译西方数学著作，这些著作中使用的数学名词术语后来成为幕府末期及明治初期的日本数学名词术语的来源之一。下面主要论述中国数学名词对日本的影响。

长崎海军传习所之后，有藩书调所、沼津兵学校和一些私塾也引入西方数学教育，所使用的数学名词术语不统一。日本数学领域使用的名词术语有以下 3 种来源。

第一是汉译西方数学著作里使用的术语。19 世纪下半叶，传教士和中国数学家们翻译了大量的数学名词术语。其中尤其是伟烈亚力和李善兰的贡献最大。1859 年出版的《代微积拾级》里附有 330 个英文的数学名词术语及其译语的对照表。日本人翻译西方数学名词时参考了其中内容。《代数学》里虽然没有译语对照表，但其中使用的词汇在日本也得以广泛使用。

下面从《代微积拾级》的汉英数学术语对照表里举几个例子。括号内是现代术语。

Function—函数（关数）、Algebra—代数学、Arithmetic—数学（算术）、Axiom—公论（公理）、Differential—微分、Equation—方程式、Maximum—极大（极大值）、Integral—积分、Root—根、Theorem—术（定理）[1]。

上述例子中可以看出，伟烈亚力和李善兰制定的术语用今天的眼光看多数也是非常恰当的。但也有一些与现代不同的术语。比如，arithmetic、axiom、theorem 等译语就是如此。现代通用翻译中 arithmetic 是指“算术”，axiom 是“公理”，theorem 是“定理”。这些词汇是“数学会社”的“译语会”提出并翻译。在日本的影响下近代中国也使用了这些术语。

function 的汉译译语为“函数”，是伟烈亚力和李善兰翻译的用语。现在的中国和日本都在用。

第二是和算书里使用的术语。江户时代 250 年间继承中国传统数学而发展的和算也确定了不少数学名词术语。如上所述，近代日本在开始讲授

[1] 李迪著，大竹茂雄，陸人瑞訳．中国の数学通史[M]．東京：森北出版，2002：309.

西方数学时，也用了一些对应西方数学名词术语的和算用语。翻译西方数学术语时，用和算用语的典型事例就是“点窜”一词。幕末至明治初期在一些教育机构里，“点窜”成了 Algebra 对应的译语。

用和算用语代替西方数学名词术语也是其方法之一。但是，在此时的日本数学界，一些学者理解和算用语的深邃意义，并企图用适当的和算用语替换西方数学名词术语，但这项工作做起来相当不易。据此，明治时代的数学家们，在自己所了解的西方数学原意的基础上，尝试着新的数学名词术语的创造。这是第三种用语形成的原因所在，这也成为明治初涌现出众多新数学名词术语的缘由。另外，在这个时候，翻译西方数学著作的运动兴起，出现了所谓“翻译的全盛时代”。这一时期的数学家们翻译西方数学著作时，有意识地把数学名词术语放到译本的卷头，以优先展示译书中使用的用语表。举例来说，前面介绍的克拉克述（山本正至，川北朝邻译）《几何学原础》另加的 7 页里，作为“译语”列出了 71 个几何学用语。

例如：Rectangle—矩形、Right angled—直角、Straight line—直线、Theorem—定理、Parallel—平行、Axiom—公论等。

在译书的卷头展示原语的意义及其日语译文的原因是：先定下书中使用的译语，照此进行统一翻译。另外，明治初期还出现了数学家编辑出版的数学名词术语集和数学词典等。1871 年，桥爪贯一出版了《英算独学》，在书中列出，“对于算术有用的英语”（“算術ニ就テ有用ナル英語”）为题，以罗马字母顺序排列出算术和三角法有关的 109 种译语。这是我们所知道的日本第一个数学名词术语集〔1〕。例如《英算独学》里使用了 Algebra—代数，Geometry—测量学，Mathematics—数学，Function—函数，Fraction—分数，Circle—圆体，Root—平方，Radius—半径，Proportion—比例等数学名词术语。1872 年，桥爪出版了《童蒙必携西方数学译语略解》。本书只是简单的和英数学辞典，主要收录了数学和天文学（当时也称星学）相关术语。开头的“索引”里按日语字母顺序排例译语和与其相应的西方数学名词术语，并附有插图来补充说明。例如，锐角、圆锥形、圆筒等名词旁边就有简单的插图。

〔1〕 上垣涉. 明治期における数学用語の統一[J]. 数学教育協議会編集《数学教室》，2003(624)：85.

“算盘—Abacus”一项里对比介绍了日本和西方的算盘。另外，将 Arithmetic 译成“算术”，而 Algebra 有“点窜术”和“代数学”的两种翻译。在最后写了“数字有罗马体和意大利体”，将其误认为现在的“印度—阿拉伯数字”和“意大利数字”。还有，Algebra—代数学、点窜术，Geometry—测度术、Mathematic—数学、Arithmetic—算术、Fraction—分数、Circle—圆体、Trigonometry—三角术、Unit—单位、Factors—因数、Divisor—法、Dividend—实等，这些译语都对后人的工作提供了诸多方便。

比较以上两册里出现的数学名词术语，可知他们用的日文翻译大多都是一致的。据这一事实来推测，桥爪在 1871 年所编《英算独学》的基础上，1872 年完成了《童蒙必携西方数学译语略解》。还有，那些译语中需注意的是，桥爪在 1871 年的《英算独学》中将 Algebra 译成“代数”，而 1872 年用了“代数学”和“点窜术”两种不同的译语。是否基于汉译西方数学著作将 Algebra 译成“代数学”，还是基于和算传统将其译为“点窜术”，竟成为后来争论不休的一件事情。Mathematics 的译文是“数学”，Function 的译文是“函数”，Unit 的译文是“单位”，与现在的相同。还有，Geometry 的译文“测度术”，可以说更接近于希腊文原文的意思。

1878 年，山田昌邦所著《英和数学辞书》是日本最早的比较系统的数学名词术语词典。根据著者在其序言中的记录，这本词典的数学名词术语主要选译自一本名为 *Mathematical Dictionary and Cyclopedia of Mathematical Science*（1855）的词典。对译语进行编辑时，首先将原文按照字母顺序排列，然后对每个术语添加了日文译语。例如，Axiom—公论、Theorem—定义、Analysis—式解、Definition—定解、Postulate—定则、Prime number—不可除数、Proof—考试、Lemma—助言、Square—正方形、Circle—圆、Rational quantity—有根号的式子、Incommensurable—不能有等数的[1]、Irrational—非理性的[2]、Coordinate—纵横轴、Similar figures—同形、Sector—圆分、Root—根、Cube root—立方根、Infinity—无穷、Limit—界限等。

山田列出的这些译语中多数与现在不同。但是需注意的是，山田将

〔1〕 即为“不可通约的”。
〔2〕 原日文为“開き尽くすべからざる”。

Algebra 译成“代数学”，将 Arithmetic 译成“算术”，分别赋予了唯一的译语。Arithmetic 译语的确定与 Algebra 一样花费了较长时间。还有，本词典在数学译语之后又附有“数学符号”的日语说明和“英佛货币度量衡表”。

“数学会社”成立的 1877 年，日本数学界翻译出版了很多西方数学著作。但是，数学名词术语仍处于不统一的状态。一个数学名词术语同时对应多种日语，与之相反的状态也比较普遍存在。例如，Axiom 的译语就有公论、公理、格言、公则等多种翻译。还有直角三角形的 right—angled triangle 或 right triangle 相对应的是，正三角形、直三角形、直三形、直角三角形、勾股形等多种译语同时存在。就这样，数学名词术语不统一问题已经成了当时日本数学界急需解决的重要课题。“数学会社”将解决这一燃眉之急作为他们加以完成的重要使命。

6.4　“译语会”的成立和数学名词术语的确定

6.4.1　“译语会”的成立

“译语会”的成立依据的是“数学会社”第二期活动中发起的一项决议。1880 年 7 月 10 日，开始讨论成立“译语会”。同年 8 月 7 日，在“共存同众馆”举行了 7 名委员参加的委员会，并规定了“译语会会则”。8 月 20 日发行的学会期刊第 27 号刊载了“译语会会则”和译语草案。“译语会会则”第一章“通则”里，首先规定“第一条　数学訳語会ハ本年九月ヨリ始メ当分每月第一土曜日下午二時ヨリ共存同衆館ニ於テ開席ス”〔1〕，确定举办“译语会”的日期和会场以外，还决定议长、定议员、学务委员等责任者，又决定了将译语登载于学会期刊等事宜。

在第二章“会场规则”里，规定了“第一条　議事中ハ他ノ論談ヲ禁ス，第二条　発言セント欲スル者ハ先ニ起立シ議長ノ許スヲ竢テ其意ヲ演フベシ”〔2〕，即详细规定“译语会”的运营和具体操作方案等。还规定出席“译语会”委员的发言内容，由书记员记录。7 月 10 日的委员会上被任命为拟定

〔1〕 東京数学会社編集者.本会沿革[J].東京：東京数学会社，1884：25.
〔2〕 東京数学会社編集者.本会沿革[J].東京：東京数学会社，1884：26－29.

译语草案的中川将行，在学会期刊第 27 号刊载了 27 个数学名词术语和四则运算的译语方案。下面列出的是中川的译语草案中选出来的译语。

Quantity—数（凡ソ増減シ得ベキモノ又其大小軽重ヲ测リ得ベキモノ），Number—数（如一、二、三等），Root—根，Mathematics—数学，Arithmetic—算数学[1]。

同年 9 月 4 日举行“数学会社”例会，出席者共 18 名，也发行了学会期刊第 28 号。当天下午，按照事先规定的会则开了第一次“译语会”。这次会议主要重新讨论了 8 月 7 日议定的“译语会会则”的内容，并改订其中部分内容。例如，“通则”第二条里追加了“副议长ハ定议员中ヨリ选举ス”的人事条款。还有，关于通过译语的讨论会上出席的会员的抽选来决定会议席位的顺序。更是“数学会社”的学务委员成为常任委员，再加上参加“译语会”的委员，确定了“定议员”的称呼。作为“译语会”的事务委员，选出真野肇、驹野政和、古家政茂、平冈道生、镜光照、真山良 6 名会员管理“译语会”日常事务。在每个月的第一周六的例会之后举行“译语会”，会议之前提出候选的译语，通过自由讨论再以票数多少确定译语，书记员记录确定好的译语。这次会议中决定了与译语有关事宜的重要方针。

6.4.2　“译语会”确定术语概观

在“数学会社”时代，“译语会”共召开了 21 次会议。还有，从 1883 年 10 月开始，应日本工业协会的委托，规定工学有关数学名词术语的“译语会”又召开 6 次会议。决定算术用语的“译语会”举办日期和确定的术语数目如下表所示[2]。

表 6.1　算术“译语会”举办日期和确定译语数量

举办次数	“译语会”举办日	确定的译语数
1	M13.9.4	5
2	M13.10.2	26
3	M13.11.6	16
4	M14.1.22	10

〔1〕 東京数学会社雜誌編集会. 東京数学会社雜誌[J]. No. 27，明治十三年(1880)七月.
〔2〕 表中的 M 代表的是“明治”一词。

（续　表）

举办次数	"译语会"举办日	确定的译语数
5	M14. 2. 4	13
6	M14. 2. 26	17
7	M14. 3. 5	20
8	M14. 4. 2	5
9	M14. 4. 23	15
10	M 14. 5. 7	10
11	M 14. 7. 2	11
12	M14. 9. 17	20
14	M15. 1. 7	2
15	M15. 2. 4	1(算数)、13(代数学)

关于算术的译语草案全部由中川将行拟定，确定的术语多达171个。最后一次的会议，即第15次会上讨论了Arithmetic的译语为"算数学"，同时又确定了其他13个译语。所确定的代数学名词术语如表7所示。译语草案由平冈道生拟定，通过15次会议共确定了84个术语。

1883年4月7日的例会上，冈本则录提出统一"数学大科目"(即，数学研究领域名称)的译语建议，并得到了全体与会者的同意。于是，冈本担任了译语草案的拟定工作。在6月2日的例会上，菊池大麓主持并根据冈本拟写的草案确定了数学研究领域21个用语。例如，Trigonometry—三角法、Calculus of variations—变分法等。还有，在本次会议上，山川健次郎提议，规定"重学ニ係ル分ハ物理学会ト联合シテ議スルコトニ決ス"，即"重学"相关的部分跟物理学会联合决议。但是关于物理学用语，在"数学会社"改组为"东京数学物理学会"之后再进行了名词翻译工作。

"数学会社"在9月1日的例会上，根据2月3日的工学协会的委托，决定讨论工学有关的数学名词术语，会场设在东京大学。确定工业数学译语的会议共举办了6次。

表6.2　代数学"译语会"举办日期和确定译语数

举办次数	"译语会"举办日	确定的译语数
13	M14. 12. 3	12
16	M15. 3. 4	10

（续　表）

举办次数	“译语会”举办日	确定的译语数
17	M15.4.1	8
18	M15.5.6	10
19	M15.10.7	5
20	M15.11.4	5
21	M17.3.1	21

于1883年10月6日举办了确定工业术语的第一次会议。留下的记录中只写着受工学协会之托，没有说明具体草拟译语草案的人员名字。根据1884年3月1日的会议记录：

議長ハ公选ニ依リ中川将行君，草按者ハ平岡道生君タリ，而シテ左ノ十九語ヲ議決ス。

可知参与拟写代数学名词术语草案的人员中有平冈道生。有关这一情况通过同年5月3日发刊的学会第66号期刊的报道可略知其确定的经历。还有受工学协会的委托而举办的“译语会”和确定的工业数学译语数参照表6.3。

表6.3　工业数学名词术语的“译语会”举办日和确定译语数

举办次数	“译语会”举办日	确定的译语数
1	M16.10.6	32
2	M16.11.1(第1次的继续)	23
3	M16.1.10(第1次继续)	19
4	M17.1.12	18
5	M17.2.2	22
6	M17.3.1	19

受工学协会之托而确定的用语中，也有很多几何学用语。例如，Analytical geometry—解析几何学、Conic section—圆锥曲线、Helix—螺线、Parabola—抛物线等，这些曲线名称显然都是来自于汉译本《重学》(英国艾约瑟口译，海宁李善兰笔述)的影响。

菊池大麓为代表的大学派的会员们在根据工学协会的要求举办的“译语会”中起了主导作用。每次会议上工学协会总是派两三名人员来参加讨论，共确定了133个译语。这时确定的译语里，解析几何学、渐近线、指数、三角法、函数、等差级数、等比级数等用语沿用至今。菊池大麓的投稿论文中把等差级数、等比级数写作算数级数、几何级数。

随着“数学会社”例会场所的迁移，举办“译语会”的地方也随之变化。最初的“译语会”在共存同众馆召开，从第 12 次开始在东京大学举办。

被当选为拟订译语草案者中不仅有热衷于“译语会”事业的中川、平冈、冈本等 3 人，也有荒川重平、川北朝邻、菊池大麓、矶野健、真野肇等其他会员积极参与到各种译语的确定。

6.4.3 一些重要数学名词术语的确定过程

按“译语会”的会议顺序，所讨论的内容和译语刊载在学会期刊上。但有时该刊上的新闻报道也并不是按会议顺序而发。例如，第 19 次“译语会”的内容登载在第 66 号上，第 20 次“译语会”的内容却刊登在第 54 号上。而第 44—45 号上刊载了第 15 次为止的“译语会”详细议事录。据保留下来的参会者讨论记录，可以详细知道一些主要译语确定的经过。接下来就译语会中讨论 Algebra 和 Arithmetic 的译语过程做一介绍。

1881 年 12 月 3 日，“译语会”召开“代数学”的会议，其内容刊载于第 43 号(1882 年 1 月)期刊上，议长柳楢悦缺席，由冈本则录担任临时议长，平冈道生草拟译语草案，共有 19 名会员出席会议。会上，首先由川北朝邻发言，表示作为 Algebra 的译语使用“代数学”，是受汉译西算的影响，日本传统数学中有比“代数学”更贴切的对应词语，即“点窜”。他提议 Algebra 的译语应确定为“点窜”。持不同意见的真野肇要求川北说明“点窜”的词义。川北的说明如下：

> 點竄トハ隠レタルヲ顕ハスノ意ニテ付ケタル由，我邦ニ於テハ往時内藤公カ點竄ノ字ヲ可トシテ，其称ヲ付ケラレタリ，而シテ此アルゼブラニ最適切ナリ，此アルゼブラトハ文字ヲ以テ数字ニ代用スルト云フ意ノミニアラサルナリ。

即“点窜”原来的意思是揭示本来隐秘的东西，而西方的 Algebra 就是需要求未知数，可以将 Algebra 理解为将隐秘的东西暴露出原来的真面目，所以将 Algebra 译成“点窜”比较合适。可见，这是明治初期一部分数学家，尤其是和算出身的日本数学家们对于西方 Algebra 的理解。

真野肇不能接受川北的说明，提出了反驳意见。即，他纠正 Algebra 是“数ヲ文字ニ代ヘテ演算スルモノユヘ，代数学ナル訳語最モ当レリト考フ”，认为用符号来替换是 Algebra 的本质，所以还是“代数学”更恰当。接着菊池根据文部省的规定和“代数学”这一词被广泛使用的状况为依据认为应该将 Algebra 译为“代数学”。

平冈又根据当时日本数学界普遍使用的突德汉特的《代数学》(1858)和罗宾逊数学书的解说，主张将 Algebra 译为“代数学”更为合适。

通过真野和平冈的发言可以看出明治初期的数学家当中，将 Algebra 的定义看作“使用文字作为代替数字的符号，以此来研究数的性质和关系”。这种理解比较符合原来的西方数学中的定义，而且这也是一种不依赖于汉译西方数学著作，而直接理解其原有西方数学中意义的做法。最后，中川提出因“点窜”的汉字书写笔画较多，很较麻烦[1]，加之当时日本数学界已经普遍使用“代数学”一词，所以将 Algebra 译成“代数学”更合适。就这样，经多数参加者的支持，Algebra 的译语被定为“代数学”。

“译语会”中花较长时间讨论的另一个数学名词是 Arithmetic。对于它的译语草案在学会第 27 号期刊上已有提案。由此可知“译语会”成员充分了解其重要性。草案的提出者中川在《杂志》上建议译语为“算数学”。Arithmetic 的翻译问题在第 2 次会议上被提出来，但没能确定。后又在第 15 次的会议上作为重要问题重新加以讨论。与会者中有议长柳楢悦、制作草案者中川将行，还有菊池大麓、荒川重平、肝付兼行、川北朝邻、平冈道生、矶野健、驹野政、镜光照、田中矢德、村冈范为驰、中久木信顺、杉田勇次郎、菊池锹吉郎 15 名。讨论结果是，“算数学”的支持者有 3 名，“算数术”的支持者有 2 名，支持“算术”者有 9 名。最终的结论中 Arithmetic 的译语被确定为“算术”。

讨论 Arithmetic 延迟的原因在于将其理解为“学”还是“术”的问题上，这种分歧一直持续到确定为止。从学会期刊第 44 号附录中可以看到，将译语定为“算术”时，菊池和柳的意见起了决定性作用。讨论中菊池表明：

> アリスメチックハ数理ヲ論スル高等ノモノニアラズ，数ヲ算スルマデノモノナリ，英国ナトハ然リトス，尤モ仏国ニテハ広ク用ユレ

---

[1] “点窜”的原日文为“點竄”，因而有笔画较多的意见。

ド，多クハ代数学ニ於テ広ク理ヲ論セリ，又，数学ノ書ニサイエンス或ハアートト種々ニ用ユルガ，アルゼブラハサイエンスニテアルベシ，故ニ算術ヲ可トス。

在英国接受近代数学教育的菊池非常了解英国和法国的数学思想的发展脉络，他指出 Arithmetic 不是像“代数学”那样高等的“学问”，而只是为了计算而使用的“技术”而已。另外，在诗学方面造诣颇深的议长柳楢悦提出语言学方面的意见。虽然当时众说纷纭，Arithmetic 的译语最终被确定为“算术”一词。

1882 年 1 月 7 日，召开第 14 次“译语会”，讨论了 Unit 和 Mathematics 两词的对应术语，本次“译语会”是各次会议中讨论的术语最少的一次。

在有关 Unit 的讨论中，肝付主张用“程元”一词，但是中川引用汉译西方数学著作，提出译为“率”比较合适，但山本认为用“率”不能完全表示 Unit 的意思，因而主张用“度率”。对于这些议论，冈本也引用汉译西方数学著作，并说明《级数通考》里使用的译语“单位”比“率”更合适。对于冈本的意见，菊池为首的矶野、川北、驹野等大多数会员均表示赞成，这样将 Unit 的译语确定为“单位”。

当日的会议上，围绕 Mathematics 的译语进行了较长时间的讨论。“数学”作为 Mathematics 的译语事先已经有多次提案。在介绍“译语会”上的讨论之前考察一下近代日本使用“数学”一词的大致经过。

文政六年(1823)，德国人冯・西伯尔特(1796—1866)来到日本，不久就在长崎郊外开设鸣泷塾，向日本人讲授西方医学和自然科学(包括数学)。高野所著书中有一行文字：

初物ノ形状・度分・距离ヲ测ルノ学ナリ。算学・度学・ホーケテレキュンデ・星学此ニ属ス。概シテ之ヲ訳シテ，数学トイフ。

这里与计量有关的学问总称中出现了“数学”一词[1]。在高野的其他著作中也使用了“数学”这个词。事实上，幕府末期的知识分子已经频繁使用“数学”一词了。例如，西周(1829—1897)在文久二年(1817)留学荷兰莱顿大学

〔1〕“日本の数学 100 年史”編集委員会. 日本の数学 100 年史(上)[M]. 東京：岩波書店，1983：18.

期间的书信中写道:“学问常被理解为物理学 natuurkunde,数学 wiskunde,化学 scheikunde,植物学 botanie 等学科。”[1]

到了1877年,“数学”这一名词被频繁使用。例如,“数学会社”创办初期,将其命名为“东京数学会社”,在学会第1号期刊上登载的神田“题言”里出现了9个“数学”,在柳楢悦的发言里也经常出现“数学”一词。神田在其“题言”里叙述道:“数是理的证明,……我国讲数学者自古以来不乏其数,……本会以改进大众数学为目的。”神田著作《数学教授本》中“数学”的意思是清末中国数学家使用的“算术”之意。但出现在“题言”里的“数学”,正是今天的 Mathematics 的意义。即,神田在“题言”里说的“数学”和“本会既ニ公衆一般数学ノ開進ヲ以テ目的トス”等文里看到的“数学”不只是“算术”,还包括了整个数学科目。还有在柳楢悦于1880年发布的第二次社规绪言中说道:“所谓数学协会,在泰西各国早已开设。”神田和柳等使用的论证学问的“数学”,已经开始被明治十年时期的日本数学家所接受。已经凌驾于《数学启蒙》(1853)传入时期的“数的学问”(Arithmetic,即算术)之上。

再看 Mathematics 的译语确定过程。1882年1月7日的第14次会议开始时,冈本和肝付主张“赞成原案”。但菊池却提议“应译为数理学”,原因是“将其译为数理学的理由在于,如同论述事物的‘理’的学问称之为物理学一样,论教之理的学问应该叫做数理学”。即,对应“物理学”,译成“数理学”更合适,即论证乃至强调理论的重要性时“数理学”也比较合适。英国留学经验的菊池再次强调了和算中欠缺的论证思想,认为应该将 Mathematics 译为“数理学”。接着,冈本提案要用汉译西方数学著作中的“算学”,但是,中川则提案“算学”和“数学”是同义词,而且,“数学会社”的名称里已经使用了“数学”,所以应该用“数学”一词较好。对于这个意见多数会员表示赞成,最终“数学”成为 Mathematics 的译语。

6.4.4 “译语会”成立意义考

1884年3月1日举办了最后一次“译语会”。第66号(1884年5月)学

---

〔1〕 川尻信夫.幕末におけるヨーロッパ学術受容の一断面——内田五観と高野長英、佐久間象山[M].東京:東海大学出版会,1982:147.

会期刊记录了这次“译语会”的详情。不久，在 1884 年 6 月的例会上决定将“数学会社”的名称变更为“东京数学物理学会”，随着“数学会社”时代的结束，“译语会”的活动也告一段落。此后一段时间内，数学名词术语的翻译成为数学家个人的事情。

然而，应该承认“译语会”的工作对后来的数学家们意义重大，成为他们翻译西方数学著作的工作基础。例如，藤泽利喜太郎于 1889 年 2 月刊行的《数学名词术语词英和对译字典》（原名：《数学ニ用イル辞ノ英和対訳字書》）的绪言中写道：“东京数学物理学会为了选定数学名词的译语，设立了数学译语会，那是距今数年前的事情而已，据我所知，译语会成员中有当世屈指可数的大学者，（他们）特别慎重地选择译语，译语会完成（翻译术语的任务）应该还需要几年时间。”[1]藤泽对东京数学会社时代创立“译语会”，翻译和完成数学术语的工作给予了高度评价。

东京数学物理学会建立后不久召开的讨论会上，除了一些特别讲演之外又有如下提案。会员寺尾寿提议重新召开“数学译语会”。对此有“寺尾氏本会ニ於テ数学訳語会ヲ開クノ議ヲ発ス衆議之レヲ可決ス”的记录[2]。

根据此提案，10 月 4 日的常会上讨论通过了“数学译语会规则草案”。跟“数学会社”时代的“译语会规则”不同之处在于“每月第二、第四星期一下午三点开始在东京大学理学部召开数学译语会”，“确定译语者为数学物理学会的常任会员”，“选举数学物理学会的两名议员担任议长职务，其任期为六个月”，“选择精通英、法、德语的学者成为译语立案委员”等较为详细的规则。又规定，每月召开“译语会”的时间为 2 次，要比“数学会社”时期多一次，开会时间要和“数物学会”的例会错开。跟“数学会社”时代比较，他们更加重视各类名词术语的确定。召开“译语会”之前选取担任“定议员”和“议长”的会员，比起“数学会社”时代的“译语会”，他们在组织方面更加正规化。而“选择精通英、法、德语的学者成为译语立案委员”的规则是“数物学会”“译

---

〔1〕 原文为“東京数学物理学会ニ於テ数学ニ用イル辞ノ訳語ヲ选定センガ为メ，数学訳語会ナルモノヲ设ケラレシハ，今ヲ距ル数年ノ前ニアリ，余ガ知ルトコロニ拠レハ，訳語会员中ニハ当世屈指ノ大家豪傑アリテ，訳語ヲ选ブ極メテ鄭重頗ル念ヲ入レラルルコトナレハ，訳語会ノ完了ヲ告クル今ヨリ数年ノ后ニアルベシ”。

〔2〕 東京数学会社編集者.本会沿革[J].東京：東京数学会社，1884：143.

语会”的特点之一。“数物学会”在确定西方数学和物理学的名词术语时，特别选取具有留学经验的学者担任“立案委员”，充分发挥了他们的长处。当时的日本，回国的留学生逐日增多，成为各行各业的骨干力量。负责法语译语的“立案委员”是三轮桓一郎，德语的“立案委员”是村冈范为驰。

这样，重新召开的“译语会”成果刊载于“数物学会”《数物学会记事》卷3(1886)的190页至208页，用英文字母写成“SUGAKU YAKUGO”(数学译语)罗列了“数学会社”时代开始确定的500多条术语，可举其中部分术语如下。

“数学诸科”中的各种术语有“Mathematics, Mathématique, Mathematik—数学；Arithmetic, Arithmétique, Arithmetik—算术；Algebra, Algèbre, Algebra—代数学；Analytical Geometry, Géométrie analytique, Analytische Geometrie—解析几何学；Quaternion, Quaternion, Quaternione—四元法”等24种。

“算术上套言”中的各种术语有“Quantity, Quantité, Quantität—数量；Unit, Unité, Einheit—单位；Number, Nombre, Zahl—数”等共162种。

“东京数学会社及工学协会联合译语会议决”中又刊载了“Arithmetical Progression, Progression arithmétique, Arithmetische Progression—等差级数；Geometrical Progression, Progression géométrique, Geomtrische Progression—等比级数；Asymptote, Asymptote, Asymptote—渐近线”等99种术语。

“代数上套言”中有“Known Number, Nombre connu, Bekannte Zahl—既知数；Known Quantity, Quantité connue, Bekannte Grösse—既知量；Unknown number, Nombre inconnu, Unbekannte Zahl—未知数”等109中术语。

“几何学上套言”中有“Geometrie (Geometry), Géométrie, Geometrie—几何学；Point, Point, Punkt—点；Position, Position, Lage—位置”等123种术语。

上述各种数学术语的多数在东京数学会社时代的“译语会”中已经确定，只有一小部分是在“数物学会”的“译语会”中所确立的译语。例如，“数学诸科"中的"数学""算术""代数"等早已在东京数学会社的"译语会"中商议确定,而"解析几何学"一词是受到工学协会的委托而确定的术语。"四元法"一词在"数物学会"时期刊登的限本论文中才出现,而这里首次将其作为数学术语刊登在学会期刊上。这是在"数学会社"时代没有出现过的名词术语。

这样,东京数学物理学会成立后把"数物学会"时期"译语会"确定的数学术语和"数学会社"时代决定的术语集中刊载于学会期刊《数物学会记事》卷 3 中。每个日文术语前面都标注了英语、法语、德语中对应的术语。《数物学会记事》上刊载的 500 多条名词术语,对于西方数学和物理学在近代日本的普及过程中发挥了非常大的推动作用。而且,日文译语的前面罗列英法德三种语中表达方式,对于西方数理著作的读解和翻译提供了极大的便利。1889 年,藤泽利喜太郎在得到"数物学会"的协助编辑《数学用语英和对译字书》时也采用了"译语会"整理和确定的诸多术语。"译语会"确定的数学术语频频出现于近代日本数学家编著的数学术语辞典中,成为翻译西方数学著作的重要参考文献。"数物学会"继续"数学会社"时代的"译语会"各项事业,对近代日本整顿名词术语事业奠定了基础。

在 19 世纪末 20 世纪初,"译语会"中确定的数学名词术语经留日学生和译自日本的教科书传入近代中国,对中国数学教育的发展和西方数学的普及产生了很大的影响。

小结

幕府末期和明治初期,日本数学从传统模式过渡到西方模式时参考并借助了清末汉译西方数学著作。对于渴望了解西方数学的日本学者而言,通过汉译著作学习和了解西方数学是一种捷径。而日本学者的训点本又把汉译本和西方数学内容贯穿起来,起到一种"汇通"中西数学的作用。

日本著名数学史教育家小仓金之助对《代数术》的评价是"当时日本所持有的最高水平的数学书"[1]。据笔者的考察,一直到 1882—1883 年,《代数术》《微积溯源》等传入日本的汉译数学著作中的内容仍然比日本学者直接从西方翻译的数学教材中的内容要丰富很多。

---

〔1〕 小倉金之助. 近代日本の数学[M]. 東京:劲草書房,1973:226.

可以说，汉译数学著作不仅影响了明治初期日本初等数学教育的西方化，对于日本学者及时了解西方高深的数学内容也起到了非常重要的推动作用。

如上文介绍，1872年日本颁布了“学制”，其中规定的教科书内容和汉译数学著作有直接联系。如，“学制”中规定的小学数学教科书《笔算训蒙》是以《数学启蒙》为蓝本的。1877年，一些日本学者创办了数学学会，而这个学会的创办者和学会的主要成员也是非常重视由中国传入的汉译西方数学著作的学者。如会长之一为上文中提到的神田孝平，而神保长致、大村一秀、长泽龟之助等人都是非常活跃的会员。

1879年“教育令”代替“学制”，在教育政策方面也对西方数学的普及给予了更多的支持，社会上掀起学习西方数学的风潮，使日本数学界加快了西方化的步伐。这一时期，虽然从西方直接涌入了大量的数学著作，日本学者翻译和编著数学教材时仍然参考汉译西方数学著作。

值得一提的是，日本学者在学习和参阅汉译数学著作时，一直都把书中的符号转换成西方的数学符号。这是加快日本数学界西方化的主要原因之一。清末中国虽然更早地接触到西算，但墨守成规，沿用繁琐的符号造成数学教育滞后，令人深省。

第 7 章
日本数学界对西方数学的受容

7.1　西方数学教育的普及和西方数学著作的大量翻译

7.1.1　明治十年以后的日本教育制度

明治十年(1877),日本建立东京大学,为数学研究的国际接轨铺平了道路。同年创办的东京数学会社,又推动了数学教育的全面普及。然而,1877—1897 年间日本数学的发展不仅局限于教育普及方面,对于 20 世纪以后日本数学的国际进军也奠定了坚实的基础。

1872 年公布学制,确定了初等教育和中等教育课程,但课程教育基本没有得到良好的实施。大部分儿童在下等小学低学年级在籍,各地的课程编制也都不一样。那时所谓的中学只是比小学程度较高的学校总称而已。这种状体下,1879 年废止了学制,取而代替的是教育令的公布。但在第二年,其内容也被重新修订。根据修订后的教育令,1881 年确定了小学校教则纲领、中学校教则大纲、师范学校教则大纲等。

又根据上述大纲明确了初等教育 3 年、中等教育 3 年、高等教育 2 年的教学制度,完成中等教育 6 年后才能进入上一层的学校学习,也有些地方学习 8 年。数学教学内容也屡屡被修订,算术课程中同时进行珠算和笔算的教学。中学校教则大纲中规定中学分为初等中学 4 年、高等中学 2 年;师范学校教则大纲规定,师范学校的课程分为初等师范学科(1 年)、中等师范学科(2 年半)、高等师范学科(4 年)3 种。入学资格者基本都在 17 岁以上(有些地方也有15岁以上的要求）。

事实上，当时日本全国的中学和小学课程年限仍然有很大的差距。普遍存在15岁才能小学毕业的情况。其中大坂中学是全国唯一的一所官办中学（1881—1885），其教育内容走在全国最前沿，和东京大学预备科有着相同的水平〔1〕。这是明治政府拟在日本关西地区建立另一所大学的准备工作之一。

此时的日本各地学校使用的课本基本上都是西方教科书内容的直接翻译。

1885年，森有礼（1847—1889）成为文部大臣，第二年颁布了帝国大学令、小学校令、中学校令、师范学校令、教科书检定条例。森有礼的教学改革方针基本上是改善普通教育的普及，在此基础上推进高等教育和学术研究。他把中学分为寻常中学校（5年）和高等中学（3年至4年）。1886—1887年又建立了第一高等中学校（东京）、第二高等中学校（仙台）、第三高等中学校（大坂）、第四高等中学校（金泽）、第五高等中学校（熊本）、山口高等中学校、鹿儿岛高等中学造士馆等7所高等中学〔2〕。

1894年，井上毅成为文部大臣，颁布了高等学校令，把高等中学校改称为高等学校〔3〕。1899年颁布中学校令，把之前的寻常中学称作中学，1902年重新制定中学的讲授课目。1891年和1900年分别修订小学校令，1907年开始延长义务教育年限，又对一些中学的入学资格进行了修订。

这为明治后期的日本成为近代国家奠定了基础。这个时期日本教育的普及也推进了日本产业的振兴和国力的增强。学龄儿童的就学率在1890年达到49%左右，1902年突破了90%，1908年达到98%。同时中学教育制度也进一步得到改善〔4〕。

因立志考入大学的志愿者逐年增加，为满足其需求1897年建立了第二所帝国大学，即京都帝国大学。其中专设了数学系，东京大学毕业的河合十太郎、三轮桓一郎、吉川实夫3人成为最早的数学教授。1906年，又有京都

---

〔1〕“日本の数学100年史”編集委員会. 日本の数学100年史(上)[M]. 東京：岩波書店，1983：110.

〔2〕“日本の数学100年史”編集委員会. 日本の数学100年史(上)[M]. 東京：岩波書店，1983：111。

〔3〕内田糺. “明治後期の学制改革問題と高等学校制度”[J]. 国立教育研究所紀要. 第95集，1978.

〔4〕“日本の数学100年史”編集委員会. 日本の数学100年史(上)[M]. 東京：岩波書店，1983：133.

帝国大学毕业的和田健雄留校任职。

东京大学数学系建立之初只有两个专业，1902 年开始设立了四种数学科目，担任其教学任务的人员是留学德国回来的藤泽利喜太郎及其弟子高木贞治、吉江琢儿、中川铨，以及物理学科出身的坂井英太郎等人。

明治后期，日本数学界进入新的历史时期，主要以东京大学和京都大学为中心开始了真正意义上的西方数学的研究，其研究成果发表在《东京数学物理学会记事》和两所大学的《纪要》上，内容基本和西方数学接轨。

7.1.2　明治十年以后的数学教育内容

考察明治十年以后的日本普通中学的数学教育情况，其内容和程度如下所示。

算术科目中有比例和利息算法、各种运算的解释等。代数科目中有解释整数四则运算、分数、一次方程式、开平方和开立方、指数、根数、二次方程式、准二次方程式、比例、级数、排列、组合、二项法、对数等。在几何学科目中有定义、公理、直线形、圆、面积、平面、立体角、角锥、角壔、球、圆锥、圆壔；三角法：角度、三角比、对数表、三角形及其距离等内容〔1〕。

一直到 1881 年为止，日本一些普通中学没有出现日文写成的数学教科书，教学中基本使用着英国突德汉特的代数学和三角学原著，以及威尔逊和莱特等所编的几何学原著。

多数师范学校的数学教科书和文部省指定的中学教科书内容一致，但也有一些师范学校使用着远藤利贞编《算颗术授课书》(1875)、福田理轩述《明治小学尘劫记》(1878)、驹野政和著《新选珠算精法》(1879)等珠算教科书。究其原因，1881 年的“学校令”中又重新规定学习珠算，在学校教育中指出了珠算的重要性。

明治十年以后开始出现了西方数学教科书的日文翻译。最先翻译的是美国罗宾逊的数学教科书。后来在菊池大麓的影响下逐渐开始翻译突德汉特等英国数学家的著作〔2〕。如神津道太郎编《续笔算摘要代数学》(1877)

---

〔1〕“日本の数学 100 年史”編集委員会. 日本の数学 100 年史(上)[M]. 東京：岩波書店，1983：112.

〔2〕“日本の数学 100 年史”編集委員会. 日本の数学 100 年史(上)[M]. 東京：岩波書店，1983：123 - 126.

是罗宾逊 *New University Algebra*(1862)的翻译,共8册木版印刷。其中主要内容为拉丁字母的读法,一次和二次方程式、二项定理、级数(等差级数、等比级数)等,没有涉及行列式,该内容后又有石川彝的日文翻译。上野继光《几何精要》(1877)是法国数学家拉克鲁瓦(S. F. Lacroix, 1765—1843) *Elements de geometrie* 的翻译[1],共7册,主要内容是直线和曲线、多边形和圆的面积、面的切合和位置、旋转体等4卷构成。山田昌邦《英和数学辞书》(1878)是戴维和皮克的 *Mathematical Dictionary and Cyclopedia of Mathematical Science* (1855)中一些数学名词术语的翻译,其中有"absolute—已知ノ""abstract—不名ノ""axiom—公論""theorem—定義"等英文和日文术语的对译。福田半《笔算微积入门》(前集、后集,1880)是日本学者独立完成的微积分著作。前集主要讨论微分法,虽然介绍了曲率半径和渐近线内容,但没有严密的证明内容,连 ε—δ 语言也没有介绍,后集主要讨论积分法。岩永义晴译,川北朝邻校《圆锥截断曲线法》(第1卷,1880)是数学家德鲁(Drew)的 *A Geometric Treatise on Conic Sections with Numerous Examples*(1875)的翻译,用几何方法讨论圆锥曲线性质的著作,第1卷是抛物线,第2卷到第4卷是椭圆和双曲线,一般圆锥曲线性质的讨论。上野清《轴式圆锥曲线法》(东京数理书院,1881)是突德汉特《圆锥曲线基础》(*Conic Sections*)第5版的翻译,主要讨论解析几何和射影几何学内容。山本信实《代微积全书代数几何学》(上、下,文部省编辑局,1882)和长泽龟之助《几何圆锥曲线法》(1882)都是西方解析几何学方面的译著。上册讨论平面解析几何,下册是立体解析几何学内容。冈本则录《微分积分学》(文部省编辑局,1883)是丘奇(Church)的 *Elements of the Differential and integral Calculus*(1874)的翻译,是一本讲微分方程式、渐伸线、曲率半径等内容高等数学教科书。长泽龟之助编译《宥克立》(东京数理书院,1884)是突德汉特所著欧几里得几何学 *The Elements of Euclid* 前6卷和11,12卷的翻译。其中用如下日文写着命题和定义:

"点トハ何ソ,長短広狭厚薄ナキ者ナリ,大小ナキ者ナリ""任一

[1] "日本の数学100年史"編集委員会. 日本の数学100年史(上)[M]. 東京: 岩波書店,1983: 32-34.

点ヨリ他ノ任一点ニ一直線ヲ作ルノ法”“多度アリ皆同度ニ等シキトキハ其多度互ニ相等”

长泽后来又出了一本《宥克立例题解式》回答书中的一些问题。长泽还翻译了突德汉特 *An Elementary Treatise on the Theory of Equations with a Collection of Examples* 为《论理方程式》(1884)，主要讨论代数方程式。另有长泽译《微分方程式》(1885)是玻尔(George Boole, 1815—1864) *A Treatise on Differential Equations* (1859)经突德汉特改订第2版(1865)的翻译，是日本最早的一本有关常微分方程式论和偏微分方程式论的介绍。内容长达756页，由川北朝邻校阅完成。菊池大麓《数理释义》(博闻社，1886)是英国数学家克利福德所著 *The Common Sense of the Exact Science* (1885)的翻译，向明治时期日本传播了传统英式数学的证明和计算等。陆军士官学校编《公算学》(1888)是最早的日文概率论译著。里面介绍了古典概率论的相关内容。

1882年以后的日本数学发展以菊池大麓和藤泽利喜太郎的领导方针为主。菊池的几何学教科书，藤泽的算术和代数教科书长期成为学校用的标准教科书。此外还有寺尾寿、长泽龟之助、桦正董、三守守、泽田吾一等人编著的教科书。这些教科书主要有如下几种：

菊池大麓《平面几何学教授条目》(博闻社，1887)

菊池大麓《初等平面几何学教科书》(文部省编辑局，1887)

菊池大麓《初等几何学教科书(立体几何学)》(文部省编辑局，1889)

菊池大麓《几何学小教科书》(大日本图书，1899)

寺尾寿《中等教育算术教科书》(上下)(敬业社，1888)

长泽龟之助《中等几何学初步教科书》(数书阁，1894)

长泽龟之助《中等教育代数学教科书》(1899)

长泽龟之助《小学算术教科书》(三木书店，1900)

长泽龟之助《中等教育算术教科书》(开成馆，1902)

长泽龟之助《初等微分积分学》(上下)(数书阁，1902)

藤泽利喜太郎《算术条目及教授法》(大日本图书，1895)

藤泽利喜太郎《算术教科书》(上下)(大日本图书，1896)

藤泽利喜太郎《初等代数学教科书》(大日本图书，1898)

藤泽利喜太郎《数学教授法讲义》(大日本图书,1899)

三守守《初等平面三角法》(山海堂,1902,1903)

三守守《初等几何学》(平面,立体)(山海堂,1902,1903)

桦正董《改定算术教科书》(三省堂,1903)

桦正董《代数学教科书》(三省堂,1903)

桦正董《平面几何学教科书》(三省堂,1905)

桦正董《平面三角法教科书》(三省堂,1905)

泽田吾一《代数学教科书》(富山房,1907)

泽田吾一《算术教科书》(富山房,1907)

菊池大麓、泽田吾一编纂《初等平面三角法教科书》(大日本图书,1905)

此外,又有上野清和林鹤一等人编纂的教科书。这个时期日本学者不仅自编数学教科书,还一直翻译和参考一些西方优秀的数学教科书。如长泽龟之助、宫田耀之助合译《初等代数学》(数书阁,1894)、藤泽利喜太郎、饭岛正之助合译《数学教授法讲义》(大日本图书,1889—1891)等是英国著名数学家和数学教育家查尔斯·史密斯(Charles Smith, 1844—1916)的著作。

1897年以后,日本出现了教科书检定制,课堂中使用的教科书也越来越多。1900年曾有一位叫永广繁松的学者调查了46所中学和32所师范学校,当时使用的教科书情况具体如下所示[1]。算术教科书中使用藤泽利喜太郎的40所,三轮桓一郎的8所,桦正董的7所,长泽龟之助的6所,泽田吾一的6所,松冈文太郎的3所;几何学教科书中使用菊池大麓的67所,长泽龟之助的5所,使用其他教科书的6所。可见,多数学校使用菊池和藤泽的教科书。

1902年,日本又对全国中学教科书进行全面调查,提出普通中学教科书细目调查委员会报告,据此文部省又公布了《中学校教授要目》[2]。其中的多数还是菊池和藤泽的教科书。这个教授要目于1911年修订后,一直使用到20世纪20年代末。

这个时期的中学中也开始讲授三角法内容,使用最多的教科书是菊池

〔1〕 伊藤説朗.数学教育と形式陶冶の関係に関する史的考察[J].愛知教育大学数学教育学会志,1978(20).

〔2〕 小倉金之助.数学教育史[M].東京:岩波書店,1973:352.

大麓、泽田吾一编著的《初等平面三角法教科书》。1903 年教科书国定化得以实施，自 1905 年开始使用了算术课本的国定教科书[1]。

明治末期的数学教科书于 19 世纪末 20 世纪初传入中国，对中国数学教育的近代化产生了很大的影响。在后文中详细讨论其传入和影响的具体历程。

7.2 西方数学研究的深入与国际数学界的接轨

7.2.1 派遣海外留学生

明治初期的日本，因缺乏了解国外情况的人员，政府和各地学校高薪聘用了很多外国人。为了早日培养国内人才，明治政府也向西方陆续派遣了大量的留学生。其实，早在幕府末期也向西方派遣过留学生。他们留学西方全面了解其社会和科技的发展状况，学成归国后为近代日本的文明开化做出了重大贡献。以下是和数学相关留学人员具体情况。

幕府末期最早向西方派遣的留学生是赤松则良，他于 1862 年至 1868 年的 5 年期间留学荷兰，掌握了较先进的造船学和航海技术[2]。如前文介绍，他曾加入东京数学会社，曾发表概率论和保险相关内容的文章。

新岛襄(1843—1920)是另一位留学海外的日本人。他不是政府派遣的人员，而是对西方文明充满好奇，于 1864 年为了学习西方科学和文明，从北海道函馆秘密出国，到了美国[3]。新岛虽然没有发表过数学著作，但他于 1859 年向兰学家杉田玄瑞学习兰学，次年进入军舰操练所学习西方科技，又向前文所介绍的小野友五郎和赤松则良、塚本明毅等人学习西方数学[4]。秘密到达美国之后，他不仅学习神学，又进一步学习西方数学，1874 归国，明治四、五年(1871—1872)出任政府官员木户孝允和田中不二麿的翻译官，共同到欧美考察[5]。

[1] 山住正己. 教科書[M]. 東京：岩波書店，1970：48.
[2] "日本の数学 100 年史"編集委員会. 日本の数学 100 年史(上)[M]. 東京：岩波書店，1983：114.
[3] 黒田孝郎. 新島襄と数学[J]. 専修自然科学纪要，1980(12).
[4] 森中章光. 新島先生書簡集(续)[Z]. 京都：同志社大学，1960：115.
[5] 黒田孝郎. 新岛襄と数学[J]. 専修自然科学纪要，1980(12).

数学研究和数学教育方面重要的人物是前面多次讨论的菊池大麓。他于1866年到英国留学，第二年回国，不久再次被派往英国，在剑桥掌握了西方最前沿的数学内容。菊池回国后历任东京大学数学系教授，东京数学会社长，东京大学校长，教育部长等职位，为近代日本数学的发展做出了重要贡献。

明治前期(1868—1889)的留学人员中和数学相关人员如下表所示[1]。

表7.1　明治前期留学人员中和数学相关人员及其留学情况

留学者姓名	留学年份	留学国别
菊池大麓	1870—1877	英　国
北尾次郎	1870—1883	德　国
古市公威	1875—1880	法　国
野口保兴	1877—1883	法　国
村冈范为驰	1878—1881	德　国
寺尾寿	1879—1883	法　国
藤泽利喜太郎	1883—1887	英国、德国
千本福隆	1885—1888	法　国

藤泽利喜太郎于1887年从德国留学回国。他为近代日本输入了当时国际最前沿的数学内容和数学教学方法，作为菊池大麓的接班人，为近代日本数学的发展发挥了重要作用。后在藤泽门下学习西方近代数学的著名数学家高木贞治对藤泽留学归国后的贡献评价如下。其日文原文为：

藤澤先生よりも前に，西方数学は勿論輸入されていた。蘭学式の西方数学は姑らく置くとして，それは英国流、仏流、徳流等々，悪口を言へば語学式数学であった。実質的には高々微分積分法の概念に過ぎない。そのような当時の日本へ，クリストッフェルの函数論，ライエの射影幾何学，それからクロネッケルの代数学，その他多くを土産に持って新人藤澤が帰って来られて，その御蔭を以て，当時に於て時代錯誤的ならざる，偏狭ならざる，世界的の(全数学)が日本に移植されたのである。日本の数学に取ってこれは重大で，将来編まるべき

〔1〕“日本の数学100年史”編集委員会.日本の数学100年史(上)[M].東京：岩波書店，1983：116.

新日本数学史上の一つの契点であらねばならない〔1〕。

其中谈到,藤泽留学之前的日本已经开始输入西方数学知识。那些西方数学可分为英国风格、法国风格、德国风格等各不相同。高木将其称作是“语学式数学”。藤泽留学之前传入日本的西方数学中,最高水平的内容应该是微积分知识,如前文所介绍,这主要是通过清末汉译数学著作传入日本的。而克里斯托菲尔(Elwin Bruno Christoffel, 1829—1900)函数论、莱尔的射影几何学、克罗内克(Leopold Kronecker, 1823—1891)代数学,以及西方最前沿的数学内容的传播却是在藤泽留学回来之后的事情。藤泽把最新的西方数学知识全面介绍到近代日本。这是日本数学史上值得纪念的一件事情,是未来编写新日本数学史的一个契点。

高木贞治高度评价了藤泽利喜太郎的留学归国的意义。

明治后期又有不少留学国外的日本学者,和近代日本数学发展相关人员信息如下〔2〕:

表 7.2　明治后期留学数学人员简况

姓　　名	留 学 期 间	留 学 国 别
木村骏吉	1893—1896	美国
高木贞治	1898—1901	德国
吉江琢儿	1899—1902	德国
河合十太郎	1901—1903	德国
中川铨吉	1901—1905	德国
三轮桓一郎	1903—1905	德国、法国
藤原松三郎	1907—1911	德国、法国
桦正董	1908—1909	美国
吉川实夫	1909—1911	英国、德国

高木贞治又有一段描写自己留学时期情况的文章,其日文原文写道:

留学生あのころは珍重されたようで,帝大関係の留学生が出発するときには,総長が新橋駅まで見送られるならわしであったらしい。僕らの出発は,明治三十一年(1898)八月のたしか末日であった

〔1〕 高木貞治. 日本の数学と藤沢博士[J]. 教育,1935,3(8): 236.
〔2〕 “日本の数学100年史”編集委員会. 日本の数学100年史(上)[M]. 東京: 岩波書店,1983: 183.

が，その日，菊池総長は土佐丸の進水式に招かれているので，見送りができないという伝言があって，恐縮した。しかし，藤澤利喜太郎先生と長岡半太郎先生とは，横濱の船まで，見送って下さった[1]。

文中的意思是："在当时，东京大学派遣留学生时都有校长亲自送到新桥车站。自己当时出国时因校长菊池有事没有送行，却有藤泽利喜太郎和长冈半太郎等教员一直送到横滨港。"可见，一直到明治三十年代以后，日本向西方派遣留学生之事深受校方和政府的重视。

虽然，明治后期的日本基本实现了国民教育中西方数学的普及，但是数学研究方面还和西方有着一定的差距。菊池大麓和藤泽利喜太郎等编著数学教科书，大学也专设西方高等数学的讨论班，但是潜心研究西方数学的人员还是为数不多。因此他们为掌握最高水平的西方数学知识，完成和国际接轨，持续向西方著名学府派遣了大量的年轻学者。

第一届ICM于1897年8月举办于瑞士苏黎世。1900年，在法国巴黎举行了第2届国际数学家会议(International Congress of Mathematicians，ICM)。日本派遣藤泽利喜太郎参加了这次数学家大会。正是在这一次大会上大数学家希尔伯特(David Hilbert，1862—1943)提出了新世纪数学家应当努力解决的23个数学问题，被认为是20世纪数学的制高点，对这些问题的研究有力推动了20世纪数学的发展，在世界上产生了深远的影响。可以说，通过这次会议，日本学者切身了解到西方数学最前沿的发展状况。以下是1897年至1912年间ICM举办概况以及近代日本学者参会情况列表[2]。

表7.3　近代日本举办ICM概况，以及数学家出席状况表

召开次数	开催时期	开催地	出席者	参加国	日本の出席者
第1届	1897.8	苏黎世	约240	16	无
第2届	1900.8	巴黎	约260	22	藤泽利喜太郎
第3届	1904.8	海德堡	约400	19	三轮桓一郎、中川铨吉
第4届	1908.4	罗马	约700	13	藤原松三郎
第5届	1912.8	剑桥	约710	18	藤泽利喜太郎、洼田忠彦、内藤丈吉

〔1〕高木貞治. 赤門教授らくがき帳[M]. 東京：鱒書房，1955.
〔2〕"日本の数学100年史"編集委員会. 日本の数学100年史(上)[M]. 東京：岩波書店，1983：185.

这时期的国际数学界活跃着彭加勒(Jules Henri Poincaré，1854—1912，法国数学家、天体力学家、数学物理学家、科学哲学家)、希尔伯特、埃利·嘉当(亦译作埃里·卡当，Joseph Cartan，1869—1951，法国数学家)[1]等著名的数学大师。当时的日本数学还刚刚起步，但却和国际数学界开始了交流。

7.2.2 高水平数学论文的发表

数学方面的学术交流，除了派遣留学生和参加国际学术会议之外，还可以通过数学著作和论文了解到其最前沿的发展情况。而一个国家的数学水平也可以通过那个时期的数学著作和论文的水平来衡量。

1889年到1911年之间的日本学者用西方的语言撰写的数学论文不多。发表论文的期刊主要是《东京数学物理学会记事》和《东京帝国大学理科大学纪要》《京都帝国大学理工科大学纪要》，以及一些国外的数学期刊[2]。

这里主要通过发表在《东京数学物理学会记事》的数学论文，考察当时的日本数学发展概况。

《数物学会记事》卷2刊行于1885年的例会之后。其内容基本上是例会上发表的内容。

最初的两篇论文是寺尾寿讲演并改写的有关楔形平截面和曲面曲率半径相关问题。接下来是限本有尚题为"四元法积分小引"的论文，主要介绍了1884年4月在*Messenger of Mathematics*上出现的麦克斯韦(James Clerk Maxwell，1831—1879)四元法积分问题。

"数物学会"的期刊在卷3以后，虽然在外形上和卷1和卷2一样，但是其书写方式却出现了非常大的变化。即，从卷3开始，期刊上的日文文字基本用英文字母表述其读法。而各种论文和报告书的日文也采取从左到右的横书格式。

这时期的日本出现了放弃汉字和假名文字，用英文字母书写日文的主

---

[1] 嘉当，生于萨瓦的多洛姆厄，在1888年成为巴黎的巴黎高师的一名学生。他在李群理论和其几何应用方面奠定基础。他也对数学物理，微分几何、群论做出了重大贡献。

[2] "东北数学杂志"创刊于1911年，"东北帝国大学理科报告"创刊于1912年。

张，日本历史上称作“罗马字运动”。明治初年以来一些学者倡议，为了推进日本的近代化，废止汉字，用罗马字表示日文字母。早在幕府末年的1867年，便有人向当时的将军德川庆喜呈上所谓“汉字御废止之议”的建议书。1873年元旦，森有礼在向美国介绍日本历史的 *Education in Japan* 序文最后写了“国语英语化论”，极力倡导废止原有日文平假名和片假名以及汉字的书写方法，主张把英文当作日本的国语[1]。对于森有礼的观点既有响应者（志贺直哉、尾崎行雄），也有强烈反对者。后来又有著名物理学家田中馆爱橘和田丸卓郎等人也主张用罗马字表示日语[2]。

《数物学会记事》的会员中也有支持用英文字母表示日语的会员。通过更改文字的书写模式，使学会期刊有别于“数学会社”时代的《杂志》，更加接近西方期刊模式，从而得到国际学术界的认可。

《数物学会记事》的记录成为西方文字，卷3中的很多文章只是把日文按照读法改写成西方文字而已，并不是翻译成西方文字。会员隈本有尚积极提倡英文字母书写日文，在1885年7月的常会上，提出了议案。议论的结果是会议记录必须用英文字母表示日文，刊登的论文和杂志、报告等可用日文书写，但是必须采取从左到右的横书格式。但是《数物学会记事》卷3的书写格式用英文字母刊行后，一些政府部门表示不满，如内务省发出指令，要求期刊中的出版者和编辑人员的名称必须用日文表示。会员中也有强烈反对使用英文字母的，藤泽利喜太郎就是其中一位。

卷3和卷4上刊登的数学和物理学相关研究论文的内容有如下几种。

卷3上有隈本有尚写的有关行列式相关的论文，题目为“MATRICES NO THEORY NI TSUITE SHIRUSU”[3]。这是隈本把应该写成“マトリックスのセオリーについて記す”的题目用英文字母表示，其中“MATRICES”和“THEORY”是英文单词，而其余的分别对应“NO—の”“NI—に”“TSUITE—ついて”“SHIRUSU—記す”，其题目译成中文就是“有关矩阵理论的记法”，主要介绍了 Sylvester 矩阵相关理论。卷3上又有

〔1〕 大久保利謙.新修森有禮全集[M]. No. 5，東京：文泉堂店，1999：185-187.
〔2〕 山井徳行.森有礼の“国語英語化論”と志賀直哉の“国語フランス語化論”について—[J].名古屋女子大学紀要(人、社)，2004(50)：179-191.
〔3〕 東京数学物理学会記事編集会.東京数学物理学会記事[M].卷3，1886：153-161.

三轮桓一郎用日语写的微分方程式相关论文，题为“微分方程式中変数ノ変更法”[1]。在日文标题下面有英文标题“On Change of the Independant Variable in Differential Equations”。还有藤泽利喜太郎和鹤田贤次直接用英文写的研究论文。这使得《数物学会记事》卷3成为近代日本最早用西文发表数学论文的学术期刊。

一直到1889年，藤泽利喜太郎用英文发表了4篇数学论文，鹤田贤次发表了1篇。藤泽的论文名称为：“A NOTE ON PROJECTION”是射影相关内容[2]，“SEMINAR ESSAY EXTRACT”是二次曲线相关内容[3]，“ON THE SOLUTION OF A CERTAIN CLASS OF PARTIAL DIFFERENTIAL EQUATIONS BY THE SO — CALLED METHOD OF INTEGRATING FACTORS”是偏微分方程式相关内容[4]，“NOTE ON A FORMULA IN SPHERICAL HARMONICS”是球函数相关内容[5]，前两篇是在斯特拉斯堡(Strasbourg)留学期间投稿的论文。鹤田写的论文题目为“ON AN EXTENSION OF A PROBLEM OF PAPPUS'S”，是帕普斯问题扩张理论相关问题的讨论[6]。虽然从今天的视角看，都是比较简单的数学内容，但对近代日本数学和国际数学界接轨的历程中却起到了奠基性作用，具有深远意义。

在期刊的卷4中刊登了泽田吾一写的论文“アシムプトチック曲線ノ性質及ビ曲面上直線トノ関係等”[7]。此外，比较重要的有藤泽投稿的“本邦死亡生残表”。其中藤泽写道：“死亡表は特に生命保険に必要なるのみならず一国の統計事実中甚重要なるもの”，即“死亡表不仅对于生命保险有必要，对一个国家的统计工作也意义重大”[8]。藤泽的“本邦死亡生残表”是搜集和考察“日本帝国统计年鉴”“日本帝国民戸籍表”“大日本帝国内务省第一次统计报告”“统计集志第八十貳号”“独逸东亚细亚協会报告”“玛叶

〔1〕 東京数学物理学会記事編集会. 東京数学物理学会記事[M]. 卷3,1887：245-248.
〔2〕 東京数学物理学会記事編集会. 東京数学物理学会記事[M]. 卷3,1886：145.
〔3〕 東京数学物理学会記事編集会. 東京数学物理学会記事[M]. 卷3,1886：146-152.
〔4〕 東京数学物理学会記事編集会. 東京数学物理学会記事[M]. 卷3,1887：234-244.
〔5〕 東京数学物理学会記事編集会. 東京数学物理学会記事[M]. 卷4,1888：7-8.
〔6〕 東京数学物理学会記事編集会. 東京数学物理学会記事[M]. 卷4,1888：183.
〔7〕 東京数学物理学会記事編集会. 東京数学物理学会記事[M]. 卷4,1888：186-212.
〔8〕 東京数学物理学会記事編集会. 東京数学物理学会記事[M]. 卷4,1888：95-121.

托氏著日本人口统计”“学士拉托根氏著日本人口统计调查结果”等资料获得的研究成果[1]。后来成日本保险公司参考的重要资料。数学家藤泽也成为日本保险事业的鼻祖。

除此之外，狄利克雷(J. L. Dirichlet, 1805—1859)、阿贝尔、高斯等西方著名数学家的论文和数学成果被菊池、藤泽、三轮、长冈半太郎等日本学者英文翻译并刊登在学会期刊卷3、卷4上，向日本学者了解西方重要数学成果提供了方便。这些论文后来被收录到*Memoirs on Infinite Series*(1891)中重新发行。

在学会期刊上用西方语言介绍西方数学的人员及其论文情况为，藤泽利喜太郎1篇、三轮桓一郎1篇、数藤斧三郎1篇、桦正董4篇、林鹤一15篇、高木贞治5篇、吉江琢儿4篇、国枝元治1篇、中川铨吉7篇、藤原松三郎2篇、刈屋次郎3篇、内藤丈吉1篇、泽田吾一1篇、泽山勇三郎2篇、小仓金之助9篇、洼田忠彦3篇、福泽三八1篇、贝原良介2篇。

东京数学物理学会的期刊发表的西方数学论文不仅内容较深，其形式也和今天的学术论文类似。这个时期日本学者的西方数学水准和“东京数学会社”时代相比有着飞跃似的提高。此时传统数学和算作为数学的研究对象已完全退出历史舞台，只是作为日本传统文化遗产受到保护和向国外介绍。《数物学会记事》也仍然有有关和算相关的文章。例如，1895年刊行的《数物学会记事》卷7中有菊池用英文写的5篇和算论文和遠藤利贞用日语写的2篇。遠藤论文的题目是“擺線(Cycloid)の長さを求める和算の方法”和“球積を求むる和算の法”等。

1908年举行的纪念和算奠基人关孝和的二百年周年纪念会上菊池发表了如下一段讲话：

和算の中の円理の事，円周率等に関する事を，英語に訳して，数学物理学会の記事に出しました。之は級数のくくり方が，如何にも面白いのでありますから，斯の如き全く独立の研究をしたことが，日本にもあると云ふことを，外国人に介紹したい考で，あったのであります[2]。

---

[1] 原文的写法分别是“マエット”和“ラートゲン”。
[2] 菊池大麓．本朝数学について[J]．本朝数学通俗講演集，東京：大日本図書株式会社，明治四十一年(1908)：13.

上文把和算中圆理和圆周率相关成果翻译成英文发表在学会期刊上，并用西方数学成果解释和算算法，高度评价了和算的成功。第2期的《数物学会记事》刊行的明治三十二年(1901)到大正七年(1918)之间发表在学会期刊上的西方语言写成的数学论文80余篇，其中和算及其历史相关内容有18篇[1]。多数由数学史研究者三上义夫撰写的内容，基本以历史研究的视角把和算看作日本传统文化中的一种进行研究。

小结

在上述第2篇中主要考察了明治初期教育制度的变迁和推动日本数学近代化的重要机构——东京数学会社的创立、发展及其转换为东京数学物理学会的历程。其中还涉及到为统一名词术语而创办的"译语会"的工作。值得注意的是，清末汉译本中确定的数学名词术语在经过日译本的介绍，成为"译语会"参考来源之一。笔者浏览全册的《东京数学会社杂志》发现明治后期汉译本仍然在术语方面对日本数学界产生的影响。如在第四43号的"译语会记事"中，找到"Algebra"的译语决定采纳汉译本中"代数学"的记录，并发现在随后发行的第47号期刊中，又有日文翻译的《代数学》里伟烈亚力序文的部分引文，其目的是为了介绍代数学的历史由来。又比如，"悬链线""软腰线"等汉译本《代微积拾级》中的数学术语也出现在第41号期刊中。

1872年发布的日本近代第一部教育制度"学制"虽然不久被废止，但是其中的有关西方数学普及相关条例为明治时期日本摆脱传统数学的束缚，快速普及西方数学提供了制度上的保障。1877年东京大学的建立和东京数学会社的创办又为西方数学的普及起到了非常大的推动作用。

东京数学会社成立之初的会员由和算家、洋学者、军人(海军，陆军关系人员)、官立学校相关人员等社会各个阶层对数学感兴趣的人员构成。而其中传统数学家也占较大比例。通过考察数学学会的发展和转换历程可以了解明治初期日本数学界的基本状况。通过对学会期刊中发表的数学内容可以知道，明治前期的日本数学界经常参考明清汉译西方数学著作。为深入

〔1〕"日本の数学100年史"編集委員会. 日本の数学100年史(上)[M]. 東京：岩波書店，1983：189.

了解比较复杂的微积分等西方高等数学内容时，他们参考了被中国学者消化和吸收的汉译西算著作，其中既有明末清初的，又有清末的译著。可以说，对于迫切掌握西方科学技术的明治初期日本人而言，学习汉译著作是他们深入了解西方数学的一种捷径。拥有100多名传统数学家和接受纯西式数学教育的会员的东京数学会社，为明治时期日本数学界从传统转型到西方模式的历程中发挥了组织、指导、促进的作用。学会期刊又为日本数学界、物理学界和天文学界创建学术交流平台，并为这些学科的发展奠定了坚实的基础。

另外，这个时期的日本数学界存在日本传统数学和汉译数学内容，以及西方数学等“和汉洋”3种模式的数学。而“东京数学会社”中通晓三者内容的会员占据多数。他们在学会期刊上把和算问题用西方数学方法进行解答，另一方面，又把西方数学问题用和算和中算内容进行解释，试图在几种模式的数学体系之间建构一种“会通”关系。他们既有“折衷”主义的倾向，又为“会通”东西数学做了不懈的努力，这也是近代日本数学从传统过渡到西方文明转换期数学界的特征所在。

到了明治后期，也有学者参考和借鉴汉译著作的内容，但直接引进西方数学成为主流。明治十年以后的学校教育中不再存在使用汉译西方数学著作作为教科书的现象。这个时期出现了直接从西方翻译的数学教科书。又出现了菊池和藤泽等在国外接受正规西方数学教育的学者们编著的教科书。

明治后期向西方派遣留学生和参加国际会议，近代日本学者实现了和西方数学家的直接交流，以较快速度获悉了西方各国数学研究的新情报。在东京大学和京都大学陆续建立数学系，开设数学讲座，培养自己的数学研究人才，为尽快加入国际数学交流网络铺平了道路。

到了19世纪末20世纪初，清政府开始关注日本科学与技术的发展，派遣留学生并参照日本教育制度建立新式教学体制，在学校教育中也开始大量参考日本学者编著的数学教科书。

第3篇

近代中国与西方数学文明的交融

幕府末期和明治维新时期的日本通过中国间接了解西方的科学与先进文明。当时，汉译西方科学著作起到了非常重要的媒介作用。其中的西算著作是日本学者学习西方数学的重要参考文献。如前所述，明治初年的一些学校(沼津兵学校)将一部分汉译西算著作指定为通用教科书。

甲午战败后，部分国人意识到，中国已经落后于邻国日本，于是开始关注日本学习西方的各种模式。由此兴起了清末留日风潮，赴日学习一时蔚然成风。此后，不少日本数学书籍反哺中国，成为近代中国数学与国际交融的媒介。

综观近代中日与西方数学文明的碰撞与交融的历程，中日教育制度之差是阻碍或推进两国数学与西方接轨的重要因素。

以下各章中，主要考察清末"以日为师"的教育制度推行过程及其时代背景。在此基础上分析清末官员和维新派的教育思想、派遣留学生事业的经纬、留日学生所受数学教育等内容，厘清近代中国以日本为媒介重新接受西方数学，最终融汇到国际数学体系的概况。

第 8 章
以日为师的教育改革及其时代背景

甲午战败标志着洋务派主导的富国强民政策以失败告终。这也表明其单纯引入西方近代军事工业技术和强制推行新式教育的政治举措中存在着诸多问题。王韬曾批评洋务派说:“仅袭皮毛,而即嚣然自以为足;又皆因循苟且,粉饰雍容,终不能一旦骤臻于自强”;又对日本明治维新评价道:“维新以来,崇尚西学,仿效西法,一变其积习,而焕然一新,甚至于改正朔,易服色,几与欧洲诸国无异。”〔1〕

一些官员和文人强烈意识到单纯依靠引进西方技术无法改变日益衰落的国家现状。一股仿效日本的明治维新进行自上而下的“变法自强”的思潮弥漫于当时的清廷朝野。

本书第一篇曾论及在江南制造局翻译馆接触西方科技知识的康有为、梁启超、谭嗣同等人物。他们成为这场变法自强运动的主要提倡者。

以下各章将考察清末知识分子对“科举”制度弊端的认识,并分析戊戌变法领导者意欲模仿明治维新以图自强,在传播西方科技与数学的过程中发挥的重要作用。

8.1 科举制度与西方数学教育之龃龉

洋务运动时期,在选拔政府官僚、培育人才时仍然采用着以科举为主的

〔1〕 王韬. 弢园文录外编[M]. 变法上,上海: 神州国光社,1953: 133.

固有体制。支撑中国一千多年封建王朝的科举制度，在清帝国这一少数民族政权下变得更加墨守成规。此时的科举，又以“八股文”为主要模式，即背诵脱离现实的四书五经之内容，以固定的文章体例来进行考核。虽然偶尔出现以时政对策为主的内容，但仍然套用着八股文的陈腐模式，与治国理政并无直接关系。普通平民走上仕途的主要模式仍然是通过科举制度。直至清末，为猎取功名，依旧有不少人的青春葬送在这一制度上。

洋务运动时期虽然新建了不少新式学堂，但其毕业生中获得重用者却寥寥无几。因此时人认为即便是入了新式学堂，对自己的前程亦无甚益处。

中国启蒙思想家、著名作家鲁迅（1881—1936）曾在《呐喊·自序》中写道：

> 我要到 N 进 K 学堂去了[1]，仿佛是想走异路，逃异地，去寻求别样的人们。我的母亲没有法，办了八元的川资，说是由我的自便；然而伊（她）哭了，这正是情理中的事，因为那时读书应试是正路，所谓学洋务，社会上便以为是一种走投无路的人，只得将灵魂卖给鬼子，要加倍的奚落而且排斥的，而况伊又看不见自己的儿子了。然而我也顾不得这些事，终于到 N 去进了 K 学堂了，在这学堂里，我才知道世上还有所谓格致、算学、地理、历史、绘图和体操。

鲁迅进入新式学堂是在 1898 年，尽管已处于 19 世纪末期，但中国新式学堂的毕业生依旧没有出路，民众对新式学堂的态度十分冷淡消极。

此时，对数学和自然科学发生兴趣并致力于研究的人仍是属凤毛麟角。

而同时期的日本，建立并完善近代教育制度，全面普及西方教育模式，在数学和自然科学的研究上已实现与国际接轨。

科举之弊终为中国各阶层所认识是在甲午战败和变法受挫之后。进入到 20 世纪之后，不仅是一些开明的官员和知识分子开始反思科举取士制度的危害，更有一些曾经受惠于科举的著名儒学家亦深知其弊害，愤而批判科举之学。例如洋务运动时期曾受到曾国藩、李鸿章等人重用的桐城学派[2]

---

[1] 这里的 N 指南京，K 学堂为江南水师学堂。鲁迅于 1898 年到南京江南水师学堂，第二年改入江南陆师学堂，1902 年毕业后被清政府选派赴日留学。

[2] 安徽省桐城人方苞创始、清代 200 余年延续的传统儒学学派。

大儒吴汝纶(1840—1903)即于1901年9月30日撰写"驳议两湖张制军变法三疏",对科举中的重要组成部分—经学内容大加筈伐。

张之洞与刘坤一连署的"变法三疏"之第一疏中有关科举改革方案写道:"一. 中国政治、历史","二. 各国政治、地理、武备、农工、算法","三. 四书、五经之经义"[1]。吴汝纶痛批其中仍然要求人们学习四书、五经之经义的八股旧习:经义起于八股。文体不变,本义已失。今欲返璞归真,回复本义。……八股既废、而用经义,就是废子孙而尚奉其祖宗。这又是何意[2]。

他认为八股对于经义毫无益处。另一方面,他对学校的教育内容进行了如下论述:学堂应该重视西学。既然重西学就不需要去探究中学奥义。只要文笔流畅即可……中学如果抱残守缺,则对文明开化毫无作用[3]。

他后来又撰文全面否定了传统体制中的儒学教育。

1901年,吴汝纶将独子吴启孙送往日本留学,令其不再走仕途经济之路。在给儿子的信中写道:

> 汝为科举欲归,……吾料科举终当废,汝若久在日本学一专门之学,由学堂毕业为举人进士,较之科举更为可喜[4]。

不久吴汝纶到日本游览,看到街上放学后的男女学生往来如流,深有感触。这种景象距离日本明治维新后三十余年而已,他不禁叹道:"学校如林,学生满街,此境殊可易得"[5],"锁国之人如何在三十年间就得以焕然一新,国民气象又如何如斯感化,实感越发不解"[6]。于是他试图在考察日本的过程中寻找答案。

对吴氏的访日,日本报界进行过详细报道。对他的疑问,日本各界与媒体也给出了不同的答案。其中最为犀利之言辞,首推《九州岛日日新闻》之

---

〔1〕变通政治人材为先遵旨筹议折[J]. 光绪二十七年五月二十七日(1901年7月12日). 张文襄公全集[M]. 二,奏议五十二,北京:中国书店,1990:939-949.
〔2〕吴汝纶. 驳议两湖张制军变法三疏[J]. 光绪二十七年八月二十八日(1901年10月10日). 桐城吴先生(汝纶)日记[M]. 卷一,时政,中国书店出版社,2012:508-509.
〔3〕桐城吴先生(汝纶)尺牍[M]. 卷三,论儿书,中国书店出版社,2012:2616-2617.
〔4〕桐城吴先生(汝纶)尺牍[M]. 卷三,论儿书,中国书店出版社,2012:2614-2615.
〔5〕京都に於ける呉汝綸一行[N]. 大阪每日新聞,明治三十五年(1902)六月二十七日.
〔6〕日本の今日ある所以[N]. 日本,明治三十五年(1902)八月二十五日.

见解：

> 清国囿于千年以来积习之弊，而深陷其中之原因即在于清国学问最短于实用学问之贫乏。……因此故，吴汝纶之教育调查，自大学到小学，自文学、美术学校至商业、工艺学校，自哲学、宗教到理学、化学方面，其重点是放在了实业教育之上[1]。

其中的"实用学问之贫乏""千年以来积习"就是指清朝所实施的通过科举以谋出仕的教育制度。

如上所述，到了20世纪初，清末官僚、学者、民间俱要求废除传统科举制度，并在中国建立适合国情的新教育体制。1905年9月2日，光绪帝下诏废除自隋朝大业二年(606)以来在中国施行了1 300多年的科举制度。

以近邻日本为摹本来建立新教育制度，此方针亦得以采用，由清末主导维新的"变法维新人物"所提倡。清末中国败于甲午战争，地动山摇，内忧外患。清末人士对通过明治维新而后来居上，成为强国的日本有了深刻认识，痛感改革政治体制势在必行。若要摆脱令人欺辱的局面，不仅要引进西方科学，还要像日本一样引进西方政治体制，将原有的制度变革为立宪体制。如此主张的人们被称为变法维新人士。他们提倡的改革也被称作变法维新运动。以下就这些人物的教育思想加以考察。

8.2　变法维新人物与西方数学

8.2.1　清末维新人物"以日为师"的教育思想

8.2.1.1　康有为的教育思想

甲午战败后，康有为走上了清末历史舞台的前沿阵地。1895年5月，康有为动员参加科举的在京各省举人1 300名向朝廷上书，力主拒绝媾和、迁都南方、整军再战。同时提出改革体制，变法自强的政治主张。这便是中国近代史上著名的"公车上书"事件[2]。

康有为，字广厦、号长素，广东省南海人。少年时拜同乡人，著名学者朱

〔1〕 呉氏の教育視察[N].九州日日新聞，明治三十五年(1902)七月二日.
〔2〕 科举考试中朝廷给举人专车，公车代指举人。

九江(1807—1881)为师,潜心学习公羊学〔1〕。学成后到各地游学,到达上海和北京时接触到江南制造局和京师同文馆出版的汉译西方科技著作,积极购买阅读,加强了对海外时局的全面了解。通过阅览清末译著,更加关心时局,尤其关注日本明治维新以来的各项改革措施。1888年,中法战争失败时,积极上书谋求政治改革而未得到清廷理会。回乡后设置万本草堂,招募弟子,其中便有梁启超等人。在教授弟子的同时撰写《大同书》,开始了变法理论的研究。

康有为所强调的教育改革中,极力主张完全革除脱离实际,对富国强民毫无用处的科举体制。同时,特别强调以西方各国和近邻日本为师,以日本明治维新为蓝本,加强中央集权,推行政治改革。提倡在全国设置现代学校,开设各种学会,并建立图书馆、报社,大量翻译国外图书,以便世人研究西方近代科学与技术。呼吁为了尽快培养人才,必须向海外特别是日本派遣留学生。

甲午战后,康有为向朝廷上书,提出各种改革方案,又著《新学伪经考》《孔子改制考》(1898)等,直斥现有经典皆为后世伪作,后人依靠此类经典则难明"圣人之道"。又提出孔子"借古革新"等新观点,为自己的改革寻找依据。

另外,康有为还著五国史书:《俄罗斯彼得大帝变政考》《突厥削弱考》《波兰分减记》《法国革命记》《日本明治变政考》,进呈光绪皇帝。

康在其《日本明治变政考》的序文中讲道:俄罗斯本为小国,但彼得大帝时代奋发而变法,称霸北半球至今。德国并非大国、如今成了战胜奥地利、俄罗斯、法国的强国。威廉一世任用俾斯麦而称霸欧洲。……日本不过四川一省之地、人民不到我国十分之一。变法后击败我国,割去台湾,索赔两亿白银〔2〕。

康有为陈述了俄、德、日等国变法自强的历史经验,又强调因中国不变法而甲午战败的教训,劝光绪帝以彼得大帝与明治天皇为榜样,将清朝变为

〔1〕公羊学是由孔子的《春秋》公羊传来解释的学问、以此阐发孔子的理想和改变现实的政治思想。成型于西汉,衰弱于东汉、清代常州学派重新重视公羊学,引起了清末新政治思潮,康有为的戊戌变法派之思想支柱。

〔2〕康有为.日本明治変政考(序),西顺蔵编.原典中国近代思想史洋務運動と明治維新[M].東京:岩波書店,1977:190.

君主立宪制国家。在此书卷五中介绍了日本东京地区各类大学、中学、小学、公立学校和私立学校、女子学校的概况，对各所学校的教育科目和费用等都有极为详尽的描述。他将明治时期日本的教育改革经验与当时中国的现实加以对照，在此书的"按语"中写下了如下教育改革主张：日本变强在于大办学校。……其完备的学制皆模仿自欧美，三岛之国的学校数目，胜过我国十一倍。且大学堂不仅限于京城，反而遍布七区。若比照我国，就是把大学堂设在七十个区。……日本官、公立学校的必要经费达一千万，政府还有补助。小学校也多达五十万所、……男女皆在学校，人才一个也不会浪费，人们也不自暴自弃，人人皆受教育为国所用[1]。

在此，他提出了中国应该模仿日本学制，在北京、上海、广州等地至少均设置一所大学，以进行英才教育。可以说，康有为对明治时代的日本教育制度沿革有深刻认识。不仅如此，他对明治维新中，日本通过普及西方式教育制度，培养大量人才，而这些人才在之后的政治改革中充当重要角色的情况也有全面了解。

光绪皇帝接纳了康有为政治改革的意见，于1898年6月11日下《明定国是》诏书。一场以日本为榜样的维新变革"戊戌变法"开始拉开了序幕。由此创建了以西方和日本近代学校为模版的京师大学堂，以及各地的中小学堂。特别是向日本派遣留学生，开设译书局，又创办了报社等宣传机构。

这场全国规模的变法自强运动中国人认识到欧美诸国富强之理由并非仅仅是拥有先进的机械与兵器，更关键的是学问研究与教育普及等政策措施的全面推行。这种情形之下，与"变法"同时展开了另一场强调"兴学"必要性的教育改革运动。

8.2.1.2　梁启超的教育思想

梁启超，字卓如，号任公，广东新会人。15岁在广东著名书院学海堂就学，学习戴震、段玉裁的训诂、名物、制度相关的考证学。梁启超17岁时，在广东乡试及第为举人，18岁与康有为相识并深深为其学识折服，拜访万木草

---

〔1〕 黄明同，吴熙钊. 康有为早期遗稿述评[M]. "附《日本变政考》序、按语、跋，日本变政考按语"，广州：中山大学出版社，1988：128－129.

堂师从康有为。数月间，在万木草堂学《公羊传》《资治通鉴》，皈依于康有为所提出的一种建设理想的共产社会的大同思想，此后以学海堂为基地，积极宣传这种理论。梁启超到北京后，又结识谭嗣同，跟他促膝深谈大同思想与王夫之学说。

1895年甲午战败，梁启超参加科举会试而赴京，探得《马关条约》（日本称为《下关条约》）之内容，遂召集湖广两地举人，推康有为为代表，三次上书，力主清廷拒绝与日讲和。梁启超在《论科举》中谈道，在当时虽然有同文馆、方言馆，也有派出的留学生，但是数十年之后，国家依旧无可用之才。他又举例说明俄罗斯彼得大帝周游列国以选拔人才，在葡萄牙、法国学习，归国后重用，从而国富民强。日本维新也先派优秀学生去欧洲学习，学成后回国，量力授职。伊藤〔博文〕、榎本〔武扬〕都是日本政府派遣过的留学生。因此必须兴办学校，培养人才，中国要富强就必须改变科举。大变则有大效果，小变则有小效果。奏请恢复建立明经一科，录用能以古经证明今日新政者。明算一科，录用对中外数学能够理解应用者。明字一科，录用能够进行翻译者〔1〕。

即梁启超深刻认识到当时的清末中国尽管有同文馆、方言馆等讲授西方语言、科学技术、数学内容的新式学堂，但优秀人才始终不能涌现，原因就在于对西方体制了解不深，因此强力主张向西方派遣留学生，特别是向日本派遣留学生，让其学习明治维新以来的科技成果。

他又提出必须变更洋务运动时期的只重视强军、开矿、通商等表面措施，以重视“变法”的“为大成，变官制”〔2〕取而代之。他认为“变法之本在于育人，育人则必须开设学校，建立新学则必变科举”〔3〕。虽然求变，但却又缺乏精通各国语言和人文知识的人才〔4〕，因此主张中国人前往日本求学。

梁启超认为，在当时欲赴欧美的不少人苦于旅费，赴日则不然〔5〕，日本，三岛之地，不过千里。近来日本学习欧美，改革政治，翻译图书，集西方

〔1〕 原文在《时务报》第七、第八册，光绪二十二年九月一日、十一日（1896年10月7日、17日）。
〔2〕 梁启超. 梁启超全集[M]. 第一册，北京：北京出版社，1999：15.
〔3〕 梁启超. 梁启超全集[M]. 第一册，北京：北京出版社，1999：15.
〔4〕 钱国红. 日本と中国における西洋の発見[M]. 東京：山川出版社，2004：316.
〔5〕 梁启超. 梁启超全集[M]. 第一册，北京：北京出版社，1999：323.

学问之大成[1]，他又指出，清末中国学习西方已经数十年，略通其学者亦不下数千人，然除严复一人以外，又有何人能够将西学输入中国。若在日本学习，只要精通汉语，一年间就可博览群书，毫无障碍[2]。

在梁启超眼中，日本通过翻译西方书籍，进行改革，已经能够与西方并驾齐驱。因中国和日本语言上使用着可以互通的汉语，可以在短时间内遍览日本书籍，则可达到速成之效果[3]。

但如前所述，由于变法失败，1898年梁启超流亡日本横滨，未能实现其政治抱负。到了横滨之后，他创办《清议报》(1898)、《新民丛报》(1902)、《新小说》(1902)等报刊，继续从事政治与教育制度改革的宣传活动。1898年他任东京大同学校(清华学校)校长，专注于日本的中国留学生教育。

以上就维新运动之主要领导人康有为与梁启超的"以日为师"的教育改革思想进行了简述。接下来就其数学教育普及活动加以论述。

8.2.2　清末维新人物与数学教育的普及

8.2.2.1　梁启超和西方数学教育

本书的第一篇中曾涉及梁启超关于西方数学的观点及其对《数学启蒙》的评价，还介绍了其对《格致汇编》的评价。

梁启超不仅关心清末知识分子学习西方数学等事宜，还对西方数学教育的普及也多有关注。

1896年，梁启超聘黄遵宪为上海《时务报》主笔，在著《变法通议》时，提出废科举、办学校等主张。次年秋，谭嗣同、黄遵宪、熊希龄在长沙建时务学堂[4]时他担任主讲，讲评学生日记和论文，在学生中推广"民权论"。

1898年，变法派在湖南势力大振。湖南巡抚陈宝箴(1831—1900)全面支持变法，于是梁启超与谭嗣同协力组织"南学会"，创刊《湘学报》，一起鼓吹变法。

在时务学堂，梁启超虽不教数学，但他以主任教员的身份制作了《时务

---

[1] 梁启超.梁启超全集[M].第一册，北京：北京出版社，1999：323.
[2] 梁启超.梁启超全集[M].第一册，北京：北京出版社，1999：325.
[3] 钱国红.日本と中国における西洋の発見[M].東京：山川出版社，2004：318.
[4] 1897年10月在湖南省长沙创办，呼吁教育改革和宣传政治改革的学校。

学堂学约》，规定学堂必须重视对学生的西方数学教育。《时务学堂学约》规定全体学生必须学习以下两种课程：一曰溥通学[1]、二曰专门学。溥通学之条目有四：一曰经学、二曰诸子学、三曰公理学、四曰中外史……凡出入学堂六个月以前、皆治溥通学；至六个月以后、乃各认专门；既认专门之后、其溥通学仍一律并习[2]。实际上“第七至第十二月”的所谓“专门学”中就包括数学。

时务学堂的数学教科书如下：《学算笔谈》(1882)和《笔算数学》(1892)两册是第七个月使用的教科书。《几何原本》(1857)、《形学备旨》(1884)、《代数术》(1873)、《代数备旨》(1891)等是第八、第九、第十三个月的教科书。第十一个月开始学习《几何原本》《形学备旨》《代数术》，另外追加《代数难题》(1883)。第十二个月学习《几何原本》《代数难题》的后半部分，《代数微积拾级》(1859)、《微积溯源》(1874)等微积分学的数学书也开始使用[3]。

数学教育的讲授顺序依次是从算术到代数学、几何学，再从代数学、几何学较难的内容转向微积分学等高等数学内容。从教科书目录看，时务学堂所用数学教科书基本上是汉译的西方数学书籍，没有一本传统的中国数学著作。

由上可知，梁启超对西方数学教育普及之良苦用心。

在时务学堂中，梁启超对清廷多有不敬之言论，这一情况在戊戌政变前的湖南省已是尽人皆知。这引起保守派的激烈反弹，俨然成了政变的导火索之一。变法失败后，时务学堂亦遭关闭。在时务学堂接受西方数学与西方科技教育的学生，许多都追随流亡日本的梁启超，东渡日本，接受了日本的新思想和新文化，这些人此后成为颠覆清廷的革命派之重要角色。代表人物有如蔡锷、蓝天蔚等。

8.2.2.2　谭嗣同与西方数学教育

清末“变法维新运动”的主导者中，谭嗣同应该是数学涵养最高的一位。

---

〔1〕“溥通学”相当于今天的大学通识教育，是现代日本大学教养学部的科目。

〔2〕谢国桢. 近代书院学校制度变迁考[A]. 近代中国史料丛刊续编，第66辑，651册，台北：台湾文海出版社，1983：34－35.

〔3〕舒新城. 近代中国教育史料[M]. 第一册，北京：人民教育出版社，1928：40－61.

谭嗣同，字复生，号壮飞，湖南省浏阳人。父亲为湖北巡抚谭继洵。10岁时师从同乡的大学者、内阁中书欧阳中鹄(1849—1911)学习四书五经，受父之命准备参加科举考试。其师欧阳中鹄，字节吾，号瓣疆，浏阳人，1873年中举，次年成为“内阁中书”，是当地著名的学者。和一般官宦子弟不同的是，谭嗣同少年时代就厌恶老师讲授的四书五经内容，却对当时的非主流学问表现出极大的喜好。如喜读魏源(1794—1856)、龚自珍(1792—1841)等人所著有关时政的著作。

谭嗣同16岁时从同乡涂大围处学算学，对自然科学也表现出极大的爱好，19岁时通读《墨子》《庄子》等文献，对其中的古代科技内容发生了浓厚的兴趣。1877年，父亲谭继洵赴任甘鄂两省，谭嗣同行走于两省之间，藉此游历中国，对清廷统治下的底层社会困苦有了深入了解，这触发其励志仕途，通过变法治理国家的远大抱负。谭嗣同的人生转机出现在甲午战败之后。当时他已30岁，清廷之惨败对其震动颇大，从此抛弃此前潜心研究的考据学一类脱离现实的学问，转而立志改革和经世致用之学。

谭嗣同关注时政，为惊醒世人所做的第一件事情就是建立“浏阳算学馆”。此外，他还计划开矿设厂，为自己今后的政治抱负服务。他所实践的经世之学，本质上就是基于西方知识背景的科学教育和产业振兴计划，其实相当于洋务运动时期部分政策的翻版[1]。

谭嗣同30岁前六试六落，其父利用职权关系于1896年为他买通了一个江苏知府候补的差事。他赶往南京赴任的途中，又游历各地，广交朋友，开阔眼界，为今后的政治理想做了奠基性的工作。这不仅加深了他对当时社会的全面认识，也得以结识了几位影响他一生的重要人物。在上海，他拜访了清末汉译科技著作的主要翻译者傅兰雅，向他请教基督教教义和一些西方自然科学知识。傅兰雅热情接待他，给他展示了陈列馆的化石标本、X光照片和计算器等，又给他介绍了当时西方先进的生物进化论和物理学知识。并对他介绍X光知识必然带来一场医学界的革命。这些介绍使谭嗣同切身感受到西方科技的重要性，思想上受到了很大的震撼。尤其是傅兰雅翻译、亨利·怀特著 *Ideal Suggestion Through Mental Photography*(1893年汉

---

〔1〕 李宏.谭嗣同与清末变法运动[M].长沙：湖南师范大学出版社，1983：211.

语译作《治心免病法》)一书,对他产生了非常大的影响。谭嗣同的代表作《仁学》中的大部分内容就是参考了此书。此外他还在南京拜会了杨文会(1837—1911)[1],对佛教发生了强烈兴趣。不久又随杨氏学佛,对此经历在《仁学》一书中留下了详细的记述[2]。

谭嗣同在家乡努力经营湖南时务学堂和南学会,在这两个机构中孕育了不少在湖南自治运动和五四运动中担当重任的人物。1898年,谭嗣同经由康有为推荐,被光绪帝授予四品军机章京一职,参与百日维新,成为戊戌变法中的重要成员之一。

在慈禧发动政变后,谭曾试图游说袁世凯,却被狡猾的袁氏所逮捕,与另外五人共同被处以极刑。他放弃逃走的机会,留下"各国变法,无不从流血而成,今日中国未闻有为变法流血者,此国之所以不昌也。有之,请自嗣同始"的豪言后,从容就义。

以下内容中重点介绍谭嗣同所创办之"浏阳算学馆",考察维新派对西方科学技术之基础——西方数学的普及所做出的贡献。

谭嗣同是清末中国最早的民间数学会之创办者。但实际上他对西方数学会没有什么了解,所以其所创办之学会是一种类似私塾的机构。但能够在科举制度占主导地位的年代,聚集一批热衷于普及西方数学教育的人们共同创办一个组织机构的想法,在清末中国实属罕见。

谭嗣同的数学教育理念为:变法当务之急在于人才,人才培养就要重视数学。因为数学用途广泛。学了数学就能明白自然科学,可以学习科学技术,就可以抛弃旧的学问,掌握新知识[3]。基于这种考虑,他决心建立一个汇集数学爱好者的团体机构。

谭的这一构想,宣布之初就遭到保守势力的极大阻挠,为首的却是其父亲。谭继洵对儿子不愿为科举应试做充足准备,反而整天做一些对入仕毫无用处的事情,自然十分反感。身为地方大官,对儿子的所作所为持有强烈的反对态度,想方设法予以制止。因其父的影响,谭嗣同难以获得当地官员的支持。于是谭嗣同给老师欧阳中鹄写信,指出西方数学之重要性,请求他

---

〔1〕 清末居士,当时的佛教界重要人物。
〔2〕 蔡尚思,方行.谭嗣同全集[M].北京:中华书局,1981.
〔3〕 李喜所.谭嗣同评专[M].济南:济南教育出版社,1986:106-112.

出面支持自己创办数学家团体“算学社”的设想。欧阳中鹄读罢谭嗣同充满诚意的长信后感慨万分，表示将全力支持其计划。欧阳对此信稍加修改后加上按语，以小册子的形式广而发布。这就是流芳后世的名篇《上欧阳瓣疆师论兴算学书》〔1〕(以下简称“兴算学书”)。

谭嗣同在“兴算学书”中明确指出：不懂〔地球〕经度纬度，怎么航海？不知道方位，怎么计算距离？不懂机械〔的机能〕，怎么开船？不精通数学，怎么开炮？并以航海技术、军事技术中使用数学为例全面论证了数学的重要性。

文中，谭就湖南省变法一事，也谈了自己的看法，并提出在某一县先试行，进而推广，积极探索针对时局有用的救国之道。在介绍建立(西方)数学和科学技术馆以培养可造之才的紧迫性时，他指出把数学看作是中学西源的人实在太虚妄。这些人听到数学就错误地认为是河图洛书，乃加减乘除的源头。他又指出任意二数皆可加减乘除，没必要一定谈什么河洛问题。当追溯河洛究竟是什么时，他又说那是天的数学图表，与八卦星占类似，都是子虚乌有的东西，西方人早就抛弃这些东西了。

谭嗣同对当时部分知识分子的所谓“数学”乃中国自有之学的倨傲言论严加批驳，还批判“河图洛书”为无中生有之物，力主西方人的数学就是一般的普通知识，跟古代中国学术没有关联。他说道：谈论数学的人，又说黄钟是万事之本，实在可笑。九州岛十八省度量衡不一致是因为方法不完备，虞舜在世也不能统一。惟西方人测量大地用一分来度量，立方是容积单位，确定了重量单位，制订了度量衡制度，度量衡单位就能够一致。各国通用，因此没有区别。中国的测量家也多使用西方计算器具，沿海民间交易也用西方人的度量衡。原因就是他们的度量衡规准正确，而我国的标准混乱。

他对中西数学进行比较后说：过去的数学就是九章〔2〕，用粟布、方田、商功、均轮等名目〔3〕来分类，这实在很不自然。……宋秦九韶不信九章，而

〔1〕“上欧阳瓣疆师论兴算学书”是谭嗣同写于光绪二十一(1895)年的文章。
〔2〕指《九章算术》。
〔3〕《九章算术》各章名称。

另立九章著书[1]，这也毫无道理。西方人的数学内容包括点、线、面、立体等不同内容，可谓包罗万象。

这不仅仅是谭嗣同对中国古代数学的理解，也说明他对西方几何学也有所涉猎。

谭嗣同对“算学馆”的规章制度做了细致安排，确定了授课内容和每日课程。要求学生每日学习内容充实，就不会虚度光阴。并仿照西方学校设置七日一休的办法以缓解学生们的学习压力。

他对学校的名称做了如下解释：学馆命名为算学格致馆，必须对数学和自然科学拥有绝对信念而专心学习才能成为有用之材[2]。

从以上文章来看，谭嗣同创办“算学馆”的终极目标直接为其政治理想服务。

这就是身为政治家的谭嗣同与一般数学家的不同之处。通过普及数学教育以改变传统教育制度，进而改革政治制度的“变法维新”思路在他内心深处呼之欲出。

欧阳中鹄承受保守势力之重压，不得不减弱对谭嗣同的支持。不过读到“兴算学议”的湖南巡抚陈宝箴和“学政”[3]江标(1860—1899)[4]等人却对谭的才能大加赞赏，陈宝箴命将“兴算学议”追加复印 1 000 册发往各大书院。

1895 年 8 月，谭嗣同与唐才常联络，提出“径请改南台书院为格致馆”(请求将南台书院改名为格致馆)，“学政”江标欣然允诺：“准将南台书院改为格致馆”[5]。

于是“算学馆”有了办学场所。在陈宝箴和江标等开明官僚的支持下，“算学馆”获得了南台书院每年 60 万钱的经费。谭嗣同和唐才常又自费为“算学馆”添购了当时最新出版的西方数学和科学技术书籍。“算学馆”中也制定了《开创章程》《经常章程》《原定章程》《增订章程》等规章制度。

---

〔1〕 秦九韶的《数术九章》。
〔2〕 舒新城. 中国近代教育史资料(中)[M]. 北京：人民教育出版社，1961：634.
〔3〕 所谓学政即为管理地方和学校的教育事务的官职。
〔4〕 江标为清末维新派人物，字建霞，江苏元和(今吴县)人，光绪时期进士，1890 年成为翰林院编修，1894 年成为湖南省学政。
〔5〕 舒新城. 中国近代教育史资料(中)[M]. 北京：人民教育出版社，1961：635.

不料当年因浏阳大旱，谭、唐二人为“算学馆”所募集的资金被转拨为救灾资金，而“算学馆”的创办之事也暂时被搁置了起来。但在谭嗣同“兴算学议”的影响下，学习西方数学的人数大增，浏阳学者中也出现了不少西方数学的学习组织。当时出现了为社会风气开明而人人招募同志，建立数学团体，集中精力研究数学，为入数学馆而努力的新景象。地方上建立了三个数学团体，让地方上的人们也有了学习数学的机会[1]。浏阳奎文阁[2]的数学教师晏孝儒(生卒年不详)招募了16个学生，讲授西方数学。如此一来，“浏阳算学馆”终得以诞生，最初的16个学生都不满30岁，在该馆学习了三年的西方数学。

《浏阳算学馆增订章程》中明确说明，算学馆之建立目的在于育人以成大事。并非只为苟求谋生。数学是自然科学的基础，务求学问精微，学习终身不倦。

该馆讲授数学，并为学生购买了西方的各种最新社会科学和自然科学书籍，以及当时发行的《申报》《汉报》《万国公报》等报纸。

“算学馆”中每学期都有考试。老师给学生分发考卷，考卷密封并编号，早上下发、晚上收回。对西方教学方法一无所知的谭嗣同就以科举的模式来实施考试。除了每学期考试以外，每月八号还会对学生的学习内容进行额外测试，并奖励前十名的学生。

“算学馆”要学生天天记录授课内容、自己的学习情况以及讨论数学以外的其他自然科学知识。记笔记的方法是一种与科举制度不同的新式学习法。

在教育中尤其强调实际应用。例如章程中就有：〔算学馆〕开办一年后，为了学生实践自己的数学知识而借用了县内各种前后膛枪炮，计算某种枪炮速度和子弹路径，计算后绘制图表，以为日后应用。还演习了行军草图方法。

谭嗣同为“算学馆”的壮大和新式化费尽心力。“算学馆”对学生的道德教育也非常重视，在《经常章程五条》中制定了“恭敬师长、敬业乐群”等详细规定。“恭敬师长”就是“尊师重教”“敬业乐群”就是要求学生广泛涉猎数学

〔1〕 舒新城.中国近代教育史资料(中)[M].北京：人民教育出版社，1961：636.
〔2〕 位于今浏阳市第一中学校园内。

以外的知识,要与同学和睦相处,一起切磋学问。

“浏阳算学馆”规模不大,而且存在的时间不长。但对湖南省的西方科学技术和数学之传播以及变法维新产生了重要影响。可以说,在当时,湖南省是中国新思想诞生的萌芽所在地,浏阳又是湖南省新思想诞生的所在地,而数学又是各类新思想产生的渊源所在。全国各地不少书院此后大多模仿“浏阳算学馆”,开办了讲授西方数学的教学场所。

今天来看谭嗣同所创办的“算学馆”更像是一种讲授西方数学的私立学校。“浏阳算学馆”的重要意义在于:有助于数学团体的形成和西方数学的传播。主张学习西方数学,希望能够推进中国数学的近代化,这是清末民间知识分子们力图改变当时潮流的迫切愿望,而浏阳算学馆正是这一愿望之集中体现。

8.3 清末的公派留学生政策和教育制度的改革

清末变法派的代表人物,在民间有康有为、梁启超、谭嗣同等知识分子,在朝廷有全面支持变法以谋求获得实权的光绪帝,他们共同推行了一场变革,在教育方面力图全面废除科举制度。

几乎同时,洋务派的代表人物张之洞等也在慈禧的支持下继续维系科举制度,又创办了一些进行西方教育模式的新型学校,培养通晓西方军事技术人员和航海技术的人员。

变法自强运动开展初期,因其势力弱小,再加上洋务派官僚也有强国富民的政治目标,在改革的大方向上他们是基本一致的,所以并不存在明显的对立。

在甲午战争的前后时期,张之洞还曾资助过谭嗣同和梁启超创刊的《湘学报》。不过该杂志却公然刊登康有为、谭嗣同、梁启超等变法派的政治观点,尤其是对清政府的各项制度进行评判,并要求变革的文章层出不穷。为了与之抗衡,张之洞开始连载《劝学篇》,提出了自己的观点。这恰逢光绪皇帝接受康有为的上书建议,而下决心变法的关键时期。

清末公派留学生政策和教育制度改革的大方向,主要还是由洋务派官僚张之洞所主导和操纵。他写的有关清末教育改革论述中最有影响力的还是《劝学篇》的内容，其“内篇”中对变法派的各种激进的想法进行了批判。比较有意思的是《劝学篇》在百日维新时，被发布到全国各地官僚手中。

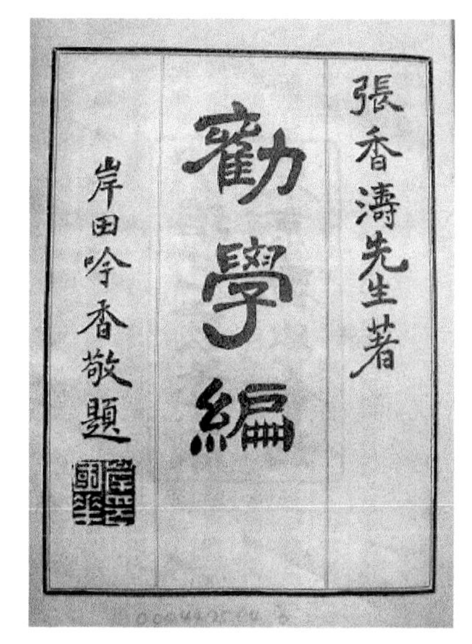

图 8.1　传入日本的张之洞《劝学篇》

身为慈禧一派的朝廷重臣张之洞所著《劝学篇》在“戊戌变法”时竟然被光绪帝所关注并赞赏其内容，这是一件值得注意的事情。在复杂的政治斗争中，《劝学篇》的“内篇”批评维新变法思想，但其“外篇”中有关学习西方的具体内容和变法派的主张是一致的，因此作为一份与自己的政治主张大同小异的纲领，得到光绪帝的认可并接受，这似乎是一个比较合理的推测。但也不排除光绪帝想要争取张之洞这位地方大官支持自己力推的变法运动的可能性。

以下就张之洞的《劝学篇》加以分析，考察他的留学生派遣主张和教育制度改革中的主要观点。

8.3.1　《劝学篇》和张之洞的派遣留学生计划

1898 年 4 月，张之洞著《劝学篇》，而两个月后的 1898 年 6 月，光绪帝下《明定国是》诏书，拉开了百日维新的序幕。

在 7 月 25 日，张之洞的《劝学篇》下发给各省巡抚、学政各 40 册，并命令广为传播，由此《劝学篇》成为政府颁布的重要文件之一。

《劝学篇》分“内篇”和“外篇”，“内篇求正人心，外篇求开风气”，对变法和保守两派都进行了批判。“中学为内学，西学为外学。中学治身心，西学应世事”，提出要维持中国传统道德和政治制度，只有当原有的制度无法满足百姓的要求时才向西方学习。

张之洞下决心要向日本学习，他在《劝学篇》外篇的“游学”中表达了如下观点。

首先提出的是，出国一年胜过读《四书》五年，在外国学校学习一年胜过在中国的学校学习三年等论断。日本这样的一个小国家，怎么会崛起得如此之快？伊藤、山县、榎本、陆奥这些人皆是二十年前的留学生，他们愤于被西方威胁，于是分别奔赴德、法、英诸国，或学政治、工商，或学水陆军事，学成后归国，他们一旦成为军人和政治家，就能够使得国家政事变化而雄视东方。文中强调了日本的发展有赖于留学生的观点。此外还举了俄罗斯彼得大帝和泰国的拉玛六世及其皇太子的例子，以证明留学对国家走向富强的强大作用。

值得注意的是，张之洞的《劝学篇》中所举出的俄罗斯彼得大帝和明治人物的事例与梁启超在《论科举》中所说的内容有着惊人的类似。而梁的著作却比张的著作早了两年、即 1896 年时所写。所以，有可能张阅读了一些维新派的相关著作。

《劝学篇》中，提出了如下主张：出国留学，去西洋不如去东洋。一来路近能省钱，这样就可以多派些人。二来风俗相近。三来日文和中文类似，比较好懂。四是西学内容繁杂，已经学到精髓的日本人再加以删减后，我们学习的时候可以斟酌选择其中的精髓。中国和日本有很多相似的地方，这使得日本易于我们模仿。既然可以事半功倍，何乐不为？张之洞提出了全面向日本派遣留学生的想法。变法派也有相似看法，他们在 8 月 2 日[1]就提出留学的目的地，西方不如东洋，路近费省，文字相通的观点，明显《劝学篇》中引用了该内容。张之洞的提案后来被中央政府采纳并形成了留学生派遣政策之一。

1898 年 9 月 21 日，慈禧推翻了百日维新的一切成果发难维新派。康有为、梁启超等维新派所提倡的改革科举制度、普及西方式教育和派遣留学生等政策全部被勒令中止。

不久，为了应付义和团事件后的重重危机，张之洞、张百熙、刘坤一、袁世凯等共同提出了进行政治体制改革的主张。这就是所谓的“清末新政”措施。在这次新政中，清政府才彻底废除了旧的教育制度。而上述官僚中最积极的实践者就是张之洞。

张之洞在 11 月末与访问汉口的日本上海总领事代理小田切万寿之助(1868—1934)进行了一次密谈，希望日本政府主动向清政府提议接受派遣

---

〔1〕 即为 1898 年 8 月 2 日光绪帝给军事大臣的诏书内容。

留学生一事。于是，外务大臣青木周藏（1844—1914）授意矢野龙溪（1850—1931）公使向总理衙门提出，请南北大臣兼湖广总督立即派遣留学生到日本〔1〕。

在张之洞的努力之下，清末的日本留学生派遣计划得以全面实施。首次派遣留学生的主要目标就是为了富国强民，学习和西方军事技术相关的科目。留学生中曾受到洋务教育的学生占了绝大多数。到了日本之后，除了武备学生留学年限较长以外，其他学生的留学期限都是短期的〔2〕。

《劝学篇》“外篇”的“设学”把西学分为两类，一种称“西政”，即学校（学制）、地理、度支（财政）、武备（军事）、律例（法律）；一种称“西艺”，即算（数学）、矿（矿山学）、医（医学）、光（光学）、电（电气学）。其中指出“才识远大”的年长者适合学习西政，“心思精敏”的年少者适合学习西艺。专学西艺的年轻人必须学十年，而西政只需要兼习二、三年就可得其要领。为了拯救时局，学习治国所需要的“西政”是当务之急。于是去日本学习“西政”者都是些年龄比较大的人，他们留学时间也很短，数月或一年不等。

1900 年义和团事变后，派遣留学生到日本的政策才得以全面施行。在第二年，湖广总督张之洞和南洋大臣兼两江总督刘坤一一起上“变法三疏”，主张派遣留学生，推行仿照日本的教育体制。慈禧太后万般无奈，只得开始支持推行新政，在戊戌变法时期被废止的政策大多得以重生，赴日留学一事也得以全面推广。张之洞“设学”中所提及的那些讲授西学的近代化学校创办之事也开始筹备并提上日程。于是在湖北率先实施了学制改革，作为学堂新式教员而培养的短期速成师范学生也被大量地派往日本，学习其先进的教学经验。

为了完善近代学堂教育体制，官方寻求向外国派遣留学生的一系列措施。首选的目的地为日本，留学生中大多数为公费生，也有少数的自费生参夹其中。1905 年和 1906 年的短短两年间，去往日本的留学生急剧增加到八千名多人〔3〕。显然，这都应该归功于张之洞的全面支持。

---

〔1〕 实藤恵秀. 中国人日本留学史[M]. 東京：黑潮出版，1960：42.
〔2〕 实藤恵秀. 中国人日本留学史[M]. 東京：黑潮出版，1960：40 - 41.
〔3〕 实藤恵秀. 中国人日本留学史[M]. 東京：黑潮出版，1960：59.

8.3.2 《劝学篇》中的教育制度改革构想

如前所述，最早提出以日本为榜样进行教育改革的是康有为、梁启超等变法派人员。甲午战争之后，变法派想要模仿日本的明治维新，在中国进行政治变革。他们在倡导“变法”的同时也强调“兴学”的必要性。他们认识到普及国民教育正是日本快速国家发展之基础，因此需要重视培养人才，提倡“国民皆学”，启发民智，谋求中国的富强。而要移植日本的教育体系，必然要对中国的整个教育体系进行一次全面的改革。但首先应该推行的是打破与科举密切相关的旧体制，之后才能创办大量的新式学堂。

张之洞所提出的教育制度改革方案和变法派的观点基本一致。

《劝学篇》外编“设学第三”和“学制第四”中介绍了新学制相关的构想。其中包含了张之洞对建立新教育制度的最初设想。甲午战争之后，他开始关注西方式的教育体制，也很关心新式学校的建设问题。“学制第四”中把外国学校分为高等教育机关（专门之学）和普通教育机关（公共之学），对教育课程、教科书、学习年限的规定也进行了详细介绍。“设学第三”对于学堂的体系，提出了大学堂—中学堂—小学堂的系列构思。特别是提出了“京师、省城设大学堂，道、府设中学堂，州、县设小学堂”[1]的提法。他所设想的大学堂不能只有京师一所，在省城也要设置，以求保证有足够数量的大学培养更多的精英人物。

如果将张之洞的主张与变法派的学说进行比较，可以看出有惊人的类似之处。例如康有为在同年五月（1898年7月）上奏的“请改直省书院为中学堂，乡邑淫祠为小学堂，令小民六岁皆入学，以广教育而成人才折”中就有省会大书院改为高等学校，州县书院改为中等学校，义学、社学改为小学校的规定[2]。并责令人民子弟六岁必须入小学读书，教授其图算、器艺、语言、文字。不入学者，判定其父母有罪，如此则能人人有知识，学堂遍地[3]。其所说的大学设置方法与张之洞非常类似。不同之处在于“六岁儿童必须

---

〔1〕 张之洞. 劝学篇[M]，外篇“设学第三”，张文襄公全集[M]. 二，奏议五十二，北京：中国书店，1990：3727.

〔2〕 康有为“请改直省书院为中学堂，乡邑淫祠为小学堂，令小民六岁皆入学，以广教育而成人才折”光绪二十四年（1898）五月. 黄明同. 康有为早期遗稿述评[M]. 杰士上书汇录，广州：中山大学出版社，1988：298.

〔3〕 黄明同. 康有为早期遗稿述评[M]. 杰士上书汇录，广州：中山大学出版社，1988：300.

入学”观点，表示康更加关注普及国民教育。

张之洞的“设学第三”中曾指出：中学堂、小学堂是大学堂选拔的准备阶段。有文化底蕴和财力的府、县可以在府设大学、县设中学，那么就不需要准备阶段〔1〕。他认为高等教育是重中之重，一定要打好基础。张又明确规定：学科教育中小学堂学习四书、中国地理、中国历史概说、算数、图画、格致初步。中学堂比小学堂程度要高，加学五经、通鉴、政治、外语。大学堂则需要学习更深的内容〔2〕。对此，日本学者多贺秋五郎指出，张之洞把小学堂、中学堂规定为高等教育的预备阶段，这是一种中体思想很浓的人才主义教育模式〔3〕。此间，张之洞还主张，为了大学堂中聚集人才就要多建设小、中学堂。如此一来，国家欲求人才时就能从学堂中选用。根据毕业证书，来授以官职。如此一来官员们具备专业知识，普通百姓也不会学无用之学〔4〕，这也表明洋务派始终不能够逾越人才主义教育的桎梏，他们认识到国民教育的重要性，那是20世纪以后的事情了。

对照张之洞、康有为等人的教育思想可以了解他们有很多相似之处。二者之间的不同之处又如何呢？下面分析二者的主要区别之所在。康有为在上述奏文中对于朝廷采纳“开大学堂，废八股，实施经济常科”〔5〕的“兴学育才”措施大加赞扬。此外，他又指出：中国古代的国学以下，存在乡塾、党庠、术序，泰西各国尤其重视乡学，西方诸国学校数十万，学生数百万。全国男女，没有不能读书写字的人。……盖有一民即得一民之用〔6〕。又进一步指出：泰西变法，三百年而强；日本变法，三十年而强。我国地广民众。因此若能大变，则三年可强。欲三年而强，则必须全国四亿人民皆入学〔7〕。

和康有为为代表的变法派所规划的教育体制相比，张之洞仅仅提出在基层设立少数几所为升入大学而做准备的中学堂和小学堂。而康有为等维新派却提出要以全国亿万百姓为教育对象，呼吁朝廷为了在全国普及国民

〔1〕张之洞《劝学篇》外篇“设学第三”，张文襄公全集[M]. 二，奏议五十二，北京：中国书店，1990：3727.
〔2〕张文襄公全集[M]. 二，奏议五十二，北京：中国书店，1990：3727.
〔3〕多贺秋五郎. 近代中国教育资料[M]. 清末编，北京：人民教育出版社，1962：42.
〔4〕张之洞《劝学篇》外篇“学制第四”，张文襄公全集[M]. 二，奏议五十二，北京：中国书店，1990：3730.
〔5〕黄明同. 康有为早期遗稿述评[M]. 杰士上书汇录，广州：中山大学出版社，1988：297.
〔6〕黄明同. 康有为早期遗稿述评[M]. 杰士上书汇录，广州：中山大学出版社，1988：297.
〔7〕黄明同. 康有为早期遗稿述评[M]. 杰士上书汇录，广州：中山大学出版社，1988：298.

教育，必须建设大量的小学堂和中学堂。

但要设置这么多学校，必定花费大量的费用。对此，康有为上奏建议道：省、府、州、县、乡邑现存公私书院、义学、社学、学塾暂时不必全部改为兼习中、西学的学校[1]。在学堂建设费用方面，提议将上海电报局、招商局以及各省善后局的结余和浪费款项拿出来进行贴补。又对补助贫苦学生的学费方面提出了自己的观点。另外，他还劝导广大乡绅捐款助学[2]。也就是说，康有为的国民教育普及构想中始终以老百姓为教育的受众，为他们建立最易于入学的教育机构，不过维新失败后，他的这一构想始终未能得以实现。

张之洞《劝学篇》外编的“设学第三”中对国民教育提出了更具体、更现实的方案。他的学校体系是一个大学堂、中学堂、小学堂的金字塔形的结构，由此可将全国的学校组织起来。原则上，府设中学堂，州、县设小学堂，当然，如果一些地方有实力的话，也可以设立规定以外的学堂。如此大规模地开办各类学校，自然缺少办学费用。对此，张的应对措施首先是“改书院”，其次是“用慈善设施的土地，并向祭祀等经费中筹措”，第三是使用“庙堂祭祀费用”，第四是占用“宗教场所”[3]。

特别是对于占用“宗教场所”，张的说辞是：今日天下，寺院道观之数达数万以上。大都市中就有百余处，大县数十处，小县也有十余处，这些寺院道观都拥有土地。而且这些都是布施得来的。如果把这些改为学堂，那么房子和土地就齐备了。此乃临机应变的简便方法[4]。即，他提出要把寺院改成学堂，如一个县的宗教设施，十分之七改为学堂，十分之三留给宗教人士继续使用。又将寺院占用的土地中，十分之七分给学堂，剩下的留给宗教人士使用。根据田地的当时价值，地方政府兑换货币或给予一定的补偿。把应该接受表彰的名单上报朝廷，对于不愿受奖的僧侣、道士可以把奖励方式转赠给其亲族，给他们授以官职。照张之洞的构想，如此一来，万所学堂一朝可成。张之洞的构想后来在“奏定学堂章程”中成为近代学校体系的基

〔1〕 黄明同. 康有为早期遗稿述评[M]. 杰士上书汇录，广州：中山大学出版社，1988：298.
〔2〕 黄明同. 康有为早期遗稿述评[M]. 杰士上书汇录，广州：中山大学出版社，1988：299.
〔3〕 张文襄公全集[M]. 二，奏议五十二，北京：中国书店，1990：3727－3728.
〔4〕 张文襄公全集[M]. 二，奏议五十二，北京：中国书店，1990：3728.

础，没收寺庙和强征财产以确保学堂经费的政策也得以实行。但根据阿部洋的研究，这项政策导致了宗教人士对学堂的敌视，激化了农民对学校的不满，种下了农民“毁学”暴动的祸根[1]。

张之洞吸收戊戌新政中的“书院改学堂”的主张，进而又提出了“祠堂和寺观改学堂”的新观点。如上所述，关于建立近代学校体系这一点上，张之洞和维新派持有一致的观点，只是做法不同而已。

8.4 对日本的教育考察和清末教育改革

忧国忧民的清末知识分子们企图富国强民的政治抱负在戊戌变法运动中遭到了挫折，可内忧外患的压力又迫使保守派们不得不开始进行改革。实际上，他们改革的路线就是继承了维新派“以日为师”的教育改革方案。

对变法而言，兴学育才必不可少。如前所述，一些官僚也提出了改革旧教育制度的方案。具体而言，就是设文武学堂、改科举制度、奖励海外留学等。

当时中国与英、美、法等西方诸国的学术教育存在巨大隔阂，相对而言日本则亲近得多。急于实现现代化的张之洞等开明官僚者们也认为日本是与中国隔阂最少的现代化国家。

但20世纪初准备制定近代学校教育制度时，之所以选择日本为模仿对象，除了经济文化的理由以外，政治因素也很重要。

以下就从张之洞的教育改革活动与明治日本之间的关联为视角，对其派遣的教育考察团在教育政策变革中的重大影响，以及吸收日本元素的中国近代学制等进行考察。

8.4.1 姚锡光日本考察对《劝学篇》的影响

甲午战争之后，张之洞不仅从日本教育有关的大量翻译书籍中获得信息，还派了诸多考察人员去日本，这些成为他主要的情报来源。以下，就他

[1] 阿部洋.中国近代学校史研究——清末における近代学校制度の成立過程[M].東京：福村出版，1993：194－201.

派遣的人员中，选择在戊戌变法时期对他产生很大影响的姚锡光(1857—1921)及其考察成果来进行分析。

张之洞在戊戌变法时期，对外国教育的了解以及关于学制的构想，一部分依赖于当时翻译的外国教育书籍，但最直接的影响应该还是姚锡光在光绪二十四年闰三月二十日(1898年5月10日)所提交的日本教育调查报告。即“查看日本各学校大概情形手折”[1]。

甲午战争以后，张之洞力主派遣海外调查团，光绪二十一年闰五月二十七日(1895年7月19日)上奏的“论请修备储材折”中指出洋务已经兴办数十年，文武臣工中能够精密洞察海外情势的人不多。并非不知，而是不愿意。知外洋各国所长，则就知外洋之患。今日要破积弱、改积习，只有派遣文武官员去外洋游历[2]。张派遣姚到日本主要考察了其教育和军政。姚锡光曾为举人，任过直隶州知州，安徽石埭县知县，后得到张之洞推荐升任为陆军右丞。他通晓时务，张之洞在湖广总督任上进行湖北教育改革时，姚经蔡锡勇(1847—1898)提携，在湖北自强学堂和武备学堂的创办和运营中政绩显著。蔡锡勇于同治六年(1867)毕业于广东同文馆，曾在京师同文馆天文算学馆学习，毕业后协助张之洞办理诸多洋务[3]。

姚锡光在1896年7月至1899年9月的三年间供职于湖北自强学堂，担任学堂总监[4]。1898年2月，受命于张之洞，赴日两个月考察各种官办公立学校。回国后，提交了“查看日本各学校大概情形手折”，该报告在1898年7月，以《日本学校述略》为名在浙江书局出版。次年三月，姚锡光修订该书后以《东瀛学校举概》为名，在北京再刊。其自序中有戊戌一月，大府(张之洞)命锡光与宇都宫太郎共渡东瀛。学习日本学校建设和陆军规范，并协商留学生派遣文件。该国学校之沿革、训兵方法也是考察内容[5]。

姚锡光赴日的主要目的是调查日本学校体系和陆军制度。他在东京待

[1] 姚锡光.东瀛学校举概[M].日本教育事情调查报告书，查看日本各学校大概情形手折，公牍.
[2] 张之洞，论请修备储材折，光绪二十一年闰五月二十七日.张之洞.张文襄公全集[M].二，奏议三十七，北京：中国书店，1990：712-713.
[3] 张之洞.张文襄公全集[M].二，奏请四十七，北京：中国书店，1990：876-877.
[4] 张之洞.张文襄公全集[M].三，公牍十五，北京：中国书店，1990：1831.
[5] 姚锡光.东瀛学校举概[M].自序，清光绪二十五年(1899).

了两个多月，除了陆军省、文部省之外，还考察了60多个学校和军事机构。和姚锡光同行的还有黎元洪等人，他们于1898年6月23日参观了第一高等学校。《第一高等学校六十年史》记载："明治三十一年六月二十三日　为视察本邦教育制度，自清国有姚锡光及黎元洪二氏参观本校。"[1]

姚锡光一行是中国首批对第一高等学校进行考察的政府视查团。

姚锡光原计划进行更广泛、更详细的调查，但"恰南皮制府（张之洞）应诏赴京，吾在日本听闻此事，连夜赶回国内。抵达湖北总督署，先将日本学校的大要进行整理，向总督上陈"[2]。姚锡光中断了日本教育考察而紧急回国，推测是因为张之洞因为要奉诏面圣，要求姚将考察内容特别是有关教育的部分先行汇报。

张之洞于1898年6月写作完成了《劝学篇》。因此，《劝学篇》外篇的"设学第三"，"学制第四"之有关内容很可能参考了姚锡光的建议及其日本考察报告。

姚锡光的《东瀛学校举概》主要分为"公牍""函牍"两部分。"公牍"就是"查看日本各学校大概情形手折　光绪戊戌闰三月二十日　上南皮知府"，即5月10日的报告。

姚锡光所通报之日本教育情况的要点，列举如下：

第一，"日本各学校取法泰西，教育方法大致有三。一是普通学校，二是陆军学校，三是专门学校"，其将日本学校分为普通、专门和陆军三大门类，系统说明了各个学校的组织运营和教育内容等。姚锡光的"普通学校"报告称"普通学校"分为"寻常小学校、高等小学校、寻常中学校、寻常师范学校、高等师范学校"。"专门学校"分为"高等学校、大学、大学院、工业学校、技工学校"。与之对应，《劝学篇》外篇的"学制第四"中介绍"外国学校制度有专门学科、公共学科"等，其中特别提到探索新知识远不止这些内容。张之洞认为"专门学科"就是高等教育和专门教育；"公共学科"就是"读一定之书，学一定之事，明一定之理，每日授业有一定日程，学期有一定期间"[3]。

---

〔1〕 第一高等学校. 第一高等学校六十年史[M]. 東京：第一高等学校出版，1939：481.
〔2〕 姚锡光. 东瀛学校举概[M]. 自序，清光绪二十五年(1899).
〔3〕 张之洞. 张文襄公全集[M]. 三，公牍十五，北京：中国书店，1990：3729.

第二，姚锡光详细介绍了日本的学校体系后，发出了如下感叹：日本以全国小、中学校为培养人才和进行风气改变之基地。日本各陆军学校和公立、私立专门学校一律从小、中学校的毕业生中选拔学生，这如同猎人背靠大山，渔民有了大海[1]。与日本相比，中国没有小学和中学，对陆军和专门学校而言，就是无山无海而求打猎捞鱼。其结论是，当务之急就是在军事上建陆军学校，在文化上建专门学校。求得速成之法，以应急。又认为建立中小学校就是捷径。如果能顺利实施，不待十年中国教育将会面目一新[2]。

第三，姚锡光眼中的普通教育之重要性也有局限，他认为日本的普通教育就是“中小学校充当人才培养的基础”，中小学校就是培养陆军军人和专门人才所使用的“猎人背靠之大山，渔民捕鱼之大海”，就是高等教育和专门教育的预备学校。他们并没有深入理解明治政府把国家富强与普及国民教育相联系的教育方针。

张之洞《劝学篇》外篇的“设学第三”中曾指出当时中国的教育中存在着不建学堂、不培养学生而求立即见效的速成心态。这无异于犯了不植树就想盖房子，不挖池子就想有大鱼的弊病[3]。张的观点不过是变了形式，重复姚锡光的批评而已。他强调一定要广泛建立学堂[4]。“学制第四”中又提及大学堂—中学堂—小学堂三级学制，东西各国建学校和选拔人才的方法皆大同小异，我国也应该采纳该标准，希望能够以欧日为蓝本，建立中国的学校体系等观点[5]。

张之洞此时的教育思想还不够成熟，但他关心初等教育，也重视利用大学堂和专门学校招集人才。这都来源于姚锡光的报告和意见。

需要指出的是，此时的张之洞对明治日本的教育制度依旧不甚了解。《劝学篇》“游学”中所谓学习日本，在经济上比较划算、在文化上也便利的理由，实际就是指要以日本为中介来学习西方。张之洞开始关注日本教育制度，重新思考其教育方针，已是20世纪以后的事情了，即当他们必须面对国

---

〔1〕 姚锡光. 东瀛学校举概[M]. 自序，清光绪二十五年(1899)：23.
〔2〕 姚锡光. 东瀛学校举概[M]. 自序，清光绪二十五年(1899)：23.
〔3〕 张之洞. 张文襄公全集[M]. 三，公牍十五，北京：中国书店，1990：3727.
〔4〕 张之洞. 张文襄公全集[M]. 三，公牍十五，北京：中国书店，1990：3727.
〔5〕 张之洞. 张文襄公全集[M]. 三，公牍十五，北京：中国书店，1990：3730.

民教育的问题，不得不接受西方近代教育，维持国家统治，加强国民意识之时，才重新审视日本的教育体制。

8.4.2 罗振玉日本教育考察与“奏定学堂章程”

张之洞把政治改革之根本系于教育制度改革的做法，在戊戌变法失败后也没有发生很大变化。1901 年 7 月 6 日，他与两江总督刘坤一连署上奏“会奏变法自强第一疏”时论及改革，对选拔优秀人才一事极为重视。有关各省向国外，特别是向日本派遣留学生方面，主要提出要培养行政必要人才和补充新式学堂教员的观点，这和他在戊戌变法时期的主张基本相同〔1〕。

但从学校制度有关的论述而言，他对欧日学制的认识有所加深。张之洞比较了英、法、德、日后，主张模仿日本：“伏望我皇，思危虑患，取日本学校章程迅速详议，乾断施行。收拢人心以固国基，四海瞻仰，首在此举矣。”〔2〕并提出了“蒙养院—小学堂—中学堂—高等学堂—京师大学堂”五级学制，还详细说明了各级学校的入学年龄、学习年限和学位〔3〕。

清末中国的教育指导理念就是“中体西用”。《劝学篇》就贯彻了这一思想。20 世纪初，移植了日本的教育制度后，“中学”“西学”两者在新教育体制中如何进行平衡，成了一个很大的难题〔4〕。

对“西学”的本质认识越深，越发掘“西学”内在的西方思想，就会发现“西学”与旧体制中的“中学”有着水火不容的特色。可为了缩小与西方和日本的差距，为了培养新型人才，教育改革势在必行，“西学”输入的进度又迅速加快。

为制定《奏定学堂章程》，张之洞在派遣罗振玉和姚锡光到日本时交代，要他考察学校，除了看规制，尤其要看的是他们的教育宗旨。他指出，无教堂只有精神的规制是空壳，实学的宗旨就是禁止一切自由、平权邪说〔5〕。

---

〔1〕 张之洞. 张文襄公全集[M]. 三，公牍十五，北京：中国书店，1990：939－949.
〔2〕 张之洞. 张文襄公全集[M]. 三，公牍十五，北京：中国书店，1990：940－946.
〔3〕 张之洞. 张文襄公全集[M]. 三，公牍十五，北京：中国书店，1990：940－946.
〔4〕 川尻文彦. 中体西用论と学战[N]. 中国研究月报，1994：7－8.
〔5〕 缪荃孙. 日游汇编[M]. 序，清光绪二十九年(1903)：1.

张之洞十分关心明治教育思想形成的过程，其派遣的调查人员对明治教育方针的考察也是重要任务之一。

在学制方案筹备阶段，清政府在确定全国性教育制度前，命令各省督抚先行就各地学校的体制和章程提出有关方案。各省上呈的学校章程就是后来的《钦定学堂章程》和《奏定学堂章程》的基础资料。

张之洞在新政开始以后，就在自己的辖区湖北省推进教育改革，规划了湖北省的教育体制计划。此过程中他多次派人赴海外特别是日本，收集各国教育制度的有关资料，并强调要他们进行实地调查。

1901 年 12 月 14 日，湖北农务局总理兼农务学堂监督罗振玉受命赴日考察。罗振玉一行，比中央考察团吴汝纶一行要早了半年时间。

此时张之洞受罗振玉影响很大。在当时的教育界，罗振玉是最热衷于把日本教育制度引入中国的人。他在 1901 年至 1903 年间，在《教育世界》上系统翻译和介绍了日本各学科规则、学校法令、学校管理法、教授法、教科书等，发文达 97 篇之多。

罗振玉受张之洞之托，光绪二十七年(1901)十一月四日至光绪二十八年(1902)元月十二日赴日考察，以下将梳理他的考察成果对张之洞的日本教育观产生的影响，以及对《奏定学堂章程》的制定和指标设定中发挥的重要作用。

光绪二十六年(1900)秋，张之洞就任湖广总督，为了重整湖北农务局和湖北农务学堂，替罗偿还了其为出版农业丛书而背负的五千元债务，将罗从上海迎到湖北，任命他为湖北农桑局总理兼农务学堂监督。罗振玉在光绪二十六年年秋至光绪二十八年二月(1902 年 3 月)成为湖北省农业行政和农业教育的主管。次年，罗得到张之洞和刘坤一的资助，在上海创办杂志《教育世界》(1901—1908)，系统地向中国教育界提供日本教育的相关信息。杂志编辑和翻译有王国维(1877—1927)、樊炳清、陈毅等。《教育世界》创刊后的光绪二十七年十一月(1901 年 12 月)，张之洞派罗振玉去日本考察教育。为了编纂湖北各学校的教科书，命他收集日本教育图书和各类教科书。

张之洞在光绪二十七年九月三十日(1901 年 11 月 10 日)给罗振玉的电报中谈到编纂教科书是教育的基础，事关重大。仅仅模仿买来的书是不够

的，必须亲赴日本眼见为实。还提到“欲请阁下主持，率四五人，如陈士可等，即日东渡。”〔1〕

罗振玉的随员中特别提到了陈士可，即湖北自强学堂的汉文教师陈毅，是1903年张之洞主导的《奏定学堂章程》主要起草人员之一。

罗振玉的日本调查报告《扶桑两月记》提及六人，即刘聘之（洪烈）、陈士可（毅）、胡千之（钧）、田小莼（吴炤）、左立达（全孝）、陈次方（问咸）。其中刘聘之是湖北两湖书院监院，陈毅等五人则皆湖北自强学堂汉文教师〔2〕。

罗振玉一行在日本停留了两个月，遵张之洞“见实事，问通人”〔3〕之指示，奔赴各种学校，如高等师范学校、女子高等师范学校、东京府立师范学校、高等工业学校、私立女子职业学校等，又拜访了嘉纳治五郎、伊泽修二、杉浦重刚等“通人”咨询教育问题。还买了大量日本教育相关书籍和教科书，对其中的重要书籍，陈毅等还在日本时就开始了翻译工作。高等师范学校校长嘉纳治五郎（宏文学院院长）还为罗振玉一行专门开设名为“教育大义”的一周讲座〔4〕。

罗振玉一行在日本的收获很大，印象最深的是日本普通教育之普及。罗振玉在考察日记中写道：明治二十三年（1890），日本全国适学年龄的儿童中，各地就学率虽有不同，但最高的岛根县达到85%，其次的福冈县就学儿童也有80%。感叹日本教育之普及率惊人之处〔5〕。

罗振玉的日记《扶桑两月记》是对各学校的实况记录，有关学校的科目、建筑、器具、费用，学校学生年限、等级、考试、学科的内容很多，笔录者的评论和感想较少。但他于光绪二十八年元月（1902年2月）回国后，立即在《教育世界》上发表“教育赘言八则”（壬寅年二月上，1902年3月上旬）、“日本教育大旨”（壬寅年三月上，1902年4月上旬）、“学制私议”（壬寅年三月下，1902年4月下旬）三篇文章，这些文章是以他在日本教育的亲身见闻和认识为基础所作，除了介绍日本的教育以外，还有中国应如何把日本的先进经验加以吸收和利用方面的建议。

〔1〕 张之洞．张文襄公全集[M]．三，公牍十五，北京：中国书店，1990：3219．
〔2〕 罗振玉．扶桑两月记[M]．上海：教育世界社，清光绪二十八年(1902)：1．
〔3〕 张之洞．张文襄公全集[M]．三，公牍十五，北京：中国书店，1990：3219．
〔4〕 罗振玉．扶桑两月记[M]．上海：教育世界社，清光绪二十八年(1902)：10－20．
〔5〕 罗振玉．扶桑两月记[M]．上海：教育世界社，清光绪二十八年(1902)：10－11．

8.4.3　张之洞对日本教育的理解

张之洞对罗振玉一行抱以极大期待，这从他在 1902 年 3 月 9 日与管学大臣[1]张百熙之间的信件往来中可见一斑。张之洞认为湖北省新设学堂、书院虽然实施了“西法”，但各学规制呆板，教科书也没有编辑好。他提到自己现在期盼罗振玉一行考察归来后立即着手，对全省学制体系进行改革。他还向负责全国教育制度制定工作的张百熙建议应该派人赴海外考察，特别还提及日本学制最为可行[2]。

罗振玉的《贞松老人外集》提到自己一行人在光绪二十八年元月(1902 年 2 月)回国后抵达湖北立即向张之洞报告之事，前前后后共进行了五次汇报。

由于缺乏资料，罗振玉的报告内容不得而知，但从他回国后在《教育世界》发表的内容来看，他对日本教育的以下两点最为关注。

第一，日本普通教育之普及。罗振玉 1902 年 4 月上旬发表的“日本教育大旨”提及日本教育方针：日本学校创立之初期，对义务教之重要性尚缺乏了解，在《学制》主旨中亦无记载。后来随着各种知识的积累，教育界领悟到教育普及的重要性，方才确定普通小学四年为义务教育阶段。罗在文章中进一步指出：义务教育就是让全国人民接受教育，让国民拥有基本知识和国民资格。现在，东西教育家把全国的百姓分为人民和国民，接受义务教育的是国民，否则就是人民，不能称之为国民[3]。

他在《教育世界》还连载了“各行省建立寻常小学堂议”“小学堂章程”“小学堂课程表”等初等教育普及相关的文章。罗振玉还强调保存传统文化和道德教育的重要性。他列举了在日本考察中认识到的最重要的三件事：其一是拜访贵族院议员伊泽修二(1851—1917)，听他讲述引入近代教育后依旧可以保存传统文化的具体措施。伊泽曾提醒罗振玉在改革旧的教育体制时不能忘记对国民进行道德教育[4]。对此，罗振玉深表赞同。伊泽是明治维新时期著名教育家，他年轻时曾到海外留学和考察，是近代日本除旧布新的标杆，但他对废弃东方学问而只依赖西方制度的现行日本教育制度表

---

〔1〕 官学大臣，即为清末管理创建大学，派遣留学生，发布教育制度的官员名称，相当于教育部长。
〔2〕 张之洞. 张文襄公全集[M]. 三，公牍十五，北京：中国书店，1990：3279.
〔3〕 罗振玉. 贞松老人外集[A]. 罗雪堂先生全集，续编四，台北：文华出版公司，1968.
〔4〕 罗振玉. 扶桑两月记[M]. 上海：教育世界社，清光绪二十八年(1902)：34.

示强烈不满。他认为东西国情不同，要用东方道德来补充西方崇尚物质文明之不足。他强调：中国改革之初，学习西方新知识的同时也必须保护好国粹，这是与国家将来利益攸关的大事。他的具体建议是要在教科书中突出道德教育的重要性，中学以上要读《孝经》《论语》《孟子》，还要讲其他经典〔1〕。

罗振玉对保留儒教修身道德的日本教育制度十分关注，也因此认定这是与中国的现实和政体相适应的好制度。罗振玉的《雪堂自传》中称张之洞也受其影响，在《奏定学堂章程》中加以具体化。他谈道：保存国粹，在我的教育杂志中有论文刊载，因为这是件十分合理的做法。"保存国粹"四字一时广为流传，影响深远。在他的建议之下，张之洞在制定学堂章程时，课程教育中加入了读经的科目〔2〕。

张之洞在光绪二十八年十月(1902年11月)上"筹定学堂规模次第兴办折"，提出了具体的湖北省学制体系方案。张之洞在奏文中首次论及日本教育宗旨，写道：察日本教育总义，以德育、智育、体育为支柱，实在是体用兼备、前后有序。实为本国教育之楷模〔3〕。此时，他已经认定，日本与中国的国体相似，日本的学校制度适合于中国，因而也对日本教育制度更为重视。

以下，具体比较罗振玉"学制私议"与张之洞"筹定学堂规模次第兴办折"内容。

罗振玉《学制私议》中的教育宗旨，第一"守教育普及之主义"，提议小学校四年作为义务教育〔4〕。张之洞"筹定学堂规模次第兴办折"中之学堂创办八条要旨，其中写道："小学为急第一，日课专加读经温经时刻第二，教科书宜慎第三，学堂规制必宜合法第四，文武相资第五，教员不迁就第六，求实效第七，防流弊第八"〔5〕。

又解释其"小学为急第一"的理由是，各国教育家认为培养国家所需之人才是第二位的，第一位的是人民有接受教育的义务而使得人民都受教育是国家的义务〔6〕。指出义务教育即国民教育。其实就是将罗振玉所说：

---

〔1〕 罗振玉. 雪堂自传[A]. 罗雪堂先生全集，五编(一)，台北：文华出版公司，1968：15.
〔2〕 罗振玉. 雪堂自传[A]. 罗雪堂先生全集，五编(一)，台北：文华出版公司，1968：16.
〔3〕 张之洞. 张文襄公全集[M]. 三，公牍十五，北京：中国书店，1990：1010.
〔4〕 璩鑫圭. 中国近代教育史资料汇编・学制演变[M]. 上海：教育出版社，2007：155.
〔5〕 张之洞. 张文襄公全集[M]. 三，公牍十五，北京：中国书店，1990：1016－1020.
〔6〕 张之洞. 张文襄公全集[M]. 三，公牍十五，北京：中国书店，1990：1016.

义务教育就是让全国人民接受教育，以让国民拥有基本知识和国民资格。现在，东西教育家把全国的百姓分为人民和国民，接受义务教育的是国民，否则就是人民，不能称之为国民的一段话换了个说法[1]，张之洞又称入学校、明大义的人是国民；不入学，不理解国民一体的人不是国民[2]。这与戊戌变法时期，张之洞所认为的小学为高等教育机关的预备学校的观点已经大相径庭。可以说，在罗的影响下张之洞的思想发生了很大的转变。

罗振玉的教育宗旨，第二就是"守护儒教，学教合一"。理由是其他宗教都是神道，大谈福祉，因此必须分离，儒教主要是伦理致用，因此可以合一[3]。张之洞将之具体化，在"筹定学堂规模次第兴办折"的第二条"读经温经"和第八条"防流弊"就有外国学堂有宗教学科，中国的经书就是中国的宗教等说法[4]，强调了各学堂读经的重要性。具体而言就是小学科目中加读经一科，中学科目中加温经一科。

"筹定学堂规模次第兴办折"的第三点是"教科书宜慎"。他派遣罗振玉赴日的目的之一就是编纂湖北各学校的教科书和收集日本的教育图书以及各科教科书。罗振玉采纳了伊泽修二的"保存传统文化"和"重视道德教育"的建议。关于教科书，在"学制私议"中提出以下三点。一，《圣节广训》是修身道德纲领，全国学校必须谨守。二，"五经""四书"必须配置到大、中、小各学校，普通小学四年生要学《孝经》《弟子职》，高等小学校要教授《论语》《曲礼》《少仪》《内则》，普通中学学《孟子》《大学》《中庸》。设置汉儒专经，必须专修一部经典。其余诸经在高等和大学研究科中学习，以立为修身道德之本。第三，中国与西方各国国体不同，因此其教科书不予使用，要以国体相近的日本之教科书为摹本。或采取全译（如数学、绘画、体操、理科等），或编辑（如本国历史、地理等），或翻译日本的教科书后自己编定（如博物等）。定本后向全国各地颁行[5]。

张之洞在"教科书宜慎"条中，举了使用外国教科书的两个例子，即日本和俄国。日本在舆地、图算、理化等科目使用了西方教科书，宗教科目改为

---

〔1〕 璩鑫圭. 中国近代教育史资料汇编·学制演变[M]. 上海：教育出版社，2007：224.
〔2〕 张之洞. 张文襄公全集[M]. 三，公牍十五，北京：中国书店，1990：1016.
〔3〕 璩鑫圭. 中国近代教育史资料汇编·学制演变[M]. 上海：教育出版社，2007：224.
〔4〕 张之洞. 张文襄公全集[M]. 三，公牍十五，北京：中国书店，1990：1016.
〔5〕 璩鑫圭. 中国近代教育史资料汇编·学制演变[M]. 上海：教育出版社，2007：158.

修身伦理课并编纂了本国教科书，由此人才得以不断涌现。而俄罗斯使用了法国教科书，结果是引起了学生屡屡骚乱，对此教训必须吸取。因此强调教科书的选用必须慎重，建议模仿日本的做法[1]。

"筹定学堂规模次第兴办折"另外特别提到了要设置师范速成科。为了普及普通教育，就必须从师范教育入手。张之洞在给管学大臣张百熙的书信中，提及挽救国家危机已是首要任务，因此建立师范速成科是燃眉之急。但师范科正式毕业必须五年，因此各省小学需要在五年以后设置[2]，故举办师范速成科已经刻不容缓。他在"各学堂办法十五条"中规定："师范学第一"。其措施是建立武昌师范学堂，梁鼎芬（武昌府知府）任监督，教育考察团成员陈毅（廪生）和胡钧（举人）任堂长，招聘日本师范教员一人为总教习，决定办一两年的速成科。同时张之洞在经心书院、两湖书院选拔黄兴（1874—1916）等31名优等生赴日留学，接受速成师范教育[3]。

张之洞于1902年4月，设学务处为全湖北省教育行政机关。这就是全国教育行政机关的雏形，1904年的《奏定学堂章程》中决定在各省设立学务处。

张之洞在确立湖北省教育体系之际，接纳了罗振玉一行的赴日考察成果。至此，张之洞开始认识到普及国民教育是一大要务，学校教育中普及小学教育应该是第一位的，为此必须重视培养教员。其思想从戊戌变法时期的人才教育主义向国民教育主义转变。但教育根本方针依旧以儒教道德主义为基本，重视经学教育。

张之洞在湖北省确立体系化教育制度的努力，对全国的教育制度产生了深远影响。"筹定学堂规模次第兴办折"中的学校体制在湖北省进行了一年多实验后进一步完善，为制定《奏定学堂章程》打下了基础。

8.4.4　以日为摹本的教育制度之伦理教育

事实上，20世纪初的日本教育考察团成员，大多是科举体制下培养出来并深受儒教思想熏陶的人。他们重视政体与教育制度的关系，对保存儒教

---

〔1〕 张之洞. 张文襄公全集[M]. 三，公牍十五，北京：中国书店，1990：1016－1017.
〔2〕 张之洞. 张文襄公全集[M]. 三，公牍十五，北京：中国书店，1990：4064.
〔3〕 张之洞. 张文襄公全集[M]. 三，公牍十五，北京：中国书店，1990：1011.

道德的日本教育制度怀有很强的认同感，认为这是与中国现实和政体相适应的好制度。

1901年的留学生总监督夏偕复(1874—?)，力主学习明治日本的教育，他谈道：建立我国的学校最好学习日本。从日本取经比起当年日本从西方取经问题少得多，学习也更容易。因为从文化截然不同的国家取经，教育就会和国家体制背道而驰，很难处理。即跟西方学习，要比从日本学习走更多弯路。其次“中日自古政治相似，宗教也是儒、佛并重。同州同种，多有往来，风土相通。故其教育与中国性质相同，照此办理，事半功倍”，认为学习日本的教育改革优点很多。日本教育敕语有：

> 尔臣民，孝于父母，友于兄弟，夫妇相和，朋友相信，恭俭持己，博爱及众，修学习业，以启发智能，成就德器。进广公益，开世务，常重国宪，遵国法，一旦缓急，则义勇奉公，以扶翼天壤无穷之皇运。

于是他认为：这就是先圣先王所传诸后世的规范。维新以来，日本的教育制度几经考究、调查、实验、改订，终于有了今日之成果。这逐年的进步却是当时中国的榜样。欧美诸国的经验实在不适合清末国情〔1〕。

直隶省学校司督办胡景桂一行赴日期间，与学界要人大隈重信、菊池大麓、嘉纳治五郎进行访谈，接纳了日本的教育改革经验，认为在教育中宣扬儒教道德和忠君爱国是极为重要的做法〔2〕。

胡景桂的考察报告《东瀛纪行》，回国后得以刊行。1907年，接替袁世凯担任总督的杨士骧为之作序，赞扬了胡景桂的考察，并强调日本政治教育名家大隈重信、菊池大麓、嘉纳治五郎之建言均切中中国时弊，当依言尽速推行〔3〕。

日本的教育敕语是维护以天皇为中心的国体和以儒教为基本的国民道德为宗旨的学说。教育敕语并非儒教内容为主，但其中纳入了儒教的核心部分“五伦”。该敕语是日常德育的指针，用以规范民众的言行。

明治政府通过学校教育，把教育敕语的精神普及国民之中。例如与教

---

〔1〕 朱有瓛. 中国近代学制史料[M]. 第二辑，上册，上海：华东师范大学出版社，1987：35－37.

〔2〕 胡景桂. 东瀛纪行[M]. 直隶省学校司排印，清光绪二十九年(1903)：18.

〔3〕 胡景桂. 东瀛纪行[M]. 直隶省学校司排印，清光绪二十九年(1903)，杨士骧代序参照.

育敕语同时公布之《小学校令》的作者文部省参事官江木千之就谈道："小学中的道德教育之要点就是让儿童忠于皇室、孝顺父母、尊重师长、兄友弟恭、爱护卑幼、信赖朋友和自重，理解正道纲纪并躬行之。因此教育不仅仅是在讲坛上讲修身，更要对儿童言行时时劝诫，并且要以自己为榜样，熏陶儿童和感化善行。"〔1〕就是说通过小学教育要把教育敕语的精神渗透到社会基层中。

以日为师的中国早期学制《奏定学堂章程》中不仅规划较为完备的学校体系，也具有新的模式。但其教育宗旨依旧以忠君为主，并以儒教的仁义忠孝为基础。《奏定学堂章程》的总论部分"学务纲要"有"此次遵旨修改各学堂章程，以忠孝为施教之本，以礼法为训俗之方，以练习艺能为致用治生之具"等语。

这与1887年元田永孚的教学大旨草案非常相似。"明仁义忠孝，尚诚实品行，道德之学以孔子为主，以成百科学之羽翼"〔2〕。

具体而言在学务纲要中有"中小学堂，宜注重读经，以存圣教"一节。

> 外国学堂有宗教一门。中国之经书，即是中国之宗教。若学堂不读经书，则是尧舜禹汤文武周公孔子之道，所谓三纲五常者，尽行废绝，中国必不能立国矣。学失其本则无学，政失其本则无政。其本既失，则爱国爱类之心亦随之改易矣，安有富强之望乎？故无论学生将来所执何业，在学堂时，经书必宜诵读讲解。各学堂所读有多少，所讲有浅深，并非强归一致。极之由小学改业者，亦必须曾诵经书之要言，略闻圣教之要义，方足以定其心性，正其本源〔3〕。

罗振玉回国后在1902年4月的《教育世界》第24册的"学制私议"中发表了"中国的经书就是中国的宗教"一说。对于教育主旨，他认为应该"守儒教主义，使学与教合一"，即"其他皆神道、福祉之说，故教学应当分离；儒教是伦理致用，故应当教学合一"〔4〕。张之洞基本吸收了他的观点。

---

〔1〕 江木千之．明治二十三年小学校令の改正[J]．国民教育奨励会，教育五十年史国书刊行会，1922：126.

〔2〕 文部省教学局．教育に关する勅语涣発五十周年记念資料展览图录[R]．東京：文部省教学局出版，1941：92.

〔3〕 璩鑫圭．中国近代教育史资料汇编·学制演变[M]．上海：教育出版社，2007：492.

〔4〕 璩鑫圭．中国近代教育史资料汇编·学制演变[M]．上海：教育出版社，2007：155.

8.4.5 以日为摹本的教育制度之形成

1903年6月,张之洞奉命制作《奏定学堂章程》,1904年1月在全国颁行,开始实施其教育改革案。

1902年8月,京师大学堂的管学大臣张百熙公布了《钦定学堂章程》。因章程的起草者是旧维新派的汉人官僚张百熙,满蒙官僚对此颇为不满。又由于学校制度不完备等原因[1],章程实际未能施行。一年半后,在1904年1月该章程被《奏定学堂章程》所取代。

《奏定学堂章程》代替《钦定学堂章程》的修订版,貌似是张之洞和管学大臣张百熙以及后来取代张百熙的刑部尚书荣庆共同磋商制定,但实际皆出自张之洞一人之手。他一方面采用日本学制,又参考《钦定学堂章程》,其间还增加了自己的看法。耗费数月,七度易稿,终于完成。而该章程的教育主旨部分就是他自己的教育思想[2]。

《奏定学堂章程》的制定过程,王国维就指出黄陂出身的陈毅是今日的奏定学校章程的主要起草人,南皮张之洞尚书是实际定案者[3]。郑鹤声称:"陈毅因为曾经赴日考察而深得张之洞信任。但章程主要还是张之洞做主。"[4]

陈毅和罗振玉曾一起赴日考察两个月。陈毅回国后很快在《教育世界》上翻译并发表了日本的"师范教育令"(明治三十年十月敕令第三百四十六号)、"中学校令"(明治三十二年二月令第二十八号)、"高等女学校令"(明治三十二年二月敕令第三十一号)。

张之洞的门人胡钧在《张文襄公年谱》中称"奏定学堂章程"之制定在当时长椿寺设事务所,选熟悉教育的人给各课程制作具体项目。但章程的学务纲要和经学项目,以及各级学堂的国学部分和文学课程皆出自张之洞之手[5]。

由此推测,是陈毅起草了"奏定学堂章程"的原稿,张之洞以此为基础,

---

〔1〕 多賀秋五郎.近代中国教育資料·清末編[M].日本学術振興会,1962:40.
〔2〕 陈青之.中国教育史[M].上海:商务印书馆,1936:586-587.
〔3〕 王国维.奏定经学科大学文学科大学章程书后[A].王观堂先生全集(五),北京:文华出版公司,1868:1857.
〔4〕 郑鹤声.张之洞氏之教育思想及其事业[J].教育杂志,上海:商务印书馆,1935,25(3):125.
〔5〕 胡钧.清张文襄公之洞年谱[M].台北:台湾商务印书馆,1978:206-207.

增加了中学部分和教育主旨。在1905年，陈毅又受张之洞推荐，负责起草了学部官制[1]。

8.4.6 《奏定学堂章程》中张之洞的教育思想

《奏定学堂章程》的“学务纲要”是对学制实施进行全面规划的纲领性文件，集中反映了张之洞的教育思想。“学务纲要”五十款，详细规定了教育内容，其中心思想如下所示。

清末教育改革是为了培养新的人才和加强基层统治。《奏定学堂章程》的第一个特征就是充实高等教育，这是为了培养人才；而普及普通教育，就是为了加强统治。

当时，实施新政是各个领导层必须尽快达成的要务。为了设置培养具备近代知识官僚的尖端机构，《奏定学堂章程》进一步充实了高等教育的内容。“奏定”的重订大学堂章程较之“钦定”的章程，补充了综合大学。通儒院(大学院)下设各个分科大学，对各“学门”的学科进行了详细规定。为了对现职官吏实施再教育，还另设了进士馆。

同时还规划了应该如何普及普通教育的路线图。《学务纲要》就有“劝导乡绅富户广设小学堂”[2]，“各国均任为国家之义务教育。东西各国政令，凡小儿及就学之年而不入小学者，罪其父母，名为强迫教育。盖深知立国之本，全在于此”[3]等内容。中国教育史上，这是国民教育思想形成的最早雏形。

张之洞对国民教育重要性之认识全赖罗振玉一行日本教育考察的影响。罗振玉称“日本教育大旨”中指出，日本之所以在短期内可以富国强兵，普及普通教育是必不可少的一环。学校不是少数精英的培养机构，而必须是让国民开化的大众教育。他进一步指出“中国必须秉持教育普及主义。确定义务教育年限，从普通教育开始做起，然后着手高等教育。此乃中国当务之急”[4]。罗振玉对当时中国教育之现实有深刻认识，曾谈到：今日各省皆热衷高等教育，各省学校如雨后春笋，但如果教育不惠及大众，那么义

---

〔1〕 王国维.奏定经学科大学文学科大学章程书后[A].王观堂先生全集(五)，北京：文华出版公司，1868：1857.
〔2〕 璩鑫圭.中国近代教育史资料汇编·学制演变[M].上海：教育出版社，2007：491.
〔3〕 璩鑫圭.中国近代教育史资料汇编·学制演变[M].上海：教育出版社，2007：491.
〔4〕 璩鑫圭.中国近代教育史资料汇编·学制演变[M].上海：教育出版社，2007：224.

和拳和教案依旧难以避免[1]。既批判了当时中国偏重人才教育的现象，也强调了国民教育是统合民众意识和维护统治的重要手段。

张之洞也对其他省的高、中等教育膨胀的现象十分警惕，他对当时的管学大臣张百熙说：各国教育以小学堂为第一，中国亦然。普通教育已经是刻不容缓[2]。此刻他口中的小学已经不是高等教育的预科，而是对一般民众进行近代的初等教育的机构。

《奏定学堂章程》的方针是普及国民教育，立学总义第一中的第四节有如下条目：

> 国民之智愚贤否，关国家之强弱盛衰。初等小学堂为教成全国人民之所，本应随地广设，使邑无不学之户，家无不学之童，始无负国民教育之实义[3]。

这是引用了日本1872年公布"学制"时的"被仰出书"中"国民の智愚、賢否は国家の強弱、盛衰に関わる。初等小学堂は全国民を教戒するところにして、邑に不学の戸なく家に不学の童なからしめて、初めて国民教育の実義に背くことなし"一句的翻译。这成为我国历史上第一个国民普遍教育方针。后来学制实施过程中也将普及小学教育作为政策的重要方向，集中力量办好初等教育的普及，将师范学校的小学教员之培养视为重要方针。

张之洞一方面要培养国民的教育素质，另一方面也想强化统治的权威性。如何推进国民符合统治需要的伦理价值观以及促使国民团结在朝廷直辖的国家规范之形成是极其重要的问题。张等清末官僚受到了明治中期以后的国家主义国民教育观的很大影响。

日本的国民教育基于天皇制国家，要强化国家统一。"教育敕语"发布后的国民教育制度之特色，即把教育当作维护天皇制和实现国家统治的重要手段，其主要目的如下：

> 为了国家生存而培养国家的臣民。然如何培养才是正途，吾人已经在《翼赞无穷皇运的忠良臣民》一文作了回答。忠良臣民是国家生存

[1] 璩鑫圭.中国近代教育史资料汇编·学制演变[M].上海：教育出版社，2007：224.
[2] 张之洞.张文襄公全集[M].三，公牍十五，北京：中国书店，1990：3280.
[3] 璩鑫圭.中国近代教育史资料汇编·学制演变[M].上海：教育出版社，2007：292.

发达希望之始〔1〕。

明治日本的国民教育强调臣民有服从国家的义务。这是与西欧革命时代的教育思想中的国民主权和自由原理的公民教育存在着根本性的区别，也是根本性的分歧。

张之洞等认为面对列强瓜分中国之危局，为了保存清朝的统治，以教育为手段来强国非常重要。而且教育作为中国强化统治的重要一环也是一种历史的传统，教育的政治作用是一个优先考虑的问题。清末的国民教育普及与明治日本一样，以推动民众自发性和主体性的民众教育为方式，以求急速统一国民意识。

明治日本以对万世一系的天皇尽忠来聚集国民意识。当时满族王朝支配下的中国，为了汇聚国民意识而采用了"中体西用"的办法。这一点，维新派和张之洞如出一辙。

张之洞的"中体西用"思想中的"中体"主要有两层含意：其一是皇权政体，其二就是纲常伦理。张之洞提出，对清王朝只能热爱不能否定。确实，张之洞可能所倡导的"忠君并非是对朝廷的愚忠，而是一种为了维护中央集权的统一国家这一理念的忠诚"〔2〕。"汉人官僚担任清朝的改良运动，并非为了守护清朝，而是要保存中国的文化、国粹、国体"〔3〕。但身为清朝高官的张之洞之"保国"论，还是围绕着"忠君"来展开的。他在"教忠"中谈到自己受清朝厚恩，天下臣民皆怀有赤诚之心，保卫国家应为必尽之职责〔4〕。对清朝的统治，他称赞清朝是汉唐以来对人民最为慈爱的朝代，其仁政有"薄赋，宽民，救灾，惠工，恤商，减员，戒侈，恤军，行权，慎刑，覆远，戢兵，重工，修法，劝忠"〔5〕等十五项。他大力称赞当时的统治，指出自古至今，再望同时期的西方都没有如此宽厚的国政〔6〕，对皇朝政治和各项政策大加赞美。他又诉诸国事艰难，强调了必须忠于清王朝，力图强化清朝已经达到极

〔1〕 牧钲名.教育を受ける権利の内容とその関連構造[J].日本教育法学会年報，東京：有斐閣，1973(2).
〔2〕 溝口雄三.方法としての中国[M].東京：東京大学出版会，1989：254.
〔3〕 平野健一郎ほか.アジアにおける国民統合[M].東京：東京大学出版会，1988：42.
〔4〕 张之洞.张文襄公全集[M].北京：中国书店，1990：3702.
〔5〕 张之洞.张文襄公全集[M].北京：中国书店，1990：3706-3709.
〔6〕 张之洞.张文襄公全集[M].北京：中国书店，1990：3709.

致的中央集权体制和严密的国家社会统制[1]。

清末教育改革期间，张之洞扮演了主导者的角色，特别是在学制制定中发挥了很大作用。这期间张的言行特征为：第一，他派遣教育考察团比较了各国教育制度之优劣，对什么是"最好"的制度有自己的观点。第二，关注各国政体和教育制度的关系，维护清王朝的统治是他最优先的考虑。第三，在"中体西用"的教育理念为前提采取灵活应对，在不违背儒教伦理的底线内，主张学习西方近代学问和技术的基础学科，以培养"国民"。

清末中国在1904年公布的《奏定学堂章程》，是以日本教育体系为模版的中国早期近代学制。其教育宗旨以明治日本的"教育敕语"为范本，忠君至上并以儒教道德的仁义忠孝为教育之根本。特别是外国学堂有宗教这门学科，中国的经书就是中国的宗教的提法[2]，使之确信中国学堂如果不读经书，必然荒废三纲五常，中国也必将国将不国。

张之洞面对外敌环伺，为了维护清廷统治，力图"保国"。以日本的国家主义教育方针为改革模版，认为其符合中国实际，而加以引进。

8.4.7 《奏定学堂章程》中的数学教育

以下，对其所提及的数学教育加以详细考察。

"奏定学堂章程"中对数学教育的规定如下：

初等小学堂七岁入学，五年卒业。第一年教算术，习记数、加减法。第二年习百以下数的加减乘除法。第三年习普通加减乘除法。第四年在加减乘除的基础上习小数记法，珠算的加减法。第五年在以往的基础上学习小数的计算法。

高等小学堂十一岁入学，四年卒业。第一年习加减乘除法、度量衡、货币、时刻的计算法和小数的计算法。第二年习分数、比例、百分数、珠算的加减乘除法。第三年习小数、分数、简单比例、珠算的加减乘除法。第四年习比例、百分算、求积方法和日常账簿的记录、珠算的加减乘除法等。这些和

〔1〕 张之洞.张文襄公全集[M].北京：中国书店，1990：3709.
〔2〕 张之洞.张文襄公全集[M].北京：中国书店，1990：1019.

明治时期日本小学的算术教育完全一致。

推行珠算教育和日本一样，保留了传统数学"珠算"这一部分。中国直到20世纪80年代，小学教育中依旧保留着珠算教育。

以下是中学堂、初级师范学堂、优级师范学堂、高等学堂、大学堂中数学的教育内容和具体一周内的教育课时数。

中学堂，15岁入学，五年后毕业。

第一年　算术(1周4小时)

第二年　算术，代数，几何，账本记录(1周4小时)。

第三年　代数，几何(1周4小时)。

第四年　代数，几何(1周4小时)。

第五年　几何，三角法(1周4小时)。

初级师范学堂，五年毕业。

第一年　算术(1周3小时)。

第二年　算术，几何，账本记录(1周3小时)

第三年　几何，代数(1周3小时)。

第四年 几何，代数(1周3小时)。

第五年　代数，数学顺序法则(1周3小时)

优级师范学堂

(甲) 公共科　一年毕业，算术，几何，代数，三角法(1周3小时)

(乙) 分类科(第三类，数学，物理，化学)三年毕业

第一年　代数学，几何学，三角法，微积分初级(1周6小时)

第二年　代数学，解析几何学，微分(1周6小时)

第三年　微分，积分(1周6小时)

高等学堂　分三个科目。

(甲) 文科，法科预备科：第二年期中只讲授代数和解析几何学(1周2小时)

(乙) 工科预备科：第一年，代数，解析几何学(1周5小时)，第二年，解析几何学，三角法(1周4小时)，微分，积分(1周6小时)

(丙) 医科预备科：第一年，代数，解析几何学(1周4小时)，第二年，解析几何学，微分，积分(1周2小时)

大学堂：六门[1]，即算学门[2]、星学门、物理学门、化学门、动植物门地质学门。

其中数学科的主要教育内容和一周课时如表 8.1 所示。

表 8.1　"奏定学堂章程"中数学科的主要教育内容和一周授课时间

主要科目	第一年 一周授课次数	第二年 一周授课次数	第三年 一周间授课次数
微分积分	6	0	0
几何学	4	2	2
代数学	2	0	0
数学演习	随时决定	随时决定	随时决定
力学	0	3	3
整数论	0	3	3
微分一部，方程式论	0	4	0
代数学及整数论补习课	2	4	4
理论物理学初步	3	0	0
理论物理学演习	随时决定	0	0
物理学实验	0	随时决定	0
共计	20	16	12

以下就"奏定大学堂章程"格致科[3]算学门(1903)和东京大学的数学科(1902)课程[4]的比较。

表 8.2　"奏定大学堂章程"算学门和东京大学数学科比较表

学年	京师大学堂算学门		东京大学数学科	
	科　　目	一周次数	科　　目	一周次数
第一	微分积分	6	微分积分	5
	几何学	4	立体几何学及平面解析几何学	4(第 1 期) 2(第 2 期)
	代数学	2	初等数学杂论	2

〔1〕"门"即为现在的"系"。

〔2〕"算学门"为"数学系"。

〔3〕"奏定大学堂章程"第五节记录京师大学堂设立格致科大学。其中有，一，算学门(数学门)，二，星学门，三，物理学门，四，化学门，五，动植物学门，六，地质学门。舒新城. 中国近代教育史资料[M]. 中，北京：人民教育出版社，1961：600.

〔4〕"日本の数学 100 年史"編集委員会. 日本の数学 100 年史[M]. 上，東京：岩波書店，1983：173.

（续　表）

学年	京师大学堂算学门		东京大学数学科	
	科　目	一周次数	科　目	一周次数
第一	代数学及整数论补助课	2	星学〔1〕及最小二乘法	3
	理论物理初步	3	理论物理学初步	4
	理论物理学演习	未定	理论物理学演习	1
	算学演习	未定	数学演习	3次(下午)
第二	几何学	2	代数的曲线论	3
	函数论	3	一般函数论及椭圆函数论	3
	部分微分方程式论	4	高等微分方程式论	2
	代数学及整数论补助课	4	整数论及代数学	4
	力学	3	力学	3
	物理学实验	未定	物理学实验	2次(下午)
	算学演习	未定	数学演习	1
第三	几何学	2	高等几何学	2
	函数论	3	一般函数论及椭圆函数论	3
	代数学及整数论补助课	4	代数学	3
	球面函数	随意决定	高等解析杂论	2
	高等数学杂论	随意决定	高等微分方程式论	2
	力学	3	力学	3(第1期)
	算学演习	未定	变分法	3(第2、第3期)
	数学研究	随意决定	数学讲究(随意)	1次

上表所示为东京大学1902年修订后的教学课程表。从表中可以发现《奏定大学堂章程》所定格致科算学门的科目中，教育科目、一周教育时数等明显参考了东京大学的教学计划。

8.4.8　“奏定学堂章程”和日本教育制度的差异

1905年3月，日本文部省普通学务局长泽柳政太郎在国家学会演讲的“清国新教育制度”中对《奏定学堂章程》进行了评价：“此学堂章程的内容只是对日本现存学制稍作了改变”，“是对日本(教育)制度的大胆借鉴”〔2〕。

《奏定学堂章程》与日本教育制度相似，但明治三十五年(1902)的日本

---

〔1〕 即天文学。
〔2〕 安部洋.中国の近代教育と明治日本[M].東京：福村出版，1990：34-35.

教育制度与《奏定学堂章程》相比仍然有两处明显差异。

首先,日本学制有女子师范学校、女子高等师范学校、高等女学校等构成完整的女性教育体系,《奏定学堂章程》中没有任何女性教育内容,完全忽视了对女性的教育。

第二,《奏定学堂章程》有特殊的"进士馆"。这是科举与新式教育妥协的产物,主要为了引导科举时代的官吏融入到新学校教育体系而专门设置。《奏定学堂章程》中还设有《学堂奖励章程》,根据学校等级和毕业时的成绩,授予相应的进士出身、同进士出身、举人出身,留学归国者考试后,也可以得到进士、举人、贡生的科举称号。

也就是说中国引进的近代学校教育体制,新式学堂也成为变相的出仕阶梯,取代了科举,学校依然是天下士人谋求官职的捷径。

1903 年 5 月,张之洞与管学大臣张百熙及后任者荣庆共同为教育制度的确立而努力,先后制定了"游学学生管理章程","鼓励游学毕业生章程"等,除了强化监管留学生以外,也决定他们毕业回国后授予进士、举人的称号。《奏定学堂章程》引入西方和日本的制度,完善了全国学制,这也是对"变法三疏"中不实用的科举内容之改良,进而提出了一个可行的方案。

8.5　清末民间学者与日本学者之间的数学交流

19 世纪末 20 世纪初,清朝对日本教育制度进行了频繁考察,民间学者也对日本数学界进行了考察,其中也不乏与日本数学家交往密切者。接下来介绍这些学者中的一例,考察其数学相关研究及与日本数学家之间的交流。

8.5.1　周达及其数学会

周达(1878—1949),字美权,安徽建德(今安徽省东至县)人。其父是当地著名医生,祖父担任过两江总督。周氏家族名人迭出,流芳于世。周达之子周炜良(1911—1995)是世界著名数学家。周家的周学熙、周叔迦、周一良等都是中日文化交流史上知名的人物[1]。

---

〔1〕胡炳生.周达对我国现代数学数育的开创性贡献——兼论知新算社的性质和历史功绩[A].李兆华主编.汉字文化圈数学传统与数学教育,北京:科学出版社,2004:139-143.

周达于1900年在扬州创办知新算社并担任会长。这是中国最早的数学会，对近代中国的数学普及和数学教育做出了杰出贡献。其《知新算社课艺初集》(1903)在访日后第二年后编辑出版。

20世纪初的中国，翻译的西方数学书都被改成纵向书写，数式也用中国传统模式书写。但日本数学界此时已经全盘西化。周达在绪言[1]中曾谈道西方文章是横书，数学式也是横书。中国的文章是纵书，数学式用横书写的话就会占用很多版面。日本翻译西方数学书，数式不改变，但我国却改变了西方数式。各国通用的模式，在我国不同，则交流不便[2]。提出为了西方数学的学习和普及，中国式表记法应该全部改变成西方模式。在当时有这种认识的人毕竟不多。

周达于1902年访日时，向日本友人推介了"扬州知新算社"(以下简称为"知新算社")，并把自己携带的"知新算社"社规赠与日本学者[3]。他回国后不仅撰写报告，还推动了"知新算社"的改革，并向国人介绍了在日本之见闻和学到的数学知识。1903年出版的《科学世界》杂志第二号就刊登了"扬州知新算社改良规则"。其中写道：需要与日本各团体和学校建立密切联系，日本数学界有数学定理新发现时互相通报，有疑问时则互相讨论等。修改后的"扬州知新算社改良规则"包含了以下内容：

首先，本社致力于数学理论的研究、探讨和数学家之间的联系，为了数学的发展而共同努力。

其次，由于入会者的数学水平不同，应该相互鼓励帮助。"知新算社"会员，每月召开三次例会，进行数学演说或问题讨论。

特别值得一提的是，"知新算社"与日本数学家、学会、学校的联系。他们在规则中写道：希望日本数学界将最新的数学研究成果告知学会，通过互相通报、有疑问时相互讨论共同取得数学方面的新进展。当日本数学界告知发现的新理论时，任"知新算社"学会会长就要把(日本数学界的)新动向告知学界。此后将新理论作为"知新算社"会员的研究资料互相传阅。

---

〔1〕 小林龙彦.梅文鼎著《中西算学通》と清华大学図書館の暦算書[J].科学史研究，東京：岩波書店，2006，45(238)：92-95.
〔2〕 李迪.周达と中日数学交流[A].中国科学史国际会議報告書.京都，1987：23-33.
〔3〕 李迪.周达と中日数学交流[A].中国科学史国际会議報告書.京都，1987：23-33.

"知新算社"不定期召开特别大会。约一,二年召开一次全国性的学术会议,会期五天。

"知新算社"为了普及数学,促进数学的发展规定不收取入会费,也不需要介绍人。希望入会的人,填写姓名、本籍、年龄、住址,向本社寄送数学原稿即可。"知新算社"在会员名簿上登记后,即承认其成为新会员,可以说对数学爱好者们提供了诸多方便。

按照"知新算社"的规则,数学研究领域分为以下四个科目。

普通研究科:算术,代数,几何学,三角法。

高等研究科:近世几何,高等代数,球面三角学及三角函数,圆锥曲线,平面及立体解析几何,微分积分学,微分方程式。

特别研究科:整数论,概率论,变分法(Calculus of Variations),定积法(Determinate),最小二乘法(Least Spuare),有限较数法(Finite Differneces),动量法(Grassmann)。

应用研究科:测量学,星学,动静力学,物理计算。

"知新算社"的创办目的之一就是普及数学,所以计划要编辑中学水平的算术、代数、几何、三角法教科书。

当时中国引进的西方高等数学理论较多,因此"知新算社"的社刊中刊载编译的西方高水平数学著作,刊行之目标就是实现中国数学的西方化。"知新算社"每月发行一期杂志,刊登高等数学理论。还会不断刊登有名的数学定理,以期待提高民众对数学的关注和认知水平。

"知新算社"是扬州知识分子提倡的民间小型学会,但却也是中国最早的数学会,他们与日本数学界一直保持着密切联系。

"知新算社"早期会员数仅为日本东京数学会社的十分之一。二者的规模与影响完全无法相提并论。其中的会规与东京数学会社相比,在普及数学教育这一点上是一致的。周达会长要在每一次的例会上报告日本数学界新动向。扬州知新算社与西方数学界也保持着联系,但其与日本数学界的关系更为密切。

周达研究的数学内容比早期的东京数学会社期刊中内容更复杂,这从日本数学物理学会的记录中可以看出。其讨论的内容不仅是数学,还包括物理学。虽然扬州知新算社是清末中国第一个数学会,但完全不讨论中国传统数学。这可能是周达只关注西方数学的缘故。

扬州知新算社与浏阳算学馆相比，其会规等也有一定区别。

首先，扬州知新算社的会员是年轻的数学爱好者。其次，其研究数学的方法主要以讲课的形式进行，定期在研究交流会上向会员传授数学知识。第三，“算社”的研究内容只限于近现代西方数学。第四，积极地与外国数学会进行交流，这与“浏阳算学馆”不同。

8.5.2　周达与日本数学界的关系

周达高度关注中国数学的发展，对当时中国数学界的滞后感到非常忧心。周达了解到日本数学已经超越中国后，决心赴日考察。周达的《日本调查算学记》“绪论”中写到他于 1902 年冬到日本访学。

周达的数学研究与数学教育活动的重要一环就是考察日本的数学教育发展情况，并购买日本数学书以及跟数学界建立交流关系。周达先后多次访问日本，与日本数学家有了很深的交流，也加深了对近代日本现状的认识，同时对日本传统数学和算也有较深了解。

周达在日本的访问中完成了如下工作：(1) 考察了日本数学教育和数学团体；(2) 购置了日本数学书和数学杂志；(3) 与日本数学家展开交流。

周达对考察日本做了详细记录，于 1903 年出版了《调查日本算学记》。该书是近代中日数学交流研究中的重要资料，而且对日本数学教育史的研究也有很大价值。周达访日期间访问了当时很多国立大学和私立学校，回国时也带了很多《数学报知》一类杂志。

周达在与日本数学家交流时，对西方数学也进行了共同研究。与周达关系密切的日本数学家长泽龟之助和上野清都是近代日本著名学者。周达回国后继续与之保持联系〔1〕。

周达与上野清之间的数学问题讨论主要围绕着是本书第 1 篇所介绍的华蘅芳所著《代数术》的内容。周达与长泽龟之助谈了古代希腊帕普斯(Pappus)定理，以及“巴氏累圆奇题”的解法。周达回国后还继续研究相关

〔1〕 冯立昇著，薩日娜訳. 周达と日中近代数学交流[M]. 科学史・科学哲学，東京大学大学院総合文化研究科科学史・科学哲学研究室，2005(19)：40－43.

内容，取得了不少重要成果。他们的讨论进行得十分热烈，“终日谈论数学，废寝忘食”[1]。

1902年到1905年间，周达四次访日，与日本数学家开展了广泛交流。他曾谈到见了不少日本的一流学者。也两次拜会伊藤博文氏，特别是与科学界开展了广泛交流。他也是第一位东京帝国大学的东京数学物理学会华人会员[2]。

周达这样的民间知识分子与长泽龟之助、上野清等日本数学家的交流和日本教育考察工作不仅做为20世纪初中日数学交流的起点，在近代中日数学史研究上也具有特殊意义。

小结

以上内容中对甲午战争以后的时代背景和清末中国以日为师的教育改革经过进行了考察，对这个时期的西方数学教育情况以及新事物——数学会的建立过程也做了全面介绍。

日本历经明治教育制度改革，实现了西方数学的普及，但中国直到1905年依旧延续科举制度，不仅在西方数学教育方面，在科学技术、产业技术等都已经落后于日本。

如前文所述，清末中国最早是由变法维新派喊出了模仿明治日本教育制度的口号。其代表人物有康有为、谭嗣同、梁启超。他们通过洋务派创建的江南制造局所刊行之西方科学技术书籍对西方有了初步了解，特别是对日本明治维新时期的各种变革有了全面了解。维新派中，特别是梁启超和谭嗣同，对学习西方数学的重要性有深刻认识。

康、梁、谭等人试图以明治维新为前例，在有强国之志的光绪帝的支持下，进行了戊戌变法。但最终在慈禧反对下，康梁流亡日本，谭死于非命。

可在随后的内乱外患之压力下，保守派也开始进行了改革。康有为的以日为师提案又被重新采纳。清末新政，兴学育才不可或缺，张之洞等力主对旧教育制度进行改革，派遣罗振玉、姚锡光等赴日进行考察。

---

〔1〕 周达.巴氏累圆奇题解[M].扬州知新算社印刷本，1904.
〔2〕 周达.调查日本算学记[M].扬州：知新算社，1902：28.

在张之洞等开明官僚的支持下，经过赴日考察团成员的努力，在1904年终于推出了以日本为范本的《奏定学堂章程》。

新制度公布后，清末中国人对日本更为关注。实际上自甲午战败以后，中国就有很多民间人士自费访日。第8章所讨论的周达就是其中之一。周达创办了中国首个以普及数学为目的的民间数学会，通过与日本数学家间的交流为推进中国近代数学教育事业做出了贡献。

清政府派遣考察团的同时也开始大量派遣赴日留学生。第9章中将分析留学生在日本接触到的新思想和新文化，以及他们学习西方科学技术和数学知识的经过。同时，考察留日学生翻译的数学教科书对清末数学教育普及发挥的作用和留日学生对中国数学近代化历程所做出的贡献。

第9章
清末留日学生所受西方数学教育

清末改革旧教育制度的具体政策就是设置文武学堂、改革科举制度和鼓励海外留学。海外留学工作的重中之重就是向日本派遣留学生。

派留学生的理由有：交通便利、利于大量派遣留学生；日语与中文近似而易学，日本与中国文化相通而易于理解；日本已经把西方的知识吸收转化，学习日本可以收到事半功倍之效。

在此背景下，20世纪初中国的日本留学风潮一时风头无二。

以下，梳理日本留学要点，考察当时日本接纳中国留学生的各类教育设施。其中成城学校、东京大同学校（清华学校）、第一高等学校，这三所学校是研究重点，通过介绍此三所学校对留学生的数学教育，进而讨论清末留学生在日接受的西方数学教育。

笔者以此三校为研究对象的理由有三。一、成城学校是接受军人志愿留学生的代表性学校，也是资格最老的清末留学生所在地；二、东京大同学校（清华学校）与维新派关系密切；三、第一高等学校是东京帝国大学的预科，只接受清政府直接派遣的留学生，是两国重点关注的学校。特别是对目前关注较少的清末留学生数学教育这一研究领域，重点分析这三所学校，可以了解20世纪初日本数学界对中国的影响。

9.1 日本留学之开端和各种教育设施

中国人的日本留学风潮以甲午战败为契机，随着洋务运动和变法运动的展开而高起，义和团事件以后则达到极盛时期。根据清朝政府和洋务派官僚的指示，他们到日本之后，除少数人员在普通中学和高等学校学习外，其他多数集中在教员培训机构、官吏培训机构和警察、军事人员培训机构中，而且多为速成教育模式。日本的很多地区随之设置了为中国留学生准备的特设教育机构。除了一些“学店”“学商”为名的营利“教育机构”以外，也有同文书院、成城学校、东京大同学校（清华学校）等教育机构。这些机构专为中国学生编制了教育课程，进行了精英人才的培训工作。

有组织的赴日本留学工作发端于1896年的13名公费留学生。这13名由清朝政府委托给当时的文部大臣西园寺公望，西园寺则命高等师范学校校长嘉纳治五郎（1860—1938）负责。嘉纳在自家附近的神田三崎町借了一所民房，任命高等师范学校教授本田增次郎为主任，招募教师数名，教授日语、数学、理科、体操等。最初连校名都没有，因张之洞等不断派遣学生入学，他们为了完备设施，在1899年10月将它命名为“亦乐书院”。最初的13人中除6人病退回国，1899年由嘉纳颁发以日语为主课，数学、物理学、化学为副课的证书，三年后毕业的学生有7人〔1〕。

赴日留学形式不仅有公费（或地方费用），也有自费，不同时期形式不同。

清朝政府的派遣目的虽有变化，但基本上如第8章所述，皆属变法自强范畴。派学生赴日学习西方军事技术、科学技术、政治、法律、教育、文化等。

当时日本的中国留学生教育设施有宏（弘）文学院、东京同文书院、数学专修义塾、成城学校、京北中学校、大成中学校、正则英语学校、正则预备学校、研数学馆、明治大学经过学堂等，留学生结业后会申请第一高等学校、早稻田大学清国留学生部、东京高等师范学校、东京高等工业学校，也有不少学生申请进入东京帝国大学。

留学生们所受基础教育基本上是日语、英语、数学等三门科目。入学有免试入学和考试入学两种。

宏（弘）文学院、东京大同学校（清华学校）、东京同文书院、数学专修义

〔1〕 実藤恵秀. 中国人日本留学史[M]. 增補版，東京：黑潮出版，1970：37.

塾、成城学校、京北中学校、大成中学校、正则英语学校、正则预备学校、研数学馆、明治大学经过学堂等多为免试,但第一高等学校、早稻田大学清国留学生部、东京高等师范学校、东京高等工业学校等则通过考试才能入学。但第一高等学校的留学生也有免试入学的例外情况。

考察教科书使用状况可以发现有很多不同之处,总体上他们也用当时日本中小学使用的教科书。也有针对留学生的专用教科书。

以下各节,集中研究留学生的数学教育。主要通过考察留学生留下的笔记、入学考试的申请书、履历书等资料,分析当时教学中使用的数学教科书的具体内容,考察留学生在日本所学算术、代数、几何学、三角学的具体情况。

9.2 成城学校和对中国留学生的数学教育

9.2.1 成城学校与留学生教育

成城学校发端于1885年的文武讲习馆,次年改称成城学校。该学校本为陆军士官学校和陆军户山学校的预科,是现存东京都新宿成城高等学校的前身。

成城学校开设留学生部,招收中国留学生始于1898年,当时的校长是参谋本部次长川上操六(1848—1899)[1]。成城学校其他校长包括儿玉源太郎(1852—1906)、冈本则录等人。他们也热衷于中国留学生教育。

特别值得一提的是本书第2篇谈到的冈本则录。他是明治、大正、昭和三代知名的数学家和教育家,他师从和算家长谷川弘,维新后学习西方数学。

冈本负责文部省数学教育书翻译,一时被人称作四大学者之一[2]。冈本曾担任过日本数学会、物理学会之前身——东京数学会社的会长。他参与学会各项活动工作,如成为1880年建立的“译语会”成员,致力于统一数学术语的工作。晚年接替三上义夫在帝国学士院编纂《和算书目录》,为

〔1〕 阿部洋.中国近代学校史研究——清末における近代学校制度の成立過程[M].東京:福村出版,1993:194-201,63.
〔2〕 三上義夫.岡本則録翁[J].科学,1931,1(4).

和算流传后世做出了贡献。三上说冈本“专注研究不喜欢发表，以至于缺乏获得公认的研究成果”〔1〕。尽管冈本著作留存不多，只在1874年有一本不定方程式的解法相关著作《代数整数新法》刊行。此外还翻译了一些微积分教材。冈本在东京数学会社期间，常常给会刊投稿解答和算以及与西方数学有关问题，或者解答无人挑战的西方数学杂志中的问题，足见其数学实力。

有如此特殊经历的冈本在1889年任成城学校的教导主任。1901年至1903年以及1906年至1916年任成城学校校长，并担任该校的协议员〔2〕。

成城学校开始接受中国留学生与参谋本部宇都宫太郎（1861—1922）、福岛安正（1852—1919）等人有关。他们受中国政府人员的委托，从两江、湖北、湖南、四川、直隶接受派遣的留学生，1899年时达到30人左右〔3〕。

最早的留学生于1898年7月1日入学，是由浙江省派遣的吴锡永、陈其采、舒厚德、许葆英等4人。不久，湖广总督张之洞派遣谭兴沛、徐方谦、段兰芳、萧星垣等24名公费留学生〔4〕。1899年1月，南洋大臣、两江总督刘坤一（1830—1902）、四川总督岑春煊（1861—1933）和直隶总督袁世凯（1859—1916）也陆续派遣了陆军留学生。1900年7月首届毕业生45人，都进入了陆军士官学校，毕业回国后多人担任大将、中将〔5〕。截至1903年，毕业的中国留学生达到168人，其中包括蔡锷、蒋方震（1882—1938）、蓝天蔚（1878—1922）等清末民初著名革命家和军人。

成城学校采取寄宿制，作为带有军事性质的学校是理所当然的事情。其管理规则十分严格，留学生生活拮据。该学校的学费、生活费每月二十五圆。中国公使馆给学校每月每人二十五圆，学校称“三圆学生零用，其余充作教育费、常用图书、食费、医药费（入院费另计）制帽服外套靴槐绊袴下等”。二十五圆保障留学生活，其实也不算小数目，较之当时东京小学校教员的初始工资十—十三圆，还是多了不少。

---

〔1〕 三上義夫.私の見た岡本則録翁の回顧[J].高等数学研究，1931，2(6).
〔2〕 松岡本久、平山諦.岡本則録[M].東京：中央印刷株式会社，1980：12.
〔3〕 阿部洋.中国近代学校史研究——清末における近代学校制度の成立過程[M].東京：福村出版，1993：63.
〔4〕 黄福庆.清末留日学生[M].台湾：中央研究院近代史研究所，1975：34.
〔5〕 実藤恵秀.中国人日本留学史[M].增補版，東京：黑潮出版，1970：65.

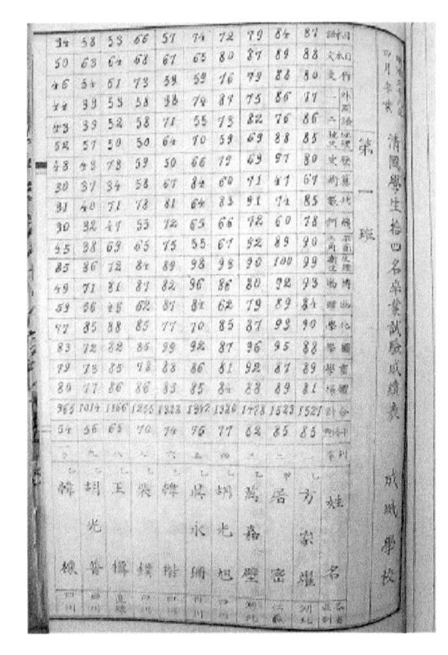
清國學生拾四名卒業試驗成績表
第一班
成城學校

图 9.1 成城学校留学生成绩记录

因前一年爆发了“成城学校事件”〔1〕，成城学校于 1903 年 7 月中止接受学习军事技术的中国留学生。

1903 年 9 月，福岛安正任学生管理委员长，创办振武学校。接收了成城学校未毕业学生 70 余人，取代成城学校成为接受中国留学生的军事学校〔2〕。

成城学校在清政府公使杨枢（1844—1917）和留学生监督汪大燮（1860—1929）的要求下，于 1903 年 10 月开设了文科学生班。

日华学堂、宏文学院也是类似的教学机构。成城学校的招收留学生工作一直持续到昭和十年(1936)，成为接受中国留学生时间最长的机构。

9.2.2 清末留学生的数学教育

笔者所调查的资料中，有很多记录成城学校留学生考试成绩的内容。该校学习年限为一年半，教育科目有日语（语法）、日本文、作文（日语）、外国语（英语）、地理地文、历史、算术、代数、几何、平面三角、生理卫生、博物、物理、化学、图学、画学、体操等〔3〕。下面资料为留学于成城学校的清末留学生留下的有关所学课程方面的记述资料。

成城学校的留学生数学教学科目有：算术、代数、几何学、平面三角法等。根据保留下来的资料，可知数学教科书主要有以下几种〔4〕：

算术有长泽龟之助的《中等教育算术教科书》，代数有桦正董的《代数学教科书》，几何学有长泽龟之助的《几何学教科书》和《新几何学教科书》。三

〔1〕“成城学校事件”，又称作“吴孙事件”。指 1902 年，5 名自费留学生想入成城学校学习需要驻日公使蔡钧的推荐，遭到拒绝后学生和公使发生冲突，日本警察介入导致学生吴敬恒自杀未遂事件。

〔2〕阿部洋. 中国近代学校史研究——清末における近代学校制度の成立過程[M]. 東京：福村出版，1993：94.

〔3〕東京大学駒場博物館. 留学生書類[Z]. 明治三十四至三十七年(1901—1904).

〔4〕书中参考了明治三十四年(1901)入成城学校，明治三十七年(1904)，向第一高等学校提交入学请愿书的四川省留学生王佩文的履历书。

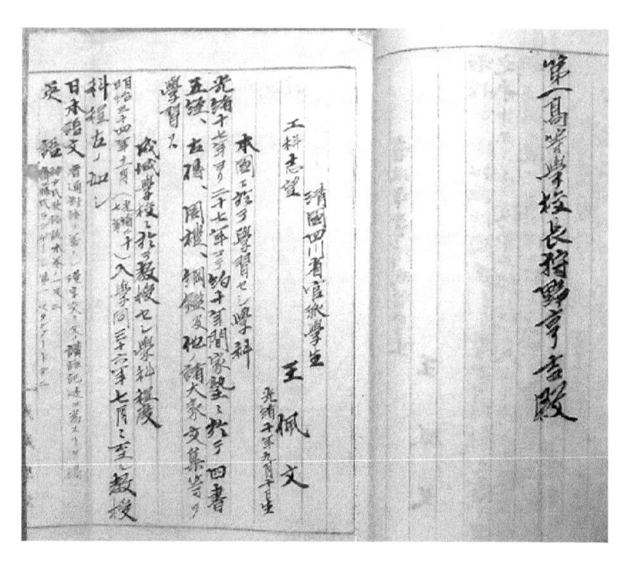
第一高等學校長狩野亨吉殿

清國四川省官派學生　王佩文

工科志望

图9.2　留学生所用教科书之一(东京大学驹场博物馆)

角学的讲学中以平面三角学内容为主,教材是菊池、泽田吾一编纂的《初等平面三角法教科书》和三守守的《初等平面三角法》[1]。

这些教科书后来均传到中国,成为20世纪初中国各地使用的主要教材。为了解癸卯学制以后的中国数学教育的概况,下文中介绍上述教科书中的主要内容。

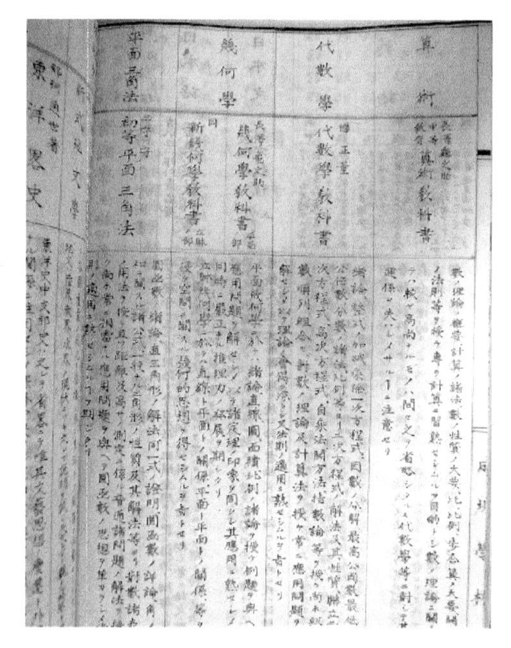
算術

代數學

幾何學

平面三角法

算術教科書

代數學教科書

幾何學教科書

新式幾何學教科書

初等平面三角法

图9.3　留学生所用教科书之二(东京大学驹场博物馆)

9.2.2.1　算术教育

算术教育是数学教育的基础。可根据长泽龟之助的《中等教育算术教科书》考察当时留学生所学的算术内容。

该书是文部省审定的中学数学教课用书。1897年10月26日发行上卷,12月2日发行下卷,同年12月以上、下卷合本的形式再次发行,后又多

[1] 東京大学驹场博物馆留学生相关资料收录成城学校留学生王佩文履历书中有"三角法の教科書は菊池大麓先生の教科書を勉強した"等内容。留学生書類[Z].明治三十四至三十七年(1901—1904)。

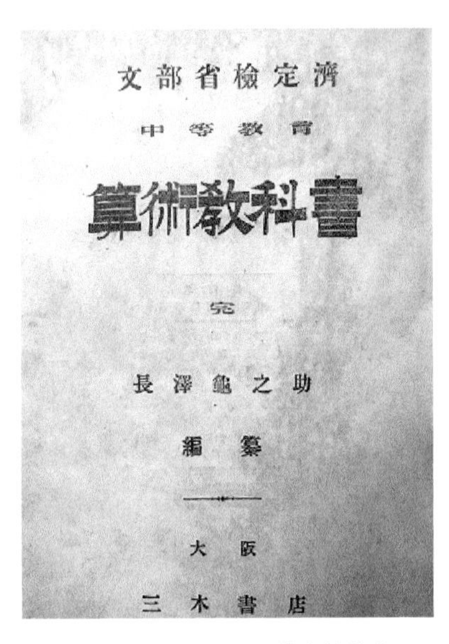

图 9.4　留学生所用算术教科书

次重印和增订。

笔者所用的是 1900 年 4 月 20 日大阪三木书店发行的第 16 版合订本。

1897 年 10 月的“序”中长泽说:“教科书与其详细,不如简明,算术尤其如此”,表明了其数学教科书的编纂主旨。而且本书是他自己的教育经验结合其他教师意见编纂而成。他只是说了当时算术教授大纲之大要,省去了冗长的说明,问题的难度和数量也力求适当。

长泽龟之助的《中等教育算术教科书》(见图 9.4)有以下 8 编组成。

第一编　绪论;第二编　整数及小数;第三编　诸等数;第四编　整数的性质;第五编　分数;第六编　比与比例;第七编　步合算及利息;第八编　开平开立。

成城学校的留学生教育课程大纲中规定,留学生必须学习《中等教育算术教科书》的数理概要、计算法、数的性质、比与比例、步合算之大要、开方法则等内容。

通过考察留日学生的资料可知,在成城学校的教学大纲中规定留学生要学到第七编为止的内容。课程大纲和上述教科书内容相对应,其中第七编的利息和第八编的开立方内容全部被省略。教育目标主要是熟悉计算方法,却省略了高等数学内容。

9.2.2.2　代数学教育

成城学校的留学生代数教育中使用了桦正董的《代数学教科书》(见图 9.5)。

该书 1903 年 3 月 28 日由文部省审定,东京三省堂为之发行上、下二卷改订版。

1902 年 11 月的“绪言”中写道:桦正董《代数学教科书》出版后,因为畅销而成为文部省的审定教科书,并多次再版,成为当时日本各中学广为使用的教科书。1903 年版和 1902 年版相比,内容基本一致,小数和除法的形式发生了变化。即桦正董对新版做了调整。该书上卷的“目录”有“绪论　代数

学的目的　符号　代数式　诸定则　正数及负数　正数及负数的计算”。

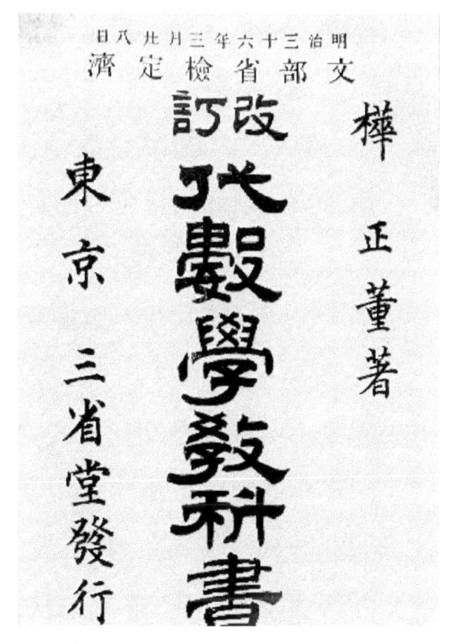

图 9.5　桦正董《代数学教科书》

此书上卷的“目录”如下所示：

绪论　代数学的目的　记号　代数式　诸定则　正数及负数　正数及负数的计算

第一编：整式的计算

第一章　加法　　第二章　减法

第三章　乘法　第四章　除法

第二编：一次方程式

第一章　一元方程式　　第二章　一元方程式的应用　　第三章　联立方程式　　第四章　联立方程式的应用

第三编：倍数和约数

第一章　因数分解法　第二章　最大公约数及最小公倍数

第四编：分数式

绪论　第一章　分数化法　第二章　分数式的加减法　第三章　分数式的乘除法

第五编：一次方程式的继续(分数方程式)

第一章　一元方程式　第二章　联立方程式　第三章　应用问题

最后是“附录　不等式”

下卷的“目录”如下所示：

第六编：二次方程式

第一章　一元二次方程式　第二章　一元二次方程式的应用　第三章　高次方程式　第四章　联立二次方程式　第五章　联立二次方程式的应用

第七编：自乘法、开方法及一般指数论

第一章　自乘法　第二章　开方法　第三章　指数论　第四章　不尽根数

第八编：比及比例

第一章　比　第二章　比例

第九编：级数

第一章　等差级数(附调和级数)　第二章　等比级数

第十编：顺列与组合(即排列与组合)

第十一编：二项式定理

第十二编：对数及年金换算

第一章　对数　第二章　年金算

附录　对称式及交代式的因数分解法　比例对变法　极大及极小值

留学生的教学大纲中规定学习此书中诸论、整式的加减乘除、一次方程式、因数的分解、最高公因数、最低公倍数[1]、分数的诸法、比例以及二次方程式的解法及其性质、连立二次方程式、高次方程式、自乘法、开方法、指数论、级数、排列组合、对数的理论及计算法等内容[2]。

1904年，成城学校的教学大纲中明确规定代数的学习目标是通过解决应用问题来理解、掌握理论和法则。

9.2.2.3　几何学教育

成城学校几何学教育中使用了长泽龟之助的《几何学教科书》和《新几何学教科书》，大纲中规定让学生充分掌握《几何学教科书》的“平面之部”和《新几何学教科书》的“立体之部”(见图9.6)。

图9.6　长泽龟之助的《新几何学教科书》

《几何学教科书》(1896年2月)“序”谈到以下内容：

《几何学教科书》平面几何部分的前卷相当于当时日本普通中学第二学年课程，后卷相当于第三学年课程，立体几何部分相当于第四学年课程。平面几何的定理配置顺序经过长泽改编而变得精简，他参考了西方的威尔逊(Wilson)，

[1] 我国现代数学教育中称“最大公约数”和“最小公倍数”，日本当时称“最高公因数”和“最低公倍数”。

[2] 東京大学驹场博物馆. 留学生書類[Z]. 明治三十四至三十七年(1901—1904).

尼克松(Nixon),斯蒂芬(Stevens),泰勒(Taylor)等人的著作。立体几何部分主要参考威尔逊的书。

本书的“目录”加上“绪论”共6编。

第一编:“直线　定义”,共5章,“第一章　一点与角　第一章问题”,“第二章　三角形　第二章问题”,“第三章　平行线与平行四边形　第三章问题”,“第四章　作图题”,“第五章　轨迹　第五章问题 I　轨迹与相交 第五章　问题 II 解析第五章　问题 III”。

第二编:用6章介绍了“圆”。“第一章　根本性质”,“第二章　弦”,“第三章　弓形与角”,“第四章　切线　极限论”,“第五章　二圆关系”,“第六章　作图题”。

第三编:“面积”,“第一章　定理”,“第二章　作图题”。

第四编:“比与比例”,“第一章　比与比例的绪论与定义”,“第二章　比与比例的定理”。

第五编:“比例的应用”,“第一章　基本定理”,“第二章　比例线　第二章问题”,“第三章　相似形”,“第四章　面积”,“第五章　作图题”。

第六编:“正多角形与圆的测度”,“第一章　定理”,“第二章　作图题”各章后附问题。

最后是“附录练习问题”,“Ⅰ. 直线　Ⅱ. 圆　Ⅲ. 面积　Ⅳ. 比例的应用　Ⅴ. 正多角形与圆测度”。

长泽的《新几何学教科书》为日本中学、师范学校及其他中等教育程度的数学教育中使用的主要数学教材之一。其目录和内容构成如下所示。

第一编:“直线与平面”,“第一节　空间中的直线与平面”,“第二节　作图题”,“第三节　二面角与多面角”。

第二编:“多面体”,“第一节　多面体”,“第二节　堆与锥”。

第三编:“球”,“第一节　球与球面三角形”,“第二节　面积与体积”。

最后为“补习问题”。

留学生的教学大纲中规定,平面几何学主要讲授长泽龟之助《几何学教科书》中的诸论、直线、圆、面积、比例等内容,讲解书中例题之后,解答应用题,理解平面几何的各种定理,以培养学生们严密的逻辑推理能力为目的。立体几何学的教育中,通过讲授直线与平面的关系、平面与平面的关系,使学生掌握几何的空间思维能力为教学目的。

9.2.2.4　三角学教育

三角学主要讲平面三角学，使用菊池大麓、泽田吾一编纂的《初等平面三角法教科书》和三守守的《初等平面三角法》等教科书。

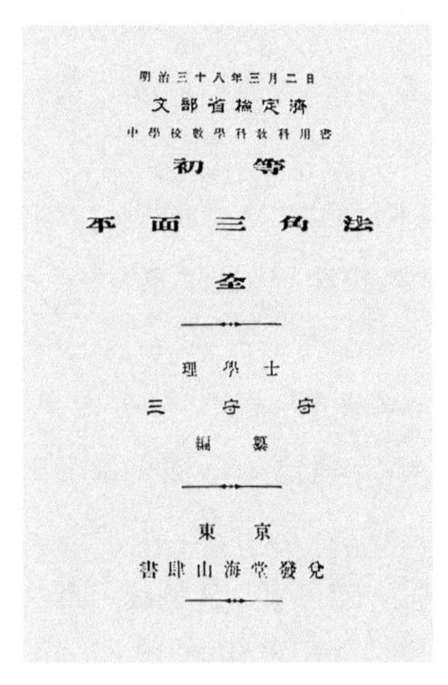

明治三十八年三月二日
文部省檢定濟
中學校數學科教科用書
初等
平面三角法
全

理學士
三守守
編纂

東京
書肆山海堂發兌

图9.7　三守守《初等平面三角法》

成城学校的教学大纲中长期使用了三守守的书。以下简单介绍三守守的《初等平面三角法》内容。

三守守《初等平面三角法》的“绪言”中写道：“本书主要用作中学校教科用书。因此主要参考文部省发布的中学校教授要目。写作顺序也基本根据要目。本书收录问题其数不多，与其数量多，还不如通过仔细分析一些解法更有利于加深理解。明治三十八年三月二日”的“目录”由“第一编　角的计方　三角函数　第二编　直角三角形解法　第三编　三角函数续　第四编　角公式　第五编　三角形性质　第六编　对数表　第七编　三角表解法　第八编　距离与高度测定”构成。

该教科书中增添了对数表和三角函数表。著者在“凡例”中谈到其原因：学过代数的人皆应该有对数表，所以加了对数表和三角函数表。“第六编　对数表”不仅介绍对数表及其种类，还介绍了“七桁表”“五桁表”“四桁表”，也举了使用的例子。

留学生要求学习三角函数绪论、直三角形解法、三角函数的理论、角的诸公式、一般三角形性质和解法，还有对数诸表的使用方法，距离和高度测定也有涉及。要求学生做大量的应用问题计算以加深对三角函数的理解和法则的使用。

9.2.3　成城学校留学生的数学教育之特征

成城学校的数学教育特征如下：

A. 重视数学教育，定之为基础教育（日语、英语、数学）之一，成城学校的留学生数学教育包含了小学算术,中学代数、几何学、三角法等全面的教学内容。可以作为留学生继续学习西方科学技术的基础。

B. 教科书与当时日本的中小学校学生用书相同。

1899年的高等师范学校数学专修科学生永广繁松对中学校46校、师范学校32校的教科书进行调查,算术、代数学、几何学教科书所用前5位,成城学校的留学生教科书就全部包括在内[1]。

例如长泽龟之助的《中等教育算术教科书》有5所中学、1所师范学校使用;桦正董的《代数学教科书》有6所中学、1所师范学校使用;长泽龟之助的《几何学教科书》有5所中学采用。

C. 留学生所用教科书后来多输入到中国,对中国数学教育的近代化产生了巨大影响。

如长泽龟之助的《中等教育算术教科书》有1905年的包荣爵译本。桦正董的《代数学教科书》有1905年的彭俊和1906年的赵缭、易应译本。长泽龟之助的《几何学教科书》有1906年的何崇礼和周达译本。菊池大麓、泽田吾一编纂《初等平面三角法教科书》有1909年的王永灵译本[2]。

D. 成城学校最初的留学生多以将来成为军人为志向,所以毕业后去其他更高级别的军事技术学校深造者也为数不少。1903年以后,成城学校招收的文科生除了学习日语与英语外,也接受数学基础教育。他们从成城学校毕业后,多数进入第一高等学校、早稻田大学清国留学生部、东京高等师范学校、东京高等工业学校、有东京帝国大学、京都帝国大学继续深造。

9.3 东京大同学校和对中国留学生的数学教育

9.3.1 东京大同学校的建立

东京大同学校的前身是1897年横滨华侨建立的横滨大同学校[3]。该

---

〔1〕 永広繁松. 中学師範数学科教科書及び教授時間に関する調査表[J]. 教育時論,明治三十三年(1900): 46-47.

〔2〕 依据北京大学图书馆藏书目录,北京师范大学图书馆藏书目录,内蒙古师范大学科学史・科技政策系藏"涵楼藏书目录"而成。

〔3〕 実藤恵秀. 中国人日本留学史[M]. 増補版,東京: 黒潮出版,1970: 41.

学校起先并非招收留学生而设置。横滨大同学校是孙中山(孙文,1866—1925)从华侨那里募得资金,为了在日华侨子弟教育而创办的。创办者之一徐勤是康有为的弟子,为了在日本华人中宣扬维新思想,其校名取自康有为的"大同思想"。其后横滨大同学校几度改名,成为革命人物在日本的据点。创办时该校是一所全日制学校,校长和教员全部由国内学者中招聘。其教学课程大纲内容和男女共校现象在当时海外华侨社会中都是开创性的。这所学校应该是海外最早的近代华侨学校[1]。

戊戌政变后康有为、梁启超流亡日本,仰慕梁的范源廉[2]、蔡锷等湖南时务学堂学生赴日后,急需收容之地。梁启超与横滨华侨协商后在牛込东五轩町创办了"东京大同学校",其后两校合并。康有为重新确定了其校名。

东京大同学校开设不久,由于1900年唐才常参与汉口暴动,不少学生牺牲,学校一时陷入困境。于是转移到了犬养毅(1855—1932)的小石川传通院附近,校名改为清华学校。犬养毅任校长,柏原文太郎和湖北留学生监督钱恂二人任监督。次年4月,改称东京商业学校[3]。

学校运营得到犬养毅的支持,女学生由下田歌子介绍的河原操子负责。起初校长由梁启超担任,犬养毅为名誉校长,柏原文太郎也予以协助。1899年时,东京大同学校仅有18名学生,基本为革命流亡者[4]。

9.3.2　清末留学生的数学教育

东京大同学校的数学教育资料有不少遗留至今[5]。可根据在这所学校就读的学生留下的资料了解其数学教育的概况。

下面的两幅照片为在东京大同学校(改名后的清华学校)留学后又报考东京帝国大学附属第一高等学校的学生留下的资料。

由此得知留学生的算术、代数、几何学课程中分别使用了藤泽利喜太郎的

---

〔1〕横滨山手中华学校百年校志编辑委员会. 横滨山手中华学校百年校志 1898—2004[M]. 横滨:学校法人横滨山手中华学园,2005:1-3.

〔2〕1911年成为中国教育总长,北京师范大学校长。

〔3〕这所学校后又成为横滨中华公立小学校、横滨中华学校、横滨山手中华学校。今天称作"横滨山手中华学校",位于横滨JR石川町驿附近。

〔4〕実藤恵秀. 中国人日本留学史[M]. 增補版,東京:黑潮出版,1970:48.

〔5〕東京大学驹场博物馆. 外国人入学关系書類第一高等学校[M]. 明治三十六至四十五年(1903—1912).

《算术教科书》、史密斯的《代数学》、菊池大麓的《初等几何学教科书》等教科书。

以下就分析教科书的具体内容，探讨留学生所受的数学教育概况。

9.3.2.1　算术教育

算术课中使用的教科书藤泽利喜太郎《算术教科书》由上、下卷组成，共11 编内容。

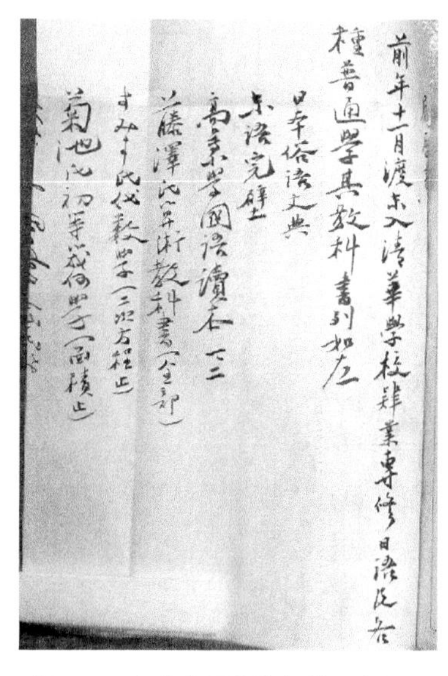
前年十一月渡东入清華學校肄業專修日語及各
種普通學其教科書列如左
日本俗語文典
東語完璧
藤澤氏算術教科書（全部）
すみす氏代數學（二次方程止）
菊池氏初等幾何學（面積止）

图 9.8　东京大同学校留学生资料 1

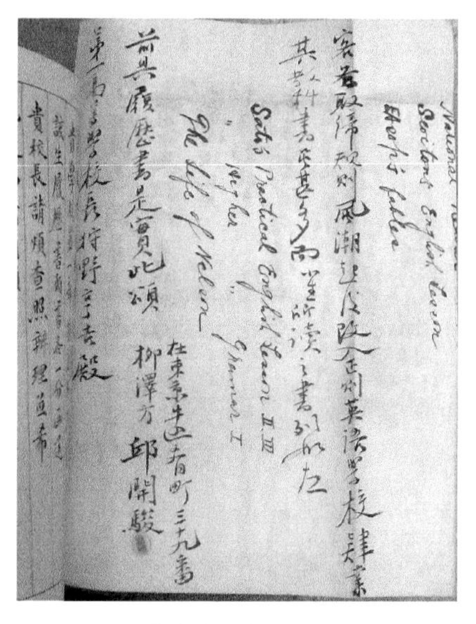
Aesop's Fable
Sato's Practical English Lesson II III
The Life of Nelson
前具履歷書是實此頌
柳澤方　郎開駿
第一高等學校長狩野亨吉殿

图 9.9　东京大同学校留学生资料 2

上卷于 1896 年 5 月 12 日，下卷于同年 11 月 27 日由大日本图书株式会社发行。

上卷

上卷内容为

第一编　“绪论”中包括“数的命名”“数的写法及记数法”“小数”等三种内容。

第二编　“四则”中包括“加法”“减法”“乘法”“除法”“四则杂题”等内容。

第三编　“诸等数”中包括“米的法度量衡”“本邦度量衡”“货币”“诸等通法”“诸等命法”“诸等数加法”“诸等数减法”“诸等数乘法”“诸等数除法”“外国度量衡”“外国货币”“弧度、角度”“经度与时刻”“温度”“诸等数杂题”等内容。

第四编　“整数的性质”中包括“倍数与约数”“九与十一的加减乘除的验算方法”“素数及素因数”“最大公约数”“最小公倍数”“第四编杂题”等内容。

第五编　“分数”中包括“分数的诸论”“约分”“通分”“分数转换成小数”“小

数转换成分数""分数的加法""分数的减法""分数的乘法""通分法及其命名法""分数的复杂运算""循环小数的加减乘除""分数杂题""问题解答"等内容。

藤泽的"绪言"中写道:"问题答案"由数藤斧三郎、市川林太郎算出,之后藤泽和坂井英太郎进行了检算。

下卷

第六编 "比及比例"中包括"比""比例""复比例""连锁法""比例分配""混合""第六编杂题"。

第七编 "步合算及利息算"中包括"步合算""内割、外割""租税""保险""利息算""割引""为替""公债离书及株券""支拂期日的平均""复利或重利""第七编杂题"等内容。

第八编 "开平开立方"中包括"开平方""开立方""不尽根数"等内容。

第九编 "省略算"中包括"省略算的绪论""省略加法""省略减法""省略乘法" "省略开平及开立方""第九编杂题"等内容。

第十编 "级数"中包括"等差级数""等比级数""年金""第十编杂题"等内容。

第十一编"求积"中包括"平面形""立体""第十一编杂题"等内容。

最后是"问题解答"。

藤泽利喜太郎的《算术教科书》绪言中写道:"明治二十八年(1895)春,发表了算术条目及教授法一书,提出了对本邦算术及其教授法的一些思考,得到各界指正后我对原书进行了修正,本书是其修订本。"也就是说此教科书是1896年3月完成了初稿,而后又出版了修订版。

藤泽写《算术条目及教授法》,发表对日本算术教育方面的指导性的教学观点。《算术教科书》中也体现着藤泽的算术教学法的观点。而藤泽的数学教学法成为"奏定学堂章程"中的主要教学法。

《算术教科书》于20世纪初传入中国后出现几种翻译本,如1904年分别由山西大学译书院、上海通社翻译出版,成为这些地方的中小学普遍使用的算术教科书。

9.3.2.2 代数学教育

《代数学》的著者是英国数学家查尔斯·史密斯,原书名为 *A Treatise on Algebra*。

1887前日本多数地方用其英文原著。1887年以后的日本数学界兴起大量翻译西方数学书之风。史密斯代数学著作被长泽亀之助、宫田耀之助、藤泽利喜太郎、饭岛正之助、上野清等学者陆续翻译成日文。又有田中矢德校阅，松冈文太朗译的版本。东京大同学校使用的教科书为长泽亀之助、宫田耀之助合译，由日本文部省检定的版本〔1〕。

长泽亀之助、宫田耀之助合译本最早的日语版本。笔者搜集到增订第16版。长泽的序文中写道："我们一开始刊行该书时还不了解其书如何，后来此书被广为推崇和使用，是公认的好教材，发行到了第十六版。这实在出乎我等意料之外。"〔2〕

序文又说："史密斯的初等代数学"由长泽翻译，宫田耀之助审校后，由秀英舍活版印刷。第二版中的外国度量衡货币等按照日本现行制度做了改进，藏田活版所印刷。第三版做了少量订正，由文部省检定。第四版以后使用铅板印刷。

长泽在再版前，就教科书内容听取了利用此书授课的数学教师们的意见，对内容做了调整。例如"印刷本书第八版时，应某府寻常中学校教员之需增补了对数，没有二项式定理的任意指数和指数式定理，唯对数之性质和用法，本版提到了对数原理，……本年四月，某县寻常师范学校教员投书建议增加复利一编，我就在本版增加了相应内容，以便利于一般师范学校作为教科书"〔3〕即其参考了教师们的意见，根据师范学校和中学的实际需要做了增补。"序文"还谈到长泽在16版再刊时参考了西方其他数学家的代数学著作，取其长处以补己短。

长泽的第16版序文是1893年4月所写。其序文之后是史密斯1890年4月写的英文原著第二版序文。通过其序可知史密斯在第二版刊行时，做过大幅调整，也增加了很多练习题〔4〕。第16版《史密斯初等代数学》于1895

〔1〕 東京大学駒場博物館. 外国人入学関係書類第一高等学校[M]. 明治三十六至四十五年(1903—1912).

〔2〕 長澤亀之助・宮田耀之助訳. スミス初等代数学[M]. 第16版，序，東京：数書閣，明治二十八年(1895)：5.

〔3〕 長澤亀之助・宮田耀之助訳. スミス初等代数学[M]. 第16版，序，東京：数書閣，明治二十八年(1895)：7.

〔4〕 長澤亀之助・宮田耀之助訳. スミス初等代数学[M]. 第16版，序，東京：数書閣，明治二十八年(1895)：9.

年刊行,东京大同学校(清华学校)用的应该是第 16 版以后的书。

该书目录

"第一编 定义,第二编 正量和负量,第三编 乘法,第四编 除法,第五编 一次方程式,第六编 一次方程式的问题,第七编 一次通同方程式,第八编 一次通同方程式的问题,第九编 因子,第十编 最高公因子,第十一编 最低公倍数,第十二编,分数,第十三编 分数方程式,第十四编 二次方程式,第十五编 三次以上方程序,第十六编 二次通同方程式,第十七编 二次方程式的问题,第十八编 乘幂及根,第十九编 分数指数及负指数,第二十编 根数,第二十一编 比,第二十二编 等差级数,第二十三编 等比级数,第二十四编 调音级数,第二十五编 秩列及配合,第二十六编 二项式定理,第二十七编 对数,第二十八编 杂定理及杂例,第二十九编 纪数法"构成。

全 29 编,每编后面附有问题集。

中学程度的数学教科书,第一编、第二编是介绍正数、负数,之后学习方程式。最后有问题答案和英日对照数学用语集。

此书于 1905 年由留日学生何崇礼、陈文、陈幌等 3 人翻译分别从科学会编译部,广智书局和东京清国留学生会馆刊刻发行。1906 年和 1916 年又分别在上海商务印书馆翻译出版,译者为陈文和曾彦等人。1908 年又有仇毅和王家炎等人的译本出现。可见英国数学家史密斯的代数学著作通过日本间接地传入中国,影响了中国数学的近代化。

9.3.2.3 几何学教育

东京大同学校(清华学校)所用几何学教科书是菊池大麓的《初等几何学教科书》(平面几何学)。

如前文所述,菊池大麓是明治后期日本数学教育的指导者,明治后期日本的各类学校普遍采用菊池大麓编译的几何学教科书。

菊池的《初等几何学教科书》包含了欧几里得几何学第 1 卷到第 6 卷的内容。传达了英国数学家突得亨特倡导的严密的欧氏几何学逻辑思想。英国在 1871 年成立几何学教学改良协会(Association for the Improvement of Geometrical Teaching)。第一步就是在 1875 年发行《平面几何学教学大纲》"Syllabus of Plane Geometry"(corresponding to Euclid, Books I—VI)。这是平面几何学定义、公理、定理合集，其中没有任何证明题。菊池翻译了其中的第4版(1885)，以《平面几何学教授条目》(博闻社，1887)为名刊行。这就是最早的“几何学作图之条目”，使用直尺和圆规画二等分角和二等分线。其后是欧几里得的几何学第1卷至第6卷内容，省略了证明，全书布局是日本传统式的右起纵书模式。

图 9.10　菊池大麓《平面几何学》

《初等几何学教科书》(平面几何学)由文部省编辑局刊行，当做普通师范学校和普通中学教科书。书中内容主要由前述英国协会刊行的几何学教科书(定理的证明)为基础，依照菊池的想法而编订。作图题不再放在前面，而其中的数学公式均采用西方式的左起横书格式，成为后世的范本。

菊池的教科书主要内容为欧几里得第1至6卷内容，对部分公理和定义有所删减。绪论写道：

> 一ツノ語ノ定義トハ其ノ意義ヲ定ムルナリ。推理ノ基礎トスル所ノ事項ヲ公理ト称ス。公理ハ之ヲ他ニ依リテ証明スル能ハズシテ，吾々ガ吾々ノ経験ニ拠リテ真ナリト認ムルモノナリ。

明显介绍了欧几里得几何学中各种公理与量的关系。其中有从甲到壬共有9个和量有关的普通公理。例如“公理甲。整体大于部分”等。其中的对“量”的使用值得注意。还有“若甲ガ乙ナレハ，丙ハ丁ナリ”等内容说明了定理。其中又有“第一编直线，第二编圆，第三编面积，第四编比及比例，第五编比及比例的应用……

几何学的公理中“量”的定义是非常重要的，不仅表述其他命题，在长度、面积、体积也经常使用“量”的概念。比和比例的定义出现在欧几里得几何学的第5卷中，该定义是19世纪戴德金(Julius Wilhelm Richard Dedekind，1831—1916)的无理数论中的等价物相关内容，也是欧几里得几何学中最难解的理论之一。第2版附录，对于量增加了一些解说。例如：

> 或ル量ヲ计ルトハ，之ト同シ種類ノ一ツノ量ヲ単位ト定メ，計ラ

ントスル所ノ量ヲ之ト比較シ其ノ比ヲ求ムルナリ。

在有理数不能表达时(即非通约量时)用有理数近似的方法表述。例如"極限ニ付テ"就采取了下列表述。

ニツノ量 A,P 有リ,Pハ或ル定則ニ従テ其ノ大サヲ変シ,常ニ漸々Aニ等シキコトニ近ツキ,吾々ハAトPノ差ヲ何程ニテモ小クスルヲ得:然ルトキハ終ニPハAニ等シクナル可シ。斯ノ如キ場合ニ於テ,AヲPノ極限ト称ス。

"圆周及其直径之比"中使用圆内外接正多边形,除了"半径为 r 的圆周长 $2\pi r$",还有圆面积是 πr^2 的证明。这些问题的内容超越了欧几里得前 6 卷的内容。

菊池著于 1889 年的《初等几何学教科书》(立体几何学)由文部省出版,其内容为平面几何学的后续部分,由第六编平面、第七编球、第八编圆堆及圆锥组成。

菊池的几何学著作是 19 世纪 90 年代以后的日本多数中学的标准教科书。例如本书第 2 篇第 7 章所说永广繁松对明治时期数学教科书使用情况的调查中,有 67 所学校使用菊池的几何学教科书,另有 5 所使用长泽龟之助的,其他为 6 所。可见菊池的书是使用最频繁的标准教科书〔1〕。

对于当时的普通中学教科书而言,"比例"问题是较难的内容。但菊池坚持在书中加入比例内容。究其原因,他把当时的中学生当作精英人才来培养,并且他把传递英国传统的欧几里得几何学做为其首要任务。关于此,菊池在《初等几何学教科书随伴几何学讲义》(2 卷,大日本图书,1897,1906)中做了详细说明。即菊池认为"幾何学と代数学とは别学科にして、幾何学に自ら幾何学の方法あり。濫に代数学の方法を持ちいる可からざるなり",即"几何学与代数不同,几何学有几何学的方法,不能滥用代数的方法"〔2〕,进而又指出比例在教学中的作用:

之〔比例を指している〕を避けんとして、ゴウマン的な方法を用

〔1〕 永広繁松. 中学師範数学科教科書及教授時間に関する調査表[J]. 教育時論,明治三十三年(1900):46-47.
〔2〕 菊池大麓. 初等幾何学教科書随伴幾何学講義[M]. 第 1 巻,東京:大日本図書株式会社,1897:34.

いるは、教育上甚だ宜しからず。凡て初歩の学科を授くるに当て、困難なる条項を説くに、尤もらしく而も其実推理上大欠点ある論法を用いる程、不良なることなし。欧米の教科書にも随分比例なきにあらず。之を酷評せば初学者の知識の足らざるに乗じて、之を詐騙するものと云うべし。教育上の害悪之より甚だしきものあらんや[1]。

1899 年，菊池又简化《初等几何学教科书》中内容，以《几何学小教科书》(大日本图书)为名出版。此书成为第一高等学校常用教科书。

19 世纪末 20 世纪初的日本也出现过其他几何学教科书。例如中条澄清的《实验几何学初步》(上、下，数理社译，1890)，高桥丰夫编纂的《几何学初步》(敬业社，1890)等。但和这些教科书比较而言，使用菊池的学校为数较多，留学生们留下的记录也说明了这一点。

随着菊池几何学教科书的汉译，其数学思想也传入中国，影响了中国的数学教育界。

菊池的《初等几何学教科书》自 1905 年以后陆续由教科书译辑社、科学书局、科学会社、群益书社、商务印书馆等出版社相继翻译出版，成为上海和北京等地中学广泛使用的几何学教科书[2]。

9.3.3　东京大同学校的留学生数学教育之特征

东京大同学校的数学教育之特征如下。

A. 东京大同学校重视数学教育，将其定为基础教育(日语、英语、数学)之一，与成城学校不同之处在于包含了三角法的教学内容。

B. 东京大同学校所用的教科书也是当时日本中小学通用教科书。

东京大同学校的留学生教育中不仅使用了当时通用的教科书，还有一些不太常见的教科书。

藤泽的《算术教科书》在 19 世纪 90 年代以后的中学和师范学校使用较多。1900 年，日本进行了一次教科书使用情况调查。在全日本 46 所中学和

---

〔1〕 菊池大麓. 初等幾何学教科書随伴幾何学講義[M]. 第 1 巻，東京：大日本図書株式会社，1897：103.
〔2〕 根据北京大学图书馆藏书目录、北京师范大学图书馆藏书目录、内蒙古师范大学科学史·科技政策系藏“涵芬楼藏书目录”整理。

32 所师范学校中,使用该书的有 40 所、使用三轮桓一郎教科书的有 8 所、使用桦正董教科书的有 7 所、使用长泽龟之助教科书的有 6 所、使用泽田吾一教科书的有 6 所、使用松冈文大郎教科书的有 3 所[1]。

藤泽利喜太郎的《算术教科书》、日文版的史密斯《代数学》、菊池的《初等几何学教科书》,不仅在东京大同学校教学中使用,通过留学生之手传入中国,一些出版社和翻译机构将其翻译成中文,在全国多地当做通用教科书使用。

如藤泽利喜太郎的《算术教科书》于 1904 年由山西大学译书院、上海通社所分别翻译出版。不仅成为山西省中学通用教科书,在上海则成为高等小学使用的教科书。史密斯《代数学》(长泽译)于 1906 年由上海科学会编译部和商务印书馆分别翻译出版,成为上海中学通用教科书。1905 年,菊池的《初等几何学教科书》由教科书译辑社、科学书局、科学会社翻译出版,在上海和北京等地中学广泛使用[2]。

9.4 第一高等学校对中国留学生的数学教育

9.4.1 第一高等学校和清末留学生教育之发端

第一高等学校接受清末留学生始于 1899 年 9 月。1898 年 5 月,浙江省的"求是书院"派遣赴日留学生。对此次派遣有记载如下:"林公嘱选学生留学日本,当即商定陈乐书、何燮侯、钱念慈、陆仲芳四人,为各省派往留日之首倡。"[3]此林公即当时的杭州知府林启(1839—1900),即 1897 年成立"求是书院",现浙江大学前身之创办人。对于他们的赴日情况等在浙江省籍留学生创办杂志《浙江潮》第 7 期中有如下记载[4]:

> 戊戌四月,遂有求是学院学生陈乐书、何燮侯、钱念慈、陆仲芳四君,偕武备学堂学生萧星垣、徐方谦、段兰芳三君[5]东渡,萧、徐、段三

---

〔1〕 永広繁松. 中学師範数学科教科書及教授時間に関する調查表[J]. 教育時論,明治三十三年(1900):46-47.
〔2〕 依据北京大学图书馆藏书目录,北京师范大学图书馆藏书目录,内蒙古师范大学科学史·科技政策系藏"涵芬楼藏书目录"。
〔3〕 朱有瓛. 中国近代学制史料[M]. 第一辑,下册,上海:华东师范大学出版社,1983:257.
〔4〕 浙江潮[N]. 1904(7):4.
〔5〕 漏掉一人姓名。

君，湘鄂人，于壬寅三月毕业，今充浙江营管[1]。

即1898年4月，陈乐书等四人偕同武备学堂的学生萧星垣、徐方谦、段兰芳等三人东渡日本。在1898年8月的《教育时论》中记录着浙江省8位留学生的居住情况和学习状态。清国留学生近况："来我国的文武学生八名中，有武备学生四名，已经进入成城学校学习。文学生陈幌[2]、何橘时、钱承志、陆世芬四人在本乡区驹込西片町十九番地的一户叫中华学馆的地方居住，在中岛裁之指导下学习日语，准备报考东京帝国大学。"[3]

即，此时4名武备学生已经进入成城学校，陈幌等四人在中岛裁之指导下学习日语，准备报考东京帝国大学。

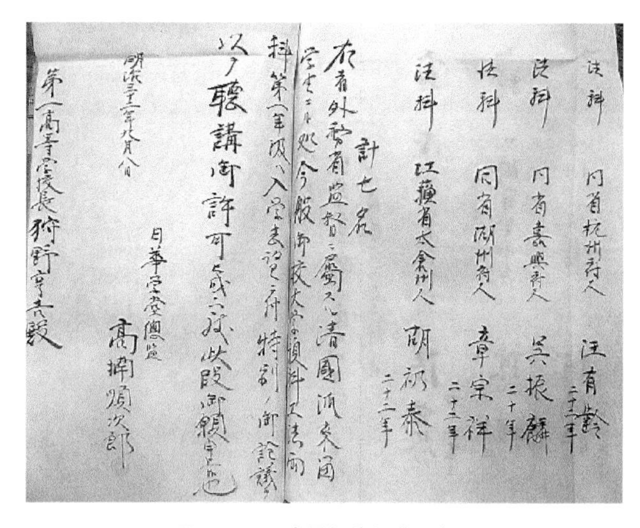
法科　同省杭州府人　汪有齡　二十三年
法科　同省嘉興府人　吴振麟　二十年
法科　同省湖州府人　章宗祥　二十二年
法科　江蘇省太倉州人　胡礽泰　二十二年
計七名
日華學堂總監　高楠順次郎
第一高等學校長　狩野亨吉殿

图9.11　一高最初的留学生资料

教他们日语的中岛裁之(1869—1939)为熊本县人，于1891年大学毕业后，赴华游学，调查中国的风土人情，后师从吴汝纶，学习汉语和古代文典。他在吴汝纶的支持下，于1901年3月在北京开设"东文学社"，招生讲学。该学校办至1906年6月，学生一律免费，主要讲授日语、地理、理科知识等[4]。

"中华学馆"是留学生自己租赁的地方，不久他们搬迁到"日华学堂"[5]。

---

〔1〕 戊戌四月为1898年5月，壬寅三月为1902年4月。
〔2〕 常错写为"陈梘"。
〔3〕 清国留学生近况[J]. 教育时论，总479号，上海：开发社，明治三十一年(1898)：25.
〔4〕 阿部洋. 中国近代学校史研究——清末における近代学校制度の成立過程[M]. 東京：福村出版，1993：139-140.
〔5〕 吕顺长. 1898年的浙江大学留日学生[J]. 浙江大学日本文化研究所编集江戸・明治期の日中文化交流，社团法人農山魚村文化協会出版，2000：88.

“日华学堂”于1898年由东京帝国大学佛学名家高楠顺次郎(1866—1945)创建于东京本乡。其实就是为了“求是书院”的4位留学生的到来为契机开办的一所小型的语言学校[1]。

1899年的日华学堂章程中对日本教育制度进行了详细介绍。又介绍学堂创办目的就是为了专门服务于清朝学生，为他们的语言速成，熟悉日本风俗，以及为进一步深造而创造条件[2]。

日华学堂清末留学生教育的科目和学习年限，以及教学目的如下所示：

“正科”包括“普通预备科”和“高等预备科”。“普通预备科”学习年限2年，主要进行高等专业学校入学前准备。讲授日语、英语、德语、地理学、数学、物理学、化学等科目。“高等预备科”学习年限为1年，主要为考入帝国大学做准备。讲授法学、文学、工学、理学、农学等科目。

“别科”包括“预备专科”和“日语专修科”。“预备专科”学习年限不定，主要是为高等专业学校毕业后进入帝国大学者准备，从“正科”中选择讲授科目。“日语专修科”的学习年限为1年，主要是为留学生速成日语而设。

日华学堂中不仅有来自浙江省的陆世芬、陈幌、钱承志、何橘时、汪有龄、吴振麟，南洋公学来的章宗祥、胡祁泰、富士英、雷奋、杨荫杭、杨廷栋等人以外还有北洋大学的留学生和自费生。

1899年9月，浙江省的6名留学生和南洋公学的章宗祥、胡祁泰等8人考入“一高”学习。这8位便是一高最早的留学生[3]。

8名学生顺利进入东京大学预科“一高”学习，主要得益于留学生监督孙淦的帮助。孙淦是1870年代活跃于大阪的中国商人，与浙江省的林启有深交，1897年开始负责留学生事务，1898年正式担任留学生监督直至1900年[4]。入学时他们希望混入日本学生中，跟他们一起上课。1899年6月14日，外务省学务长向文部省发出如下通告[5]：

---

〔1〕 実藤恵秀. 中国人日本留学史[M]. 增補版，東京：黒潮出版，1970：66.

〔2〕 (清)于宝轩. 皇朝蓄艾文编[M]. 卷16，台北：台湾学生书局，1965：167.

〔3〕 東京大学駒場博物館. 外国人入学関係書類第一高等学校[M]. 明治三十六至四十五年(1903—1912).

〔4〕 吕顺长. 清末の留日学生監督——浙江留日学生監督孫淦の事跡を中心に[J]. 浙江大学日本文化研究所编集江戸·明治期の日中文化交流，社团法人農山魚村文化協会出版，2000：128-145.

〔5〕 内容由笔者翻译。第一高等学校. 第一高等学校六十年史[M]. 東京：第一高等学校出版，1939：481.

清国浙江省巡抚派遣的留学生(以下省略六人的姓名)六人自去年以来学习日语,现在已经可以用日语听讲,今年9月向贵校发出外务省的要求入学通告。本件是对外务省的答复,请予以回复。

这是1899年6月14日,文部省学务局长文学博士上田万年向第一高等学校校长狩野亨吉传达的通告。

日本东京大学收藏有清末留学生的入学申请书和1899年9月8日至9月13日"日华学堂"总监高楠顺次郎写给狩野校长的几封信。9月8日的信中写道:

右者　外务省监督所属清国派来留学生至贵校大学,希望进入予科工法两科一年级学习　明治三十二年九月八日　日华学堂总监高楠顺次郎　第一高等学校长狩野亨吉殿〔1〕。

即,高楠顺次郎给狩野亨吉写信,说明了留学生想进入东京大学预科的工学、法学学习。

现在,可以通过1900年3月20日的调查报告了解8人入学后的情况。这8人分为2组进入预科一部、二部学习。进入一部一年一班的有汪有龄、吴振麟、章宗祥、胡祁泰4人,学习德语、英语、政治、地理、体操等科目。进入二部一年一班的有陈幌和钱承志2人,学习德语、英语、代数、三角、图画、体操等科目。进入二部一年二班的有陆世芬和何橘时2人,其学习内容与陈幌和钱承志相同〔2〕。

因为该8人是受到外务省的特别关照入学,所以不仅免考也减免了学费。学生宿舍也是免费入住。课堂安排中,除体操之外还根据他们的要求学习了兵式体操〔3〕。

学习数学的学生是希望进入工学部的陈幌、钱承志、陆世芬、何橘时4人。他们成为旁听生,与一高其他日本学生使用同一种教科书。

当时一高一年级用的代数教科书是藤泽利喜太郎的《续初等代数学教科书》,三角法教科书是突德汉特《平面三角法》的原文,即 *Todhunter's*

〔1〕 内容由笔者翻译。東京大学駒場博物館.外国人入学関係書類第一高等学校[M].明治三十六至四十五年(1903—1912).

〔2〕 東京大学駒場博物館.外国人入学関係書類第一高等学校[M].明治三十六至四十五年(1903—1912).

〔3〕 第一高等学校.第一高等学校六十年史[M].東京:第一高等学校出版,1939:483.

Plane Trigonometry[1]。

Todhunter's Plane Trigonometry 于 1883 年 6 月由长泽龟之助译述、川北朝邻校阅，定名《平面三角法》出版发行[2]。后来被留学生译成中文传入中国。

这 8 名"一高"最初的留学生毕业后去向为：

陆世芬一高毕业后，进入东京高等商业学校。他后来创建翻译会所，在日本从事翻译工作，后文将介绍其翻译日文教科书事宜。

陈幌继续考入东京帝国大学工学部学习，于 1905 年毕业回国后任京师大学堂东文科和理科教员。

何橘时也和陈幌一样毕业后进入东京帝国大学工学部。

钱承志和章宗祥后来进入东京帝国大学法学部，于 1904 年 6 月毕业。钱承志回国后担任清朝政府大理院推事，官居"二品"。其子孙中出了不少知名学者。

吴振麟于 1905 年回国后任京师大学堂监督，对该学堂派遣留学第一高等学校的事宜做了很多预备工作。吴振麟掌握非常精湛的日语，直接和日本学生共住一个宿舍。因其学习中非常勤勉，得到监督官孙淦的赏识，建议把他从自费生改为公费生[3]。他后来娶了日本教育家伊泽修二的女儿。

章宗祥回国后在民政部任职，于 1912 年成为袁世凯总统府秘书，1914 年任司法总长，1916 年任驻日公使。

胡祁泰于 1900 年冬，另赴美国留学[4]。

以上为进入东京大学预科的最早的 8 位中国留学生的基本情况。下一节中继续就京师大学堂派遣东京大学预科"一高"留学生情况进行论述。

---

〔1〕 東京大学駒場博物館. 外国人入学関係書類第一高等学校[M]. 明治三十六至四十五年(1903—1912).

〔2〕 突德汉特著，長沢亀之助訳，川北朝鄰閲，平面三角法[M]. 東京：土屋忠兵衞，1883：6，原英文书名 *Todhunter's plane trigonometry: for the use of colleges and schools: with numerous examples*.

〔3〕 上海图书馆. 汪康年师友书札[M]. 上海：上海古籍出版社，第 2 册，1986：1466－1467.

〔4〕 吴相湘. 日华学堂章程要览[A]. 中国史学丛书，台北：台湾学生书局，民国五十三至七十六年(1964—1987)影印本.

9.4.2　京师大学堂派遣的留学生教育事业之经过

下文中主要考察京师大学堂派遣留学生经纬，以及在创办现代化大学的过程中参考日本大学模式的历史背景。

9.4.2.1　京师大学堂的创办与日本教育界的关系

前节曾谈到戊戌新政前后的清政府和地方掀起一股“兴学”热潮，多名官员和民间人士赴日考察其教育的情况。

在政府和地方派遣的教育考察团中有专门为创办京师大学堂而进行的视察人员。管学大臣孙家鼐为了创办新式大学堂，于1898年9月派监察御史李盛铎、翰林院编修李家驹、翰林院庶吉士宗室寿富、工部员外郎杨士燮等四人赴日取经。他们对当时的东京帝国大学建设概况，以及日本大、中、小学校的所有规制、课程建设进行了全方位的考察〔1〕。这是甲午战争之后，清政府首次派遣的官方对日考察团。

京师大学堂的创办是戊戌变法期间进行的教育改革措施中尤为重要的举措。1905年创建学部(相当于教育部)之前，京师大学堂是我国教育系统的最高权威机构。不仅是全国首屈一指的最高学府，也是最高教育行政机关。

京师大学堂创办相关史料记载：“光绪二十四年五月初十日清帝谕催各省办高等、中等学校及小学、义学、社学，……同年同月十五日开办京师大学堂，派孙家鼐管理。”〔2〕

即，1898年农历五月十日，光绪皇帝催促全国各省创办高等学校，中等学校、小学校、义务学校和私立学校，……同年同月十五日，开始创办京师大学堂，派遣孙家鼐进行管理职责。

尽管有光绪皇帝督办，其建立过程也是一波三折。在1896年6月12日，刑部左侍郎李瑞棻呈上“奏请推广学校折”，请求朝廷创办京师大学堂，以培育新型人才。光绪皇帝批准奏折，将创建之事委托给总理衙门办理。但奕䜣等人却阻挠新政，以经费困难为由百般拖延，创建之事一再被搁浅。26日，光绪皇帝再次敦促：“迅速上奏，不可拖延。”〔3〕军机大臣和总理衙门

---

〔1〕 外務省外交史料館. 外国官民本邦及朝・満視察雑件[Z]. 清国之部(一)，第五，明治三十九年(1906)九月二十日.
〔2〕 中华书局编. 光绪东华录[Z]. 卷144—145. 中华书局，1958.
〔3〕 (清) 朱寿朋. 光绪二四年正月二十五日上谕[Z]. 光绪朝东华录，光绪二十四年(1891)：4041.

这才只好匆匆着手准备，却因为没有先例而无所适从。总理衙门秘密派人让梁启超负责起草京师大学堂章程。梁启超参考日本学校制度并结合中国实际，起草了八十余条的章程草案[1]，即《筹议京师大学堂章程》。同年七月三日，总理衙门向军机处上奏《筹议京师大学堂章程》，该章程主要包括以下内容：

一、广筹资金，二、大建校园，三、慎选管学大臣，四、任命总教[2]。

该章程当日即被批准，京师大学堂得以正式创办。工部尚书孙家鼐被任命为管学大臣，已有官书和译书局整合入京师大学堂[3]。孙家鼐物色了工部左侍郎许景澄为大学堂总教习，还招聘了本书第1篇提及的美国传教士丁韪良为京师大学堂洋学总教习。

决定创建学校后建设校园成为当务之急。《筹议京师大学堂章程》就有大规模建设校园的提法[4]。1898年5月16日，朝廷任命庆亲王奕劻和礼部尚书许应骙负责施工。奕劻上奏道："臣等奉命承修大学堂工程，业经电知出使日本大使裕庚，将日本大学堂规制广狭，学舍间数，详细绘图贴说，咨送臣衙门参酌办理。"[5]即决定模仿日本东京帝国大学模式，命驻日公使裕庚调查后汇报。裕庚的报告不仅有东京帝国大学的建筑情况，还介绍了其学校制度和学科安排大体概况[6]。

但管学大臣孙家鼐对其汇报不甚满意，1898年8月30日请求派遣京师大学堂职员赴日重新调查。他指出：日本办学之际，先行派人广泛考察欧美各国，方才定下规则、制度。在全国推广那些规则、制度后才得以学校林立，人才辈出。现在京师大学堂章程虽定，但各省中、小学堂尚未统一。……学校有关规则、制度应该参考东西各国。但欧美路途遥远，来去费时。日本是近邻，其学校得欧美之精华。派遣人赴日考察，必定能够早得成效[7]。

他又提出费用由大学堂经费支出，考察时间定为两个月。他派遣的京

---

[1] 杨松，邓力群原编，荣孟源重编. 中国近代史资料选辑[M]. 北京：生活·读书·新知三联书店，1972：375.
[2] (清) 王延熙、王树敏编. 皇朝道咸同光奏议[Z]. 卷七，上海：久敬斋，光绪二十八年(1895)：7-13.
[3] (清) 王延熙、王树敏. 皇朝道咸同光奏[M]. 卷七，变法类，学堂条，上海：久敬斋，1902：14-15.
[4] (清) 王延熙、王树敏. 皇朝道咸同光奏[M]. 卷七，变法类，学堂条，上海：久敬斋，1902：8.
[5] 国家档案局明清档案馆. 戊戌变法档案史料[M]. 北京：中华书局，1958：266.
[6] 国家档案局明清档案馆. 戊戌变法档案史料[M]. 北京：中华书局，1958：270-271.
[7] 国家档案局明清档案馆. 戊戌变法档案史料[M]. 北京：中华书局，1958：275-276.

师大学堂职员赴日后对日本各学校的建设情况和教育政策等方面进行了全面考察。

但遗憾的是,戊戌政变后,上述考察成果均被废弃不用。于1898年12月31日,京师大学堂在艰难的时代环境中得以开学。草创期的学生人数较少,规则也粗略不详,依旧保持着旧的体制。校址暂定在紫禁城下景山东侧马神庙四公主府。

"京师大学堂"真正走上轨道还是1902年以后之事。京师大学堂创办时期虽然提出模仿日本大学的模式,却最终半途而废。1902年以后清新政重新整顿大学堂时才真正引入了近代学校制度,开始全面模仿日本大学模式、教育体制、建学目的和方式等。

9.4.2.2 日本教员和京师大学堂的教育

1902年1月,张百熙任管学大臣,京师大学堂得以重新开办。开办之初,在创建本科教育之前成立了预备科和速成科。速成科设师范馆和仕学馆,使用日本的办学模式进行运营。为此解雇了西方教习转而招聘日本教员。大学堂开创后先从师范、仕学两馆的速成教育入手,是因为当时的背景下迫切需要能够实施新教育的人才以及急需对现职官吏进行从业培训。

清政府招聘了数百名日本教员。清末中国在教育制度方面模仿日本的制度,并在实施近代化教育事业,培养教学人才时聘请日本教员,其理由非常复杂。日方一些人当时希望通过派遣教员和接受留日学生,实现"日中两国提携抵抗外侮"从而实现"东亚保全论",这当中也包含有日本侵略中国的野心[1]。

列于清末赴华日本教员之首的人物叫做服部宇之吉(1876—1939)。

义和团事件后,清朝政府决定引入近代学校制度。1902年,京师大学堂得以重开,入手建立师范馆和仕学馆时就招募服部为师范馆的总教习。

服部于1902年7月11日任东京帝国大学文科大学教授,16日接受文学博士学位,得到文部大臣之允许后于9月初匆忙赶往中国北京赴任[2]。

---

〔1〕 阿部洋.中国近代学校史研究——清末における近代学校制度の成立過程[M].東京:福村出版,1993:137.

〔2〕 服部先生古稀祝贺记念论文集刊行会.服部先生自叙[A].服部先生古稀记念论文集,東京:冨山房,1936:13.

服部任师范馆总教习，严谷孙藏（京都帝国大学法科大学教授）任仕学馆总教习[1]。担任师范科和预备科数学教习的是日本教习氏家谦曹和太田达人[2]。

1902年9月，服部带领一帮日本教习到达北京后师范馆开始着手招生准备开业。

服部及其带领的日本教习在大学堂工作的期间为1902年9月至1908年12月。当时师范科和预备科有450人毕业，他们的数学课程也全部由日本教员讲授。译学馆于1903年建立，是语言学人才培养机构。译学馆也有数学必修科，是外语之外学生选修最多的科目。其数学教学内容包括算术、代数、几何学和三角法等。当时基本使用日文教科书，现中国第一历史档案馆收藏的译学馆教科书目录中，数学教科书有117种，其中就有101种日文教科书[3]。

1907年，在服部等人的指导下，共有104名学生成为师范馆首届毕业生，1909年又有第二期的203人毕业。1904年，发布《奏定学堂章程》，京师大学堂在预备科之外设置经学科、文科、法政科、格致科、农科、工科、商科等分科大学，并设置通儒院，计划在不久的将来要让师范馆独立成为高等师范学堂。校长内定范源廉，并预定全部教员均由日本教习担任。无奈后来经费不足，只有一个缩水的学堂建设计划。不久，服部也带领师范馆全体日本教员于1909年1月回国[4]。

服部在京师大学堂创始期，六年间率领10名日本教员在师范馆教导学生，为学校运营发挥了重要作用，为清末高等师范教育之奠基做出了贡献。归国之际，清政府授予他外国教习的最高二等第二宝星，并赐予"文科进士"称号[5]。

下面再讨论服部宇之吉在京师大学堂的初期留学生派遣事业中发挥的作用。

服部在京师大学堂工作，作为师范馆正教习负责管理同馆在籍的日本

---

〔1〕 服部先生古稀祝贺记念论文集刊行会. 服部先生自叙[A]. 服部先生古稀记念论文集，東京：冨山房，1936：18.

〔2〕 汪向栄. 竹内実監訳. 清国お雇い日本人[M]. 東京：朝日新闻社，1991：84.

〔3〕 北京大学·中国第一历史档案馆. 京师大学档案选编[M]. 北京：北京大学出版社，2001：326.

〔4〕 阿部洋. 中国近代学校史研究——清末における近代学校制度の成立過程[M]. 東京：福村出版，1993：160.

〔5〕 服部先生古稀祝賀記念論文集刊行会. 服部先生自叙[A]. 服部先生古稀記念論文集. 東京：冨山房，1936：20.

教员，并对师范馆的教学运营情况向清末政府提出建议。他是京师大学堂派遣赴日留学生工作的主要推动者。

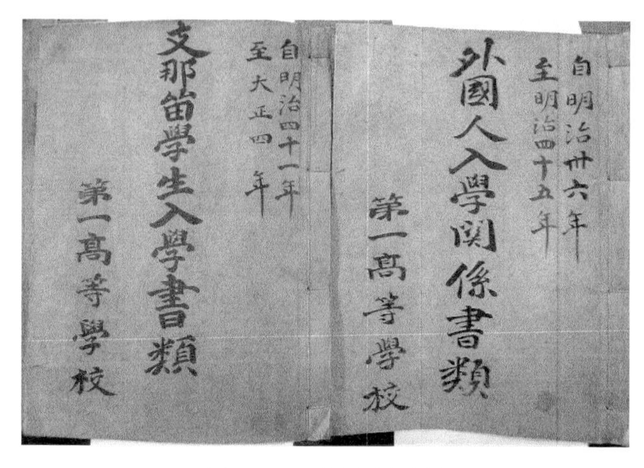

图 9.12　一高留学生资料

笔者在东京大学驹场图书馆看到一部分未公开资料，其中有服部的几封书信，由此得知他在留学生派遣工作中发挥的作用。

下面内容中主要涉及京师大学堂留学生派遣相关资料。

东京大学现存一封写于 1903 年 12 月 8 日的书信。题为“致久保田文部大臣　服部宇之吉、严谷孙藏书”，其中与留学生派遣有关内容如下：

> 今日随大臣同行，面会内田公使，请日本文部大臣选择派遣直接管理留学生的监督人员，一两日后以公文方式提出申请〔1〕。

此处的“大臣”，指的是张百熙。即，于 1903 年 12 月 8 日，服部和张百熙一起面见内田公使，请日本文部大臣选择管理留学生的监督人员，几日后再发正式公函。

在其他信件中又提到，曾在前面内容中出现的东京帝国大学法科大学毕业生章宗祥（当时任京师大学堂的助教授）被任命为留学生管理人员。遂决定派遣留学生去东京的日期为 1903 年 12 月 31 日，计划于 1904 年 1 月 5 日或 6 日到达东京。

通过服部于 1904 年 1 月 7 日写给东大校长狩野亨吉的书信内容可知京

---

〔1〕 東京大学駒場図書館保存狩野文書. 清国留学生関係公文書・書翰目録[Z]. 明治三十七至三十八年(1904—1905).

师大学堂留学生派遣工作具体情况。

在我国现存资料和研究文集中均写道，京师大学堂派遣东京大学的留学生共31名。其姓名分别为“杜福垣、王桐龄、顾德隣、吴宗栻、成雋、冯祖荀、朱炳文、席聘臣、黄芸锡、黄德章、余棨昌、朱献文、屠振鹏、范熙壬、周宣、朱深、张辉曾、陈发檀、景定成、钟赓言、何培琛、刘冕执、史锡绰、刘成志、王舜成、蒋履曾、王曾宪、陈治安、曾仪进、苏振潼、唐演”。

但服部的信件中却写道，1904年进入一高的学生人数(也包括2名自费留学人员)共计33人。自费生中一人是京师大学堂师范馆的学生，希望去日本学习机械工学，叫做施恩曦。另外一人是京师大学堂附属医学实业馆的学生，也是希望学习机械工学，叫作叶克敩。服部1905年的信件中曾写道，由于施恩曦成绩优秀，他推荐其从自费生转为公费生。

服部信件表明，清政府首次派遣公费留学生的培育目标非常明确，就是为了将来建立“分科大学”，培养有用的管理人员和教学人才。当时让留学生本人自由选择留学志愿。然而，实际派遣的人数比原计划多出不少人，因此学堂管理人员决定每一种学科专业分配两三名学生。另外京师大学堂除了日本之外，还派遣了十名学生到英法等国留学〔1〕。对遣日留学生的专业与赴欧学生的专业进行了调整，赴欧学生的专业中有不少是日本留学生没有选择的专业。例如，赴日学生中有工科大学应用化学、电气工学等专业，没有土木和机械等专业，则决定让英法留学生选择那些专业。

服部还提到虽然《京师大学堂留学生章程》主要内容由张之洞等人与内田公使商量确定，但部分具体内容却是由服部起草而成。该章程第五条规定，管学大臣可以在留日学生毕业于第一高等学校后指定去向。

即，因留学生是清末教育现代化的人才后备军，清政府可以决定其毕业后的专业和去向，但有时也尊重留学生自己的选择。若留学生改变派遣时的专业，必须获得京师大学堂的允许。而服部就是负责留学生和清政府之间联络周旋的人员。关于派遣时的情况有如下资料：

奏陈京师大学堂便宜派学生出洋分习专门，以备随时体察，益觉咨

〔1〕 派遣欧洲的16人为“余同奎、何育杰、周典、潘承福、孙昌烜、薛序镛、林行规、陈祖良、华南圭、邓寿佶、程经邦、左承诒、范绍濂、刘光谦、魏渤、柏山”。

派学生出洋之举万不可缓，诚以教育初基，必从培养教员入手。而大学堂教习尤当储之于早，以资任用[1]。

很明显，派遣留学生的目的就是把这些人充作将来的大学教员。

将中国现存资料和服部的信件等进行综合分析参考，可以了解到当时急需培训教员以外，建立大学堂“文科大学”也是其目的之一。有如下资料为据。

查日本明治八年，选优等学生留学外国，至明治十三年，留学生毕业归国，多任为大学堂教员。迄今博士学士，人才众多，六科大师。取材本国。从前所延欧美教员，每科不过数人，去留皆无足轻重。而日本留学欧美者尚源源不绝。此用心深远，可为前事之师[2]。

即，京师大学堂派遣留学生事务是以日为师的教育政策之一环。为实现本国教育近代化人才的自我培养，全面参考了日本培养人才的经验。

下文中主要考察京师大学堂留日学生在一高的留学生活，主要介绍他们所受的数学教育、课程教员情况，以及所用教科书等。

9.4.2.3　京师大学堂初期派遣留学生在一高的学习

京师大学堂初期留日学生是清廷派遣人数最多的一次公费留学生。大学堂官学大臣和日本教习共同协商制定了对他们的派遣目的和培养目标。

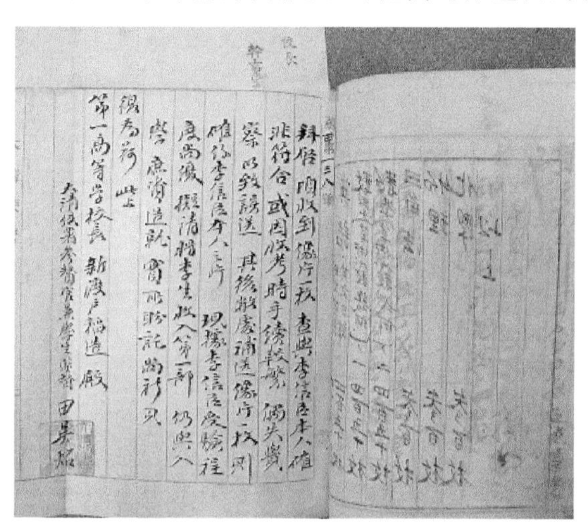

图 9.13　派遣留学生相关资料

[1] 张百熙. 奏派学生赴东西洋各国游学折[Z]. 光绪朝东华录. 第 5 册，北京：中华书局，1958：5113－5114.

[2] 张百熙. 奏派学生赴东西洋各国游学折[Z]. 光绪朝东华录. 第 5 册，北京：中华书局，1958：5113－5114.

1904年1月17日杜福垣、王桐龄等27名留学生抵达东京，进入第一高等学校的宿舍南寮。陈治安于2月1日，曾仪进和苏振潼于2月4日，唐演于3月17日分别到达东京大学。这是京师大学堂的公费留学生31名陆续抵达日本的具体时间。两个自费生，根据服部宇之吉的信件所述，在大学堂内接受了一个多月的一高课程教育后参加测评考试，和27名公费生一起出发，同时抵达东京。

一高在1月20日，特别任命了留学生事务员、教员和医生。留学生监管人员由一高教授谷山初七郎担任，教务方面由一高教授伊津野直担任。1月23日至25日，共三天对留学生进行了日语应用、日语语法、英语、德语、法语、历史、地理、数学等专业的测试。考试按日语成绩，将31人分为"甲、乙、丙"三组。对他们进行测试的数学考试内容如下所示〔1〕。

考试问题分算术、代数、几何学、三角法四种。

算术问题

(1) $1-\frac{1}{2}-\frac{1}{4}-\frac{1}{8}$ (2) $41\frac{2}{3}\div 1\frac{2}{3}$ (3) 甲乙丙三人合资得到利润2 500圆。出资比例是甲2 000圆，乙3 000圆，丙5 000圆。利润该如何分配。

代数问题

(4) $\begin{cases} x-2y=5 \\ 2x-y=4 \end{cases}$ (5) $2x^2+3x-5=0$。

几何学问题

(6) 三角形 ABC 内一点 P，$PB+PC<AB+AC$ 请证明。

(7) 圆 PAB 以 O 为圆心的圆心角 APB 和二倍角 AOB 相等。请证明。

三角法问题

(8) 三角形 ABC 中 $\sin A:\sin B=a:b$ 请证明。

(9) 右三角形的 $\sin B$，$\sin A$，$\tan B$ 值为多少。

可以看出，数学考试内容相当于当时日本中学生的教育水平。

一高方面确定了各测试负责人员，数学由理学士饭岛正之助担任。

数学考试总分40分（算术、代数学、几何学、三角法各10分），景定成、冯

〔1〕 東京大学駒場博物館. 清国留学生関係公文書・書翰目録[M]. 明治三十七至三十八年(1904—1905).

祖荀、施恩曦三人分别获 23 分，是最高得分，其他人得 16 分、12 分、8 分、5 分、3 分不等，还有 0 分者。

根据考卷上学生们的答题情况，可以了解京师大学堂当时的数学教育水平。例如获 6 分的叶克敩在答卷上写了“初学命分”〔1〕。即刚学习分数而已。还有在算术上得了 4 分的周宣写着刚学数学不久，得 3 分的陈继鹍写着还没有学几何代数和三角学。得了 0 分的王荫泰写着因为刚学加减法，所以无法回答所出问题。

40 分为满分的测试中获得 23 分，位居第一的冯祖荀，后来成为中国近代史上早期著名数学家、数学教育者。可见他刚入学时也表现出擅长数学的天分。自费留学生施恩曦的成绩也不愧于服部的推荐。他在英语测试中获得满分，得到了最高等级的“甲”，的确如服部所言“英语很好”的评价〔2〕。

一高方面其实最关心的是学生的日语听课能力。根据日语测试成绩，为有针对性地提高留学生的日语能力，分成了甲、乙、丙三个班〔3〕。当时留学生的日语课程，分为专讲语法的“日语”课程和培养读写能力的“日文”两个科目。三个班级的留学生名单分别如下〔4〕。

甲班：

杜福垣　顾德邻　吴宗栻　钟赓言　张辉曾　景定成　何培琛　刘成志　黄艺锡

乙班：

王桐龄　王舜成　席聘臣　余棨昌　黄德章　屠振鹏　朱深　朱献文　冯祖荀　陈治安

丙班：

范熙壬　陈发檀　刘冕执　蒋履曾　史锡绰　成隽　王曾宪　周宣　朱炳文　曾仪进　苏振潼　唐演

三个班级的花名册中没有出现自费留学生施恩曦和叶克敩的名字。可

〔1〕 中国古代数学中“命分”即为分数之意。

〔2〕 東京大学駒場図書館保存狩野文書．清国留学生関係公文書・書翰目録[Z]．明治三十七至三十八年(1904—1905)．

〔3〕 東京大学駒場図書館保存狩野文書．清国留学生関係公文書・書翰目録[Z]．明治三十七至三十八年(1904—1905)．

〔4〕 東京大学駒場図書館．第一高等学校外国人入学関係書類[Z]．明治三十六至四十五年(1903—1912)．

能那时候是否允许他们入学依旧在考虑当中。

留学生抵达一高的前两个月主要是接受了日语的培训。他们于2月6日正式开始日语学习，另外还设有体操课程。

教员和每周学习时间如下所示〔1〕。日语教导主任由东京外国语学校（现在的东京外国语大学之前身）教授，文学博士金泽庄三郎担任。讲授日语文章的是台湾协会学校讲师金井保三和东京外国语学校讲师竹内修二。日语语法授课老师是一高教员杉敏介。体操教导主任由后备步兵少佐堀井孝澄担任，体操老师由一高教员小池常宗、米田源次郎、大沼浮藏担任〔2〕。

表9.1　京师大学堂首批留学生一周科目表

科　目	甲　组	乙　组	丙　组
日语文章	11	10	10
日语语法	3	2	2
体　操	6	6	6
计	20	18	18

有记录表明，当留学生不明白日语教科书中内容时，就用中文进行解释〔3〕，说明当时的教员中有懂中文的人。

1904年4月，留学生的日语理解力明显提高后，就新增加了历史与数学两门科，法学专业和文科专业志愿者学习历史，理科、工科、农科、医科及法科的理财统计，文科中的哲学志愿者学习数学，有能力的人也可以学习历史、数学课程。

教员及每周教学时刻表如下所示。

表9.2　1904年4月后的教员和每周教学时间表

科　目	时　间	教　员	教员所属
历史	4小时	原胜郎	第一高等学校
数学	5小时	泽田吾一	高等商业学校

教学方法是用日语上课，难以理解的部分由老师译成中文〔4〕。

〔1〕東京大学駒場図書館．第一高等学校外国人入学関係書類[Z]．明治三十六至四十五年(1903—1912)．

〔2〕東京大学駒場図書館．第一高等学校外国人入学関係書類[Z]．明治三十六至四十五年(1903—1912)．

〔3〕東京大学駒場図書館．第一高等学校外国人入学関係書類[Z]．明治三十六至四十五年(1903—1912)．

〔4〕東京大学駒場図書館．第一高等学校外国人入学関係書類[Z]．明治三十六至四十五年(1903—1912)．

为了让留学生在1904年9月直接编入一高本科班，也为了利用暑假加强日语，7月13日开始在轻井泽对留学生进行了15天的特别辅导。

在此期间学习科目、每周学习时间数以及教员姓名如下〔1〕。

表9.3　轻井泽特别辅导班的教学情况表

学　科	授课时间	教　　员	注　　释
日　语	18小时	金井保三	
数　学	12小时	泽田吾一	数学学习一周
历史地理	12小时	八木金一郎	
博物学	12小时	胁山三弥(东京府立第一中学教谕)	进行实地考察和简易实验

8月下旬，成绩优秀的钟赓言、杜福垣、张辉曾等三名留学生被编入二组继续学习〔2〕。

从以上资料看，近代日本数学教育家泽田吾一曾担任留学生的数学教员，但还不太清初具体的数学教育内容。

1904年9月14日一高开学，留学生也列席参加，正式编入一高学籍，进入各自志愿的学科班级开始了正规的一高学习生涯〔3〕。

留学生志愿的学部、学科，以及学习科目如下。

表9.4　留学生志愿和京师大学堂学习科目对照表

留学生姓名	志 愿 学 部	志 愿 学 科	京师大学堂学习科目
杜福垣	文科大学	哲学	日语，德语，英语，历史，数学
王桐龄	同上	哲学(但以教育学为主)	英语，数学，历史
唐　演	同上	历史及地理学	英语，历史
顾德邻	理科大学	地质矿物学及地质文学	德语，英语，数学
吴宗栻	同上	化学	德语，英语，数学
成　隽	同上	化学	英语，数学
冯祖荀	同上	数学及物理学	英语，数学
朱炳文	同上	物理学	德语，英语，数学
席聘臣	同上	动物学	英语，数学

〔1〕東京大学駒場図書館. 第一高等学校外国人入学関係書類[Z]. 明治三十六至四十五年(1903—1912).
〔2〕東京大学駒場図書館. 第一高等学校外国人入学関係書類[Z]. 明治三十六至四十五年(1903—1912).
〔3〕東京大学駒場図書館. 第一高等学校外国人入学関係書類[Z]. 明治三十六至四十五年(1903—1912).

（续　表）

留学生姓名	志 愿 学 部	志 愿 学 科	京师大学堂学习科目
黄艺锡	同上	植物学	英语，数学
黄德章	法科大学	私法（尤以民法为重）	英语，历史
余棨昌	同上	私法（尤以商法为重）	法语，英语，历史
曾仪进	同上	交涉法（国际公法和私法）	英语，历史
朱献文	同上	刑法	俄罗斯语，英语，历史
屠振鹏	同上	公法	英语，历史
范熙壬	同上	统计学	英语，数学
周宣	同上	政治学	法语，英语，历史
朱深	同上	诉讼法（民事刑事）	法语，英语，历史
张辉曾	同上	理财学（财政为重）	日语，英语，数学，历史
陈发檀	法科大学兼文科大学	教育行政学	英语，历史
景定成	农科大学	农学	英语，数学
钟赓言	同上	农艺化学	英语，数学
何培琛	工科大学	应用化学	英语，数学
刘冕执	同上	应用化学	英语，数学
史锡绰	同上	应用化学	英语，数学
刘成志	同上	电气工学	英语，数学
王舜成	同上	电气工学	德语，英语，数学
苏振潼	医科大学	内科医学	英语，数学
蒋履曾	同上	外科医学	英语，数学
王曾宪	同上	药学	英语，数学
陈治安	高等商业学校	商业学	英语，数学

从表中可以了解当时文科大学志愿者 3 名，理科大学志愿者 7 名，法科大学志愿者 9 名，法科大学兼文科大学志愿者 1 名，农科大学志愿者 2 名，工科大学志愿者 5 名，医科大学志愿者 3 名，高等商业学校志愿者 1 名。

1904 年 9 月开始也陆续出现了变更学科和延长或缩短留学年限的人员。一高为了满足其要求，同年 11 月前进行了几次大的调整。从服部写给狩野的信中可知，一高与京师大学堂经常协商学生调课问题。

1904 年 12 月末，留学生的班级和学科情况如下所示。

第一部第一年一班有范熙壬、周宣、张辉曾、席聘臣等人。第一部第一年二班王桐龄、陈发檀（和日本学生上同一学科课程）、陈治安等人。第一部第一年四班杜福垣、余棨昌、屠振鹏、朱深、唐演等人。第二部第一年一班只有冯祖荀一人，第二部第一年二班有苏振潼一人，第三部第一年二班有蒋履曾人，他们三人也和日本学生共同上课。

缩短留学年限的名单如下：第一部速成科甲乙班的曾仪进、黄德章、刘成志、顾德邻、刘冕执、朱献文、唐演和速成科的蒋履曾等人。

延长留学年限的有第二部预科的钟赓言、王舜成、史锡绰、吴宗栻、何培琛、景定成、成隽、朱炳文、黄艺锡和第三部预科的王曾宪等人。

表 9.5　1904 年 9 月以后的科目表

学　科	教员姓名	时间次数	教员学历
英　语	森卷吉	15	文学士
英　语	五岛清太郎	10	理学博士
英　语	小岛宪之	5	
英　语	畔柳都太郎	3	文学士
独　语	藤代祯辅	2	文学士
独　语	丸山通一	3	
独　语	福间博	5	
数　学	友田镇三	6	理学士
数　学	关口弥作	5	
历史地理	矶田良	5	文学士
哲　学	岩元祯	4	文学士
法　政	中村政次	4	法学士
物理学化学	菅沼市藏	4	理学士

表 9.6　留学生的学科变更情况表

学生姓名	原学科	更改后的学科
杜福垣	哲　学	法　科
唐　演	史　学	法　科
顾德邻	地质学	法　科
陈发檀	行政学	法　科
刘冕执	应用化学	法　科
王曾宪	药　学	医学科
席聘臣	动物学	法　科
刘成志	电气工学	法　科
苏振潼	内科医学	工　科
陈治安	商业学	文　科

留学生中大学预科缩短一年的有唐演、顾德邻、黄德章、曾仪进、朱献文、刘冕执、刘成志、蒋履曾等8名。

笔者阅读了黄德章、曾仪进、朱献文等人的申请书，对缩短留学时间的理由如下：

> 愿今岁即入西京法科大学为听讲生，兼预备学科。为不见许，则请改定课程，加习等必须之学科；若历史、地理在本国时已稍学过，且可自习，请勿加深〔1〕。

留学生希望进入京都帝国大学法科的有5名，进入医学科的1名。1905年8月初，留学生监督谷山初七郎赴京都帝国大学，就6人入学问题与"京大"磋商。结果，除了1名因病回国外，其余5名皆得以在同年9月批准入学。

这5名学生是"京大"最早的中国留学生，担任他们的教学监管督的是"京大"学生监管石川一。

这5名学生分别是进入法科学习的黄德章、朱献文、曾仪进、顾德邻四人和进入医学科学习的蒋履曾一人。

中国现存资料中缺少五名转学到京都大学的留学生资料，因此人们一直认为他们一高毕业后的去向不明〔2〕。

延长大学预科一年的是吴宗栻、成隽、朱炳文、黄艺锡、景定成、钟赓言、何培琛、史锡绰、王舜成、王曾宪等10名留学生。

延长理由是，为了第二年进入本科时可以和日本学生一起上课，不用为他们再设特别班。

一高根据留学生成绩，给一些学习成绩较差的学生增设了特别学习班，成绩好的人则与日本学生同班学习。

如在英语特别班的有黄德章、王舜成、张辉曾、朱炳文、成隽、吴宗栻、顾德邻、钟赓言、刘冕执、史锡绰、景定成、何培琛、王阴泰、叶克敩、席聘臣、王桐龄、余棨昌、杜福垣、朱深等人，部分学生还兼习英语以外科目。德语特别班有王曾宪，数学特别班有黄艺锡、朱炳文、成隽、吴宗栻、顾德邻、钟赓言、王曾宪、苏振潼、刘冕执、王阴泰、叶克学支、王舜成等人。他们在特别班中，

---

〔1〕 東京大学駒場図書館.第一高等学校外国人入学関係書類[Z].明治三十六至四十五年(1903—1912).

〔2〕 冯立昇，牛亚华.京师大学堂派遣首批留学生考[J].历史档案，2007：92.

强化了各自志愿学科所对应的科目。

英语特别班规定每周用13课时学习语法外，还增加不少于5课时的复习时间。数学特别班在第二年暑假前必须学习藤泽利太郎的《初等代数学》二册，以及续卷内容的一半。

留学生中多数学生勤奋学习，在1904年末就有不少学生能够与日本学生同班学习。

例如，数学同班者有冯祖荀、景定成、何培琛、史锡绰、施恩曦等人，英语同班有冯祖荀、苏振潼、陈发檀、施恩曦等人。

1904年12月开始，留学生的学习科目有：日语、英语、数学、德语、历史、矿物学、图画、体操等，学生大多根据自己选择的学科来确定科目，少数也会根据自己的实际情况进行选择。景定成、施恩曦、冯祖荀、陈发檀、苏振潼等五人选修了全部课程。

根据留学生们留下来的资料可知，他们在日本的学习非常忙碌，但课余时间和假期也过得比较丰富多彩。如在1905年1月25日至30日间，去了皇居、日比谷、浅草公园、各省官邸、上野公园、动物园、博物馆等进行了参观。1904年，吴振麟和范源廉两人被任命为监督，他们负责指导留学生。清朝驻日大使杨枢也在1904年中曾两次对留学生进行了视察和慰问。服部宇之吉和严谷孙藏也继续关注留学生的学习情况，他们回日本时也会去一高视察留学生的情况。严谷孙藏还视察了在轻井泽暑假集中补习的留学生。

1905年3月，为了留学生们便于跟日本学生进行交流，将他们分配到南、北、中三寮共同住宿。

京师大学堂给留学生的费用，1904年度为17 631 650圆，一高的记录称利息为222 171圆，一高垫付了5 605 519圆，该年度合计23 459 340圆。

根据1905年2月21日文部大臣官房会计课长兼文部书记官福原镣次郎给狩野的信，不足的7 422圆67钱由清朝公使支付给文部大臣[1]。

从1904年的课程表[2]和1905年的学部课程表看[3]，其中每一周的

〔1〕 東京大学駒場図書館. 第一高等学校外国人入学関係書類[Z]. 明治三十六至四十五年(1903—1912).
〔2〕 第一高等学校. 第一高等学校六十年史[M]. 東京：第一高等学校出版，1939：490.
〔3〕 第一高等学校. 第一高等学校六十年史[M]. 東京：第一高等学校出版，1939：481,494.

学生的日程安排非常满。一高给文部省的报告"卫生事项"一览一直记录着学生们的生病情况,且患"神经衰弱症"者最多[1]。

国内资料中一直不太详细了解一高毕业后的留学生去向。笔者通过查找资料对他们的毕业后去向有了比较明确的了解。

以下是33名留学生毕业后的去向。

黄德章、朱献文、曾仪进、顾德邻、蒋履曾5名进入京都帝国大学学习。

进入东京帝国大学法科学习的人数最多,有余棨昌、屠振鹏、范熙壬、周宣、朱深、张辉曾、杜福垣、唐演、陈发檀、刘冕执、席聘臣、刘成志等12名。

王曾宪进入医学科学习。

何培琛、史锡绰、王舜成、苏振潼、施恩曦等5人进入工科学习。

陈治安、王桐龄、叶克学支等3人进入文科学习。

吴宗栻、成隽、冯祖荀、朱炳文、黄艺锡5人进入理科学习。

景定成、钟赓言等2人进入农科学习。

9.4.2.4 留学生们的数学学习情况

下文中主要考察留学生在一高学习的数学内容及其授课老师情况等。

1904年4月至9月由高等商业学校教授泽田吾一担任他们的数学教员,此后就改为当时一高的数学教员担任教员课程讲学。

1904年9月至1905年3月,由数藤斧三郎和保田栋太承担。

1905年4月至1906年3月,由保田栋太、数藤斧三郎、藤原松三郎担任。

1906年以后,由洼田忠彦、内藤丈吉、松下德次郎担任。

第一高等学校留学生的数学教师在一高的任期和讲课内容见表9.7[2]。

表9.7 担任首批"一高"留学生数学教师情况表[3]

教员姓名	第一高等学校的任期	担当科目	注 释
泽田吾一	1904—1905	数学全般	高等商业学校教授
保田栋太	1884—1919	代数学	授课时间为1905年4月—1906年3月
数藤斧三郎	1898—1915	代数学	授课时间为1904年9月—1905年3月
窪田忠彦	1908—1911	数学全般	1908年以后开始授课

〔1〕 第一高等学校. 第一高等学校六十年史[M]. 東京:第一高等学校出版,1939:481,493.
〔2〕 第一高等学校. 第一高等学校六十年史[M]. 東京:第一高等学校出版,1939:483-514.
〔3〕 "京师"为京师大学堂的省略。

（续　表）

教员姓名	第一高等学校的任期	担当科目	注　　释
内藤丈吉	1907—1915	几何・三角	1906 年以后教授几何・三角
松下德次郎	？—1909	几何・三角	1906 年以后教授几何・三角
藤原松三郎	1906—1907	数学全般	授课时间为 1906 年 1 月—1906 年 3 月

留学生们使用的数学教科书，在和日本学生合班前主要由教师根据实际情况决定。当时的教科书如下：1904 年暑假，轻井泽特别补习时，泽田吾一选择了菊池大麓的《几何学小教科书》作为教科书。9 月以后在给留学生授课时，一部一年一班、二班、四班选用了寺尾寿的《代数学小教科书》、林鹤一的《几何学教科书》和高斯的《对数表》也作为教科书使用。延长二部和三部的留学生使用藤泽利喜太郎的《小代数学教科书》。成绩比较好的二部一年一班的冯祖荀、苏振潼、施恩曦 3 人使用了与日本学生一样的藤泽利喜太郎《续初等代数学》、突德汉特的《平面三角》等教科书。

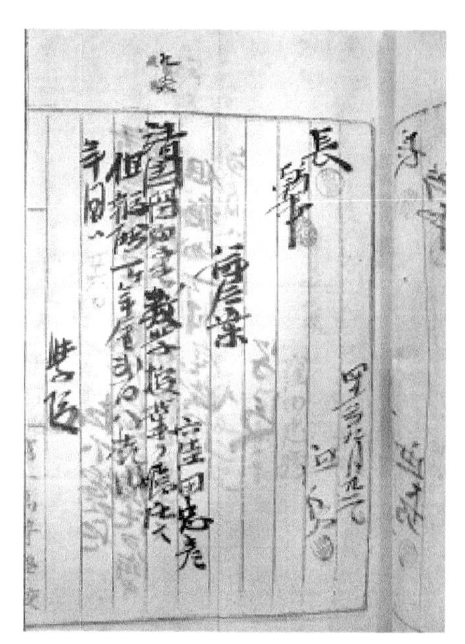

图 9.14　留学生教师窪田忠彦任命资料

一高留学生所用教科书后来几乎都被翻译成中文传入清末中国，成为 20 世纪初使用频率最高的数学教科书。翻译者也多为一高留学经历的人们。

9.4.3　一高特设预科的留学生教育

1907 年 8 月，经过清朝驻日大使馆杨枢向日本文部省再三交涉，要求扩大官立高等专门学校的留学生接收量，最后达成了“五校特约”协议。留学生们的费用由清政府承担，每年招收合计 165 人的留学生。

- 第一高等学校 65 人
- 东京高等师范学校 25 人

·东京高等工业学校 40 人

·山口高等商业学校 25 人

·千叶医学专门学校 10 人

一高现存资料表明，1908 年 4 月，210 人中有 60 人考试合格，作为公费留学生进入第一部(文科)，第二部、第三部(理科)两个班学习〔1〕。

一高曾为 60 名留学生特设预科班，特别制定学科内容并指定老师讲课。这就是一高特设预科制度〔2〕的开端。

表 9.8　1908 年入学清朝留学生科目表〔3〕(1908 年 4 月—1909 年 7 月)

学科	第一部					第二,第三部				
	1908 年 4 月—1909 年 3 月				1909 年 3 月—7 月	1908 年 4 月—1909 年 3 月				1909 年 3 月—7 月
	Ⅰ	Ⅱ	Ⅲ	Ⅳ		Ⅰ	Ⅱ	Ⅲ	Ⅳ	
伦理	2	2	2	2	1	2	2	2	2	1
日语	6	6	6	6	4	6	6	6	6	5
汉文					2					2
英语	4	4	8	4	6	4	4	8	4	6
德语	3	3	3	3	2	3	3	3	3	2
历史	3	3	3	3	3					
数学	4	5	7	4	4	5	6	6	4	6
物理	2	2	2	2	2	2	2	2	2	2
化学	2	2	2	2	2	2	2	2	2	2
博物	2	2	2	2	2	2	2	2	2	2
图画						3	3	3	3	3
体操	3	3	3	3	3	3	3	3	3	3
计	31	32	38	31	31	32	33	37	31	34

1908 年开始每年 3 月初对留学生进行入学考试，约 50 名可以入学并根据考试成绩分科。学习年限为 4 年，最初 1 年为预科，其余 3 年为本科。

第一部的数学学习时间为每周 3 小时，主要内容是代数、一次方程式、连立方程式、二次方程式(不包括虚数)、级数等。

第二部的数学是每周 8 小时，学习代数(4 小时)、一次方程式、连立方程

〔1〕 東京大学駒場図書館. 第一高等学校外国人入学関係書類[Z]. 明治三十六至四十五年(1903—1912).

〔2〕 1908 年，在第一高等学校正式设置接受清政府留学生的特设预科。

〔3〕 第一高等学校. 第一高等学校六十年史[M]. 東京：第一高等学校出版，1939：501.

式、二次方程式(不包括虚数)、级数、排列组合等。几何(3 小时),学习平面和立体几何学。三角学(1 小时)与代数共同学习〔1〕。

表 9.9　第二部数学时科表

	第一学期	第二学期	第三学期
代数	5 时	4 时	3 时
三角	不学	1 时	2 时
几何	3 时	3 时	3 时

特设预科制度自 1908 年 7 月开始招考每年约 50 名留学生。当然实际入学者有时少于 50 名以下。入学者接受一年左右(最初是一年半)的预备教育,结束后分配到本校或其他高等学校,为此后升入帝国大学做准备。清末三年间(1909—1911),共有 138 名留学生在一高完成学业。

一高特设预科一直存在到 1932 年 6 月 1 日〔2〕。其间为留学生制定了各种教学规章制度。这些都是特设预科为希望在日本高校深造的中国留学生准备的预备教育制度。每年一次从清朝驻日大使馆推荐者名单中,根据考试录用。考试内容是日本普通中学四学年级教学内容为主,并进行体检,从中选择 50 名允许入学。入学后的修学内容有修身、日语、英语、历史、数学、物理、化学、博物、图画、体操等每周 32 小时的科目。其中的数学和日语、英语为 6 小时,较之其他科目更受重视〔3〕。

小结

上文中笔者根据留学生留下的笔记和入学申请书、履历书等一手资料全面介绍了清末留学生在日本的学习情况。通过考察发现,各学校的留学生教育中基本以数学课程和日语、英语为基础科目。成城学校和东京大同学校(清华学校)等留学生教育机构的数学教科书是当时日本最新,也是使用最广的教科书。例如代数用桦正董的《代数学教科书》,以及史密斯的《代数学》。几何学是长泽龟之助的《几何学教科书》和《新几何学教科书》,另有菊池大麓的《初等几何学教科书》(平面)等。三角学是菊池、泽田吾一编纂

〔1〕 第一高等学校.第一高等学校六十年史[M].東京:第一高等学校出版,1939:483 - 514.
〔2〕 第一高等学校.第一高等学校六十年史[M].東京:第一高等学校出版,1939:483 - 514.
〔3〕 第一高等学校.第一高等学校六十年史[M].東京:第一高等学校出版,1939:483 - 515.

的《初等平面三角法教科书》、三守守的《初等平面三角法》等。

第一高等学校为了提高留学生的学习能力特别开设了补习班。英语和日语以外最受重视的科目为数学。留学生们使用的数学教科书有菊池大麓《几何学小教科书》、寺尾寿《代数学小教科书》、林鹤一《几何学教科书》、高斯《对数表》、藤泽利喜太郎《初等代数学教科书》和《续初等代数学教科书》、突德汉特《平面三角法》等。又记载,数学成绩好的学生直接和日本学生一起学藤泽利喜太郎和突德汉特的教科书。

20世纪初的留日学生除了去成城学校和东京大同学校等学校外,还有宏文学院、东京同文书院、数学专修义塾、成城学校、京北中学校、大成中学校、正则英语学校、正则预备学校、研数学馆、明治大学经过学堂等。留学生们基本选择其中一所学习几年后选择进入第一高等学校、早稻田大学清朝留学生部、东京高等师范学校、东京高等工业学校深造。其中还有直接考入东京帝国大学的优秀学生。

清末教育政策派遣了大量赴日留学生。1906年是日本留学的“大爆炸时代”,这也诱发了学生质量差等不少问题。1907年至1908年,开始重视留学生教育质量,清廷废止“速成科”。整顿的结果是留学生人数大幅减少。

日本留学最盛期是1906年,一高的留学生人数虽不多,恰处于从“速成教育”到1908年的“重视质量”的转变时期。其他学校人数大减,一高设置特设预科,非常关注培养留学生的学习能力。

根据统计,1908年至1919年的第一部、二部、三部毕业者共计440名,1919年至1922年区分文科、理科后共计203名,1923年至1932年重新合并后共计167名。即,1932年为止,特设预科累计培养了810名中国留学生[1]。

这些留学生通过日本留学接受西方教育。从数学教育的观点来看,留学生在日本教师指导下,以日本数学家的著作为中介学习了西方的数学知识。

在下文中主要考察留日学生对中国教育现代化历程中发挥的重要作用。

---

〔1〕 東京帝国大学.東京帝国大学一覧[M].東京:東京帝国大学出版,1897-1943.

第 10 章
留日学生和近代中国数学的发展

在 19 世纪后半叶的中国，虽然有教会学校和洋务运动时期新式学堂中进行西方数学教育，但很少出现专门研究数学的学者。当时，掌握西方数学知识的人还是非常缺乏，社会影响力也非常微弱。

近代中国数学与西方数学交融的过程中留日学生的影响不容忽视。他们回国后建立数学系，培养学生，又将日本数学教科书译介到中国，对中国数学教育的近代化做出了贡献。

本章主要考察近代数学教科书的翻译情况，并分析留日学生对西方数学知识的传入，以及在数学教育的变革中发挥的重要作用。

10.1 留学生的译书、著书活动和汉译日本数学书

10.1.1 清末官僚和学者关于汉译日本教科书的观点

日本数学教科书的汉译工作是中国数学发展历程中不可或缺的一个环节，这一点在 20 世纪初得到公认。1900 年的中国还没有出现日文数学教科书，此后不久翻译日本数学书却兴盛起来，超过了之前的汉译西方数学著作。

维新之时，康有为、梁启超等人均著文提倡学习日语的便捷性，以及翻译日文书的有益之处。康有为曾谈到，日文书中的中国汉字占了七八成，所以翻译起来可达到事半功倍的作用[1]。梁启超结合自身学习日语的经历

---

〔1〕 康有为. 请广译日本书派遣游学折[M]. 中国史学会. 戊戌变法[M]. 上海：神州国光社，1953：68.

讲述学习日语的便捷之处，指出学习英语，五六年始成。但学习日语，数日就有小成，数月可得大成，劝国人尽快掌握日语[1]。

1901年，张之洞奏请奖励日本书籍的翻译工作。他指出"多译东西各国书。……出使日本大臣多带随员学生，准增其经费，倍其员额，广搜要籍，分门翻译，译成随时寄回刊布。缘日本言政言学各书，有自创自纂者，有转译西国各书者，有就西国书重加删订酌改者，与中国时令、土宜、国势、民风大率相近"[2]。即张认为，日本政治及其他学术书籍，自著以外也有从西方书籍中翻译的内容，而且他们对西方著作进行了筛选和精简。日本撰写的书与中国的季节、乡土、国情、民族、风习相近，因而鼓励大量翻译日本书籍。

张之洞又指出，教科书的编纂为教育之根本，是重中之重之事，因此译书之时应去日本进行考察，不可只依赖传入中国的日文书籍或不能只靠买来的书[3]。他十分关注教科书编纂的重要性，特派罗振玉等6人赴日考察。罗振玉于1901年考察日本后，写《扶桑两月记》(1901)，记载其在日本的所见所闻，他写道："伊泽君复详论译书事，意欲合中日之力，译印教科书，而定版权之法治，并出教科书十余种见赠。为言中国习外国语，东文较简易，日本近来要书略备，取径尤捷，西文则非数年内所精通。"[4]可知，伊泽修二作为日本教育家，很希望帮助中国编纂教科书。他预定第二年(1902)到中国进行学务考察。罗又评价伊泽考虑中国教科书翻译问题时的态度周到真诚。伊泽又向罗详细讲了译书的重要性，也希望中日合力进行教科书翻译、出版工作并制定版权法制，还赠送罗振玉10余种教科书。

伊泽在日本经营泰东同文局[5]，此后和罗振玉等人经常交流往来，后又担任了商务印书馆的教科书编修顾问。

罗振玉于1902年4月发表"学制私议""采用教科书"等文章，细说翻译日文教科书的具体措施。他在"学制私议"的"第六条　有关教科书之事"中写道"依前列之教科目编译各教科书，悉以日本教科书为蓝本，(以国体相近

[1] 梁启超.论学日文之益[J].饮冰室文集上，上海：广智书局，1914：38.
[2] 舒新城.近代中国教育史料[M].第一册，上海：中华书局，1928：93.
[3] 璩鑫圭，唐良炎.中国近代教育史资料汇编·学制演变[M].上海：教育出版社，1991：116-117.
[4] 璩鑫圭，唐良炎.中国近代教育史资料汇编·学制演变[M].上海：教育出版社，1991：118.
[5] 泰东同文局[J].教育(第31号)，东京：茗溪会，1902：40-41.

故,若西洋各国,则国体与中国颇异,不能仿用)或译用全书(如算术、图画、体操、理科之类)或依其体例编辑(如本国历史、地理之类)或译日本书而修改用之"[1],即强调以儒教修身道德为纲,全国学校必须统一规章制度,中国与西方各国的国体不同,不能模仿其教科书,可以模仿国体类似的日本教科书,或者对其进行翻译引进。

可以看出,张之洞和罗振玉,康梁等人虽政见不同,但在关注中国教育事业的近代化历程中却有很多共同之处,他们均认为日语比英语容易掌握,日本与中国国情类似,以此为实际理由提出了汉译日本书籍的必要性。他们又相继呼吁学习日本教育制度,改善中国固有的陈腐陋习。

10.1.2　日本数学教科书的汉译

科学技术书籍和数学著作的翻译在中国科技史上具有重要意义。甲午以前的中国主要通过汉译西方书籍学习和了解西方的科技与文明。甲午以后,翻译日文科学技术和数学书籍成为主流。特别是进入 20 世纪以后,学习日文、到日本留学、翻译日文书皆风靡一时。

在我国,最早翻译日文书籍的机构为上海的东文学社(1899)[2]。据曾在这里学习过的王国维回忆,当时的东文学社数学课程中使用了日本藤泽利喜太郎的《算术教科书》和《代数教科书》等书。清末新学制公布之前,东文学社就已经开始着手翻译由日本传来的数学与其他理工科教科书。1901 年王国维翻译了藤泽利喜太郎的《算术条目及教授法》,这是最早的一本译自日本的近代意义上的数学教科书。东文学社另一位学员沈纮翻译了日本学者田口虎之的《高等小学几何学》[3]。

1900 年,在东京留学的学生为翻译日本数学与科技书籍,自主建立了"译书汇编社",其最初的会员有戢翼翚、王植善、陆世芬、雷奋、章宗祥、汪荣宝、曹汝林等 14 人。据《译书汇编》第二年的第三卷扉页上的广报,"译书汇编社"已翻译好的数学书籍有藤泽利喜太郎的《算术小教科书》、长泽龟之助的《初等几何学教科书》、菊池大麓的《平面三角学》、上野清的《代数学》等当

[1] 璩鑫圭,唐良炎.中国近代教育史资料汇编·学制演变[M].上海:教育出版社,1991:155.
[2] 実藤惠秀.中国人日本留学史[M].增補版,東京:黒潮出版,1981:258.
[3] 実藤惠秀.中国人日本留学史[M].增補版,東京:黒潮出版,1981:32.

时日本通用的数学教科书。这些教科书的撰写者们也是日本数学界比较有权威的数学家和教育家。

1902年,具有留学东京大学经历的陆世芬在东京本乡地区创办“教科书译辑社”,组织翻译了很多著名的教科书。如,数学教科书有菊池大麓的《初等平面几何学》(任允译,1906)、水岛久太郎的《中学算理教科书》(陈幌译,1906)等。其中有些是他们在东京大学留学时用过的教科书,如上述后一本为陈幌在东京大学工科(1902)留学时期所用的教科书。

1902年初,早稻田大学“清国留学生会馆”开办,随机开始翻译日文书籍。其中数学教科书有《数学新编中学教科书》(徐家璋编著、东京清国留学生会馆1906年)、《代数学教科书(上卷)》(桦正董著,阵尔译,东京清国留学生会馆1905年)等[1]。

1905—1906年随着留学生人数的急增,日本的一些出版社也开设了翻译日文书籍的机构。其中较著名的有日本三省堂创建的株式会社东亚公司,其编辑所内设东亚公司编辑室,聘请精通中文的牧野谦二朗、古城贞吉等二位学者,担任翻译总监的任务。吴汝纶被清政府派遣到日本视察时,东亚公司邀请他到编辑室考察,并咨询其有关译书方面的意见[2]。翻译数学书籍时又聘请西师意(日本人)、王挺幹等曾担任过留日学生数学课程的学者参与到具体的译书工作中。他们翻译了《最新算术教科书》(东野十治郎著、西师意译、东京三省堂1906)等系列数学教科书。

商务印书馆于1903年与日本金港堂出版社建立合作关系联系,聘请伊泽修二担任顾问,开始编译大量的日文教科书[3]。伊泽修二当时在日本的身份是高等师范学校校长兼文学部委员。伊泽顾问期间翻译出版的数学教科书有菊池大麓著《平面几何学教科书》(黄元吉译,商务印书馆1908年)等。

1908年,京师大学堂首批官派留学生中的27名学生共同创办“北京大学留日学生编译社”以“讲求实际、输入文明供政界之研究、增国民之知识为宗旨”翻译了涉及文学、法学、政治、理学、工学、农学、医学的多本日文著作。1908年翻译出版的书籍中包含了很多科学技术方面的书籍,如有《详解物理

---

〔1〕 宜楙室.清末民初洋学学生题名录初辑[M].台北:“中央研究院”近代史研究所,1976:124.
〔2〕 三省堂百年记念事业委员会.三省堂的百年[M].东京:三省堂,1982:215.
〔3〕 日本教育家伊泽修二君略传[J].东方杂志(第11期),上海:商务印书馆,1905:124.

学》《理论化学》《实验化学》《新三角术》《平面几何通论》等理科教科书[1]。

当时翻译的日文书量多且质高。根据 1906 年学部检定的《学部审定中学教科书提要》中记载，中学堂使用的 12 种数学教科书中译自日文的就有 6 种。在一部学部审定《算术教科书一册》中对日文教科书的翻译予以极高评价，写道：日本桦正董著，陈文编译的藤泽利喜太郎著算术条目及教授法矫正了过去教科书的杂乱无章，教科书中又属桦正董氏的算术教科书最有名。只是桦氏的'诸等法'和'百分算'两编不适用于我国学生而不得发行编辑。之前不受重视而成了数学进步的绊脚石。本书译者有鉴于此，专汇集编译者平日要点补充本书，以求便利。本书特征如下。其一，理论经纬清晰，无障碍。其二，简洁易懂。其三，例题大半与科学有关。因此实乃最理想的中学算术教科书[2]。

文中，明确指出日本学者桦正董著《算术教科书》和藤泽利喜太郎著《算术条目及教授法》等书自出版以来，矫正以往教科书之谬误，深受青睐，成为后来的教科书编纂者依据的标准。

一些日本学者翻译的西方数学教科书，经留日学生之手被介绍到中国。如英国查理斯·史密斯著《代数学教科书》(1886 年刊)被日本学者长泽龟之助译为《代数学》(1887)，成为当时日本中学通用教科书。20 世纪初，此书被多名留学生和国内翻译人员译成中文。如《查理斯密小代数学》(陈文译、商务印书馆、1906)、《初等代数学》(仇毅译、上海群益书社、1908)、《初等代数学》(陈幌译、东京清国留学生会馆、1908 订正 5 版)、《查理斯密初等代数学》(王家英译、商务印书馆、1908 初版)、《查理斯密初等代数学》(王家英译、商务印书馆、1919)等。

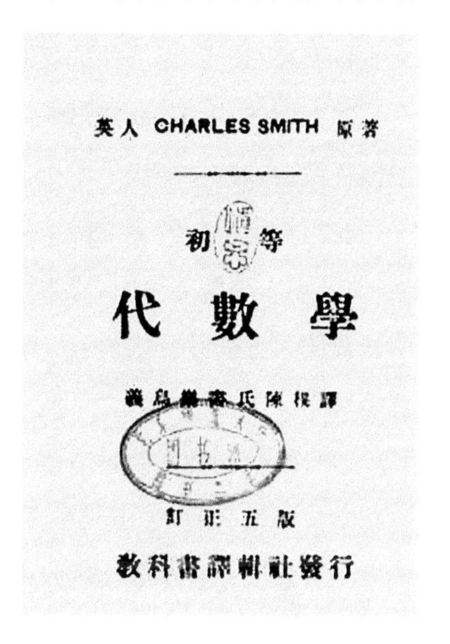

图 10.1　陈幌译《代数学》

---

〔1〕 実藤恵秀. 中国人日本留学史[M]. 增補版，東京：黒潮出版，1970：259 - 266.
〔2〕 学部审定中学教科书提要[J]. 教育杂志，上海：商务印书馆(第一年第一期)1902：8 - 12.

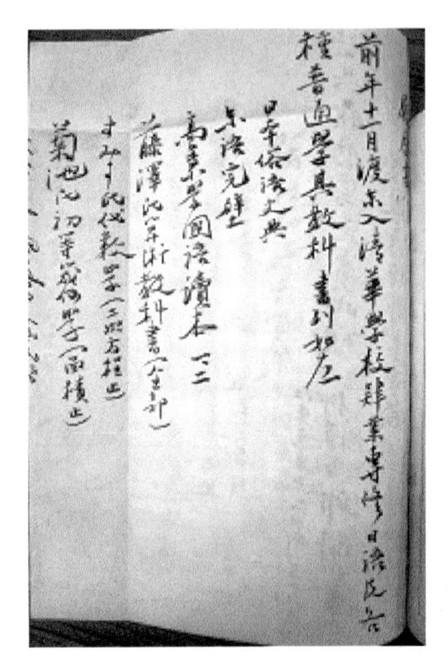

图 10.2 留学生使用菊池大麓和藤泽利喜太郎教科书资料

20 世纪初被翻译成中文的日本数学教科书,包含了小学初等算术到大学微积分等各种数学内容。据不完全统计,在清末民初的十多年间至少有 151 种译自日文的教科书。其中 1904—1908 年间出版的译著有 97 种之多,可以说平均每年以 20 本的速度翻译了日文教科书[1]。这些书中,日本著名数学家菊池大麓、藤泽利喜太郎、林鹤一、上野清、长泽龟之助等人编纂的教科书占的比例较大。可见翻译者们并不是随意翻译,而是甄别筛选了一些高质量的日文教科书译介到国内。

1904 年癸卯学制颁布,第二年科举制度被废。当时国内已出版的汉译西方数学著作远不能满足新教育制度下的教学需求,而较快速度翻译的日文教科书,后来居上,填补了空缺,为新教育制度的顺利实施提供了保障。

如上所述,中文翻译的日本数学教科书迅速使用于各地新式学堂中,为中国普及西方数学加快了步伐。

在当时的特殊背景之下,编纂教科书任务急迫,日本教科书因通俗易懂,便于国人理解等原因,成为编译们的首选。而翻译工作的顺利进行除了清末开明人士的呼吁之外,更有留学生们为发展国内学术水平而拼搏的责任感所驱。

留日学生们翻译的日本数学教科书量大而质优。伴随着中国数学与国际数学文明的交融,中国式数学符号和书写模式也被西方符号和模式取而代之。通过汉译日本数学教科书,西方近代数学知识全面输入 20 世纪初的中国。这不仅推进了清末教育制度中数学教育之变革,也加快了西方数学知识的全面普及。

---

〔1〕北京大学图书馆藏书目录、北京师范大学图书馆藏书目录、内蒙古师范大学科学史与科技管理系所藏"涵芬楼藏书目录"。

10.2　留日学生中涌现的早期中国数学教育者

20 世纪初大量留学生学成归国，使国内师资得以优化，全面推进了国民教育的普及。这在中国近代数学教育的发展中也表现得非常突出。

1905 年废止科举以后，中国各地创立新式学校。在各地普通学校和技术学校中均设置了数学课程。一般情况下，小学讲授笔算、初等代数、简单平面几何学等内容，中学和高等学校讲授初等代数、平面几何、立体几何学等内容，大学讲授三角法、解析几何、微分学、微分方程论等内容。在这些新式学校的讲坛上活跃的正是在日本“一高”等教育机关学习西方科技和数学知识的留学生们。

清末留日学生中出现了很多杰出的数学家和数学教育家。曾在前面提到过的几个人物：如 1899 年 9 月考入“一高”的陈幌，1904 年 1 月京师大学堂选送的冯祖荀和自费留学并在 1904 年进入一高的胡浚济等人就是重要的代表人物。

下文中将对三个代表人物进行考察。

笔者在东京大学现存档案中搜集到他们留学时期的一些资料如下所示：

现存东京大学图书馆《第一高等学校同学会名簿》中记录陈幌于 1902 年一高毕业后考入东京帝国大学“工科大学”并于 1905 年毕业。

陈幌回国后任京师大学堂东文科和理科教员。1912—1914 年，他成为陆军少将并被授予中将军衔督理上海制造局[1]。不久因不满袁世凯统治辞职。同一年他担任北京大学教授[2]。他编辑并翻译了大量数学和物理学教科书。他翻译的史密斯《初等代数学》(1905)，由东京清朝留学生会馆刊行后很快又出版了第二版和第三版。他翻译水岛久太郎的《中学算理教科书》，于 1906 年由“教科书译辑社”出版。他在留学期间就编写了我国第一

〔1〕 北京敷文社. 最近官绅履历汇录[M]. 第一册，中华民国九年：157.
〔2〕 冯立昇. 中日数学关系史[M]. 济南：山东教育出版社，2009：256.

本物理学著作《物理易解》(1902),后又翻译了《小物理学》〔1〕。他编辑的《中等算术教科书》是一部非常好的数学教材。

前文曾谈到京师大学堂首批派遣学生中冯祖荀的成绩一直名列前茅。冯祖荀回国后以卓越的教学著述成绩成为近代中国著名数学家,数学教育史上著名教育家。国内现有资料中,对冯祖荀一高毕业后进入京都帝国大学的经过叙述不明,东大驹场博物馆资料中有冯祖荀在一高留学时情况和一高毕业后的详细记录。记录显示,冯祖荀于1902年进入京师大学堂,入选首批遣日留学生后于1904年初赴日留学。一高同学会名簿记载,他于1907年理科毕业,并于1908年考入京都帝国大学。

冯祖荀于1910年至1911年间回国,赴任浙江两级师范学堂,后调任到北京大学工作。1911年以后他多次出任北京大学数学系主任。1919年,北京大学数学门改称数学系,冯被任命为数学系主任,负责函数论、微分方程式论、变分法、集合论等讲座〔2〕。

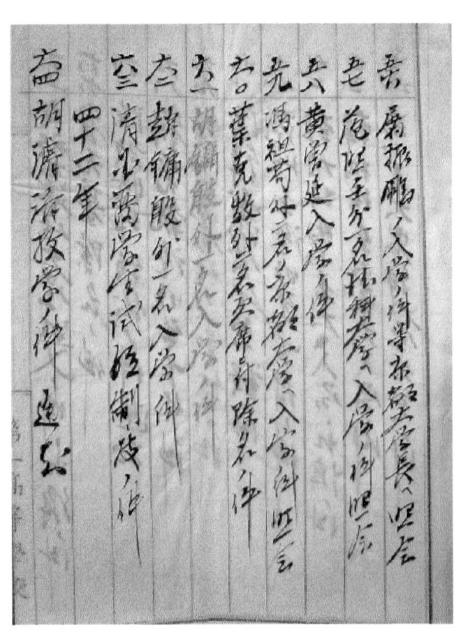

图10.3　冯祖荀和胡浚济留学资料

冯祖荀除了担任北大数学系主任之外还担任过北京师范大学,中国东北大学数学学部主任,对中国近代数学教育做出了重大贡献〔3〕。

有一份现存东京大学驹场博物馆资料上他的名字和胡浚济的名字并列出现,如下图所示。

胡浚济,本籍浙江慈溪。他在光绪二十九年(1903)二月,18岁时自费东渡日本,最初在"清华学校"学习日语,第二年,即1904年考入一高学习。《第一高等学校同学会名簿》中写道胡浚济于1908年从一高理科毕

〔1〕北京师范大学.北京师范大学图书馆藏书目录[M].师范学校及中小学校教科书书目,北京:北京师范大学出版社:2003:117.
〔2〕北京大学.北京大学校史论著目录索引[M].北京:北京大学出版社,2006:348.
〔3〕丁石孙、袁向东、张祖贵,北京大学数学系八十年[J].中国科技史料,1993,14(1):74-85.

业。东京大学驹场博物馆资料中写着当时胡浚济同时考上了京都帝国大学和东京帝国大学,他曾写信向家人咨询应该入哪一所大学比较好。斟酌之后,他继续升入东京大学学习理论物理学。

胡浚济归国后,担任浙江高等学堂、两级师范学堂教员,1913 年到北京大学数学系当教授。民国十年前后,他负责讲授群论、高等微积分、立体解析几何等课程。1935 年,创建中国数学会时他出任评议委员。有《整数论》等编著教材。他还翻译了日本数学家竹内端三的《函数论》一书,竹内端三曾为一高教授,是比胡浚济高一年的学长。

以上三例数学家或数学教育家以外,还有为中国华北师范教育改革做出贡献的直隶师范学堂监督张瑛绪、东京帝国大学农科毕业后获得二等举人称号的胡宗瀛等。

小结

20 世纪初清政府在教育制度方面模仿日本的“学制”等一系列教育制度,建立了我国最初的近代教育制度。在前文中讨论了清政府 1902 年仿照日本学制制定并公布《钦定学堂章程》,但未能实施,两年后在此基础上公布《奏定学堂章程》的经纬。

张之洞主导制定的《奏定学堂章程》中初步形成了中国近代史上最早的国民教育理念,具有划时代意义。张之洞等人意识到国民教育的普及是教育制度中的关键一环。形成这种教育理念也经历了一些波折,即从戊戌变法时期的人才教育观转换为国民教育观。但值得注意的是,张之洞等清末官僚强调的国民教育中隐含着维持和强化统治体制的另一层意思。他企图用类似于明治时期的皇权政治来稳固摇摇欲坠的清朝统治,又试图以国民教育的普及来阻止社会秩序的崩溃,改变西方列强瓜分中国的危局。

清末最后十年基本按着《奏定学堂章程》进行了一系列教育改革。但也应该注意到,对日本教育制度进行全面考察后制定的《奏定学堂章程》并不是表面上的简单模仿,也不是短效的权宜之计。虽然当时学习日本时曾考虑到地理位置和经济因素,也有文化方面的相似之处。但清末学制也没有以日本为中介来简单地模仿了西方。在调查日本的学者和官员们已经意识到,日本在制定教育制度时,虽然参考了西方的教育制度,但他们也是根据每一个时期的国内实际情况，相应地变更和改善其教育制度，最终进行了一场成功的教育改革。清末中国学习日本的模式时也是根据国情进行了相应的变化，如在普及西方式教育体系时一直关注和“传统文化”进行交融。

1904 年制定新教育制度后，清政府有计划地派遣留学生，为建设近代大学模式做准备。20 世纪初，去日本和欧美的留学生们学习西方的科技与数学知识，回国后加入国内新体系中，为我国教育的近代化，做出了巨大贡献。其中在数学教育的发展中归国后的留日学生们的表现尤为突出。他们引进西方模式，创建数学系，讲授西方数学知识，致力于培养本国数学人才，

20 世纪的前 20 年间，中国新式学校中所用教科书几乎都是译自日本的数学教科书。他们不仅对中国数学教育的近代化做出贡献，又积极投身于科学文化事业，推动了我国科学技术的发展，也促进了整个社会构造的变革。

结　语

中日数学近代化历程之回顾

19世纪后半期，中日两国数学文明正面临史无前例的大变局。列强入侵的压力下，清廷与日本都切实感受到西方近代科学技术的巨大威力，认识到学习西方先进科学技术已刻不容缓。但是清末中国依旧固步自封，日本则潜心好学，顺势变革。清末中国人不是没有看到问题的关键，只是统治者不思进取，不知世界大势，依然陶醉在自己编织的“盛世”神话中。结果，不到半个世纪，中日易位：先前的学生和老师互换了角色。两国对西方科学技术的基础——西方数学的态度上是大相径庭，对西方数学教育模式的认同也是天壤之别。清末汉译数学著作不仅向国人介绍了西方数学文明的先进成果，也传布日本，冲击着其传统数学文明。在还没有出现日文撰写的西方数学教科书的近代日本新式学校中使用着清末汉译西方数学著作。但是大约过了三十年，清末中国开始建立新式教育模式的时候却转而翻译并使用了日文的数学教科书。可谓“三十年河东，三十年河西”，中日两国与西方数学文明的碰撞和交融的历程中不断出现着各种变化。

可用后面所示一图表考察19世纪中叶以后中国和日本在接受西方数学并相互影响方面的关系。

如图表所示，李善兰和华蘅芳等数学家对西方数学的先进性已经有所认识，因此与西方传教士合作翻译了算术、代数学、几何学、微分积分学等书籍。这些数学书是日本学者学习西方数学时的重要参考资料。但19世纪80年代以后，中国对日本数学界的影响日渐衰微，日本开始直接大量翻译西

清末中国翻译的汉译著作　　**近代日本翻译和使用的西方数学著作**

伟烈亚力《数学启蒙》1853 ⟶ 塚本明毅《笔算训蒙》1869
伟烈亚力、李善兰《代数学》1859 ⟶ 塚本明毅训点版《代数学》1872
伟烈亚力、李善兰《代微积拾级》1859 { 神田孝平写本《代微积拾级》1864—1865 / 大村一秀《代微积拾级》译本(作成年不详) / 福田半《代微积拾级译解》1872
傅兰雅、华蘅芳《代数术》1873 ⟶ 神保长致训点版《代数术》1875
傅兰雅、华蘅芳《微积溯源》1874 ⟶ 《东京数学会社杂志》中介绍其中两题(1879)

……………………………………………………………………

王国维译《算术条目及教授法》1901 ⟵ 藤泽利喜太郎《算术条目及教授法》1895
周藩译《初等几何学教科书》1905 ⟵ 菊池大麓《初等几何学教科书》1888
周藩译《代数学讲议》1907 ⟵ 上野清《代数学讲议录》1888
王水灵译《平面三角法新教科书》1909 ⟵ 泽田吾一《初等平面三角法教科书》1893
马瀛译《微分积分学》1911、1914 ⟵ 长泽龟之助《微分学》1881,《积分学》1882

方数学书籍,20世纪初的中国数学界反而开始受到日本的影响。

笔者在本书前2篇的内容中对19世纪后半期中日两国学习西方数学的情况进行了比较并探究了其差异成因。在后面的第3篇中又着重讨论了20世纪初的清末政府在教育制度方面借鉴日本的学制及其他教育政策,以日本为媒介学习西方,努力实现教育近代化的情况。要深入了解两个东方国家的传统数学与西方数学的交融需要从制度、思想、社会各层面来加以分析。

1. 清末教育制度对西方数学普及的影响

19世纪后半期的中国人思想被科举制度所束缚,教育以四书五经的训诂注释与八股文写作为主要内容的古典教育为主。科举制度脱离社会生活,学习外国语、数学、自然科学对个人的仕途毫无帮助。因此当时读书人对新式学校和近代学问毫无兴趣,新式学堂也不可能招收到优秀人才。

本书第1篇登场的像李善兰和华蘅芳这样热衷于西方数学和科学技术并致力于普及西方文化的人在清末中国实属凤毛麟角。他们的努力,使得西方数学和科学知识得以传播,他们的书成为洋务派建立的新式学堂中的主要教科书并影响了部分清末学者。这些书籍也陆续传入日本,为日本学者学习西方数学提供了资料,产生一定的社会反响。本书第2篇中详细讨论了日本朝野上下对汉译著作的关注。

然而即使清末中国有李善兰和华蘅芳等编译的优秀著作,但总体而言,专门研究西方数学和科学技术的人才依旧寥寥无几。第 1 篇提到了他们的弟子中有人成为西方数学教育者，但也不过是在理解李善兰和华蘅芳译书的基础上照本宣科而已。实际上，李、华二人的后继者中没有出现有影响力的学者。

1904 年颁布"奏定学堂章程"和 1905 年废止科举制度之前，在中国基本不存在向国民普及西方数学和科学知识的土壤。

李善兰和华蘅芳热衷西方数学和科学技术的原因在于，他们不需要为科举所累就能保障其生活和社会地位。他们的另一个共通点就是俩人科场屡试不中而面临寻求人生新目标的问题。李善兰和华蘅芳的后继者和清末学者中不乏此类人物。本书第 3 篇所提到的"浏阳算学馆"的创办者，维新人物谭嗣同也曾 6 次落榜。

19 世纪 60 年代至 90 年代，洋务派创办的新式学堂开始了西方数学教育。但当时却没有实施国民教育普及政策。把西方数学纳入义务教育、创立数学普及学会、构建数学术语、大学里设置数学课等与国际数学接轨的现象在当时的中国未能出现。也就是说，洋务派官僚败于西方列强后，开始关注西方军事技术和科学技术，并创办学堂进行西方数学教育。但清末政府却没有确立一个近代国家建设计划。而邻国日本却开始建立一套从制度层面普及国民教育，并致力于发展自然科学和工业技术与西方各国比肩的全盘计划。

清末的新式学校只是为了培养外交、翻译、机械技术、军事技术人才，未触动科举制度这一旧教育体制，洋务不过是一部分开明官僚试图强国富民的理想而已，绝非针对传统教育体系的根本性变革。因此这种新式教育不可能实现教育的全面改革。

废止科举后，其后遗症在清末民初知识分子们的潜意识中依旧根深蒂固。例如本书第 3 篇论及 1904 年京师大学堂向东京第一高等学校派遣留学生时，给一高校长狩野亨吉的书信中记载，清国政府制定"管理游学生章程"，其中有："文部省直辖各高等学校三年留学并以优秀成绩毕业者特授举人出身，……大学某一科或数科毕业文凭取得者特赐进士出身……日本国家大学院五年以上留学毕业或博士文凭获得者授翰林身份。"可见，科举时代的资格名称依旧适用于留学归国人员。

中国近代教育家陶行知(1891—1946)写道："小学堂毕业后秀才，中学堂毕业后贡生，再往上举人，进士。留学归国考试合格后成为翰林、状元。世人称之为洋秀才、洋贡生……洋状元。”他还提及“科举名称废止后，学士、硕士、博士等称号，一般社会人完全不解。考中的人们在翻译名称时就把学士叫做秀才，第一名博士叫秋元。当事人得意满面，听者艳羡。这就是穿着洋服的老八段，即‘洋八段’”[1]。因为科举时代之巨大影响，政府不得不采取权宜之计，这种情况一直持续到1912年中华民国成立为止。

清末中国与西方数学的碰撞先于日本，却在交融时落后于日本，其主要原因就是社会制度没有得到彻底变革，科举考试制度依然存在。

同为汉字文化圈的中国与日本面对西方文化，虽然都以儒学精神为学术体制的核心，但在“学制”及其后的教育政策中，日本却早一步与儒学教育模式脱离，更换为西方实学主义和科学主义的学问教育，开始学习西方近代科学技术，并完全融入西方数学模式中。

第2篇谈到，明治政府于1872年公布的“学制”中曾有“邑无不学之户，家无不学之人”的提法。这也被1904年发布的清末教育制度所采用。日本的“学制”公布30余年后中国才提倡“学制”颁布当初的国民教育理想，开始向普通国民教授必须学习知识的道理。这样原本早于日本学习西方数学并对日本施加影响的中国，在甲午战争后反而向日本派遣留学生，学习与引进被融入日本教育模式中的西方数学。

2. 保守思想对学习西方数学的影响

中国历史上称周边少数民族为“蛮夷”“鞑虏”，近代称西方人为“夷狄野蛮人”。1842年鸦片战争后缔结的南京条约中规定“英、清两国平等相待，不以夷狄野蛮人称呼”，1858年的天津条约也有“禁止称欧洲人为蛮夷”的规定。

清末中国依旧认为西方人来华仍然是仰慕中国文明，一直不认可西方科技文明的先进性。

明末清初的传教士入华宣教200余年后，中国对西方依旧毫无知晓。对此，清末传教士也有提及。傅兰雅的著作中就曾感叹道，自利玛窦等人翻译

---

〔1〕 陶行知.陶行知教育文选[M].北京：教育科学出版社，1981：342.

西方科技著作时代已经过去200余年，此后西方近代科技又有飞跃发展，新理论辈出，但是当时的清末中国却依旧茫然无知[1]。

鸦片战争以后，西方列强以武力打开中国国门，然而先进的西方科学思想和文明依旧被拒之门外。多数清末知识分子对西方传教士协助翻译的汉译数学书籍和科技著作漠不关心，从不主动学习西方语言，也不考虑有选择性的吸收和翻译西方科学知识。

在日本，于1855年分别建立了学习西方语言和西方技术的专门学校。建立的模式是幕府政府自发组织的，而在清末于1858年通过天津条约的缔结，在英、法等列强的强迫下建立了学习西方语言的个别学校。

李善兰和华蘅芳等清末著书汉译西方数学著作的主要代表人物，对普及西方数学和数学研究交流的重要性有一定程度的认识，但不具备外语能力的他们翻译西方科技著作和数学书籍时仍然全面依赖于传教士。这与明治时期的日本数学家有着根本上的不同之处。与多数中国知识分子不同的是，李善兰和华蘅芳具有中国传统数学的素养，学习西方数学也比较积极，但不能阅读西方数学原典，这种情况下，合译原著的选择上非常被动，翻译的书中也存在着一些明显的错误。

因此19世纪后半叶的中国凭借国内教育设施想培养熟悉西方，并具备一定交流能力的数学家或科学家是完全不可能的。为此需要海外派遣留学生，才能培养这类人才。但是在甲午战争以前的海外留学生中，没有俱有西方数学素养的人才。究其原因，是一些开明人士规划的清末留学生派遣计划一直受到保守势力的阻挠，始终无法顺利进展，最终以失败告终。

上文曾谈到，1881年开始中日数学教育近代化出现了明显的差距。这一年，发生了一件并不引人注目的事件，但却可以以此为例探究清末中国为何会落后于日本的史实。

1881年，清政府驻美管理游学委员(监督)吴子登频繁上奏请求中止派遣学生赴美，在他的强烈要求下清廷终止了向美国派遣留学生一事。于是由清末开明人士容闳(1828—1912)呕心沥血，竭尽全力促成的原定十五年，并每年派遣三十名儿童的幼童留美计划中途夭折[2]。1854年，耶鲁大学

---

〔1〕 傅兰雅.江南制造总局翻译西书事略[J].第一章，光绪六年(1880).

〔2〕 容闳原著，徐凤石，恽铁樵原译，张叔方补译.西学东渐记[M].原题为*My life in China and America*，长沙：湖南人民出版社，1981：92-110.

毕业后的容闳归国后，游历各地，惊于中国社会的愚昧落后，觉得说服洋务派官僚，为国家振兴向美国派遣留学生，学习其先进的教育理念和科学技术.容闳的留美幼童计划得到曾国藩支持，但曾逝世后(1871)，却失去后援。后又因保守派陈兰彬担任驻美公使，其心腹吴子登担任留学生监督一职，留学生事业的意义被否定，向北京的李鸿章密告留学生和容闳的各种不是，遂以失败告终。接到清政府命令时，耶鲁大学的22位留学幼童中只有詹天佑和欧阳庚二人顺利完成学业。容揆和谭耀勋抗拒召回，留在美国耶鲁大学完成学业。李恩富和陆永泉则是被召回后，重新回到美国，读完了耶鲁。这样，120名留美幼童，除先期因不守纪律被遣返的9名、执意不归及病故者26名外，其余94人于1881年分三批被遣送回国。

强烈建议召回留学生的吴子登提出的理由却是，各学生在国外忘了本，目无尊长，这样的人难以成为人才，就算成了才也不能用。日后学成归国对国家也没有贡献还会对社会有害，为了中国的长远打算，应该立即结束留学事业〔1〕。

而在当时的清末社会，支持吴子登的保守人士却大有人在。这些中国历史上首批官派留美学生回国后又遭到社会的谴责，当时的《申报》写道：国家不惜经费之浩繁，遣诸学徒出洋，孰料出洋之后不知自好，中国第一次出洋并无故家世族，巨商大贾之子弟，其应募而来者类多椎鲁之子，流品殊杂，此等人何足以与言西学，何足以与言水师兵法等事。

但是，跟当时社会评价不同的是，在这批留美学生中却出现了我国矿业、铁路业、电报业的先驱。他们中出现了今天的清华大学、天津大学最早的校长，出现了中国最早的一批外交官，出现了中华民国的第一任总理。回国后的这批西学所造之子历经中国晚清政坛的跌宕起伏，目睹了近代中国的荣辱兴衰。

值得我们关注的是，几乎同一时期日本学术界开始摆脱中华文明的影响，全面融汇到西方文明圈，日本数学界也脱离汉译西算的影响，出现了从间接吸收西方数学文明转而直接翻译和引进的新局面。从这一时期开始，

---

〔1〕 容闳原著，徐凤石，恽铁樵原译，张叔方补译.西学东渐记[M].原题为 *My life in China and America*，长沙：湖南人民出版社，1981：104.

中日文化地位开始逆转，日本反超中国，数学教育近代化方面也渐趋落后。

清末建立新式学堂的官僚们依旧认为只有儒学才是学问，当时没有设置自然科学科目。同文馆就是一例明证。多数清末保守官僚和一般知识分子，激烈反对学习西方科学技术和数学。反对的理由就是西方学术与儒教圣人之道完全背道而驰。西方的数学、天文学、物理学被称为“西学”，“西学”只是制造机器的“奇技淫巧”，“不入圣人之道”。为了说服保守派，清末开明派官僚的对策是打出机器也起源于中国的“西学中源”说，以达到学习“西学”的目的。而同时期的日本已经开始以全新世界格局重新规划国家方略。

本书第3篇提及的变法维新派康有为和张之洞也在自己的著作中称西方学问源于中国古代典籍，强行给两个不同的文明建立联系。

1904年，向第一高等学校派遣留学生的京师大学堂总监督孙家鼐的“议复开班京师大学堂折”中，有“中学为主，西学为辅。中学为体，西学为用”等说法。

然而，历史的潮流却将清末中国推向与西方文明交融的新境地，使其不得不在20世纪初重新放眼世界，建立新制度，废除科举，开始派遣大量留学生赴日本与西欧各国。

3. 数学会的建立对西方数学普及的影响

明治日本的著名启蒙思想家福泽谕吉说：“东洋儒教主义较之西方文明，东洋败在有形的数理学和无形的独立心两点。”[1]福泽所谓“数理学”即西方数学，对其系统引进并制度化就是东京大学等西方数学教育机构和东京数学会社这样的学术团体所担负的职责。

17世纪以后的中日两国逐渐闭关锁国，“自足自乐”过着“安逸生活”时，西方社会中有伽利略、笛卡儿、惠更斯、莱布尼茨、牛顿等科学家相继登场，数学、天文学、物理学、化学、生物学、地理学、医学等各个领域突破旧传统而获得新生，创建了崭新的学术体系。为了使得新创学术体系制度化，17世纪

---

〔1〕 福沢谕吉.福翁自伝[M].東京：岩波文庫，1978：206.

以后欧洲各国相继建立各种学会,保障了近代科学技术的发展。

在19世纪后半期的西方开始了专门的数学教育,产生了职业化数学家。近代数学学术团体得以创立,数学研究组织开始制度化。本书第2篇曾提及,东京数学会社创办初期广泛收集西方数学界信息,致力于西方数学文明的全方输入。这意味着当时的日本已经出现了努力推进数学普及,促进学术自由交流的数学家团体。

东京数学会社创办初期,神田孝平和柳楢悦等主要倡导者,就十分了解西方开始创办数学会的各种学术信息。初代社长的柳楢悦的发言记录中有西方各国为了数学发展而创办数学会的介绍。例如他1880年5月和1881年6月的发言中说道"数学协会是泰西各国最近为了数理研究而在推进的事业,我国百事进步之际也是不可或缺的"[1]。又谈到模仿西方诸国创办数学会时指出,日本数学要发展,数学会之创办必不可少,数学会是日本数学界发展中不可或缺的重大事业。和算家也理解西方这一动向,与军人出身的学者以及学习西方的数学家一起创设了数学学术交流团体。学者们在此环境下,充分认识到共同研究之必要。

东京数学会社在1884年转变为东京数学物理学会,学会期刊上的数学内容逐渐以西方数学为中心。东京数学会社的创办,标志着学习西方科学技术的制度化得以保障的开始。后来经过海外留学生的不断参与和促进之下,发展成为更符合学术体系发展的东京数学物理学学会,奠定了20世纪初日本数学界和物理学界快速融入西方文明圈的基础。

东京数学会社中的学者们也参与了"学制"及其后的各教育政策法令的制定,这也间接促使明治时期日本在19世纪后期教育制度方面超越了中国。

较之东京数学会社,中国最早的数学会延宕已久。19世纪后期的中国数学家之研究形单影只、缺乏合作。李善兰和华蘅芳三五人在西方传教士帮助下翻译数学书,不可能创办普及数学教育和研究交流的学会。

本书第3篇介绍的谭嗣同之浏阳算学馆只能算是以普及西方数学为宗旨的小型学校,而不是真正意义上的数学家的组织机构。浏阳算学馆之创办计划初遇各种艰难,建成后也只是吸收了少数数学爱好者,难言成功。

---

〔1〕 東京数学会社編集者.本会沿革[J].東京:東京数学会社,1884:13.

"浏阳二杰"谭嗣同和唐才常先后在清末维新运动和"自立军"起义中牺牲，他们的数学教育普及工作也随之销声匿迹。

1900年建立之周达的"知新算社"虽然堪称学会，却人微言轻。中国全国性的数学会是迟至1935年7月25日在上海创立。学会主要创办者是陈建功、苏步青等在日本接受近代西方式数学教育，被授予日本大学(旧东北帝国大学)学位的年轻一代的数学家们。

清末中国社会中，认识到西方科学技术和西方数学的重要性者，多数是持有维新思想或呼吁西方民主思想的人，他们创办数学团体之设想自然招致保守势力的反对。第3篇所论及梁启超的时务学堂推行西方数学教育并得到张之洞等开明官僚的支持，但其在《时务报》上鼓吹维新思想和教育制度改革的言论时立即就遭到制裁。

清末数学界和明治时期的数学界比较而言，拥有东京数学会社等学术团体是近代日本数学界加快步伐走进西方学术圈的要因之一。

中国与日本等东亚国家均拥有过非常发达的传统数学。两者在近代化过程中和西方数学相遇并融入其中。西方数学是西方近代科学技术所依赖的基础。历史的车轮将这两个东方国家推向与西方技术文明交融的新时期。东西方数学碰撞后，中日两国的学者们从传统中筛选出能够和西方数学可以"通约"的内容，最终完成了交融的历史使命。最初从引进西方数学的初等内容出发，以普及为目的，进而又开始大量翻译，最后扩展到研究领域，并和西方学者一起攻克难题。虽然两国的数学教育近代化基于国情而进路不同，结果却殊途同归，最终都融入成为世界数学的一部分。

最后想指出的是，数学是人类文化的一部分，数学的国际交流中数学教育和文化的交流是不可或缺的重要组成部分。今日数学史的一大研究课题是东西方数学文明的交流历程中，传统与现代的碰撞与交融，如何在不同的历史环境和文化背景中顺利完成等问题的剖析和解读。本书是笔者对这一问题的初次尝试，希望今后继续努力以深化这一研究。

参 考 文 献

（中文部分）

1. 艾儒略．几何要法[M]．1631.
2. 宝鋆．筹办夷务始末(同治朝卷八)[Z]．故宫博物院用抄本影印，1930.
3. 北京大学．北京大学校史论著目录索引[M]．北京：北京大学出版社，2006.
4. 北京大学、中国第一历史档案馆．京师大学档案选编[M]．北京：北京大学出版社，2001.
5. 北京师范大学．北京师范大学图书馆藏书目录[M]．师范学校及中小学校教科书书目，北京：北京师范大学出版社：2003.
6. 毕桂芬．京师同文馆学友会第一次报告书[R]．报告书．京华书局印刷，1916.
7. 蔡尚思，方行．谭嗣同全集[M]．北京：中华书局，1981.
8. 陈宝泉．中国近代学制变迁史[M]．北京：北京文化学社，1927.
9. 陈景盘．中国近代教育史[M]．北京：人民教育出版社，1986.
10. 陈青之．中国教育史[M]．上海：商务印书馆，1936.
11. 丁福保．算学书目提要[M]．北京：文物出版社，1984.
12. 丁石孙，袁向东，张祖贵．北京大学数学系八十年[J]．中国科技史料，1993，14(1).
13. 丁韪良．同文馆算学课艺序[M]．光绪二十二年石印本.
14. 段怀清．苍茫谁尽东西界——论东西方文学与文化[M]．杭州：浙江大学出版社，2012.
15. 冯桂芬．上海设立同文馆议[A]．校颁庐抗议[M]．1861．陈富康．中国译学理论史稿[M]．上海外语教育出版社，1992.
16. 冯桂芬．校邠庐抗议[M]．郑州：中州古籍出版社，1998.

17. 冯立昇,牛亚华.京师大学堂派遣首批留学生考[J].历史档案。2007.
18. 冯立昇.近代汉译西方数学著作对日本的影响[J].内蒙古师范大学学报(自然科学汉文版),2003,32(1).
19. 冯立昇.中日数学关系史[M].山东教育出版社,2009.
20. 傅兰雅.江南制造局翻译西书事略[Z].格致汇编,江南制造局翻译处,1880.
21. 傅兰雅.江南制造总局翻译西书事略[J].第一章,光绪六年.
22. 格致汇编[J]. 第一期,上海:上海格致书院,1876.南京古旧书店刊行影印本,1992.
23. 格致汇编[M].第三卷,1880.
24. 葛元煦,黄式权,池志澄.沪游杂记·淞南梦影录·沪游梦影[M].上海:上海古籍出版社,1989.
25. 广方言馆全案[M].上海:上海古籍出版社,1989.
26. 国家档案局明清档案馆.戊戌变法档案史料[M].北京:中华书局,1958.
27. 国史·儒林·华蘅芳列传[A],李严,钱宝琮.科学史全集(第8卷)[Z].沈阳:辽宁教育出版社,1998.
28. 韩琦.《数理格致》的发现——兼论18世纪牛顿相关著作在中国的传播[J].中国科技史料,1998(2).
29. [英]华里斯撰,[英]傅兰雅口译,(清)华衡芳笔述.微积溯源[M].共八卷,测海山房中西算学丛刻初编,1896:12.
30. 何炳松.三十五年来中国之大学教育[J].最近三十五年之中国教育.1931.
31. 胡炳生.周达对我国现代数学教育的开创性贡献——兼论知新算社的性质和历史功绩[A].李兆华主编.汉字文化圈数学传统与数学教育,北京:科学出版社,2004.
32. 胡景桂.东瀛纪行[M].直隶省学校司排印,清光绪二十九年.
33. 胡钧.清张文襄公之洞年谱[M].台北:台湾商务印书馆,1978.
34. 华蘅芳.微积溯源[M].序文一丁表参照,上海:江南制造局.同治十三年.
35. 华蘅芳.学算笔谈(全十二卷)[M].上海:江南制造局翻译处,1897.
36. 黄福庆.清末留日学生[M].台湾:中央研究院近代史研究所,1975.
37. 黄明同,吴熙钊.康有为早期遗稿述评[M]."附《日本变政考》序、按语、跋,日本变政考按语",广州:中山大学出版社,1988.
38. 黄明同.康有为早期遗稿述评[M].杰士上书汇录,广州:中山大学出版社,1988.
39. 纪志刚.杰出的翻译家和实践家——华蘅芳[M].北京:科学出版社,2000.
40. 康有为.请广译日本书派遣游学折[M].中国史学会.戊戌变法[M].上海:神州国光社,1953.

41. 黎难秋. 中国科学文献翻译史稿[M]. 合肥：中国科学技术大学出版社，1993.
42. 李迪. 中国数学史简编[M]. 沈阳：辽宁人民出版社，1984.
43. 李恭简修，魏俊，任乃庚撰. 刘彝程传[A]. 续修兴化县志[M]. 1943.
44. 李宏. 谭嗣同与清末变法运动[M]. 长沙：湖南师范大学出版社，1983.
45. 李鸿章. 李文忠公(鸿章)全集[Z]. 台北：文海出版社，1980.
46. 李善兰，伟烈亚力合译. 代数学[M]. 第四卷"指数及代数渐变之理"45a，江夏程氏确园藏版，光绪戊戌(1898).
47. 李善兰. 重学[M]. 序(1866). 王渝生. 中国近代科学的先驱李善兰[M]. 北京：科学出版社，2000.
48. 李喜所. 谭嗣同评传[M]. 济南：济南教育出版社，1986.
49. 李严，钱宝琮. 科学史全集(第八卷)[Z]. 沈阳：辽宁教育出版社，1998.
50. 李严. 中国数学大纲(下册)[M]. 北京：科学出版社，1958.
51. 梁启超. 梁启超全集[M]. 第一册，北京：北京出版社，1999.
52. 梁启超. 论学日文之益[J]. 饮冰室文集上，上海：广智书局，1914.
53. 梁启超. 西学书目表[M]. 上海：上海时务报馆，1896.
54. 梁启超. 饮冰室合集[M]. 北京：中华书局，1988.
55. 刘彝程. 求志书院算学课艺[M]. 1896.
56. 柳本浩，冯立昇. 代微积拾级在日本[J]. 内蒙古师范大学学报(自然科学版)，1993(3).
57. 罗振玉. 扶桑两月记[M]. 上海：教育世界社，清光绪二十八年.
58. 罗振玉. 雪堂自传[A]. 罗雪堂先生全集，五编(一)，台北：文华出版公司，1968.
59. 罗振玉. 贞松老人外集[A]. 罗雪堂先生全集，续编四，台北：文华出版公司，1968.
60. 马廷亮. 京师同文馆学友会第一次报告书[Z]. 序，北京：京华印书局，1916.
61. 茗溪会. 泰东同文局[J]. 教育，1902(31).
62. 缪荃孙. 日游汇编[M]. 序，清光绪二十九年.
63. 钱宝琮. 中国数学史[M]. 北京：科学出版社，1992.
64. 璩鑫圭，唐良炎. 中国近代教育史资料汇编·学制演变[M]. 上海：教育出版社，1991.
65. 璩鑫圭. 中国近代教育史资料汇编·学制演变[M]. 上海：教育出版社，2007.
66. 容闳原著，徐凤石，恽铁樵原译，张叔方补译，西学东渐记[M]. 原题为 *My life in China and America*，长沙：湖南人民出版社，1981.
67. 上海图书馆. 汪康年师友书札[M]. 第二册，上海：上海古籍出版社，1986.

68. 沈传经. 福州船政局[M]. 成都：四川人民出版社，1987.
69. 舒新城. 近代中国教育史料[M]. 第一册，上海：中华书局，1928.
70. 舒新城. 中国近代教育史资料[M]. 中，北京：人民教育出版社，1961.
71. 舒新城编. 近代中国教育思想史[M]. 上海：中华书局，1929.
72. 陶行知. 陶行知教育文选[M]. 北京：教育科学出版社，1981.
73. 田淼. 清末数学家与数学教育家刘彝程[A]. 中国数学史论文集[C](第三辑). 内蒙古师范大学出版社，台北：九章出版社，1992.
74. 汪晓勤. 中西科学交流的功臣——伟烈亚力[M]. 北京：科学出版社，2000.
75. 王国维. 奏定经学科大学文学科大学章程书后[A]. 王观堂先生全集(五)，北京：文华出版公司，1868.
76. 王韬. 弢园文新编[M]. 上海：中西书局，2012.
77. 王韬. 漫游随录[M]. 长沙：岳麓书社出版，1984.
78. 王铁军. 傅兰雅与《格致汇编》[J]. 世界哲学. 2001(4).
79. 王扬宗. 傅兰雅与近代中国的科学启蒙[M]. 北京：科学出版社，2000.
80. 王扬宗. 江南制造局翻译书目新考[J]. 中国科技史料. 1995，61(2).
81. 王勇，大庭修. 日文化交流史大系[M]. 杭州：浙江人民出版社，1996.
82. 王渝生. 中国近代科学的先驱李善兰[M]. 北京：科学出版社，2000.
83. (清) 王先谦纂修. 东华续录[M]. 卷58，同治，台北：文海出版社，1963.
84. (清) 王延熙，王树敏编. 皇朝道咸同光奏议[Z]. 卷七，上海：久敬斋，光绪二十八年.
85. 伟烈亚力. 中国基督教教育事业[M]. 上海：商务印书馆，1922.
86. 伟烈亚力译，金成福校. 数学启蒙(卷一)[Z]. 日本学士院藏翻刻本，1853.
87. 魏允恭. 江南制造局记[M]. 卷二，上海：江南制造局. 1905.
88. 魏允恭. 江南制造局记[M]. 台北：文海出版社(光绪三十一年刊本影印)，1969.
89. 吴汝纶. 驳议两湖张制军变法三疏[J]. 光绪二十七年八月二十八日.
90. 桐城吴先生(汝纶)日记[M]卷一，时政，中国书店出版社，2012.
91. 吴文俊. 中国数学史大系[M]. 第八卷，北京：北京师范大学出版社，2000.
92. 吴相湘. 日华学堂章程要览[A]. 中国史学丛书，台北：台湾学生书局，民国五十三至七十六年影印本.
93. 席裕福，沈师徐辑. 皇朝政典类纂卷二百三十中之“谕折汇存”[Z]. 台北：文海出版社，1969.
94. 谢国桢. 近代书院学校制度变迁考[A]. 近代中国史料丛刊续编，第66辑，651册，台北：台湾文海出版社，1983.

95. 熊月之. 西学东渐与晚清社会[M]. 上海：上海人民出版社，1994.
96. 学部审定中学教科书提要[M]. 教育杂志，上海：商务印书馆，1909.
97. 杨模. 锡金四哲事实汇存[A]. 中国科学院近代史研究所史编辑室. 洋务运动(八)[M]. 上海：上海人民出版社，2000.
98. 杨松，邓力群原编，荣孟源重编. 中国近代史资料选辑[M]. 北京：生活·读书·新知三联书店，1972.
99. 姚嵩龄. 影响我国维新的几个外国人[M]. 台北：传记文学出版社，1985.
100. 姚锡光. 东瀛学校举概[M]. 自序，清光绪二十五年刊.
101. 姚錫光. 东瀛学校举概[M]. 日本教育事情調查报告书，查看日本各学校大概情形手折，公牍.
102. 宜楙室. 清末民初洋学学生题名录初辑[M]. 台北：中央研究院近代史研究所，1976.
103. (清) 于宝轩. 皇朝蓄艾文编[M]. 卷 16，台北：台湾学生书局，1965.
104. 张百熙. 奏派学生赴东西洋各国游学折[Z]. 光绪朝东华录第 5 册，北京：中华书局，1958.
105. 张静庐. 中国近代出版史料补编[M]. 北京：中华书局，1957.
106. 张美平. 略论上海广方言馆的翻译教学[J]. 浙江树人大学学报. 2014.
107. 张文襄公全集[M]. 二，奏议五十二，北京：中国书店，1990.
108. 张之洞. 劝学篇[M]. 外篇“设学第三”，张文襄公全集[M]. 二，奏议五十二，北京：中国书店，1990.
109. 张之洞. 张文襄公全集[M]. 北京：中国书店，1990.
110. 张之洞. 张文襄公全集[M]. 三，公牍十五，北京：中国书店，1990.
111. 张之洞. 变通政治人材为先遵旨筹议折[J]. 光绪二十七年五月二十七日.
112. 赵旻. 京师同文馆的发展历史及其贡献[J]. 中国文化研究，2000(3).
113. 浙江潮[N]. 1904(7).
114. 郑鹤声，郑鹤春. 中国文献学概要[M]. 上海：商务印书馆，1930.
115. 郑鹤声. 张之洞氏之教育思想及其事业[J]. 教育杂志，上海：商务印书馆，1935，25(3).
116. 中国科学院自然科学史研究所编. 李严钱宝琮科学史全集(第八卷)[C]. 辽宁教育出版社，1998.
117. 中华书局编. 光绪东华录[Z]. 卷 144—145. 中华书局，1958.
118. 周达. 巴氏累圆奇题解[M]. 扬州知新算社印刷本，1904.

119. 朱有瓛. 中国近代学制史料[M]. 第二辑,上册,上海：华东师范大学出版社,1987.
120.（清）朱寿朋. 光绪二四年正月二十五日上谕[Z]. 光绪朝东华录,光绪二十四年.
121. 诸可宝. 时曰醇传[A]. 畴人传三编. 卷五. 江阴：南菁书院,清光绪十二年.

(日文部分)

1. 阿部洋. 中国近代学校史研究——清末における近代学校制度の成立過程[M]. 東京：福村出版,1993.
2. 阿部洋. 中国の近代教育と明治日本[M]. 東京：福村出版,1990.
3. 安藤洋美. 明治数学史一断面[A]. 京都大学数理解析研究所講習録[Z]. 2001.
4. 八耳俊文. アヘン戦争以降の漢訳西洋科学書の成立と日本への影響[A]. 日中文化交流史叢書第8巻[Z]. 東京：大修館書店,1998.
5. 八耳俊文. 入華プロテスタント宣教師と日本の書物・西洋の書物[J]. 或問,2005(9).
6. 倉沢剛. 幕末教育史の研究(二)[M]. 東京：吉川弘文館,1984.
7. 倉沢剛. 学制の研究[M]. 東京：講談社,1973.
8. 長野県教育史資料編四[Z]. 昭和五十年.
9. 長澤亀之助. 東京数学会社雑誌[J]. 第43号,明治十五年一月.
10. 長澤亀之助. 微分学[M]. 数理学院,1881.
11. 長澤亀之助,宮田耀之助译. スミス初等代数学[M]. 第16版,序,東京：数書閣,明治二十八年.
12. 赤松範一. 赤松則良半生談[M]. 東京：平凡社,1977.
13. 川北朝鄰. 高久慥齋君の傳[J]. 数学報知,No. 6,東京：共益商社,明治二十三年.
14. 川北朝鄰. 幾何学原礎例題解式[M]. 静岡文林堂上梓,巻1：明治十三年;巻2：明治十五年;巻3—5：明治十七年.
15. 川北朝鄰. 数学协会雑誌[M]. No. 1,明治二十年.
16. 川北朝隣. 幾何学原礎例題解式[M]. 静岡文林堂上梓,明治十三至十七年.
17. 川尻文彦. 中体西用论と学战[N]. 中国研究月报,1994年8月.
18. 川尻信夫. 幕末におけるヨーロッパ学术受容の一断面——内田五観と高野長英・佐久間象山[M]. 東京：東海大学出版会,1982.
19. 大村一秀. 代微积拾級[M]. 日本東北大学附属図書館狩野文庫藏本。
20. 大槻宏树. 教育上からみた大隈重信研究[D]. 早稲田大学大学院文学研究科修士论文,昭和三十三年。

21. 大久保利謙. 新修森有禮全集[M]. No. 5,東京：文泉堂店,1999.
22. 大林日出雄. 柳楢悦——わが国水路測量の父[J]. 津市民文化創刊号,1992.
23. 大林日出雄. 洋学の研究[J]. 津市民文化. 1993(20).
24. 徳川慶喜. 静岡の30年[M]. 静岡：静岡新聞社,1997.
25. 第一高等学校. 第一高等学校六十年史[M]. 東京：第一高等学校出版,1939.
26. 東京大学駒場博物館. 留学生書類[Z]. 明治三十四至三十七年.
27. 東京大学駒場博物館. 外国人入学関係書類第一高等学校[M]. 明治三十六至四十五年.
28. 東京大学駒場博物館. 清国留学生関係公文書・書翰目録[M]. 明治三十七至三十八年.
29. 東京大学駒場図書館保存狩野文書. 清国留学生関係公文書・書翰目録[Z]. 明治三十七至三十八年.
30. 東京帝国大学. 東京帝国大学一覧[M]. 東京：東京帝国大学出版,1897—1943.
31. 東京帝国大学編. 東京帝国大学五十年史(上)[M]. 1932.
32. 東京数学会社編集者. 本会沿革[J]. 東京：東京数学会社,1884.
33. 東京数学会社雑誌編集会. サイクロイドノ历史[J]. 東京数学会社雑誌 No. 50,明治十六年二月刊行.
34. 東京数学会社雑誌編集会. 本朝数学[J]. 東京数学会社雑誌,No. 1,1877.
35. 東京数学物理学会. 本朝数学通俗講演集[Z]. 大日本図書株式会社,明治四十一年.
36. 東京数学物理学会記事編集会. 東京数学物理学会記事[M]. 巻Ⅰ—Ⅲ,第1,明治十八年.
37. 渡辺正雄. E. W. クラーク：米国人科学教師[J]. 科学史研究. 東京：岩波書店,1975.
38. 渡辺正雄. お雇い米国人科学教師[M]. 東京：講談社,1976.
39. 多賀秋五郎. 近代中国教育資料・清末編[M]. 日本学術振興会,1962.
40. 飯田宏. 日本滞在記[M]. 東京：講談社,1967.
41. 馮立昇.《代微积拾級》の日本への伝播と影響について[J]. 数学史研究. 1999(162).
42. 馮立昇著,萨日娜訳. 周達と日中近代数学交流[M]. 科学史・科学哲学,東京大学大学院総合文化研究科科学史・科学哲学研究室,2005(19).
43. 服部先生古稀祝賀記念論文集刊行会. 服部先生自叙[A]. 服部先生古稀記念論文集. 東京：冨山房,1936.

44. 福田半. 代微積拾級訳解巻一(序)[A]. 1872.
45. 福沢谕吉. 福翁自伝[M]. 東京：岩波文庫，1978.
46. 岡嶋千幸. 社会という訳語について[J]. 明六雑誌とその周辺，東京：御茶の水書房，2004.
47. 高木貞治. 赤門教授らくがき帳[M]. 東京：鱒書房，1955.
48. 高木貞治. 日本の数学と藤沢博士[J]. 教育，1935，3(8).
49. 根生誠. 明治期中等学校の教科書について(3)[J]. 数学史研究，研成社，1997(152).
50. 公田蔵. 明治期の日本における理工系以外の学生に対する"高等数学"の教育[J]. 数学史の研究，京都：数理研講究录，2004.
51. 宮地正人. 混沌の中の開成所[J]. 参阅以下网页信息：http：//www. um. u-tokyo. ac. jp/publish_db/1997 Archaeology/01/10300. html.
52. 溝口雄三. 方法としての中国[M]. 東京：東京大学出版会，1989.
53. 海老澤有道. 南蛮学統の研究(增補版)[M]. 東京：創文社，1978.
54. 黒川重信，若山正人，百々谷哲也訳. オイラー入门[M]. シュプリンガー・フェアラーク東京株式会社，2004.
55. 黒田孝郎. 新島襄と数学[J]. 専修自然科学纪要，1980(12).
56. 横滨山手中华学校百年校志编辑委员会. 横滨山手中华学校百年校志 1898—2004[M]. 横滨：学校法人横滨山手中华学园，2005.
57. 横塚啓之"ヤーコプ・ベルヌーイ'望むような比での円弧の限りない分割，そのことから正弦などを導出する方法とともに'の数学の部分の訳注"，数学史研究，192号，2007.
58. 花井静. 笔算通书[M]. 序，明治四年.
59. 江木千之. 明治二十三年小学校令の改正[J]. 国民教育奨励会，教育五十年史国书刊行会，1922.
60. 近藤真琴閲，田中矢徳編，鈴木長利校. 代数教科書[M]. 绪，東京：攻玉社，明治十五年一月.
61. 京都に於ける呉汝綸一行[N]. 大阪毎日新聞. 明治三十五年六月二十七日.
62. 菊池大麓. 本朝数学について[J]. 本朝数学通俗講演集，東京：大日本図書株式会社，明治四十一年.
63. 菊池大麓. 初等幾何学教科書随伴幾何学講義[M]. 第1卷，東京：大日本図書株式会社，1897.
64. 菊池大麓. 学術上ノ訳語ヲ一定スル論[J]. 東洋学芸雑誌. 第8号. 明治十五年.

65. 康有为. 日本明治変政考(序),西顺蔵编. 原典中国近代思想史洋務運動と明治維新[M]. 東京：岩波書店,1977.
66. 克拉克,川北朝鄰,山本正訳. 幾何学原礎(首卷)[Z]. 静岡：文林堂,明治八年刊.
67. 克莱因著,石井省吾・渡辺弘訳. クライン：19 世紀の数学[M]. 東京：共立出版株式会社,1995.
68. 李迪. 周達と中日数学交流[A]. 中国科学史国际会議報告書. 京都,1987.
69. 李迪著,大竹茂雄,陸人瑞译. 中国の数学通史[M]. 東京：森北出版,2002.
70. 笠井駒絵. 近世藩校の総合的研究[M]. 所収近世藩校一覧表,東京：吉川弘文館,昭和三十五年.
71. 鈴木武雄. 幾何学原礎の翻訳者山本正至について[A]. 数理解析研究所講究録[Z]. 1739(2011).
72. 柳河春三. 横滨繁昌記[M]. 1869.
73. 柳楢悦. 算法橙實集[Z]. 日本学士院所藏抄本.
74. 陸軍兵学寮教授陣. 掌中官員録[M]. 西村組商会,
75. 吕順長. 1898 年的浙江大学留日学生[J]. 浙江大学日本文化研究所编集,江戸・明治期の日中文化交流,社团法人農山魚村文化協会出版,2000.
76. 呂順長. 清末の留日学生監督——浙江留日学生監督孫淦の事跡を中心に[J]. 浙江大学日本文化研究所编集江戸・明治期の日中文化交流,社团法人農山魚村文化協会出版,2000.
77. 明治史料館編集会. 明治史料館通信[J]. Vol. 2,No. 2,1986 年 7 月 25 日.
78. 牧鉦名. 教育を受ける権利の内容とその関連構造[J]. 日本教育法学会年報第二号,東京：有斐閣,1973.
79. 内田糺. "明治後期の学制改革問題と高等学校制度",《国立教育研究所紀要》,第 95 集,1978.
80. 欧拉著,日本高瀬正仁訳. オイラーの無限解析[M]. 海鳴社,2001.
81. 平山諦. 圆理[J]. 国史大辞典,第 2 卷う—お,東京：吉川弘文馆,1980.
82. 平尾道雄. 新版龍馬のすべて[M]. 高知：高知新聞社,1985.
83. 平野健一郎,山影进,岡部达味,土屋健治. アジアにおける国民統合[M]. 東京：東京大学出版会,1988.
84. 銭国紅. 日本と中国における西洋の発見[M]. 東京：山川出版社,2004.
85. 清国留学生の近況[J]. 教育时论,总 479 号,上海：开发社,明治三十一年.
86. 日本の今日ある所以[N]. 日本,明治三十五年八月二十五日.

87. 日本の数学100年史編集委員会. 日本の数学100年史[M]. 上,東京：岩波書店,1983.
88. 日本文部省. 日本教育史资料[Z]. 第7卷,文部省. 明治二十三年.
89. 日本学士院. 明治前日本数学史[M]. No. 5,東京：岩波書店,1960.
90. 日蘭学会編. 洋学史事典[Z]. 東京：雄松堂出版,昭和五十九年.
91. 薩日娜. 東京数学会社の創立、発展及び転換[D]. 東京大学修士论文,2004.
92. 薩日娜. 明治日本对数学家欧拉的认识[J]. 数学史研究(通卷197号),2008年7月.
93. 三上義夫. 岡本則録翁[J]. 科学,1931,1(4).
94. 三上義夫. 私の見た岡本則録翁の回顧[J]. 高等数学研究,1931,2(6).
95. 三上義夫増修,遠藤利貞著. 増修日本数学史[M]. 東京：岩波書店,1918.
96. 三省堂百年记念事业委员会. 三省堂の百年[M]. 東京：三省堂,1982.
97. 森中章光. 新島先生書簡集(续)[Z]. 京都：同志社大学,1960.
98. 山井徳行. 森有礼の"国語英語化論"と志賀直哉の"国語フランス語化論"について[J]. 名古屋女子大学紀要(人、社),2004(50).
99. 山下太郎. 明治の文明開化のさきがけ——静岡学問所と沼津兵学校の教授たち[M]. 東京：北樹出版,1995.
100. 山住正己. 教科書[M]. 東京：岩波書店,1970.
101. 杉本つとむ. 西欧文化受容の諸相——杉本つとむ著作選集[C]. 東京：八坂書房,1999.
102. 上垣涉. "学制"期の数学教育[J]. 数学教室. 国土社発行,No. 617,2003年4月和No. 618,2003年5月.
103. 上垣涉. 和算から洋算への転換期に関する新たなる考証[J]. 愛知教育大学数学教育学会誌 イプシロン,1998(40).
104. 上垣涉. 明治期における数学用語の統一[J]. 数学教育協議会編集《数学教室》,No. 624,2003.
105. 上垣涉. 学制期における算術教育の研究[J]. 愛知教育大学数学教育学会誌イプシロン,1998(40).
106. 神田乃武. 数学教授本[M]. 1870.
107. 神田乃武編. 神田孝平略伝[M]. 株式会社秀英舎第一工場,明治四年.
108. 神田孝平抄本《代微积拾級》(甲)[M]. 日本東北大学附属図書館狩野文庫藏本.
109. 沈国威. 六合叢談(1857—1858)の学際的研究[M]. 東京：白帝社,1999.

110. 石田竜次郎. 日本における近代地理学の成立[M]. 大明堂,1984.
111. 石原純. 科学史[M]. 東京：東洋経済新報出版部,1942.
112. 实藤恵秀. 中国人日本留学史[M]. 東京：黑潮出版,1960.
113. 实藤恵秀. 中国人日本留学史[M]. 增补版,東京：黑潮出版,1970.
114. 数理会堂編集：数理会堂[J]. 第13期,明治二十二年十二月刊.
115. 水木梢. 日本数学史[M]. 東京：教育研究会,1928.
116. 松本賢治,鈴木博雄. 原典近代教育史[M]. 東京：福村書店,1965.
117. 松岡本久,平山諦. 岡本則録[M]. 東京：中央印刷株式会社,1980.
118. 松宫哲夫. 大阪兵学寮における数学教育——佐々木綱亲の経歴および著書《洋算例題》の特徵[J]. 数学教育研究. 第34号,大阪教育大学数学教室,2004.
119. 谭嗣同著,西顺蔵,坂元ひろ子訳. 仁学——清末の社会変革論[M]. 東京：岩波文庫(青),1989.
120. 藤井哲博. 長崎海軍伝習所[M]. 東京：中央公論社,1997.
121. 藤井哲博. 長崎海軍伝習所——19世紀東西文化の接点[M]. 東京：中公新書,1991.
122. 藤井哲博. 咸临丸航海长小野友五郎の生涯——幕末明治のテクノクラート[M]. 東京：中公新書,1985.
123. 藤原松三郎,日本学士院編. 明治前日本数学史(第四卷)[Z]. 東京：岩波書店,1958.
124. 藤沢利喜太郎. 開会の辞[J]. 東京数学物理学会编《本朝数学通俗講演集》,明治四十一年.
125. 田崎哲郎. 神田孝平の数学観をめぐって[J]. 日本洋学史の研究V. 創元社,1980.
126. 田中彰校注. 開国[A]. 日本近代思想大系[Z]. 東京：岩波書店,1999.
127. 樋口五六(藤次郎). 算学新志[M]. 17号,東京：開数舍,明治十二年四月.
128. トドハンター著,長沢亀之助訳,川北朝鄰校. 平面三角法[M]. 東京：土屋忠兵衛,1883.6,原英文书名 Todhunter's plane trigonometry：for the use of colleges and schools：with numerous examples.
129. 外務省外交史料館. 外国官民本邦及朝・満視察雑件[Z]. 清国之部(一),第五,明治三十九年九月二十日.
130. 万尾時春. 見立算規矩分等集序文[M]. 第1丁里.
131. 汪向栄,竹内实监译. 清国お雇い日本人[M]. 東京：朝日新闻社,1991.
132. 尾川昌法. 坂本竜馬と《万国公法》——"人権"の誕生(5)[J]. 人権21,調査と研究.2003.

133. 尾崎護.低き声にて語れ——元老院議官神田孝平[M].新潮社,1998.

134. 文部省編.日本教育史資料[Z].第7卷,鳳出版(富山房明治二十三至二十五年刊复制),1984.

135. 文部省教学局.教育に关する勅语渙発五十周年记念資料展览图录[R].東京:文部省教学局出版,1941.

136. 吴氏の教育視察[N].九州日日新聞,明治三十五年七月二日.

137. 武田楠雄.维新と科学[M].東京:岩波新書(青版),1972.

138. 小倉金之助.近代日本の数学[M].東京:勁草書房,1973.

139. 小倉金之助.数学教育の歴史[M].東京:勁草書房,1975.

140. 小倉金之助.数学教育史[M].東京:岩波書店,1941.

141. 小倉金之助.数学教育史研究(第二輯)[M].東京:岩波書店,1948.

142. 小倉金之助.数学史研究(第二輯)[M].東京:岩波書店,1948.

143. 小林龙彦.梅文鼎著《中西算学通》と清华大学図書館の暦算書[J].科学史研究,東京:岩波書店,2006,45(238).

144. 小林龍彦.徳川日本における漢訳西洋暦算書[D].東京大学,2004.

145. 小林龍彦.剣持章行の"角术捷徑"について[J].数学史研究,2002.

146. 小山騰.破天荒《明治留学生》列伝[M].東京:讲谈社,1999.

147. 小松醇郎.蕃書調所数学教授黒沢弥五郎について[J].数学史研究(第110号),1986年9月.

148. 小松醇郎.幕末・明治初期数学者群像(上)[M].幕末編,東京:吉岡書店,1990:

149. 小野友五郎.本邦洋算伝来[M].抄本,写作时间大约在1860—1870年间.

150. 小野友五郎.珠算の巧用[J].数学報知(第90号),明治二十四年五月二十日.

151. 秀島成忠編.佐贺藩海軍史[M].明治百年史叢書(第157卷).東京:原書房,1972(1917年的复制).

152. 伊藤俊太郎.科学史技術史事典[M].東京:弘文堂,1982.

153. 伊藤説朗.数学教育と形式陶冶の関係に関する史的考察[J].愛知教育大学数学教育学会誌,1978(20).

154. 永広繁松.中学師範数学科教科書及び教授時間に関する調査表[J].教育時論,明治三十三年.

155. 原平三.蕃書調所の創設[J].歴史研究,1941(103).

156. 原平三.蕃書調所の科学および技术部門について[R].昭和十八年十月十二日

報告.

157. 原平三. 幕府の英国留学生[J]. 历史地理. No. 79 - 5,1947.

158. 遠藤利貞遺著,三上義夫編,平山諦補訂. 増修日本數學史(第 5 巻)[M]. 東京: 恒星社,1981.

159. 遠藤利貞. 増修日本数学史[M]. 東京: 岩波書店,1918.

160. 长岡半太郎. 回顧談[J]. 日本物理学会誌,1950(5).

161. 沼田次郎. 幕末洋学史[M]. 東京: 刀江書院,1951.

162. 中村孝也. 中牟田倉之助伝[M]. 中牟田武信,大正八年.

163. 佐藤健一. 和算史年表[Z]. 東京: 東洋書店,2002.

164. 佐藤賢一. 早過ぎた数学史、和算史の光と闇[M]. 科学史·科学哲学. 2002(16).

(英文部分)

1. Catherine Jami, " 'European Science in China' or 'Western Learning'? Representations of Gross-Cultural Transmission, 1600 - 1800", *Science in Context*, 12, 3, 1999, pp. 413 - 434 (copyright Cambridge University Press).

2. Douglas Reynolds, *China, 1898 - 1912: the Xinzheng Revolution and Japan*, Cambridge, Mass. : distributed by Harvard University Press, 1993.

3. Douglas Reynolds, *China, 1895 - 1912: State-sponsored reforms and China's Late-Qing revolution: selected essays from Zhongguo Jindai Shi (Modern Chinese history, 1840 - 1919)* / guest editor and translator, Armonk, N. Y. : M. E. Sharpe, 1995.

4. Euler, *Elements of Algebra*, translated by John Hewlett; with an Introduction by C. Truesdell, New York: Spring-Verlag, 1984: 43.

5. Euler, *Elements of Algebra*, translated by John Hewlett; with an Introduction by C. Truesdell, New York: Springer-Verlag, 1984: 43.

6. Euler, *Opera Omnia*, Ser, 1, Vol. 6, pp. 66 - 77.

7. K. Biggerstaff. *The Earliest Modern Government schools in China* [M]. Cornell University Press, 1961: 163.

8. Mikami Yosio, *The Development of Mathematics in China and Japan*, *Leipzig: Teubner*, 1913; New York: Chelsea, 1974.

9. Morris Kline, *Mathematical thought from ancient to Modern times*, Oxford U. Press, New York, 1972: 336.

10. Robert Simson, *The elements of Euclid*, 1787, Edinburgh: J. Balfour *The Encyclopaedia Britannica, or, Dictionary of Arts, Sciences, and General Literature Eighth Edition*, Volume I, Edinburgh: Adam and Charles Black, 1855, pp. 482 - 584.

11. Rikitaro Fujisawa, *Summary report on the teaching of mathematics in Japan*, Tokio, 1912.

12. W. Wallace, *Encyclopaedia Britannica* (8th ed. 1853) Volume II, Algebra. THE ENCYCLOPAEDIA BRITANNICA, OR, DICTIONARY OF ARTS, SCIENCES, AND GENERAL LITERATURE ENGHTH EDITION, VOLUME I, Edinburgh: Adam and Charles Black, 1855: 482 - 584.

索　　引

人　　名

G

H

J

K

L

书　名

T

W

X

Y

Z

名 词 术 语

后　记

此书为笔者近十年以来对东西方数学文明碰撞到趋于交融的研究成果。主要围绕19世纪后期至20世纪初中日数学从传统过渡到西方数学模式的考察为依据写成。笔者曾于2001年至2008年间，在日本东京大学综合文化研究科留学。在此期间作为个人的学术爱好深入考察了西方科学技术传入之时近代中日传统数学面临转折的时代背景。为此搜集了东京大学和早稻田大学等日本各地的大学图书馆，以及国会图书馆和内阁文库等各处图书馆收藏的相关资料。

此书中包含了很多在日本留学期间的学术构想，在此感谢曾热情指导我的日本东京大学综合文化研究科科学史与科学哲学研究室的各位老师。在学术灵感和思想方面曾受到桥本毅彦教授的诸多指导，冈本拓司教授不仅提供了非常珍贵的文献资料还对全文进行了认真的修订。村田纯一教授和今井知正教授、广野喜幸教授全面关注和呵护我的留学生活，使我在异国他乡能够得以全心投入于学业当中。感谢曾在留学期间认真阅读博士论文全文，提出宝贵意见的佐藤贤一教授和提供宝贵资料的安达裕之教授和勝木渥教授。通过参加东京大学人文社会系研究科川原秀城教授的集中讲义对明清科学文化有了更加深刻的认识。感谢带我们研读的安大玉学长的多方教导。

笔者于1995—1998年在内蒙古师范大学师从已故著名学者李迪教授，但恩师于2006年仙世，谨以此书告慰先师的在天之灵。

特别感谢精心修订书稿文字和内容的罗见今教授。也感谢多年以来罗老师对我学业的关心和全面支持。感谢带领我进入数学史研究领域的郭世荣教授和冯立昇教授。在东亚数学史的研究中曾得到代钦教授、徐泽林教授的关照，也从他们的研究中得到很多启发，在此向他们表示谢意。

在2009—2011年间的北京大学哲学系博士后期间得到吴国盛教授的指导，其充满哲学和文化特色的学术熏陶下加深了对西方哲学的全面认识。博士后出站之后也常常受到吴老师的支持和帮助，在此致以由衷的谢意。

1995年刚考入内蒙古师范大学科学史研究所时遇到前桥工科大学的小林龙彦教授，此后一直受到在学业上的关照和多方鼓励。森本光生教授和小川束教授一直以来对笔者的研究给予了极大的帮助和关怀。尤其感谢几位教授多次邀请我到日本参加学术会议。日本数学教育学会前会长横地清教授和大阪教育大学松宫哲夫教授给笔者提供了明治时期日本数学教育相关的诸多史料。青山女子学院大学的八耳俊文教授和神户大学三浦伸夫教授开设于东京大学的讲义使我对西方科技通过传教士的力量传播于世界各地的研究有了更全面的认识。日本数学史学会的藤井康夫先生一直以来对笔者的学习和研究给予了多方关照。在东京大学留学期间受到柏崎昭文、小山俊士、夏目贤一学长的热情帮助和支持，中泽聪和但马亨两位学弟以擅长的荷兰语和法语帮助我理解了相关的数学术语。在此一并感谢各位！

笔者于2010年末开始到上海交通大学就职，此后受到江晓原教授、关增建教授等学院老师们的热情帮助。本书为江晓原教授主持国家大项目《中外科学文化交流历史文献整理与研究》之关增建教授主持子课题“中西物理学及工艺技术交流”中的研究成果。书稿写作过程中获得了两位老师的多方指导，在此致以由衷的感谢。纪志刚教授在数学史研究中给予了细心的帮助和关照，李侠教授、钮卫星教授在学术研究中经常传授宝贵的经验，在和董煜宇老师的学术交流中获得了诸多学术灵感，在此一并致以最真挚的谢意。

2011年11月收到京都大学武田时昌教授的邀请参加日本科学史成立70周年纪念会，此后加深了学术上的往来，2012年11月至2013年2月又到京都大学做客座教授，通过和教授的探讨对日本古代学术和江户时期天文数理研究有了进一步的了解，这使我将研究目光从明治时期转移到古代中日科技交流和江户时期日本的学术研究中。有幸的是在此期间又参加了京都大学数学系上野健尔教授主持的16—18世纪东西数学交融相关的学术讨论班。感谢在讨论班的学习中上野教授、同志社大学林隆夫教授和楠叶隆德教授在学术上的指导。在京都大学期间搜集到的珍贵史料是我今后研究的宝贵资产。

在此书出版之际,将由衷的谢意呈给一直关爱我的最亲爱的父母和弟弟,以及一直鼓励并全面呵护和支持我的家人、亲人和朋友们!